# Mathematik für Ingenieure 1

**Jörg Härterich**
Fakultät für Mathematik
Ruhr-Universität Bochum

ISBN 978-1546365419
J. Härterich, Mathematik für Ingenieure 1
1. Auflage, 2018
© Alle Rechte verbleiben beim Autor.
Jörg Härterich, Möllersweg 23, 44799 Bochum
Druck: siehe letzte Seite

# Inhaltsverzeichnis

**1 Mengen, Zahlen und Funktionen** — 1
   1.1 Mengen — 1
   1.2 Zahlen — 6
   1.3 Natürliche Zahlen und Vollständige Induktion — 12
   1.4 Binomialkoeffizienten und der binomische Satz — 15
   1.5 Die komplexen Zahlen — 21
   1.6 Funktionen — 28

**2 Vektoren** — 39
   2.1 Vektoren — 39
   2.2 Winkel und Skalarprodukt — 46
   2.3 Das Kreuzprodukt — 49
   2.4 Orthogonale Zerlegung von Vektoren — 53

**3 Geraden und Ebenen** — 57
   3.1 Darstellung von Geraden — 57
   3.2 Abstand von Geraden — 59
   3.3 Darstellung von Ebenen — 63
   3.4 Abstände und Schnittwinkel von Ebenen — 64

**4 Lineare Gleichungssysteme** — 69
   4.1 Lineare Gleichungssysteme — 69
   4.2 Das Gaußsche Eliminationsverfahren — 71

**5 Matrizen** — 79
   5.1 Matrizen — 79
   5.2 Multiplikation von Matrizen — 81
   5.3 Inverse Matrizen — 83
   5.4 Die transponierte Matrix — 87
   5.5 Abbildungen und Matrizen — 91

**6 Determinanten** — 97
   6.1 Determinanten von $2 \times 2$- und $3 \times 3$-Matrizen — 97
   6.2 Determinanten von $n \times n$-Matrizen — 98
   6.3 Rechenregeln für Determinanten — 100
   6.4 Die Cramersche Regel — 103

**7 Eigenwerte und Eigenvektoren** — 107
   7.1 Eigenwerte und Eigenvektoren — 107
   7.2 Das charakteristische Polynom — 108
   7.3 Diagonalisierbarkeit — 111
   7.4 Diagonalisierung von symmetrischen Matrizen — 115

**8 Quadriken** — 123
   8.1 Quadriken — 123
   8.2 Normalformen ebener Quadriken — 126
   8.3 Normalformen räumlicher Quadriken — 128

# 9 Lineare Algebra — 133
- 9.1 Vektorräume .................................................. 133
- 9.2 Basis und Dimension ........................................... 136
- 9.3 Lineare Abbildungen ........................................... 137
- 9.4 Koordinatentransformationen ................................... 139

# 10 Grenzwerte — 147
- 10.1 Einleitung .................................................... 147
- 10.2 Folgen ........................................................ 148
- 10.3 Konvergenz .................................................... 151
- 10.4 Rechenregeln für Grenzwerte ................................... 154
- 10.5 Uneigentliche Grenzwerte ...................................... 159
- 10.6 Funktionsgrenzwerte und Stetigkeit ............................ 161

# 11 Elementare Funktionen — 169
- 11.1 Polynome ...................................................... 169
- 11.2 Umkehrfunktionen und Wurzeln .................................. 172
- 11.3 Exponentialfunktion ........................................... 174
- 11.4 Die Logarithmusfunktion ....................................... 178
- 11.5 Trigonometrische Funktionen und ihre Umkehrfunktionen ......... 181
- 11.6 Die komplexe Exponentialfunktion .............................. 189
- 11.7 Die Hyperbelfunktionen ........................................ 194

# 12 Differentiation — 201
- 12.1 Die Ableitung einer Funktion .................................. 201
- 12.2 Ableitungsregeln .............................................. 203
- 12.3 Die Ableitung von Umkehrfunktionen ............................ 208
- 12.4 Höhere Ableitungen ............................................ 209

# 13 Anwendungen der Differentiation — 215
- 13.1 Der Mittelwertsatz ............................................ 215
- 13.2 Lokale Extrema ................................................ 218
- 13.3 Die Regel von L'Hospital ...................................... 223
- 13.4 Das Newton-Verfahren .......................................... 226

# 14 Integration — 231
- 14.1 Das bestimmte Integral ........................................ 231
- 14.2 Der Hauptsatz der Differential- und Integralrechnung .......... 236
- 14.3 Partielle Integration ......................................... 241
- 14.4 Integration durch Substitution ................................ 242
- 14.5 Partialbruchzerlegung ......................................... 244
- 14.6 Uneigentliche Integrale ....................................... 248

# 15 Anwendungen der Integration — 255
- 15.1 Kurven und ihre Länge ......................................... 255
- 15.2 Volumen und Mantelfläche von Rotationskörpern ................. 259

# Vorwort

Dieses Buch ist der erste Teil einer zweiteiligen Einführung in die höhere Mathematik für Ingenieure. Die Stoffauswahl orientiert sich an den Inhalten, die die Fakultäten für Maschinenbau, für Bau- und Umweltingenieurwissenschaften und für Mathematik der Ruhr-Universität Bochum gemeinsam für das erste Studiensemester festgelegt haben. Sie entsprechen weitgehend dem, was auch an vielen anderen Hochschulen Deutschlands in der „Höheren Mathematik" oder der „Mathematik für Ingenieure" gelehrt wird. Die Fortsetzung für das zweite Semester befasst sich dann mit der Differential- und Integralrechnung in mehreren Dimensionen und mit gewöhnliche Differentialgleichungen.

In diesem Buch habe ich versucht, Begriffe und Zusammenhänge in der mathematisch präzisen Sprechweise zu formulieren und gleichzeitig die oft anschaulichen Ideen hinter den Definitionen und Sätzen zu vermitteln.

Diverse Skripte zur Technischen Mechanik haben mit einen Einblick in die ersten Anwendungen der Mathematik im Ingenieurstudium ermöglicht, soweit möglich werden an vielen Stellen kleine Bezüge zu Anwendungen hergestellt.

Am Ende jedes Kapitels finden Sie eine kurze Übersicht der Lernziele. Diese soll Ihnen zeigen, welches die essentiellen Punkte in jedem Abschnitt sind. Neben diesen konkreten Themen sollen Sie im ersten Semester vor allem auch die Denk- und Sprechweisen der Mathematik exemplarisch kennenlernen und sich die Fähigkeit aneignen, Lösungen zu mathematischen Problemen in korrekter Form darzustellen und ihre Lösungswege angemessen zu begründen.

Eine erste Version dieses Buchs entstand 2012 als Skript mit dankenswerter Unterstützung durch das Projekt *TeachIng-LearnIng*.

Für Hinweise auf Fehler und Verbesserungsvorschläge danke ich Jörg Winkelmann, Johanna Neuhaus, Eva Glasmachers, Christian Schuster und Jannis Buchsteiner.

Bochum, im März 2018
Jörg Härterich

# 1 Mengen, Zahlen und Funktionen

## 1.1 Mengen

Mengen sind einer der grundlegendsten Begriffe in der Mathematik. Sie sind so grundlegend, dass wir (hoffentlich) nach kurzer Zeit gar nicht mehr daran denken werden, wenn wir mit Mengen arbeiten. Unter einer **Menge** versteht man die gedankliche Zusammenfassung von verschiedenen Objekten. Diese Objekte nennt man die **Elemente** der Menge. Mengen kann man angeben, indem man ihre Elemente aufzählt oder indem man die Elemente charakterisiert.

$$A = \{a; a \text{ hat die Eigenschaft } E\}$$

bedeutet, dass die Menge $A$ alle Objekte enthält, die die Eigenschaft $E$ besitzen (und auch keine weiteren Elemente). Wenn ein Objekt $a$ zur Menge $A$ gehört, schreiben wir $a \in A$, ansonsten $a \notin A$. Beispielsweise ist $K = \{2, 3, 4, 5, 6\}$ eine Menge, aber auch

$$L = \{n \in \mathbb{N}; n \text{ ist kleiner als 10 und durch 3 teilbar}\} = \{3, 6, 9\}.$$

Recht anschaulich ist die Vorstellung einer Menge als ein „Behälter" für darin enthaltene unterscheidbare Objekte. Auf die Anordnung der Elemente und ihre Darstellung kommt es nicht an, d.h die Mengen $\{3, 6, 9\}$, $\{9, 3, 6\}$ und $\{n \in \mathbb{N}; n \text{ ist kleiner als 10 und durch 3 teilbar}\}$ sind gleich. Es kann auch sein, dass der Behälter keine Gegenstände enthält. Eine solche Menge ohne Elemente nennt man die **leere Menge**, geschrieben $\{\}$ oder $\emptyset$. Die leere Menge ist also nicht „Nichts", sondern kann als ein Behälter ohne Inhalt aufgefasst werden.

Aus zwei Mengen $A$ und $B$ kann man auf verschiedene Arten weitere Mengen konstruieren:

### Definition (Vereinigungsmenge):

Die **Vereinigung** $A \cup B$ von zwei Mengen $A$ und $B$ enthält alle Elemente, die in $A$ **oder** in $B$ enthalten sind.

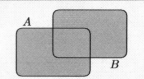

### Definition (Schnittmenge):

Die **Schnittmenge** oder der **Durchschnitt** $A \cap B$ enthält alle Elemente, die in $A$ **und** in $B$ enthalten sind.

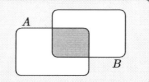

### Definition (Mengendifferenz):

Die **Differenz** $A \setminus B$ enthält alle Elemente, die in $A$, **aber nicht** in $B$ enthalten sind.

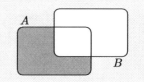

> **Beispiel:**
>
> Für die oben definierten Mengen $K = \{2, 3, 4, 5, 6\}$ und $L = \{3, 6, 9\}$ ist
> $$K \cup L = \{2, 3, 4, 5, 6, 9\}, \ K \cap L = \{3, 6\} \text{ und } K \setminus L = \{2, 4, 5\}.$$

Achtung! In der Mathematik bedeutet „in A **oder** B enthalten" nicht „entweder in A oder in B enthalten", sondern es schließt die Möglichkeit „in A und B enthalten" mit ein.

> **Anregung zur weiteren Vertiefung:**
>
> Wie könnte man die Menge aller Elemente darstellen, die entweder in $A$ oder in $B$, aber nicht in beiden Mengen enthalten sind?

> **Beispiel (Teilbarkeit):**
>
> Wir betrachten die beiden Mengen
> $$M = \{n \in \mathbb{N};\ n \text{ ist teilbar durch } 2\} \text{ und } N = \{n \in \mathbb{N};\ n \text{ ist teilbar durch } 3\}.$$
>
> Die Vereinigung $M \cup N$ enthält alle natürlichen Zahlen $n$, die durch 2 **oder** durch 3 teilbar sind (oder durch 2 und 3). Also ist
> $$M \cup N = \{2, 3, 4, 6, 8, 9, 10, 12, 14, 15, \ldots\}$$
>
> Der Durchschnitt $M \cap N$ enthält alle natürlichen Zahlen $n$, die durch 2 **und** durch 3 teilbar sind, also
> $$M \cap N = \{6, 12, 18, \ldots\} = \{n \in \mathbb{N};\ n \text{ ist teilbar durch } 6\}.$$

> **Anregung zur weiteren Vertiefung:**
>
> Im Sortiment eines Computershops seien
> S = die Menge der Notebooks mit SSD-Speicher,
> T = die Menge aller Modelle mit Touchscreen und
> W = die Menge der Modelle mit Windows-Betriebssystem
> Beschreiben Sie mit Hilfe von Durchschnitten und Vereinigungen der Mengen $S$, $T$ und $W$
>   (a) die Menge aller Notebooks ohne SSD, aber mit Touchscreen,
>   (b) die Menge aller Notebooks, die einen Touchscreen oder eine SSD haben und
>   (c) die Menge der Notebooks mit SSD, aber ohne Touchscreen und Windows.
> Es hilft möglicherweise, die entsprechenden Mengen graphisch darzustellen.

Häufig begegnet man der Situation, dass eine Menge Teil einer anderen Menge ist.

> **Definition (Teilmenge):**
>
> Seien $A$ und $B$ zwei Mengen. Dann heißt $A$ **Teilmenge** von $B$, geschrieben $A \subseteq B$, falls jedes Element von $A$ auch in $B$ enthalten ist.

> **Beispiel:**
>
> Für die beiden Mengen $A = \{1, 2, 3, 4, 5\}$, $B = \{1, 3, 5\}$ ist $B \subseteq A$.
> Nimmt man noch die Menge $C = \{2, 4, 6\}$ hinzu, dann ist $A \not\subseteq C$ und $C \not\subseteq A$.

> **Bemerkung:**
>
> Weil es gelegentlich praktisch ist, schreibt man manchmal auch $B \supseteq A$ statt $A \subseteq B$, genauso wie man statt $a \in A$ auch $A \ni a$ schreiben kann.
> Das entspricht in etwa der Freiheit, statt $x \leq y$ manchmal $y \geq x$ zu schreiben.

> **Definition (Mengengleichheit):**
>
> Zwei Mengen $A$ und $B$ sind gleich, wenn sie die gleichen Elemente enthalten.

Zum Nachweis der Gleichheit von Mengen kann man auch die folgende Charakterisierung verwenden.

$$A = B \iff A \subseteq B \text{ und } B \subseteq A.$$

Um zu zeigen, dass zwei Mengen gleich sind, muss man dann nachprüfen, dass jedes Element von $A$ auch in $B$ enthalten ist und umgekehrt.

## Rechenregeln für Mengen

Aus der Definition von Vereinigungen und Durchschnitten ergibt sich, dass für zwei Mengen $A$ und $B$ gilt:

> $$\left.\begin{array}{r} A \cup B = B \cup A \\ A \cap B = B \cap A \end{array}\right\} \text{(Kommutativgesetze)}$$
>
> $$\left.\begin{array}{r} (A \cup B) \cup C = A \cup (B \cup C) \\ (A \cap B) \cap C = A \cap (B \cap C) \end{array}\right\} \text{(Assoziativgesetze)}$$

Es kommt also nicht darauf an, in welcher Reihenfolge man Vereinigungen und Durchschnitte aufschreibt oder wie man Klammern setzt, solange in einem Ausdruck nur Vereinigungen oder nur Durchschnitte vorkommen.
Anders ist es bei der Mengendifferenz. Hier gilt im allgemeinen $(A \setminus B) \setminus C \neq A \setminus (B \setminus C)$.
Klammern werden auch dann wichtig, wenn man Ausdrücke betrachtet, die Vereinigungen *und* Durchschnitte enthalten.
Ein wichtiges Beispiel dafür sind die Distributivgesetze.

> **Satz 1.1 (Distributivgesetze):**
>
> Für drei beliebige Mengen $A, B$ und $C$ gilt:
>
> $$\begin{aligned} (A \cap B) \cup C &= (A \cup C) \cap (B \cup C) \\ (A \cup B) \cap C &= (A \cap C) \cup (B \cap C) \end{aligned}$$

Mathematiker verlangen im allgemeinen, dass man solche Sätze *beweist*, d.h. die Behauptung durch eine logisch korrekte und oft recht formale Argumentation aus bekannten oder offensichtlich richtigen Tatsachen herleitet. Für unsere Zwecke ist das gelegentlich etwas aufwändig, daher werden in diesem Buch nicht alle Aussagen bewiesen. An einigen Stellen werden aber die Argumente exemplarisch gezeigt, denn sie helfen oft zu verstehen, warum bestimmte Aussagen überhaupt wahr sind und warum manche Begriffe genau so und nicht anders definiert werden.

Von den Distributivgesetzen soll nur die zweite Aussage $(A \cup B) \cap C = (A \cap C) \cup (B \cap C)$ hergeleitet werden.

**Beweis:** Man benutzt dabei die Charakterisierung, dass zwei Mengen gleich sind, wenn jede eine Teilmenge der anderen ist.
**1. Schritt:** $(A \cup B) \cap C \subseteq (A \cap C) \cup (B \cap C)$
Wir müssen nun zeigen, dass jedes $x \in (A \cup B) \cap C$ auch in der Menge $(A \cap C) \cup (B \cap C)$ liegt.
Dass $x \in (A \cup B) \cap C$ liegt, bedeutet, dass $x \in (A \cup B)$ und $x \in C$ liegt.
Außerdem sagt $x \in (A \cup B)$ aus, dass $x \in A$ oder $x \in B$ liegt (oder sogar in beiden Mengen).
Um beide Möglichkeiten zu berücksichtigen, machen wir daher eine **Fallunterscheidung**:

1. Falls $x \in A$, dann liegt $x$ auch in der Menge $A \cap C$, weil $x$ ja auf jeden Fall ein Element von $C$ ist. Damit liegt $x$ aber auch in der größere Menge $(A \cap C) \cup (B \cap C)$.

2. Falls $x \in B$ liegt, argumentiert man ganz analog:
   Da $x$ auch in der Menge $A \cap C$ liegt, gehört $x$ auch zu der größere Menge $(A \cap C) \cup (B \cap C)$.

**2. Schritt:** $(A \cap C) \cup (B \cap C) \subseteq (A \cup B) \cap C$
Diesmal geht es darum zu zeigen, dass jedes Element $y \in (A \cap C) \cup (B \cap C)$ auch zu der Menge $(A \cup B) \cap C$ gehört. Nach der Definition der Vereinigung ist $y \in A \cap C$ oder $y \in B \cap C$, daher unterscheiden wir wieder zwei Fälle:

1. $y \in A \cap C$, das heißt $y \in A$ und $y \in C$
   Dann ist $y \in A \cup B$, denn dies ist wieder eine größere Menge als $A$, also auch in $(A \cup B) \cap C$.

2. Der Fall $y \in B \cap C$ funktioniert wieder analog:
   Es ist $y \in A \cup B$, weil diese Menge wieder „größer" ist als $B$, also liegt $y$ auch in $(A \cup B) \cap C$.

Man kann sich die Distributivgesetze auch mit einer Zeichnung veranschaulichen. Dies machen wir zur Abwechslung für die erste Aussage $(A \cap B) \cup C = (A \cup C) \cap (B \cup C)$

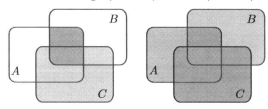

Auf der linken Seite sind $A \cap B$ dunkelgrau und $C$ hellgrau unterlegt. Auf der rechten Seite sind $A \cup C$ und $B \cup C$ jeweils in hellgrau unterlegt. Den Durchschnitt dieser beiden Mengen erkennt man an der dunkleren Färbung.
Man erkennt nun, dass die Vereinigung der eingefärbten Mengen links genau mit dem dunkler gefärbten Gebiet rechts übereinstimmt.

> **Anregung zur weiteren Vertiefung:**
>
> Veranschaulichen Sie sich auch das erste der Distributivgesetze auf ähnliche Weise graphisch.

## Die de Morganschen Regeln

Wenn zwei Mengen $A$ und $B$ in einer größeren Menge $M$ enthalten sind, dann gelten für die Elemente, die zu $M$, aber nicht zu $A \cap B$ bzw. nicht zu $A \cup B$ gehören die

> **De Morgansche Regeln**
> Für Teilmengen $A, B \subseteq M$ einer Menge $M$ gilt:
> $$M \setminus (A \cap B) = (M \setminus A) \cup (M \setminus B)$$
> $$M \setminus (A \cup B) = (M \setminus A) \cap (M \setminus B)$$

Die Gültigkeit dieser Regeln kann man sich ebenfalls durch eine Skizze klarmachen:

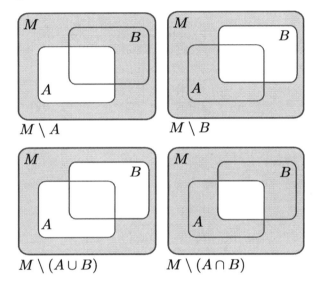

Die de Morganschen Regeln lassen sich folgendermaßen aus diesen Skizzen ablesen: Die im unteren linken Bild grau schraffierten Punkte sind genau die Punkte, die in einem der oberen beiden Bilder (oder in beiden) grau schraffiert sind, während die unten rechts grau schraffierten Punkte genau diejenigen Punkte sind, die in *beiden* oberen Bildern grau schraffiert sind.

Man kann sich auch ein Beispiel überlegen, das einen von der Allgemeingültigkeit der Aussage überzeugt. Als Mengen könnte man beispielsweise wählen:

$$M = \{ \text{alle Tage des Jahres} \}$$
$$A = \{ \text{alle Freitage} \}$$
$$B = \{ \text{alle 13. Tage eines Monats} \}$$

Dann übersetzt sich die erste Regel von De Morgan in

$$M \setminus (A \cap B) = \text{Tage, die kein „Freitag, der Dreizehnte" sind}$$
$$= \text{Tage, die kein Freitag oder kein Dreizehnter eines Monats sind}$$

wobei das *oder* wie oben bereits erwähnt in der Mathematik nicht *entweder...oder* bedeutet, sondern „kein Freitag oder kein Dreizehnter" auch den Fall „weder Freitag noch ein Dreizehnter" einschließt.

## Das kartesische Produkt

Eine weitere Möglichkeit, aus schon bekannten Mengen neue Mengen zu konstruieren bietet das kartesische Produkt oder Kreuzprodukt:

> **Definition (Kartesisches Produkt):**
>
> Seien $A$ und $B$ zwei Mengen. Dann versteht man unter dem **kartesischen Produkt** $A \times B$ die Menge aller geordneten Paare $(a, b)$ mit $a \in A$ und $b \in B$.

Solche geordneten Paare kennen Sie vermutlich von Koordinaten in der Ebene. Dort gibt die erste Zahl die „x-Koordinate" und die zweite Zahl die „y-Koordinate" an.

> **Bemerkung:**
>
> Achtung! Hier kommt es auf die Reihenfolge an. Das Paar $(a, b)$ ist also nicht dasselbe wie das Paar $(b, a)$ und beide sind wiederum etwas anderes als die Menge $\{a, b\}$. Aus diesem Grund sind auch die Mengen $A \times B$ und $B \times A$ verschieden, wenn $A \neq B$ ist.

Statt Paaren kann man auch $n$ Objekte betrachten, die in einer bestimmten Reihenfolge zusammengefasst werden.

> **Definition (n-Tupel):**
>
> Seien $A_1, A_2, \ldots, A_n$ Mengen. Dann versteht man unter $A_1 \times A_2 \times \ldots \times A_n$ die Menge aller geordneten **n-Tupel** $(a_1, a_2, \ldots, a_n)$ mit $a_1 \in A_1, a_2 \in A_2, \ldots$ und $a_n \in A_n$ d.h. für ein n-Tupel wählt man aus jeder Menge ein Element aus.

> **Beispiel:**
>
> Geordnete n-Tupel spielen eine wichtige Rolle im Bereich der Datenstrukturen. Datenbanken enthalten oft $n$ Einträge in einer festen Reihenfolge, die zusammengehören, wie
>
> (Artikelnummer, Name, Preis, Lieferzeit, Frachtkosten)
>
> oder   (Name, Vorname, Matrikelnummer, Studienfach, Fachsemester)
>
> Hier kann zum Beispiel der dritte Eintrag „Matrikelnummer" nur aus einer bestimmten Menge der vergebenen Matrikelnummern und der vierte Eintrag nur aus der Menge aller möglichen Studienfächer stammen.
> Ein Computerprogramm kann nun problemlos die Namen aller Drittsemester im Fach Umwelttechnik auslesen.

## 1.2 Zahlen

Zahlen spielen in fast allen Bereichen der Angewandten Mathematik eine wichtige Rolle. Wir werden Sie sowohl in der Analysis als auch in der analytischen Geometrie verwenden. Aus der Schule kennen Sie (mindestens)

- die natürlichen Zahlen $\mathbb{N} = \{1, 2, 3, \ldots\}$,
- die ganzen Zahlen $\mathbb{Z} = \{\ldots, -3, -2, -1, 0, 1, 2, 3, \ldots\}$,
- die rationalen Zahlen $\mathbb{Q}$ (Bruchzahlen) und
- die reellen Zahlen $\mathbb{R}$

$\mathbb{N}, \mathbb{Z}, \mathbb{Q}$ und $\mathbb{R}$ sind weitere Beispiele für *Mengen*. Neu hinzukommen werden am Ende dieses Kapitels noch die *komplexen Zahlen*.

Bei $\mathbb{Q}$ und $\mathbb{R}$ ist es (im Gegensatz zu $\mathbb{N}$) unmöglich, alle Elemente der Reihe nach systematisch aufzuzählen, aber man kann $\mathbb{Q}$ zum Beispiel angeben durch die Eigenschaft

$$\mathbb{Q} = \left\{ \frac{p}{q}; \; p, q \in \mathbb{Z} \right\},$$

die in Worte übersetzt bedeutet, dass jede rationale Zahl der Quotient von zwei ganzen Zahlen ist.

> **Tipp am Rande:**
> In vielen Fällen werden Formeln aus der Mathematikvorlesung weder in der Vorlesung noch im Skript noch im Mathebuch in eine umgangssprachliche Form übersetzt. Das liegt unter anderem daran, dass die Mathematiker befürchten, ihre Definitionen könnten durch die umgangssprachliche Formulierung an Präzision verlieren. Trotzdem sollte man sich immer klarzumachen, was eine Formel in einer Aufgabe oder im Skript genau „bedeutet" und wie sie sich in Worten beschreiben lässt.

Die **Regeln**, die beim Rechnen mit solchen **Bruchzahlen** verwendet werden, fassen wir hier noch einmal kurz zusammen:

1. Brüche mit demselben Nenner lassen sich direkt addieren: $\dfrac{a}{c} + \dfrac{b}{c} = \dfrac{a+b}{c}$

2. Brüche mit verschiedenem Nenner addiert man, indem man sie erweitert, so dass sie denselben Nenner haben. Meistens benutzt man dazu den **Hauptnenner**. Darunter versteht man das kleinste gemeinsame Vielfache der Nenner. Wenn also $n$ die kleinste Zahl ist, für die es ganze Zahlen $p$ und $q$ gibt mit $n = c \cdot p = d \cdot q$, dann ist

   $$\frac{a}{c} + \frac{b}{d} = \frac{ap}{cp} + \frac{bq}{dq} = \frac{ap}{n} + \frac{bq}{n} = \frac{ap + bq}{n}$$

   Man muss allerdings nicht den Hauptnenner benutzen, sondern kann auch rechnen

   $$\frac{a}{c} + \frac{b}{d} = \frac{ad}{cd} + \frac{bc}{cd} = \frac{ad + bc}{cd}$$

   und dann anschließend kürzen. Die dabei auftretenden Zahlen sind allerdings unter Umständen viel größer.

3. Die Subtraktion ist analog zur Addition definiert.

4. Brüche werden nach der einfachen Regel $\dfrac{\text{Zähler mal Zähler}}{\text{Nenner mal Nenner}}$ multipliziert.

5. Durch einen Bruch $\frac{a}{b}$ dividiert man, indem man mit seinem Kehrwert $\frac{b}{a}$ multipliziert.

6. Insbesondere gilt daher für **Doppelbrüche**

   $$\frac{\frac{a}{b}}{\frac{c}{d}} = \left(\frac{a}{b}\right) : \left(\frac{c}{d}\right) = \left(\frac{a}{b}\right) \cdot \left(\frac{d}{c}\right) = \frac{ad}{bc}$$

Eine andere Charakterisierung der rationalen Zahlen ist Ihnen vielleicht aus der Schule geläufig:

ℚ enthält alle Zahlen, deren Dezimalentwicklung entweder abbricht oder ab irgendeiner Stelle periodisch ist. Dazu gehören beispielsweise

$$\frac{121}{50} = \frac{242}{100} = 2.42$$

$$\frac{17}{99} = 0.17171717\ldots = 0.\overline{17}$$

$$\frac{3}{14} = 0.2142857142857142857\ldots = 0.2\overline{142857}$$

Im Gegensatz dazu sind die **Irrationalzahlen** diejenigen Zahlen, deren Dezimalentwicklung nicht abbricht und auch nie periodisch wird. Beispiele hierfür sind Wurzeln wie $\sqrt{2} = 1.4142135\ldots$, Logarithmen wie $\ln 2 = 0.693147\ldots$ oder die Zahl $\pi = 3.14159265\ldots$, die unter anderem bei der Berechnung von Kreisumfang, Kreisfläche und Kugelvolumen auftritt.

Man kann sich überlegen, dass zwischen zwei beliebigen Bruchzahlen $\frac{p}{q}$ und $\frac{r}{s}$ immer eine irrationale Zahl $\gamma$ liegt (in Wahrheit sogar unendlich viele). Die Menge der rationalen Zahlen ist daher in einem nicht sehr anschaulichen Sinne voller „Lücken".

Rationale und irrationale Zahlen zusammen bilden die Menge $\mathbb{R}$ der reellen Zahlen. Diese Menge der reellen Zahlen weist keine „Lücken" mehr auf und bietet daher für die Mathematik entscheidende Vorteile, insbesondere wenn man Grenzwerte betrachtet.

## Reelle Zahlen

Die reellen Zahlen sind diejenigen Zahlen, mit denen man in der Höheren Mathematik am häufigsten rechnet.

Sie werden durch drei „Eigenschaften" beschrieben:

▶ die aus der Schule bekannten **Rechenregeln** für $+$, $-$, $\cdot$ und $/$
▶ ihre **Anordnung**
▶ ihre **Vollständigkeit**, d.h. die eben erwähnte Eigenschaft, dass die Menge der reellen Zahlen keine „Lücken" aufweist

Die Rechenregeln besagen kurz gefasst, dass für zwei reelle Zahlen $a$ und $b$ die Summe $a + b$, das Produkt $a \cdot b$ und die Differenz $a - b$ wieder eine reelle Zahl ist. Auch der Quotient $a/b$ ist eine reelle Zahl, falls $b \neq 0$ ist. Für die Addition und die Multiplikation gelten jeweils das Assoziativ- und das Kommutativgesetz:

$$(a + b) + c = a + (b + c) \qquad a + b = b + a$$
$$(a \cdot b) \cdot c = a \cdot (b \cdot c) \qquad a \cdot b = b \cdot a$$

Außerdem sind die Multiplikation und die Addition durch das **Distributivgesetz** miteinander verknüpft:

$$(a + b) \cdot c = a \cdot c + b \cdot c.$$

Die zweite Eigenschaft der reellen Zahlen, die **Anordnungseigenschaft** besagt, dass man zwei reelle Zahlen immer miteinander vergleichen kann:

> Sind $x$ und $y$ zwei reelle Zahlen, dann ist
> $$x < y \quad \text{oder} \quad x = y \quad \text{oder} \quad x > y.$$

Diese Eigenschaft ist der Grund dafür, dass man sich die reellen Zahlen oft als die Menge der Punkte auf der „Zahlengeraden" vorstellt. Je weiter rechts eine Zahl auf dieser Geraden liegt, umso größer ist sie. Auch wenn den meisten Studierenden das völlig selbstverständlich vorkommt, bei den komplexen Zahlen, die wir bald kennenlernen werden, gibt es diese Eigenschaft nicht.

Für das Rechnen mit Ungleichungen gibt es einige Regeln.

> Seien $a, b, c$ reelle Zahlen. Dann gilt:
> $$a < b \text{ und } b < c \Rightarrow a < c$$
> $$a < b \text{ und } c \in \mathbb{R} \Rightarrow a + c < b + c$$
> $$a < b \text{ und } c > 0 \Rightarrow a \cdot c < b \cdot c$$

Oft verwendet man auch Vergleiche mit $\leq$ und $\geq$.

### Anregung zur weiteren Vertiefung:

Überlegen Sie sich selbst, dass die oben angegebenen Rechenregel für Ungleichungen auch gelten, wenn man überall $<$ durch $\leq$ und $>$ durch $\geq$ ersetzt.

Etwas vorsichtiger muss man sein, wenn man Ungleichungen mit negativen Zahlen multipliziert oder auf beiden Seiten Kehrwerte bildet, denn dann kann sich das Ungleichheitszeichen ändern, aus „$\leq$" wird also „$\geq$" und umgekehrt:

> Seien wieder $a, b, c$ reelle Zahlen. Dann gilt:
> $$a \leq b \text{ und } c \leq 0 \Rightarrow a \cdot c \geq b \cdot c$$
> $$0 < a \leq b \text{ oder } a \leq b < 0 \Rightarrow \frac{1}{a} \geq \frac{1}{b}$$
> $$\text{jedoch } a < 0 < b \Rightarrow \frac{1}{a} < 0 < \frac{1}{b}$$

> Insbesondere ergeben sich daraus auch die bekannten Regeln
> $$\text{positiv} \cdot \text{positiv} = \text{positiv}, \quad \frac{\text{positiv}}{\text{positiv}} = \text{positiv}$$
> $$\text{positiv} \cdot \text{negativ} = \text{negativ}, \quad \frac{\text{positiv}}{\text{negativ}} = \text{negativ}$$
> $$\text{negativ} \cdot \text{positiv} = \text{negativ}, \quad \frac{\text{negativ}}{\text{positiv}} = \text{negativ}$$
> $$\text{negativ} \cdot \text{negativ} = \text{positiv}, \quad \frac{\text{negativ}}{\text{negativ}} = \text{positiv}$$

Durch Ungleichungen beschreibt man auch **Intervalle**, die für uns die wichtigsten Teilmengen der reellen Zahlen sein werden:

## Definition (Intervalle):

$$[a,b] = \{x \in \mathbb{R};\ a \leq x \leq b\} \quad \text{abgeschlossenes Intervall}$$
$$(a,b) = \{x \in \mathbb{R};\ a < x < b\} \quad \text{offenes Intervall}$$
$$[a,b) = \{x \in \mathbb{R};\ a \leq x < b\} \quad \text{halboffenes Intervall}$$
$$(a,b] = \{x \in \mathbb{R};\ a < x \leq b\} \quad \text{halboffenes Intervall}$$

Der Unterschied zwischen offenen, halboffenen und abgeschlossenen Intervallen besteht also darin, welche der Randpunkte zum Intervall gehören.
Mit Hilfe der beiden Symbole $\infty$ („plus unendlich") und $-\infty$ („minus unendlich") kann man auch Intervalle beschreiben, die nur einen Endpunkt besitzen:

$$(-\infty, b] = \{x \in \mathbb{R};\ x \leq b\}$$
$$(-\infty, b) = \{x \in \mathbb{R};\ x < b\}$$
$$[a, \infty) = \{x \in \mathbb{R};\ a \leq x\}$$
$$(a, \infty) = \{x \in \mathbb{R};\ a < x\}$$

Damit haben wir schon auf den ersten Seiten mit dem Symbol $\infty$ zu tun, das immer wieder Anlass zu Missverständnissen gibt. Es handelt sich dabei um *keine Zahl*, dennoch werden wir gelegentlich damit rechnen und Gleichungen wie $\infty + 1 = \infty$ einen Sinn geben. Dabei ist aber immer etwas Vorsicht geboten. Zum Beispiel wird es zwar möglich sein, $\infty + \infty$ sinnvoll zu verwenden (dabei ergibt sich natürlich wieder $+\infty$), bei $\infty - \infty$ geht das aber nicht.
Die dritte Eigenschaft der reellen Zahlen ist die **Vollständigkeit**. Sie lässt sich einigermaßen anschaulich folgendermaßen beschreiben durch das

**Intervallschachtelungs-Axiom:**
Betrachtet man für reelle Zahlen $\quad a_1 \leq a_2 \leq a_3 \leq \ldots \ldots \leq b_3 \leq b_2 \leq b_1 \quad$ die Intervalle $[a_1, b_1], [a_2, b_2], [a_3, b_3], \ldots$, die ineinander „verschachtelt" sind: also

$$[a_1, b_1] \supseteq [a_2, b_2] \supseteq [a_3, b_3] \supseteq \ldots$$

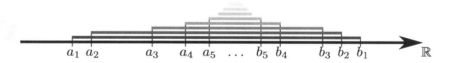

Dann gibt es (mindestens) eine reelle Zahl $c$, die in all diesen Intervallen $[a_n, b_n]$ liegt.

Man beachte, dass die rationalen Zahlen genau diese Eigenschaft nicht besitzen. Man kann zum Beispiel Intervalle $[a_1, b_1], [a_2, b_2], [a_3, b_3], \ldots$ konstruieren, so dass die Endpunkte $a_1, a_2, \ldots$ und $b_1, b_2, \ldots$ rationale Zahlen sind, die einzige Zahl, die zu allen Intervallen gehört aber die Irrationalzahl $\sqrt{2}$ ist.
Anschaulich geht das so: Von der unendlichen, niemals abbrechenden Dezimaldarstellung von $\sqrt{2}$ nimmt man für $a_1$ nur die erste Nachkommastelle, für $a_2$ zwei Nachkommastellen, usw. Für die rechten Intervallgrenzen $b_1, b_2, \ldots$ erhöht man jeweils die letzte Stelle um Eins. Auf diese Weise erhält man Zahlen $a_1, a_2, a_3, \ldots$, die alle kleiner als $\sqrt{2}$ sind und Zahlen $b_1, b_2, b_3, \ldots$, die größer als $\sqrt{2}$ sind.
Konkret erhält man dann die folgenden Intervalle, deren Untergrenze immer kleiner als $\sqrt{2}$ und

deren Obergrenze immer etwas größer als $\sqrt{2}$ ist:

$$[a_1, b_1] = [1,\ 2]$$

$$\begin{array}{cc} \nearrow & \nwarrow \\ \text{zu klein} & \text{zu groß} \\ \searrow & \swarrow \end{array}$$

$$[a_2, b_2] = [1.4,\ 1.5]$$
$$[a_3, b_3] = [1.41,\ 1.42]$$
$$[a_4, b_4] = [1.414, 1.415]$$
$$\vdots \qquad \vdots$$

Aufgrund dieser Konstruktion ist $\sqrt{2}$ sicher in allen Intervallen enthalten. Da die Intervalllängen immer kleiner werden, kann es keine weiteren Zahlen geben, die in allen Intervallen enthalten sind. Damit ist keine rationale Zahl in allen Intervallen enthalten. Die rationalen Zahlen sind also nicht vollständig. Die Vollständigkeit der reellen Zahlen ist der Grund, warum man in $\mathbb{R}$ prima Analysis treiben kann, denn nur so lassen sich Begriffe wie Grenzwert, Stetigkeit oder Ableitung, die wir in späteren Kapiteln behandeln werden, überhaupt sinnvoll verwenden.

### Definition (Betrag):

Der **Betrag** einer reellen Zahl $a \in \mathbb{R}$ ist definiert durch

$$|a| := \begin{cases} a, & \text{falls } a \geq 0 \text{ ist} \\ -a, & \text{falls } a \leq 0 \text{ ist} \end{cases}$$

Für das Rechnen mit Beträgen gelten folgende Regeln.

### Satz 1.2 (Rechenregeln für Beträge):

Für alle Zahlen $a, b \in \mathbb{R}$ gilt:

(i) $\quad |a| \geq 0$

(ii) $\quad |a| = 0 \Leftrightarrow a = 0$

(iii) $\quad |-a| = |a|$

(iv) $\quad -|a| \leq a \leq |a|$

(v) $\quad |a \cdot b| = |a| \cdot |b|$

(vi) $\quad \left|\dfrac{a}{b}\right| = \dfrac{|a|}{|b|}$, falls $b \neq 0$

(vii) $\quad |a + b| \leq |a| + |b| \quad$ (Dreiecksungleichung)

(viii) $\quad |a - b| \geq \big||a| - |b|\big| \quad$ (umgekehrte Dreiecksungleichung)

**Begründung:** Die Regeln (i)-(vi) verifiziert man, indem man alle Möglichkeiten $a \geq 0$, $a \leq 0$, $b \geq 0$ und $b \leq 0$ durchspielt und den Betrag jeweils durch den passenden Ausdruck $a$, $-a$, $b$ oder $-b$ ersetzt.

Um die Dreiecksungleichung (vii) nachzuweisen, stellen wir erst einmal fest, dass dort auf beiden Seiten nicht-negative Zahlen stehen. Aus diesem Grund ist das Quadrieren eine Äquivalenzumformung. Beachtet man noch $|a+b|^2 = (a+b)^2$, dann erhält man

$$
\begin{aligned}
&& |a+b| &\leq |a|+|b| \\
&\Leftrightarrow & |a+b|^2 &\leq (|a|+|b|)^2 \\
\Leftrightarrow && a^2 + 2ab + b^2 &\leq a^2 + 2|ab| + b^2 \\
&\Leftrightarrow & 2ab &\leq 2|ab|
\end{aligned}
$$

Da die letzte Ungleichung offenbar immer richtig ist, ist die Dreiecksungleichung auch wahr. Für die „umgekehrte Dreiecksungleichung" (viii) benutzt man die normale Dreiecksungleichung auf geschickte Weise: Es ist

$$
\begin{aligned}
& |a| = |a-b+b| &\leq& \quad |a-b|+|b| \\
\Leftrightarrow\quad & |a|-|b| &\leq& \quad |a-b| \\
\text{und} \quad & |b| = |b-a+a| &\leq& \quad |b-a|+|a| \\
\Leftrightarrow\quad & |b|-|a| &\leq& \quad |b-a| = |a-b|
\end{aligned}
$$

Insgesamt ist dann $|a-b| \geq |a|-|b|$ und $|a-b| \geq |b|-|a| = -(|a|-|b|)$, woraus die Ungleichung (vii) folgt. □

---

Ein häufig beobachteter Fehler tritt beim Wurzelziehen auf: Unabhängig vom Vorzeichen der reellen Zahl $a \in \mathbb{R}$ gilt immer

$$\sqrt{a^2} = |a|.$$

Man darf also Wurzel und Quadrat nicht einfach nur „gegeneinander wegkürzen". Umgekehrt gilt dann für beliebige reelle Zahlen $a$ und $b$

$$|a| \leq |b| \quad \Leftrightarrow \quad a^2 \leq b^2.$$

---

**Bemerkung:**

Mit Hilfe des Betrags kann man auch in sehr kompakter Notation Intervalle um eine vorgegebene Zahl $x_0$ herum angeben:
Sei dazu $r \geq 0$. Für eine beliebige Zahl $x \in \mathbb{R}$ ist

$$|x - x_0| \leq r \quad \Leftrightarrow \quad x_0 - r \leq x \leq x_0 + r \quad \Leftrightarrow \quad x \in (x_0 - r, x_0 + r)$$

ein symmetrisches Intervall der Länge $2r$ um die Zahl $x$. Diese Art von Intervallen wird in der Analysis recht oft benutzt.

## 1.3 Natürliche Zahlen und Vollständige Induktion

Eine nützliche Eigenschaft der natürlichen Zahlen besteht darin, dass man sie der Reihe nach angeben kann. Das beruht darauf, dass es

- ▶ eine kleinste natürliche Zahl gibt (die „Eins") und dass
- ▶ jede natürliche Zahl genau einen Nachfolger hat.

Darauf lässt sich eine Argumentationsmethode aufbauen, die zum Beispiel geeignet ist, Summenformeln allgemein nachzuweisen.

**Beispiel: Die Summe ungerader Zahlen**
Betrachtet man die Abfolge

- $1 = 1$
- $1 + 3 = 4$
- $1 + 3 + 5 = 9$
- $1 + 3 + 5 + 7 = 16$
- $1 + 3 + 5 + 7 + 9 = 25, \ldots$

dann könnte man auf die Idee kommen, dass sich auf der rechten Seite die Folge der Quadratzahlen ergibt. In Formeln ausgedrückt führt das zu folgender

**Vermutung:** $\qquad 1 + 3 + 5 + 7 + \cdots + (2n - 1) = n^2$

> Nebenbei haben wir noch einen kleinen Trick benutzt. Um eine beliebige ungerade Zahl darzustellen, haben wir den Ausdruck $2n - 1$ verwendet. Man sieht sofort ein, dass dieser immer eine ungerade Zahl liefert, egal welche natürliche Zahl $n$ man einsetzt.
> Analog kann man mit dem Ausdruck $2n$ und $n \in \mathbb{N}$ alle geraden Zahlen darstellen.

Dass diese Gleichung für alle $n$ korrekt ist, ergibt sich noch aber nicht wirklich aus der obigen Rechnung für $n = 1, 2, 3, 4, 5$. Es könnte ja sein, dass die vermutete Formel für $n = 6$ (oder für $n = 1349283494239$) plötzlich nicht mehr stimmt.

Man hat also zwar eine gute Idee für eine allgemeine Summenformel, aber (zumindest als mathematisch sensibler Mensch) auch ein Problem, denn man kann schließlich die Gleichung niemals für *alle* $n$ nachrechnen, um sicherzugehen, dass die Vermutung wirklich immer stimmt.

Mit einer Art „Dominoprinzip" kann man eine solche Aussage trotzdem für alle natürlichen Zahlen *nachweisen*, obwohl man sie ja (aus Zeit- oder sonstigen Gründen) niemals für alle natürlichen Zahlen einzeln nachprüfen kann. Das Prinzip ist dabei das Folgende:

Aus der Gültigkeit der Formel für ein beliebiges $n$ (zum Beispiel für die Zahl $n = 1$, aber auch für $n = 999\,999$), folgert man die Gültigkeit für die Zahl $n+1$ (also für $n = 2$ oder eben $n = 1\,000\,000$).

Dann argumentiert man folgendermaßen:
Man prüft zuerst nach, dass die Summenformel für $n = 1$ stimmt.
Weil sie für $n = 1$ stimmt, stimmt sie auch für $n = 2$.
Weil sie für $n = 2$ stimmt, stimmt sie auch für $n = 3$.
Weil sie für $n = 3$ stimmt, stimmt sie auch für $n = 4, \ldots$

Will man sicher sein, dass die Formel auch für $n = 999\,999$ stimmt, dann muss man diesen Schritt (natürlich nur in Gedanken) so lange durchführen, bis man bei $n = 999\,999$ angekommen ist. Dass das wirklich funktioniert, liegt daran, dass man die Argumentation nicht für eine konkrete Zahl, sondern für beliebiges $n$ durchführt.

Im Prinzip könnte man sich auf diese Art bis zu jeder noch so großen Zahl durchhangeln. Weil man auf diese Weise bis zu jeder beliebigen Zahl $n$ kommen könnte, muss die Formel tatsächlich für *alle* natürlichen Zahlen $n$ stimmen. Dieses Verfahren nennt man **Prinzip der Vollständigen Induktion** oder kurz **Vollständige Induktion**.

## Satz 1.3 (Vollständige Induktion):

Sei $A(n)$ eine Aussage oder Formel, die von der natürlichen Zahl $n$ abhängt. Gelingen die beiden Schritte

- **Induktionsanfang** (auch *Verankerung* genannt):
  Man zeigt, dass die Aussage/Formel für eine Zahl $n_0$ (meist für $n_0 = 1$) stimmt

- **Induktionsschritt** (auch *Schluss von $n$ nach $n + 1$* genannt):
  Man zeigt, dass die Aussage/Formel auch für die Zahl $n + 1$ richtig ist, wenn man voraussetzt, dass sie für die Zahl $n$ stimmt

dann ist die Aussage $A(n)$ für alle $n \geq n_0$ wahr.

Wenn man im Induktionsschritt benutzt, dass $A(n)$ speziell für die Zahl $n$ wahr ist, dann nennt man das die *Induktionsvoraussetzung*.
In unserem Beispiel sehen diese beiden Argumentationsschritte konkret so aus:

**1. Schritt: Induktionsanfang bei $n = 1$:**
Hier ist nicht viel nachzurechnen. Man setzt $n = 1$ auf beiden Seiten der Vermutung ein, erhält $1 = 1^2$ und sieht sofort, dass die Gleichung erfüllt ist.

**2. Schritt: Induktionsschritt von $n$ nach $n + 1$**
Wenn tatsächlich $1 + 3 + \ldots + (2n - 1) = n^2$ (das ist hier die Induktionsvoraussetzung) gilt, dann ist

$$1 + 3 + \ldots + (2n - 1) + (2n + 1) =$$
$$\underbrace{(1 + 3 + \ldots + (2n - 1))}_{=n^2} + (2n + 1) = n^2 + 2n + 1 = (n + 1)^2.$$

Die Formel stimmt also auch für $n + 1$.
Mit dem oben beschriebenen Prinzip der Vollständigen Induktion folgert man nun, dass die Formel wirklich für **alle** natürlichen Zahlen $n$ stimmt.

## Bemerkung:

In seltenen Fällen gilt die Aussage nicht für $n = 1$, sondern erst ab einer größeren Zahl $n_0$. Diese Zahl muss man dann irgendwie herausfinden :-) Anschließend geht man fast genauso vor, nur den Induktionsanfang führt man mit der Zahl $n = n_0$ statt mit $n = 1$ durch. Beispielsweise ist die Aussage $3n^3 < 3^n$ für alle natürlichen Zahlen $n \geq 6$ wahr. Dies lässt sich mit Vollständiger Induktion beweisen, wenn man den Induktionsanfang bei $n_0 = 6$ macht. Dazu vergewissert man sich, dass $3 \cdot 6^3 = 648 < 3^6 = 729$ ist. Der Induktionsschritt von $n$ nach $n + 1$ darf dann ebenfalls die Bedingung $n \geq 6$ benutzen, und lautet in Kurzform beispielsweise

$$3(n + 1)^3 = 3n^3 + 9n^2 + 9n + 3 \leq 3n^3 + 3n^3 + \frac{1}{4}n^3 + 3 < 3 \cdot 3^n = 3^{n+1}.$$

Als weitere Anwendung des Prinzips der Vollständigen Induktion leiten wir noch eine nützliche Ungleichung her.

> **Satz 1.4 (Bernoullische Ungleichung):**
>
> Für jede reelle Zahl $h > -1$ und jede natürliche Zahl $n$ gilt die Ungleichung
> $$(1+h)^n \geq 1 + nh.$$

Das beweisen wir nun mittels Vollständiger Induktion nach $n$. Die Zahl $h$ ist dabei fest, aber im Rahmen der oben gemachten Einschränkungen ($h > -1$ und $h \neq 0$) frei wählbar.

**Induktionsanfang (n=1):**
Setzt man auf beiden Seiten der Behauptung die Zahl $n = 1$ ein, erhält man die offenbar wahre (Un-)Gleichung $1 + h \geq 1 + h$.

**Induktionsschritt (von $n$ nach $n + 1$):**
Wir dürfen als *Induktionsvoraussetzung* benutzen, dass die Ungleichung für eine Zahl $n$ gilt. Daraus wollen wir dann folgern, dass sie auch für die nächste Zahl $n + 1$ korrekt ist. Dazu berechnen wir die linke Seite der Ungleichung mit $n + 1$ statt $n$:

$$\begin{aligned} \Rightarrow (1+h)^{n+1} &= (1+h) \cdot (1+h)^n \\ &\geq (1+h)(1+nh) \quad \leftarrow \text{Induktionsvoraussetzung} \\ &= 1 + (n+1)h + nh^2 > 1 + (n+1)h. \end{aligned}$$

Damit gilt die Ungleichung auch für die Zahl $n + 1$.
Nach dem Prinzip der Vollständigen Induktion reicht das aus, um sicherzugehen, dass die Bernoullische Ungleichung tatsächlich für alle natürlichen Zahlen $n \in \mathbb{N}$ gilt.

## 1.4 Binomialkoeffizienten und der binomische Satz

Natürliche Zahlen und das Prinzip der Vollständigen Induktion spielen eine entscheidende Rolle, wenn es darum geht, die Anzahl von Anordnungen, Möglichkeiten, Kombinationen etc. abzuzählen.

Betrachten wir als erstes das Problem, auf wie viele verschiedene Arten man $n$ Objekte anordnen, also in eine Reihenfolge bringen kann. Da man jedes Objekt (in Gedanken ...) mit einer Nummer versehen könnte, ist das genau dasselbe wie die Anzahl verschiedener Möglichkeiten, die Zahlen $1, 2, 3, \ldots, n$ anzuordnen.

> **Definition (Permutation):**
>
> Eine Anordnung der Elemente einer Menge, bei der jedes Element genau einmal vorkommt, heißt **Permutation**.

**Beispiel:** Zwei Permutationen der Zahlen $\{1, 2, \ldots, 7\}$ sind $3, 5, 1, 7, 4, 2, 6$ und $7, 2, 3, 4, 6, 5, 1$.

> **Behauptung:** Es gibt
> $$1 \cdot 2 \cdot 3 \cdot \ldots \cdot (n-1) \cdot n = n! \quad (\text{„n Fakultät"})$$
> verschiedene Möglichkeiten, die Zahlen $1, 2, 3, \ldots, n$ anzuordnen, oder anders ausgedrückt: Die Anzahl der Permutationen von $\{1, 2, \ldots, n\}$ ist $n!$.

Diese Behauptung begründen wir auf zwei verschiedene Arten.

**1. Begründung:** Es gibt $n$ Möglichkeiten, um die erste Zahl auszuwählen, danach noch $n-1$ Möglichkeiten, die zweite Zahl auszuwählen, $n-2$ Möglichkeiten für die dritte Zahl, usw.

Am Ende bleiben noch 2 Möglichkeiten, um die $(n-1)$-te Zahl auszuwählen und schließlich nur noch 1 Möglichkeit, um die letzte Zahl auszuwählen.

Insgesamt sind das $n \cdot (n-1) \cdot (n-2) \cdot \ldots \cdot 2 \cdot 1$ Möglichkeiten.

**2. Begründung** : Mit Vollständiger Induktion
**Induktionsanfang bei** $n = 1$:
Es gibt genau eine Möglichkeit, ein einzelnes Objekt anzuordnen. Da $1! = 1$ ist, stimmt die Formel für $n = 1$.

**Induktionsschritt von** $n$ **nach** $n + 1$:
Wenn unsere Behauptung für die Zahl $n$ stimmt, dann gibt es genau $n!$ Möglichkeiten, $n$ Objekte anzuordnen.

Wir müssen daraus folgern, dass die Behauptung auch für die Zahl $n+1$ richtig ist. Dabei will man $n+1$ Objekte anordnen. Man hat also $n+1$ Möglichkeiten, um das Objekt, das an erster Stelle stehen soll, auszuwählen. Nach der Wahl des ersten Objekts bleiben noch $n$ Objekte übrig für die $n$ Plätze 2 bis $n+1$. Für diese $n$ Objekte gibt es nach der Induktionsvoraussetzung genau $n!$ Anordnungsmöglichkeiten. Da beide Wahlmöglichkeiten unabhängig voneinander sind, gibt es insgesamt $(n+1) \cdot (n!) = (n+1)!$ Anordnungsmöglichkeiten.

Eine andere Grundaufgabe erhält man, wenn es auf die Reihenfolge der Objekte nicht ankommt:

*Auf wieviele verschiedene Arten kann man $k$ Objekte aus $n$ Objekten auswählen?*

Wenn man sich wieder vorstellt, dass die Objekte mit $1, 2, \ldots, n$ durchnummeriert sind, dann entspricht dieses Problem der folgenden Aufgabe:

*Auf wieviele Arten kann man genau $k$ Zahlen aus $\{1, 2, 3, \ldots, n\}$ auswählen?*

Wir überlegen uns wieder, auf wie viele Arten man die $k$ Zahlen nacheinander auswählen kann: Für die Wahl der ersten Zahl gibt es $n$ Möglichkeiten, für die zweite Zahl noch $n-1$ Möglichkeiten und so weiter. Für die $k$-te Zahl hat man immer noch $n-k+1$ Möglichkeiten.
Insgesamt sind das $n \cdot (n-1) \cdot (n-2) \cdot \ldots \cdot (n-k+1)$ Möglichkeiten.
Da aber die Reihenfolge unwichtig ist, werden viele Möglichkeiten mehrfach gezählt. Ob man zuerst die Zahl 7 und dann die 2 wählen oder umgekehrt, soll nicht unterschieden werden.
Dies bedeutet, dass die $k!$ Permutationen der ausgewählten $k$ Zahlen nur als **eine** Möglichkeit gezählt werden dürfen. Man muss also noch durch $k!$ teilen, um die Anzahl der Möglichkeiten ohne Berücksichtigung der Reihenfolge zu erhalten.

**Definition (Binomialkoeffizient):**

Die Anzahl verschiedener Möglichkeiten, genau $k$ Zahlen aus $\{1, 2, 3, \ldots, n\}$ auszuwählen, heißt **Binomialkoeffizient**

$$\binom{n}{k} = \frac{n \cdot (n-1) \cdot (n-2) \cdot \ldots \cdot (n-k+1)}{k!} = \frac{n!}{(n-k)! \, k!} \quad \text{(„$n$ über $k$")}$$

### Beispiel (Lotto):

Wieviel verschiedene Zahlenkombinationen kann man beim Spiel „6 aus 49" ankreuzen? Das Ankreuzen entspricht der Auswahl von sechs Zahlen. Da es auf die Reihenfolge nicht ankommt, gibt es dafür

$$\binom{49}{6} = \frac{49 \cdot 48 \cdot 47 \cdot 46 \cdot 45 \cdot 44}{1 \cdot 2 \cdot 3 \cdot 4 \cdot 5 \cdot 6} = 13\,983\,816$$

Möglichkeiten. Mit Zusatzzahl sind es sogar noch einige mehr...

### Anregung zur weiteren Vertiefung:

Falls Sie an Poker interessiert sind, können Sie nun mit Hilfe der Formel

$$\text{Wahrscheinlichkeit} = \frac{\text{günstige Fälle}}{\text{mögliche Fälle}}$$

berechnen, wie groß die Chance auf ein Full House oder einen Flush ist.

Für die Binomialkoeffizienten gibt es einige nützliche Rechenregeln:

### Satz 1.5 (Eigenschaften der Binomialkoeffizienten):

(i) Für alle natürlichen Zahlen $0 \leq k \leq n$ gilt $\binom{n}{k} = \binom{n}{n-k}$

(ii) Für alle natürlichen Zahlen $1 \leq k \leq n$ gilt $\binom{n+1}{k} = \binom{n}{k} + \binom{n}{k-1}$

Beide Formeln lassen sich recht anschaulich begründen:

(i) gilt, da es keinen Unterschied macht, ob man $k$ Zahlen aus $n$ auswählt oder $n-k$ der $n$ Zahlen **nicht** auswählt.

(ii) $\binom{n+1}{k}$ ist die Anzahl der Möglichkeiten, $k$ Zahlen aus den $n+1$ Zahlen $\{1, 2, \ldots, n+1\}$ auszuwählen. Diese ergibt sich als Summe aus den Anzahlen der Möglichkeiten

- noch $k-1$ aus den restlichen $n$ Zahlen $\{2, 3, \ldots, n+1\}$ auszuwählen, wenn man die Zahl 1 schon ausgewählt hat und
- $k$ aus den $n$ Zahlen $\{2, 3, \ldots, n+1\}$ auszuwählen, falls man 1 nicht ausgewählt hat. □

### Beispiele:

Mit der Definition der Binomialkoeffizienten und ihren Eigenschaften berechnet man

$$\binom{6}{3} = \frac{6 \cdot 5 \cdot 4}{1 \cdot 2 \cdot 3} = 20$$

$$\binom{40}{38} = \binom{40}{40-38} = \binom{40}{2} = \frac{40 \cdot 39}{1 \cdot 2} = 780$$

## Der binomische Satz

Legendärer Schulstoff sind die **binomischen Formeln**, die man durch Ausmultiplizieren und Zusammenfassen findet:

$$(a+b)^2 = a^2 + 2ab + b^2$$
$$(a-b)^2 = a^2 - 2ab + b^2$$
$$(a+b)(a-b) = a^2 - b^2$$

Die Skizze rechts zeigt eine geometrische Begründung für die erste der drei Formeln.

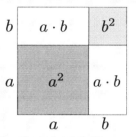

Die zweite Formel ergibt sich übrigens aus der ersten, indem man statt $b$ die Zahl $-b$ verwendet:

$$(a-b)^2 = (a+(-b))^2 = a^2 + 2a(-b) + (-b)^2 = a^2 - 2ab + b^2.$$

Hier eine Rechnung aus der *Mechanik*, in der eine der Binomischen Formeln verwendet wird.

### Beispiel (Rotorblatt):

Um Beanspruchungen und Verformungen eines Rotorblatts zu untersuchen, kann man es als einen Stab der Länge $L$ mit Querschnitt $A$ und konstanter Dichte $\varrho$ modellieren, der mit der Winkelgeschwindigkeit $\omega$ um eine Achse rotiert. Die Normalkraft, die im Abstand $x$ von der Drehachse im Rotorblatt nach innen wirkt ist genau entgegengesetzt zur Fliehkraft durch das „außerhalb" von $x$ liegenden Teils des Rotorblatts. Dieser dunkel eingezeichnete Teil hat die Länge $L-x$ und damit die Masse $m = \varrho(L-x)A$. Der Schwerpunkt dieses Teils liegt genau in der Mitte zwischen $x$ und dem Ende des Rotorblatts, also bei $r = x + \frac{1}{2}(L-x) = \frac{1}{2}(L+x)$.

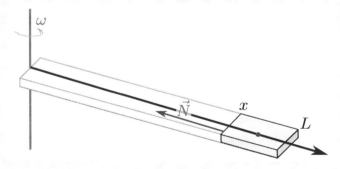

Für die Fliehkraft gilt die Formel

$$F_Z = mr\omega^2 = \varrho(L-x)A \cdot \frac{1}{2}(L+x) \cdot \omega^2 = \frac{1}{2}\varrho A\omega^2(L^2 - x^2).$$

wobei im letzten Schritt die binomische Formel verwendet wird.
Damit Kräftegleichgewicht herrscht, muss die Normalkraft mit genau derselben Stärke nach innen wirken. Die Normalkraft nimmt also von ihrem Maximalwert $\frac{1}{2}\varrho A\omega^2 L^2$ (direkt an der Drehachse) bis auf $0$ (am Ende des Rotorblatts) ab.

Es gibt auch „binomische Formeln" für höhere Potenzen:

$$\begin{aligned}(a+b)^3 &= a^3 + 3a^2b + 3ab^2 + b^3 \\ (a+b)^4 &= a^4 + 4a^3b + 6a^2b^2 + 4ab^3 + b^4 \\ (a+b)^5 &= a^5 + 5a^4b + 10a^3b^2 + 10a^2b^3 + 5ab^4 + b^5\end{aligned}$$

Wie oben kann man auch eines der Vorzeichen ändern und erhält

$$\begin{aligned}(a-b)^3 &= (a+(-b))^3 = a^3 + 3a^2(-b) + 3a(-b)^2 + (-b)^3 \\ &= a^3 - 3a^2b + 3ab^2 - b^3 \\ (a-b)^4 &= a^4 - 4a^3b + 6a^2b^2 - 4ab^3 + b^4 \\ (a-b)^5 &= a^5 - 5a^4b + 10a^3b^2 - 10a^2b^3 + 5ab^4 - b^5\end{aligned}$$

Mit zunehmendem Exponenten werden die Ausdrücke auf der rechten Seite immer länger und die Vorfaktoren immer größer. Wenn man eine allgemeine Gesetzmäßigkeit für die Koeffizienten sucht, dann stellt man fest, dass beim Ausmultiplizieren von $(a+b)^n$ nur Terme $a^n$, $a^{n-1}b$, $a^{n-2}b^2, \ldots a^2b^{n-2}$, $ab^{n-1}$ und $b^n$ auftreten, also solche, bei denen die Summe der Exponenten genau $n$ ergibt.

Um einen Term $a^k b^{n-k}$ zu erhalten, muss man beim Ausmultiplizieren in $k$ Klammern ein „a" auswählen und in den restlichen $n-k$ Klammern ein „b". Es gibt genau $\binom{n}{k}$ Möglichkeiten, aus den $n$ Klammern $k$ auszuwählen.

Diese Überlegung liefert also:

### Satz 1.6 (Binomischer Satz):

Für beliebige reelle Zahlen $a, b \in \mathbb{R}$ und jede natürliche Zahl $n \in \mathbb{N}$ ist

$$(a+b)^n = \binom{n}{0}a^n + \binom{n}{1}a^{n-1}b + \binom{n}{2}a^{n-2}b^2 + \ldots + \binom{n}{n-1}ab^{n-1} + \binom{n}{n}b^n.$$

Dabei definiert man noch $\binom{n}{0} = 1$ für jede natürliche Zahl $n$.

Für größere $n$ bekommt man beim Aufschreiben von $(a+b)^n$ Platzprobleme. Um diese Schwierigkeiten zu umgehen gibt es eine elegante Schreibweise für lange Summen:
Das

$$(a+b)^n = \sum_{k=0}^{n} \binom{n}{k} a^{n-k} b^k$$

ist eine Abkürzung und bedeutet: man lässt $k$ der Reihe nach die Zahlen von 0 bis $n$ durchlaufen, setzt also jede der Zahlen $0, 1, 2, \ldots, n$ einmal für $k$ ein:

▶ für $k = 0$ ergibt sich $\binom{n}{0} a^{n-0} b^0 = a^n$

▶ für $k = 1$ dann $\binom{n}{1} a^{n-1} b^1 = n a^{n-1} b$

▶ für $k = 2$: $\binom{n}{2} a^{n-2} b^2$ usw. und schließlich

▶ für $k = n$: $\binom{n}{n} a^{n-n} b^n = b^n$

Die $n+1$ Terme, die man auf diese Weise für die verschiedenen $k$ erhalten hat, werden anschließend addiert. Hier noch ein paar Summen zur Verdeutlichung:

## Beispiele (Summenzeichen):

$$\sum_{k=1}^{6} k = 1+2+3+4+5+6$$

$$\sum_{k=3}^{6} k^3 = 3^3 + 4^3 + 5^3 + 6^3$$

$$\sum_{k=2}^{m} \frac{1}{k} = \frac{1}{2} + \frac{1}{3} + \ldots + \frac{1}{m}$$

$$\sum_{m=4}^{8} 7 = 7+7+7+7+7$$

Den vorigen Satz könnte man in Kurzform also so schreiben:

## Satz 1.7 (Binomischer Satz):

Für eine beliebige natürliche Zahl $n \in \mathbb{N}$ gilt:

$$(a+b)^n = \sum_{k=0}^{n} \binom{n}{k} a^{n-k} b^k .$$

### Das Pascalsche Dreieck

Zur Berechnung von Binomialkoeffizienten kann man die Eigenschaft $\binom{n+1}{k} = \binom{n}{k} + \binom{n}{k-1}$ benutzen, die sich auf elegante Art im **Pascalschen Dreieck** wiederfindet.

$$
\begin{array}{ccccccccccccc}
 & & & & & & \binom{0}{0} & & & & & & \\
 & & & & & \binom{1}{0} & & \binom{1}{1} & & & & & \\
 & & & & \binom{2}{0} & & \binom{2}{1} & & \binom{2}{2} & & & & \\
 & & & \binom{3}{0} & & \binom{3}{1} & & \binom{3}{2} & & \binom{3}{3} & & & \\
 & & \binom{4}{0} & & \binom{4}{1} & & \binom{4}{2} & & \binom{4}{3} & & \binom{4}{4} & & \\
 & \binom{5}{0} & & \binom{5}{1} & & \binom{5}{2} & & \binom{5}{3} & & \binom{5}{4} & & \binom{5}{5} & \\
 \vdots & & \vdots & & \vdots & & \vdots & & \vdots & & \vdots & & \ddots
\end{array}
$$

Die Gleichung $\binom{n+1}{k} = \binom{n}{k} + \binom{n}{k-1}$ bedeutet hier: Jeder Binomialkoeffizient ist die Summe der beiden (links und rechts) über ihm stehenden Binomialkoeffizienten.

Man wendet also das folgende Rechenschema an:

$$
\begin{array}{ccccccccc}
 & & & & 1 & & & & \\
 & & & \swarrow & & \searrow & & & \\
 & & 1 & & & & 1 & & \\
 & \swarrow & & \searrow & & \swarrow & & \searrow & \\
 1 & & & & 2 & & & & 1 \\
\swarrow & & \searrow & & \swarrow & & \searrow & & \\
1 & & & 3 & & & 3 & & 1 \\
\end{array}
$$

$$
\begin{array}{ccccccccc}
1 & & 4 & & 6 & & 4 & & 1 \\
\vdots & & \vdots & & \vdots & & \vdots & & \vdots
\end{array}
$$

> **Bemerkung:**
>
> Diese Berechnung von Binomialkoeffizienten hat allerdings einen Nachteil: Um beispielsweise $\binom{50}{23}$ zu berechnen, muss man vorher schon *sehr* viele andere Binomialkoeffizienten bestimmen: $\binom{49}{22}$ und $\binom{49}{23}$, $\binom{48}{21}$, $\binom{48}{22}$ und $\binom{48}{23}$ usw.
>
> Für Binomialkoeffizienten $\binom{n}{k}$ mit großem $n$ und $k$, wie sie vor allem in der Wahrscheinlichkeitstheorie gelegentlich auftreten, gibt es die *Stirlingsche Formel* $n! \approx \sqrt{2\pi n} n^n e^{-n}$, mit der man Fakultäten $n!$ und Binomialkoeffizienten $\binom{n}{k}$ zwar nicht exakt berechnen kann, aber mit wesentlich weniger Aufwand einen doch recht genauen Näherungswert bestimmen kann.

> **Bemerkung:**
>
> Eine interessante Graphik kann man am Computer erzeugen, indem man alle geraden Zahlen im Pascalschen Dreieck durch ein weißes Kästchen und alle ungeraden Zahlen durch ein schwarzes Kästchen ersetzt.
>
>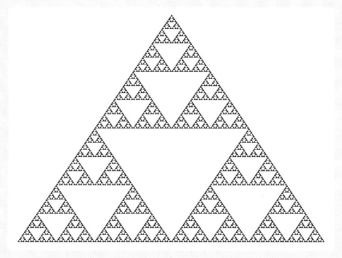

## 1.5 Die komplexen Zahlen

Zu Beginn dieses Kapitels haben wir die aus der Schule bekannten natürlichen, ganzen, rationalen und reellen Zahlen kurz angesprochen. Ihre „Erfindung" verdanken sie oft dem Wunsch, bestimmte Gleichungen lösen zu können, beispielsweise ist die Gleichung

$$5 + x = 2$$

in $\mathbb{N}$ nicht lösbar, wohl aber in $\mathbb{Z}$. Die Gleichung

$$7x + 2 = 4$$

wiederum hat weder in $\mathbb{N}$ noch in $\mathbb{Z}$ eine Lösung. Um diese Gleichung zu lösen, muss man Bruchzahlen einführen. Bruchzahlen reichen aber nicht aus, um beispielsweise quadratische Gleichungen wie

$$x^2 = 3$$

zu lösen. Es stellt sich überraschenderweise heraus, dass es Bruchzahlen gibt, deren Quadrat sehr nahe bei 3 liegt (sogar so nahe wie man nur möchte, es gibt also zum Beispiel Bruchzahlen $q$ mit $2,9999999 \leq q^2 \leq 3,000001$), aber für *keine* Bruchzahl $q$ ist das Quadrat $q^2$ *genau* 3. Mit reellen Zahlen kann man viele Gleichungen der Form

$$ax^2 + bx + c = 0$$

lösen und sogar völlig andere Gleichungen, zum Beispiel

$$2^x = 5.$$

Allerdings lassen sich nicht einmal alle quadratischen Gleichungen in $\mathbb{R}$ lösen, selbst so einfach aussehende Gleichungen wie

$$x^2 = -1$$

besitzen keine reelle Lösung.

Aus diesem Grund führt man eine weitere Menge von Zahlen ein, die *komplexen Zahlen*. Es genügt dabei, für $\sqrt{-1}$ das neue Symbol $i$, die *imaginäre Einheit*, zu „erfinden", so dass also $i^2 = -1$ ist. Mit Zahlen der Form $a + bi$ kann man dann wie gewohnt rechnen, wobei man nur beachten muss, dass man $i^2$ durch $-1$ ersetzen darf.

### Definition (Komplexe Zahlen):

Eine **komplexe Zahl** ist eine Zahl der Form $z = a + b \cdot i$ mit $a, b \in \mathbb{R}$.
Man nennt $a$ den **Realteil** von $z$, geschrieben $a = \operatorname{Re} z$ und $b$ den **Imaginärteil** von $z$, für den man $b = \operatorname{Im} z$ schreibt.
Die Menge aller komplexen Zahlen bezeichnen wir mit $\mathbb{C}$ (vom Englischen *complex*).
Für zwei komplexe Zahlen $z = a + b \cdot i$ und $w = c + d \cdot i$ definiert man

$$\begin{aligned} z + w &= a + c + i \cdot (b + d) \quad \text{(Real- und Imaginärteil getrennt addieren)} \\ z - w &= a - c + i \cdot (b - d) \\ z \cdot w &= ac - bd + i \cdot (ad + bc) \\ \frac{z}{w} &= \frac{ac + bd + (bc - ad)i}{c^2 + d^2} \end{aligned}$$

**Achtung!** Der Imaginärteil einer komplexen Zahl ist reell!

### Beispiel :

$$\begin{aligned} \operatorname{Re}(2 - 3i) = 2 \quad &, \quad \operatorname{Im}(2 - 3i) = -3 \\ (2 - 3i) + (3 + i) &= 5 - 2i \\ (2 - 3i)(3 + i) &= 2 \cdot 3 - 3i \cdot 3 + 2 \cdot i - 3i \cdot i \\ &= 6 - 9i + 2i - 3 \cdot i^2 \\ &= 6 - 7i - 3 \cdot (-1) = 9 - 7i \end{aligned}$$

So wie man sich die reellen Zahlen als Punkte auf einer Geraden vorstellen kann, kann man die komplexen Zahlen als Punkte in der Ebene auffassen. Der Realteil entspricht der $x$-Koordinate, der Imaginärteil der $y$-Koordinate. Die Addition von komplexen Zahlen wird dann wie die Vektoraddition im $\mathbb{R}^2$ durchgeführt, die wir demnächst kennenlernen.

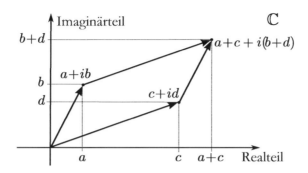

Die Rechenregeln für Multiplikation und Division von komplexen Zahlen versteht man besser, wenn man die folgenden Zwischenschritte durchführt und dabei an die Gleichung $i^2 = -1$ denkt:

$$(a + ib) \cdot (c + id) = ac + i(ad + bc) + \underbrace{i^2}_{=-1}(bd) = ac - bd + i(ad + bc)$$

und

$$\frac{a + ib}{c + id} = \frac{(a + ib)(c - id)}{(c + id)(c - id)} = \frac{ac + i(bc - ad) - i^2 bd}{c^2 - c(id) + (id)c - i^2 d^2} = \frac{ac + bd + (bc - ad)i}{c^2 + d^2}$$

Die letzte Rechnung ist ganz ähnlich wie das „Rationalmachen von Nennern", bei dem man gebrochene Ausdrücke so umformt, dass im Nenner keine Wurzeln mehr vorkommen. Man spricht daher auch vom „Reellmachen des Nenners".

Die letzte Rechnung kann man noch etwas anders schreiben, wenn man zwei weitere Größen für komplexe Zahlen einführt.

### Definition (konjugiert komplex):

Für eine komplexe Zahl $z = a + ib$ nennt man die Zahl $\overline{z} = a - ib$ die zu $z$ **konjugiert komplexe Zahl**.

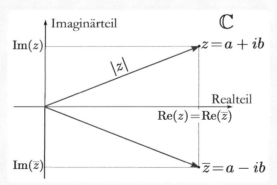

Die reelle Zahl $|z| = \sqrt{a^2 + b^2}$ nennt man den **Betrag** von $z$. Geometrisch ist $|z|$ der Abstand des Punktes $z$ in der komplexen Ebene vom Nullpunkt.

Der Betrag der komplexen Zahl $z = a + ib$ ist

$$|z| = \sqrt{z \cdot \bar{z}} = \sqrt{(\operatorname{Re} z)^2 + (\operatorname{Im} z)^2}$$

**Rechenregeln für komplex konjugierten Zahlen**

- $\overline{z + w} = \bar{z} + \bar{w}$ für $z, w \in \mathbb{C}$
- $\overline{z \cdot w} = \bar{z} \cdot \bar{w}$ für $z, w \in \mathbb{C}$
- $\bar{\bar{z}} = z$ für $z \in \mathbb{C}$
- $\operatorname{Re} z = \frac{1}{2}(z + \bar{z})$ und $\operatorname{Im} z = \frac{1}{2i}(z - \bar{z})$

Diese Regeln verifiziert man alle, indem man $z$ und $w$ in Real- und Imaginärteil zerlegt.

Die Rechnung zur Division lautet also in anderer Schreibweise

$$\frac{z}{w} = \frac{z \cdot \bar{w}}{w \cdot \bar{w}} = \frac{z \cdot \bar{w}}{|w|^2},$$

insbesondere ist

$$\frac{1}{z} = \frac{1 \cdot \bar{z}}{z \cdot \bar{z}} = \frac{\bar{z}}{|z|^2}.$$

**Beispiel:**

$$\frac{3+i}{2-3i} = \frac{(3+i)(2+3i)}{(2-3i)(2+3i)} = \frac{3+11i}{2^2+3^2} = \frac{3}{13} + \frac{11}{13}i$$

## Polynome

Komplexe Zahlen wurden von Cardano um 1545 zunächst eingeführt, um Formeln für reelle(!) Nullstellen von Polynomen dritten Grades angeben zu können. Später fand man heraus, dass alle Nullstellen von Polynomen beliebigen Grades komplexe Zahlen sind, genauer gilt der

**Satz 1.8 (Fundamentalsatz der Algebra):**

Für jedes Polynom vom Grad $n$

$$p(z) = a_n z^n + a_{n-1} z^{n-1} + \cdots + a_1 z + a_0 \quad \text{mit} \quad a_n \neq 0$$

mit komplexen Koeffizienten $a_j \in \mathbb{C}$ existieren komplexe Zahlen $z_1, z_2, \ldots, z_n$ mit

$$p(z) = a_n \cdot (z - z_1) \cdot (z - z_2) \cdot \ldots \cdot (z - z_n).$$

Damit ist

$$p(z) = 0 \iff z \in \{z_1, z_2, \ldots, z_n\}.$$

Ein Polynom vom Grad $n$ besitzt also genau $n$ komplexe Nullstellen, die jedoch nicht alle verschieden sein müssen, z.B. erhält man für $p(z) = z^4 - z^3$ die Nullstellen $z_1 = 1$, $z_2 = z_3 = z_4 = 0$.

Die allgemeinen Lösungsformeln für Polynome vom Grad 3 und 4 von Cardano und Ferrari sind schon recht kompliziert und für Polynome vom Grad $\geq 5$ gibt es im Allgemeinen überhaupt keine expliziten Lösungsformeln mehr, die mit Hilfe von Wurzeln angegeben werden können. Daher spielt das explizite Lösen von Gleichungen dritten und höheren Grades hier keine Rolle, sondern man beschafft sich in diesen Fällen meist eine Näherungslösung.

Eine wichtige Beobachtung über die Nullstellen von Polynomen mit reellen Koeffizienten ist die folgende Aussage:

### Satz 1.9:

Ist $p$ ein Polynom mit reellen Koeffizienten, d.h. $p(z) = a_n z^n + a_{n-1} z^{n-1} + \cdots + a_1 z + a_0$ mit $a_j \in \mathbb{R}$, dann ist für die komplex konjugierte Zahl $\bar{z}$

$$p(\bar{z}) = \sum_{j=0}^{n} a_j \bar{z}^j = \sum_{j=0}^{n} \overline{a_j} \cdot \overline{z^j} = \overline{\sum_{j=0}^{n} a_j z^j} = \overline{p(z)}.$$

Falls also $p(z) = 0$ ist, dann ist $p(\bar{z}) = \overline{p(z)} = \bar{0} = 0$. Insbesondere ist $z \in \mathbb{C}$ genau dann Nullstelle eines reellen Polynoms, wenn auch $\bar{z}$ eine Nullstelle ist.

Echt komplexe Nullstellen von reellen Polynomen treten also immer in Paaren (von komplex konjugierten Zahlen) auf.

### Beispiel:

1. Bei einem reellen quadratischen Polynom $p(z) = az^2 + bz + c$ führt die Lösungsformel

$$z_{1,2} = \frac{-b \pm \sqrt{b^2 - 4ac}}{2a}$$

   im Fall $b^2 - 4ac < 0$ (negative Diskriminante) auf ein Paar komplex konjugierter Lösungen:

$$z_{1,2} = \frac{-b}{2a} \pm \frac{\sqrt{-(4ac - b^2)}}{2a} = \frac{-b}{2a} \pm \frac{\sqrt{4ac - b^2}}{2a} i.$$

2. Die Nullstellen des Polynoms $q(z) = z^4 + 4$ sind

$$z_1 = -1 - i, \quad z_2 = -1 + i, \quad z_3 = 1 - i \text{ und } z_4 = 1 + i.$$

   Hier ist $z_2 = \overline{z_1}$ und $z_4 = \overline{z_3}$.

Man trifft leider gelegentlich die Meinung an, dass imaginäre Zahlen etwas so „Unnatürliches" sind, dass sie im Ingenieurstudium und -berufsleben keine Rolle spielen. Das ist ein Irrtum. Beispielsweise lassen sich periodische Schwingungen oft viel eleganter behandeln, wenn man die Rechnung im Komplexen durchführt. In der Elektrotechnik wird bei der Beschreibung von Wechselstromkreisen ein komplexer Widerstand eingeführt, der es erlaubt, den Ohmschen Widerstand, den induktiven Widerstand (einer Spule) und den kapazitiven Widerstand (eines Kondensators) auf einheitliche Weise zu betrachten.
Auch in der Strömungslehre werden komplexe Zahlen und Funktionen verwendet, um beispielsweise Profile von Tragflächen oder Turbinenschaufeln zu berechnen.

Insbesondere in Hinblick auf Schwingungen und auf die Multiplikation von komplexen Zahlen, erweist sich eine andere Darstellungsart als sehr nützlich:

### Definition (Polardarstellung komplexer Zahlen):

Jede komplexe Zahl $z = a + b \cdot i$ lässt sich auch in der Form

$$z = |z| \cdot (\cos(\varphi) + i \sin(\varphi))$$

darstellen. Dabei ist $\varphi$ der Winkel zwischen der positiven reellen Achse und der Verbindungslinie zwischen 0 und $z$.

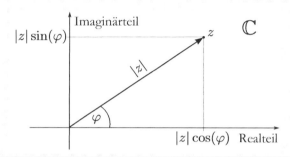

Spaltet man $z$ wieder in Real- und Imaginärteil auf, ergibt sich

$$a = \operatorname{Re} z = |z| \cdot \cos(\varphi) \quad \text{und} \quad b = \operatorname{Im} z = |z| \cdot \sin(\varphi).$$

Die trigonometrischen Größen Sinus und Cosinus definiert man dabei am Einheitskreis.

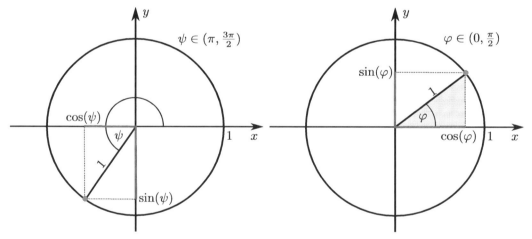

In der Mathematik wird der **Winkel** üblicherweise im **Bogenmaß** gemessen. Das bedeutet, dass der (dimensionslose) Winkel gleich der Länge des entsprechenden Kreisbogens am Einheitskreis ist. Der Vollwinkel $360°$ entspricht daher dem Umfang $2\pi$[1] des Einheitskreises, ein rechter Winkel ($90°$) ist im Bogenmaß $\frac{\pi}{2}$. Allgemein ist ein Winkel von $\alpha°$ im Bogenmaß gerade $\dfrac{\alpha°}{360°} \cdot 2\pi$.

Wir werden erst im zweiten Band beim Thema Potenzreihen an eine Stelle gelangen, an der die Benutzung von Winkeln im Gradmaß sehr mühsam wird. Trotzdem empfiehlt es sich, möglichst bald das Rechnen im Bogenmaß zu üben.

---
[1] Die Kreiszahl $\pi \approx 3,14$ ist eine irrationale Zahl, deren erste Ziffern man sich beispielsweise mit der englischen Eselsbrücke „May I have a large container of coffee?" merken kann.

Jedem Winkel $\varphi$ entspricht ein Punkt auf dem Einheitskreis. Die $x$-Koordinate dieses Punktes nennen wir $\cos(\varphi)$, die $y$-Koordinate $\sin(\varphi)$. Für Winkel zwischen 0 und $\dfrac{\pi}{2}$ alias 90° stimmt diese Definition mit der Definition am rechtwinkligen Dreieck als

$$\cos(\varphi) = \frac{\text{Ankathete}}{\text{Hypotenuse}}, \quad \sin(\varphi) = \frac{\text{Gegenkathete}}{\text{Hypotenuse}}$$

überein, wie man sich in dem grau unterlegten rechtwinkligen Dreieck klarmacht. Den **Tangens** definiert man dann für $\varphi \neq \frac{\pi}{2} + k\pi$ durch

$$\tan(\varphi) = \frac{\sin(\varphi)}{\cos(\varphi)}.$$

Bei der Polardarstellung $z = |z| \cdot (\cos(\varphi) + i\sin(\varphi))$ einer komplexen Zahl wählt man normalerweise $\varphi \in (-\pi, \pi]$ und nennt diesen Winkel das **Argument** von $z$. Der Winkel wird häufig auch so gewählt, dass er im Intervall $[0, 2\pi)$ liegt, prinzipiell ist aber in der Polardarstellung jeder Winkel erlaubt.

Wenn eine komplexe Zahl in der kartesischen Form $z = a + ib$ gegeben ist, dann ist die zugehörige Polarform $z = |z| \cdot (\cos(\varphi) + i\sin(\varphi))$ mit

$$|z| = \sqrt{a^2 + b^2} \quad \text{und} \quad \frac{b}{a} = \frac{|z| \cdot \sin(\varphi)}{|z| \cdot \cos(\varphi)} = \tan(\varphi).$$

Da die Tangensfunktion für $\varphi \in (-\pi, \pi]$ jeden Wert zweimal annimmt, ergibt sich aus der zweiten Gleichung nicht sofort der Winkel $\varphi$, sondern man muss sich anhand der Vorzeichen von $a$ und $b$ überlegen, in welchem Quadranten der Winkel $\varphi$ zu suchen ist. Wegen dieser Nichteindeutigkeit empfiehlt es sich, bei der Berechnung von $\varphi$ eine Skizze zu machen und aus den Vorzeichen von $a$ und $b$ den Quadranten zu bestimmen, in dem $z$ liegt.

Die Polardarstellung komplexer Zahlen ist ganz besonders für die Multiplikation und Division von großem Vorteil. Für zwei Zahlen $z = |z| \cdot (\cos(\varphi) + i\sin(\varphi))$ und $w = |w| \cdot (\cos(\psi) + i\sin(\psi))$ in Polardarstellung ist

$$\begin{aligned}
|w| \cdot |z| &= (|w|\cos(\psi) + i|w|\sin(\psi))(|z|\cos(\varphi) + i|z|\sin(\varphi)) \\
&= |w| \cdot |z| \cdot (\cos(\psi)\cos(\varphi) - \sin(\psi)\sin(\varphi) + i\cos(\psi)\sin(\varphi) + i\sin(\psi)\cos(\varphi)) \\
&= |w| \cdot |z| \cdot (\cos(\psi + \varphi) + i\sin(\psi + \varphi))
\end{aligned}$$

Auf ähnliche Weise kann man für den Quotienten die Gleichung

$$\frac{w}{z} = \frac{|w|}{|z|} \cdot (\cos(\psi - \varphi) + i\sin(\psi - \varphi))$$

herleiten. Die Polardarstellung von $w \cdot z$ und $\dfrac{w}{z}$ ergibt sich also auf einfache Art aus den Polardarstellungen von $w$ und $z$.

---

In Worten kann man diese Regeln so zusammenfassen:

▶ Zwei komplexe Zahlen werden multipliziert, indem man ihre Beträge multipliziert und ihre Argumente (Winkel) addiert.

▶ Zwei komplexe Zahlen werden dividiert, indem man ihre Beträge dividiert und ihre Argumente (Winkel) subtrahiert.

Damit sind wir am Ende der kurzen Einführung in die verschiedenen Zahlbereiche Insgesamt können wir diese Zahlbereiche und ihre Relation zueinander nun graphisch folgendermaßen darstellen:

## 1.6 Funktionen

**Funktionen** bzw. **Abbildungen** sind ein grundlegendes Hilfsmittel zur mathematischen Beschreibung der Zusammenhänge zwischen verschiedenen Größen.

### Beispiel (Ohmsches Gesetz):

In einem elektrischen Stromkreis mit einem Widerstand $R$ hängt die Stromstärke I von der angelegten Spannung U ab. Es gilt der Zusammenhang

$$I(U) = \frac{U}{R}.$$

jedem Wert von $U$ lässt sich so eine eindeutige Stromstärke $I$ zuordnen.

Diesen Zusammenhang kann man auch graphisch veranschaulichen durch das folgende Strom-Spannungs-Diagramm:

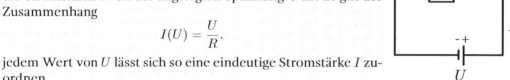

### Definition (Funktion):

Eine **Funktion** (oder **Abbildung**) ist eine Zuordnungsvorschrift, die jedem Element einer Ausgangsmenge $M$ auf eindeutige Weise ein Element einer Zielmenge $N$ zuordnet. Wir schreiben dafür $f : M \to N$ und nennen die Menge $M$ auch die Urbildmenge und die Menge $N$ Bildmenge.

Tendenziell kann man sagen, dass man eher *Funktion* sagt, wenn $M$ und $N$ Mengen von Zahlen sind, während man sonst eher von *Abbildungen* spricht, einen echten Unterschied zwischen den beiden Begriffen gibt es aber nicht.

Wenn man eine Funktion $f$ beschreiben möchte, gibt man meist an, was $f$ mit den Elementen von $M$ macht, d.h. man definiert

▶ beschreibt in Worten die Zuordnungsvorschrift

▶ definiert $f(x)$ für ein beliebiges $x \in M$ durch eine Formel

▶ oder gibt eine Tabelle an, die den Zusammenhang zwischen $x$ und $f(x)$ enthält

Oft schreibt man $y = f(x)$, um $f$ festzulegen, insbesondere wenn $f : \mathbb{R} \to \mathbb{R}$ eine Funktion ist, die jeder Zahl $x$ eine andere Zahl $y$ zuordnet.

Beispiele für Abbildungen sind die Zuordnungen

| Datum | $\longrightarrow$ | Wochentag |
|---|---|---|
| Zahl $n$ | $\longrightarrow$ | Zahl $n^2 - 1$ |
| Spannung im Draht | $\longrightarrow$ | Stromstärke im Draht |
| positive reelle Zahl $x$ | $\longrightarrow$ | positive reelle Zahl $\sqrt{x}$ |
| Kantenlänge eines Würfels | $\longrightarrow$ | Volumen eines Würfels |

**Wozu sind Funktionen nützlich?**

Funktionen bieten eine kompakte Methode, um die Abhängigkeit einer Größe von einer (oder mehreren) anderen Größen auszudrücken. In diesem Sinne kann man eine Funktion auch als Input-Output-Relation verstehen. Man füttert einen „Input" $x$ in einen Apparat, der einem dann auf irgendeine Weise daraus einen Output $f(x)$ produziert. Der Definitionsbereich ist dann die Menge aller „sinnvollen" oder „vernünftigen" Inputs, während die Menge aller möglichen Outputs das Bild von $f$ darstellt.

### Beispiel (Koordinatensysteme):

Jedem Punkt des dreidimensionalen (euklidischen) Raumes ordnet man ein Tripel $(x, y, z) \in \mathbb{R}^3$ zu, seine **Koordinaten**.
Umgekehrt entspricht jedem Koordinatentripel *genau* ein Punkt.

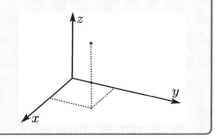

### Beispiel (Börsenkurse):

Für die Aktie der Rubotectrics AG wird im elektronischen Handel zu jedem Zeitpunkt $t$ eines Handelstages der entsprechende Kurs $K$ festgestellt. Das Schaubild der Funktion $t \mapsto K(t)$ bezeichnen Börsianer als *Chart* und viele Versuchen mit List und Tücke aus diesen Charts Informationen über den zukünftigen Kursverlauf herauszulesen („Chartanalyse").

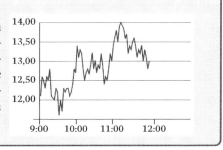

### Definition (Bild):

Sei $f : M \to N$ eine Abbildung und $A \subset M$ eine Teilmenge von $M$.
Dann heißt die Menge $f(A) = \{f(a); a \in A\} \subseteq N$ das **Bild** von $A$ unter $f$.

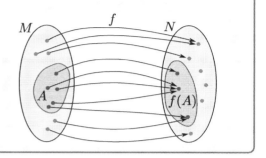

**Beispiel:** Für $f : \mathbb{R} \to \mathbb{R}$ mit $f(x) = x^2$ ist

▶  $f(\mathbb{R}) = [0, \infty)$ und

▶  $f(\{2, 3\}) = \{4, 9\}$, aber auch $f(\{-3, 2\}) = \{4, 9\}$ oder $f(\{-3, -2, 2, 3\}) = \{4, 9\}$.

Es kann also durchaus mehrere verschiedene Mengen geben, die dasselbe Bild besitzen.

### Definition (Urbild eines Punktes):

Sei $f : M \to N$ eine Abbildung und $n \in N$.
Dann ist das **Urbild** von $n$ die Menge aller Elemente von $M$, die auf $n$ abgebildet werden:

$$f^{-1}(n) = \{m \in M;\ f(m) = n\}$$

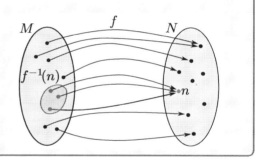

**Beispiel:** Für $f : \mathbb{R} \to \mathbb{R}$ mit $f(x) = x^2$ ist

▶  $f^{-1}(2) = \{+\sqrt{2}, -\sqrt{2}\}$ das Urbild von 2 und

▶  $f^{-1}(0) = \{0\}$

### Definition (Urbild einer Menge):

Sei $f : M \to N$ eine Abbildung und $B \subseteq N$.
Dann heißt die Menge aller Elemente von $M$, die **nach $B$** abgebildet werden, das **Urbild** von $B$:

$$f^{-1}(B) = \{m \in M;\ f(m) \in B\}$$

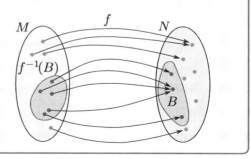

**Beispiel:** $f(x) = x^2$ Für $B = [4, 9)$ ist $f^{-1}(B) = [2, 3) \cup (-3, -2]$.

## Injektivität und Surjektivität

**Definition (surjektiv, injektiv, bijektiv):**

Eine Abbildung $f : M \to N$ heißt

- **surjektiv**, falls es zu jedem Element $y$ von $N$ *mindestens ein* $x \in M$ gibt mit $f(x) = y$.
- **injektiv**, falls es zu jedem Element $y$ von $N$ *höchstens ein* $x \in M$ gibt mit $f(x) = y$.
- **bijektiv**, falls $f$ injektiv **und** surjektiv ist, d.h. falls es zu jedem Element $y$ von $N$ *genau ein* $x \in M$ gibt mit $f(x) = y$.

**Bemerkung:**

Andere (aber gleichwertige) Formulierungen sind:

- $f : M \to N$ ist surjektiv genau dann, wenn $f(M) = N$ ist.
- $f : M \to N$ ist injektiv, wenn kein Element von $N$ zwei verschiedene Urbilder besitzt, falls also verschiedene Argumente auch verschiedene Funktionswerte liefern:

$$a \neq b \Rightarrow f(a) \neq f(b).$$

Um die Injektivität von $f$ nachzuprüfen, kann man die Umkehrung dieser Aussage benutzen: $f$ ist genau dann injektiv, wenn aus $f(a) = f(b)$ immer $a = b$ folgt.

**Beispiel (Injektive, aber nicht surjektive Abbildung):**

Sei $M$ die Menge aller Studierenden der Universität Schilda. Die Abbildung $f : M \to \mathbb{N}$ ordnet jedem Studierenden seine Matrikelnummer zu. Sie ist

- *injektiv*, denn keine zwei Studis haben dieselbe Matrikelnummer
- *nicht surjektiv*, denn nicht alle (natürlichen) Zahlen kommen als Matrikelnummer vor.

Rechts eine schematische Darstellung der Situation.

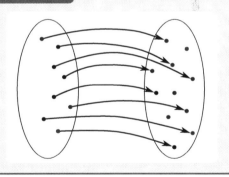

**Beispiel (Surjektive, aber nicht injektive Abbildung):**

Die Abbildung $k : \mathbb{R} \to \mathbb{R}$ mit $q(x) = x^3 - x$ ist

- *nicht injektiv*, denn $q(-1) = q(0) = q(1) = 0$
- *surjektiv*, denn wenn man das Schaubild von $q$ betrachtet, erkennt man, dass alle reellen Zahlen als Funktionwerte vorkommen

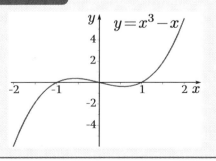

### Beispiel (Weder injektive noch surjektive Abbildung):

Sei $M$ die Menge aller Menschen die je gelebt haben. Die Abbildung $f : M \to M$ ordne jedem Menschen seine Mutter zu.

- $f$ ist *nicht injektiv* (Geschwister haben dieselbe Mutter)

- $f$ ist *nicht surjektiv* (Männer!)

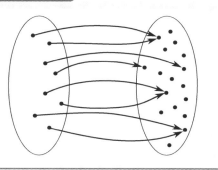

### Beispiel (Bijektive Abbildung):

Die Abbildung $f : \mathbb{R} \to \mathbb{R}$, die jeder reellen Zahl $x$ die Zahl $f(x) = 2x - 1$ zuordnet ist sowohl *injektiv* als auch *surjektiv*, denn zu *jeder* reellen Zahl $y$ kann man sich auf eindeutige Weise das Urbild $x = \dfrac{y+1}{2}$ verschaffen.

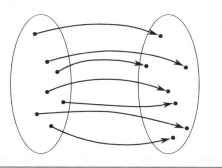

## Die Umkehrfunktion

Ist die Abbildung $f : M \to N$ bijektiv, dann besitzt jedes $n \in N$ genau ein Urbild.
Man findet daher zu jedem $n \in N$ ein *eindeutiges* $m \in M$ mit $f(m) = n$.

### Definition (Umkehrfunktion):

Die Abbildung $f^{-1} : N \to M$, die jedem $n \in N$ sein Urbild zuordnet, heißt **Umkehrfunktion** von $f$.

**Beispiel: Matrikelnummern**
Hier sind $M$ die Menge der Erstsemester und $N$ die Menge aller Matrikelnummern von Erstsemestern. Dann kann man die Zuordnungsvorschrift umkehren:

$$\begin{array}{rcl} f : M & \to & N \\ \text{Person} & \mapsto & \text{Matrikelnummer} \\ f^{-1} : N & \to & M \\ \text{Matrikelnummer} & \mapsto & \text{Person} \end{array}$$

**Beispiel: Lineare Funktion**
$h : \mathbb{R} \to \mathbb{R}$ mit $h(x) = 2x + 3$ hat die Umkehrfunktion $h^{-1} : \mathbb{R} \to \mathbb{R}$ mit $h^{-1}(y) = \dfrac{1}{2}(y - 3)$, **denn:**

$$\begin{array}{rcl} y = 2x + 3 \Leftrightarrow y - 3 & = & 2x \\ \Leftrightarrow \dfrac{1}{2}(y - 3) & = & x \end{array}$$

## Verkettung von Funktionen

Oft wendet man mehrere Funktionen nacheinander an. Wenn man zuerst die Funktion $f : X \to Y$ und dann die Funktion $g : Y \to Z$ anwendet, also $g(f(x))$ bestimmt, dann schreibt man dafür

$$(g \circ f)(x)$$

Diese neue Funktion $g \circ f$ bildet dann von der Menge $X$ in die Menge $Z$ ab. Die Notation ist für manchen etwas gewöhnungsbedürftig, da die Funktionen hier von rechts nach links in Aktion treten, aber vielleicht hilft es etwas, wenn man sich die Sprechweise „g nach f" angewöhnt.
Mit Hilfe einer Skizze kann man auch eine andere typische Fehlerquelle einsehen: Wenn $f$ und $g$ beide bijektive Funktionen sind mit Umkehrfunktionen $f^{-1}$ und $g^{-1}$, dann ist auch $g \circ f$ eine invertierbare Funktion mit

$$(g \circ f)^{-1} = f^{-1} \circ g^{-1}$$

Während man bei $g \circ f$ zuerst $f$ und dann $g$ anwendet, muss man auf dem „Rückweg" zuerst $g^{-1}$ und erst danach $f^{-1}$ benutzen.

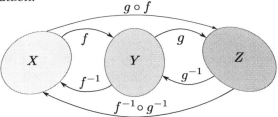

Die Abbildungen, mit denen wir am meisten zu tun haben werden, sind reelle Funktionen, also Abbildungen $f : D \to \mathbb{R}$, wobei der Definitionsbereich $D$ eine Teilmenge von $\mathbb{R}$ ist (oft ganz $\mathbb{R}$). Der **Graph** (oder das **Schaubild**) $G_f$ der reellen Funktion $f$ ist die Menge

$$G_f := \{(x, f(x));\ x \in D\} \subset \mathbb{R} \times \mathbb{R}$$

Einige Eigenschaften einer Funktion zeigen sich ganz anschaulich im Graphen von $f$:

## Periodizität und Symmetrie

Manche Funktionen besitzen die Eigenschaft, dass man nur Funktionswerte auf einem Teil des Definitionsbereich kennen muss, um sich die übrigen dann mit anderen Überlegungen zu verschaffen.

> **Definition (Periodische Funktion):**
>
> Eine Funktion $f : \mathbb{R} \to \mathbb{R}$ heißt **periodisch** mit der Periode $p > 0$, wenn $f(x + p) = f(x)$ für alle $x \in \mathbb{R}$.

Wenn $f$ periodisch ist mit der Periode $p$, dann ist $f$ auch periodisch mit der Periode $2p$, denn

$$f(x + 2p) = f(x + p + p) = f(x + p) = f(x)$$

und auch mit den Perioden $3p, 4p,...$
Typischerweise interessiert man sich daher für die *minimale* Periode $p > 0$, die eine Funktion gegebenenfalls besitzt. Es genügt dann, diese minimale Periode $p$ und die Funktionswerte auf einem beliebigen Intervall der Länge $p$ zu kennen, um das gesamte Schaubild der Funktion $f$ zeichnen zu können.
Die wichtigsten Beispiel für periodische Funktionen sind die trigonometrischen Funktionen Sinus und Cosinus, die wir in einem späteren Kapitel ausführlich behandeln.

### Definition (Gerade und ungerade Funktionen):

Sei $f : D \to \mathbb{R}$ eine reelle Funktion mit $D = \mathbb{R}$, $D = [-a, a]$ oder $D = (-a, a)$. Die Funktion $f$ heißt **gerade**, falls $f(x) = f(-x)$ ist für alle $x \in D$.
Die Schaubilder von geraden Funktion sind spiegelsymmetrisch bezüglich der y-Achse.

Die Funktion $f$ heißt **ungerade**, falls $f(x) = -f(-x)$ für alle $x \in D$.
Die Schaubilder ungerader Funktionen sind punktsymmetrisch bezüglich des Ursprungs.

### Beispiel :

Die Funktion $f(x) = \dfrac{1}{1 + x^4}$ ist gerade, denn $f(-x) = \dfrac{1}{1 + (-x)^4} = \dfrac{1}{1 + x^4} = f(x)$.

## Verschiebung und Skalierung von Funktionen

Das Verschieben und Skalieren des Schaubilds einer Funktion erreicht man, indem man die Funktion auf geeignete Art abwandelt:

▶ **Verschiebungen in y-Richtung:**
Betrachtet man statt $f(x)$ die Funktion $g(x) = f(x) + a$, dann ist das Schaubild von $g$ gegenüber dem Schaubild von $f$ um $a$ in y-Richtung verschoben. Dabei bedeutet $a > 0$ eine Verschiebung nach oben, $a < 0$ eine Verschiebung nach unten.

▶ **Verschiebungen in x-Richtung:**
Betrachtet man statt $f(x)$ die Funktion $h(x) = f(x - c)$, dann ist das Schaubild von $h$ gegenüber dem Schaubild von $f$ um $c$ in $x$-Richtung verschoben. Dabei bedeutet $c > 0$ eine Verschiebung nach rechts, $c < 0$ eine Verschiebung nach links.

▶ **Skalierung in x-Richtung:**
Betrachtet man statt $f(x)$ die Funktion $k(x) = f(\lambda x)$, dann ist das Schaubild von $k$ gegenüber dem Schaubild von $f$ um den Faktor $\lambda$ in $x$-Richtung gestaucht oder gestreckt. Dabei bedeutet $\lambda > 1$ eine Stauchung, $\lambda < 1$ eine Streckung.

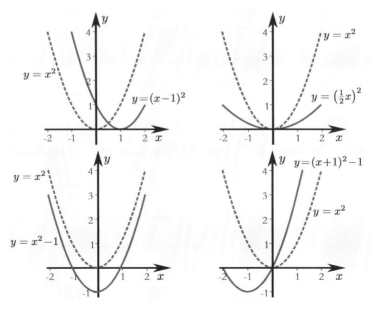

Eine häufig beobachtete Schwierigkeit ist das Vorzeichen der Verschiebung in $x$-Richtung. Ist der Graph von $h(x) = (x-2)^2$ gegenüber der Normalparabel $f(x) = x^2$ um zwei nach rechts oder nach links verschoben? Hier hilft die folgende Überlegung: „Wenn man $x = 2$ in $h$ einsetzt, rechnet man $h(2) = (2-2)^2 = 0^2$, also dasselbe wie beim Einsetzen von $x = 0$ in $f$. Genauso liefert $x = 5$ in $h$ eingesetzt $h(5) = (5-2)^2 = 3^2$, also dieselbe Rechnung wie für $f(3)$. Allgemein liefert $h$ bei $x+2$ denselben Funktionswert wie $f$ bei $x$. Darum ist der Graph von $h$ gegenüber dem Graphen von $f$ um 2 nach *rechts* verschoben.

Auf ähnliche Weise kann man sich auch zwischen Streckung und Stauchung entscheiden, indem man zum Beispiel überlegt, dass man $x = \frac{1}{5}$ in $k(x) = (5x)^2$ einsetzen muss, um denselben Funktionswert zu erhalten, den man bei $f(x) = x^2$ mit $x = 1$ erhält.

### Anregung zur weiteren Vertiefung:

Die Heaviside-Funktion (Sprungfunktion) ist definiert als

$$H(x) = \begin{cases} 1 & \text{für } x \geq 0 \\ 0 & \text{für } x < 0 \end{cases}$$

Sie kann zum Beispiel benutzt werden, um einen Anschaltvorgang zu modellieren. In diesem Fall ist $x$ die „Zeit" und $H(x) = 0$ steht für „aus", während $H(x)$ „ein" bedeutet. Aus der Heaviside-Funktion kann man viele weitere Funktionen basteln, die Sprünge haben oder einen Wechsel Ein/Aus simulieren sollen.

▶ Zeichnen Sie die Schaubilder der Funktionen $H(-x)$, $H(x) + 2$ und $H(x+2)$.

▶ Geben Sie mit Hilfe von $H$ eine Funktion an, die für $x < 3$ den Wert $-1$ und für $x \geq 3$ den Wert $+1$ hat.

▶ Zeichnen Sie das Schaubild der Funktion $T(x) = H(x+1) - H(x-1)$.

▶ Wie sehen die Schaubilder der Funktionen $L(x) = x \cdot H(x)$ und $P(x) = x^2 \cdot H(x)$ aus?

## Nachdem Sie dieses Kapitel bearbeitet haben, sollten Sie ...

- ... gelernt haben was eine Menge ist, wie man mit Mengen „rechnet" und wie man Mengen darstellen kann
- ... sich an die wichtigsten Rechenregeln aus der Schule im Umgang mit Brüchen, Ungleichungen und Beträgen erinnern
- ... in der Lage sein, Beweise mit vollständiger Induktion durchzuführen
- ... den binomischen Satz kennen und wissen, wie man Binomialkoeffizienten (auch ohne Taschenrechner) berechnet
- ... wissen, was komplexe Zahlen sind und wie für komplexe Zahlen die Grundrechenarten definiert sind
- ... Real-, Imaginärteil und Betrag einer komplexen Zahl berechnen und geometrisch interpretieren können
- ... die kartesische Form und die Polardarstellung von komplexen Zahlen kennen und beide ineinander umrechnen können
- ... wissen, was eine Funktion $f : M \to N$ zwischen zwei Mengen $M$ und $N$ ist
- ... Bilder und Urbilder von einzelnen Punkten und von Mengen definieren und bestimmen können
- ... entscheiden können, ob eine gegebene Funktion injektiv/surjektiv/bijektiv ist
- ... Funktionen auf Punkt- bzw. Spiegelsymmetrie untersuchen können
- ... wissen, wie man eine gegebene reelle Funktion abändern muss, um ihr Schaubild zu skalieren oder zu verschieben

## Aufgaben zu Kapitel 1

1. Welche der folgenden Beziehungen gelten für *beliebige* Mengen $A$, $B$ und $C$?
   (a) $(A \setminus B) \setminus C \subseteq A \setminus (B \setminus C)$
   (b) $A \setminus (B \setminus C) \subseteq (A \setminus B) \setminus C$

   Veranschaulichen Sie sich diese Beziehungen zunächst durch ein Diagramm. Entscheiden Sie dann, welche *immer* wahr sind und geben Sie für diejenigen Beziehungen, die nicht immer erfüllt sind, ein konkretes Gegenbeispiel an.

2. Wenn man weiß, dass $\dfrac{1}{1-n} > 2$ ist für eine natürliche Zahl $n$, was kann man dann über die Zahl $3 + 2n$ sagen?

3. (a) Bestimmen Sie alle Lösungen der Gleichung $\dfrac{2}{|x+1|} = |2x - 1|$.
   (b) Welche reellen Zahlen $x \in \mathbb{R}$ erfüllen die Ungleichung $|x^2 - 4| \leq 2 + x$?
   (c) Für welche reelle Zahl $k \in \mathbb{R}$ hat die Gleichung $|x + 10| + |x - 3| = k$ unendlich viele Lösungen?

4. Zeigen Sie mit Vollständiger Induktion:
    (a) Für alle natürlichen Zahlen $n \in \mathbb{N}$ ist $\quad 3 + 7 + 11 + \ldots + (4n - 1) = 2n^2 + n$
    (b) Zeigen Sie, dass für alle $n \in \mathbb{N}$ gilt: $\dfrac{n(n^2 + 5)}{3} \in \mathbb{N}$.
    (c) Für alle reellen Zahlen $0 < a < 1$ und alle $n \in \mathbb{N}$ gilt die Ungleichung $(1-a)^n < \dfrac{1}{1 + na}$.
    (d) Für alle $q \neq 1$ und alle $n \in \mathbb{N}$ ist $1 + q + q^2 + q^3 + \ldots + q^n = \dfrac{q^{n+1} - 1}{q - 1}$.

5. (a) Faktorisieren Sie die Ausdrücke $x^2 + 8x + 16$, $4y^2 - 18y + 9$ und $c^2 + 4cd + 4d^2$ mit Hilfe der binomischen Formeln.
    (b) Schreiben Sie die Ausdrücke $(2x - y)^3$ und $(a + 1)^4$ mit Hilfe des binomischen Satzes um.

6. (a) Wieviele Wörter mit vier verschiedenen Buchstaben lassen sich mit den Buchstaben M, O, N, T, A und G bilden?
    (b) Wieviele Wörter aus vier Buchstaben lassen sich aus den Buchstaben B, A, N, A, N und E bilden? Dabei darf in dem Wort beispielsweise zweimal (aber nicht dreimal) der Buchstabe A vorkommen.
    (c) Das häufigste Endergebnis bei Fußballspielen lautet 2:1. Dafür gibt es drei mögliche Torfolgen: 1:0 - 2:0 - 2:1, 1:0 - 1:1 - 2:1 und 0:1 - 1:1 - 2:1.
    Das Endspiel der Handball-WM 2017 gewann Frankreich mit 33:26 gegen Norwegen. Auf wie viele Arten von Torabfolgen kann man zu diesem Endstand kommen? Wie viele verschiedene Torfolgen sind allgemein für das Ergebnis $n : m$ möglich?

7. (a) Bestimmen Sie alle reellen Zahlen $x \in \mathbb{R}$, für die $|4 - x^2| = 3$ ist.
    (b) Skizzieren Sie die Menge $A = \{(x, y) \in \mathbb{R}^2;\ |x| + |y| \leq 2\}$

8. Schreiben Sie die Ausdrücke $2 - 5 + 8 - 11 + - \cdots + 80$ und $\dfrac{1}{2 \cdot 4} + \dfrac{1}{3 \cdot 5} + \dfrac{1}{4 \cdot 6} + \cdots + \dfrac{1}{21 \cdot 23}$ mit Hilfe des Summenzeichens.

9. Was folgt aus dem binomischen Satz $(a + b)^n = \sum\limits_{k=0}^{n} \binom{n}{k} a^k b^{n-k}$, wenn man $a = b = 1$ oder $a = -1$ und $b = 1$ einsetzt?
    Welche Eigenschaften des Pascalschen Dreiecks ergeben sich daraus?

10. Skizzieren Sie in der Gaußschen Zahlenebene die folgenden Mengen:
    (a) $A = \{z \in \mathbb{C};\ |\text{Re}(z)| < \text{Im}(z)\}$,
    (b) $B = \{z \in \mathbb{C};\ |z - i| < |z + i|\}$,
    (c) $C = \{z \in \mathbb{C};\ \text{Re}((2 + i)z) = 1\}$

11. Weisen Sie durch eine kurze Rechnung die Parallelogrammgleichung
$$|z - w|^2 + |z + w|^2 = 2\left(|z|^2 + |w|^2\right)$$
für beliebige komplexe Zahlen $z, w \in \mathbb{C}$ nach und deuten Sie diese Gleichung graphisch.

12. Bringen Sie die folgenden komplexen Zahlen in die Form $a + bi$ mit $a, b \in \mathbb{R}$:
$$z_1 = (1 + 2i)(2 - i) + i,\ z_2 = \frac{1+i}{1-i},\ z_3 = \left(\frac{i}{i+1}\right)^3 \text{ und } z_4 = \sum_{k=-4}^{4} i^k.$$

13. Zeichnen Sie (natürlich von Hand) in dasselbe Koordinatensystem das Schaubild der Funktion $f(x) = |x|$ und die Schaubilder von

$$g(x) = |x - 2| \text{ (grün)}, \quad h(x) = 3 - |2x| \text{ (blau) und } k(x) = 3|x + 1| - 3 \text{ (rot)}.$$

14. Für beliebige Mengen $A$ und $B$ ist $A \cap B$ immer dasselbe wie
    - ☐ $(A \setminus B) \setminus A$
    - ☐ $(A \cup B) \setminus (A \setminus B)$
    - ☐ $A \setminus (A \setminus B)$
    - ☐ $(A \cup B) \setminus (A \cap B)$
    - ☐ $(A \setminus B) \cup (B \setminus A)$

15. Will man ausgehend vom Schaubild $y = f(x)$ einer Funktion $f$ das Schaubild der Funktion $g(x) = f(3x + 2) - 4$ skizzieren, dann muss man das Schaubild von $f$...
    - ☐ zuerst um 4 nach unten verschieben, dann um 2 nach links verschieben und schließlich horizontal um dem Faktor 3 stauchen.
    - ☐ zuerst um 2 nach links verschieben, dann horizontal mit dem Faktor 3 stauchen und anschließend um 4 nach unten verschieben.
    - ☐ zuerst horizontal mit dem Faktor 3 stauchen, dann um 2 nach links verschieben und als letztes um 4 nach unten verschieben.
    - ☐ zuerst um 4 nach unten verschieben, dann horizontal mit dem Faktor 3 stauchen und zum Schluss um 2 nach links verschieben.
    - ☐ in beliebiger Reihenfolge um 4 nach unten verschieben, um 2 nach links verschieben und horizontal mit dem Faktor 3 stauchen.

# 2 Vektoren

## 2.1 Vektoren

### Kartesische Koordinaten

Wir wollen in diesem Kapitel Analytische Geometrie betreiben, d.h. geometrische Objekte durch Zahlen und Gleichungen beschreiben und mit Hilfe dieser Darstllungen geometrische Probleme rechnerisch lösen.

Dazu benötigen wir als erstes einen *besonderen Punkt* 0, den wir **Ursprung** nennen und von dem aus wir unsere Messungen durchführen. Darüber hinaus brauchen wir noch zwei zueinander senkrechte durch 0 verlaufende Geraden angibt, die $x$- und die $y$-Achse, und auf diesen eine Maßeinheit zum Messen von Entfernungen. Man nennt dies ein *Kartesisches Koordinatensystem* der Ebene $\mathbb{R}^2 = \mathbb{R} \times \mathbb{R}$. Typischerweise ist dies alles schon gegeben, wenn wir anfangen zu rechnen, aber wir werden uns später Gedanken machen, was zu tun ist, wenn man von einem gegebenen kartesischen Koordinatensystem in ein anderes (zum Beispiel gedrehtes) Koordinatensystem wechseln will.

Üblicherweise werden die Bezeichnungen so gewählt, dass man die $x$-Achse durch eine Drehung um 90° gegen den Uhrzeigersinn in die $y$-Achse überführen kann. Durch die Koordinatenachsen wird die Ebene in vier *Quadranten* unterteilt.

> Die Quadranten werden *im mathematisch positiven Sinn* (= gegen den Uhrzeigersinn) nummeriert. Dieser Orientierung *gegen* den Uhrzeigersinn werden wir auch bei der Winkelmessung wiederbegegnen.

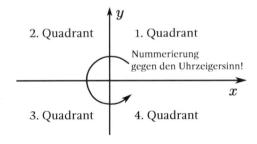

Die Koordinaten eines Punktes $P$ in der Ebene erhält man, indem man von $P$ aus das Lot auf die Achsen fällt. Die Fußpunkte geben dann die $x$-Koordinate $x_P$ bzw. die $y$-Koordinate $y_P$ des Punktes $P$ an. Wir schreiben $P = (x_P, y_P)$, um die Lage des Punktes $P$ anzugeben. Der Ursprung $O$ hat daher die Koordinaten $O = (0,0)$.

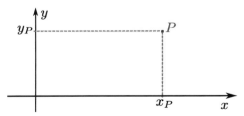

So wie jeder Punkt nach Festlegung eines Koordinatensystems eindeutige $x$- und $y$-Koordinaten besitzt, wird auch durch die Angabe der Koordinaten in der Ebene *eindeutig* ein Punkt festgelegt. Zu einem beliebigen Zahlenpaar $(x_Q, y_Q) \in \mathbb{R}^2 = \mathbb{R} \times \mathbb{R}$ gibt es genau einen Punkt $Q$ in der Ebene, so dass $Q = (x_Q, y_Q)$. Dass wir die Lage eines Punktes mit genau zwei Zahlen beschreiben können, liegt daran, dass die Ebene zweidimensional ist. Es ist möglich und auch durchaus gebräuchlich, die Lage von Punkten in anderen Koordinaten anzugeben:

▶ auf der Kugeloberfläche durch geographische Länge und Breite

▶ in ebenen Polarkoordinaten durch den Abstand vom Ursprung und den Winkel zwischen der Verbindungslinie zum Ursprung und der $x$-Achse (siehe später)

Man beachte, dass man in einer Ebene auf viele verschiedene Arten kartesische Koordinatensysteme wählen kann: Man kann einerseits den Ursprung zu einem anderen Punkt verschieben, andererseits kann man auch die Achsen um den Ursprung drehen.
Nachdem man sich auf ein bestimmtes Koordinatensystem festgelegt hat, lässt sich jeder Punkt eindeutig durch die Koordinaten darstellen.
Was gewinnt man dadurch? Man kann nun Mengen in der Ebene durch Gleichungen oder Ungleichungen beschreiben. Beispielsweise liegt die Menge der Punkte $(x, y)$ mit $x^2 + y^2 < 1$ im Inneren eines Kreises vom Radius 1 um den Ursprung.
Achtung! Die Sprechweise ist hier manchmal etwas unsauber. (Sehr) korrekt ist beispielsweise

„*die Menge aller Punkte $(x, y) \in \mathbb{R}^2$ mit $x^2 + y^2 = 4$ liegt auf einem Kreis mit Radius 2 um den Ursprung*"

Oft wird man aber hören

„$x^2 + y^2 = 4$ *ist ein Kreis mit Radius 2 um den Ursprung*"

was ja, wenn man sprachlich präzise sein möchte, schon deshalb nicht stimmen kann, weil ein Kreis eine geometrische Figur und keine Gleichung ist. Gemeint ist mit beiden Aussagen allerdings dasselbe.

## Vektoren

Vektoren im $\mathbb{R}^2$ oder $\mathbb{R}^3$ kann man sich als Verschiebung schaulichen: Zu zwei beliebigen Punkten $P$ und $Q$ gibt es eine Parallelverschiebung der Ebene oder des Raumes, die genau den Punkt $P$ auf den Punkt $Q$ schiebt. Diese Parallelverschiebung bezeichnen wir mit $\overrightarrow{PQ}$ und symbolisieren den Vektor durch einen Pfeil von $P$ nach $Q$.
Man beachte, dass ein Vektor eine Richtung und eine feste Länge, aber keinen festen Anfangs- und Endpunkt hat. In der folgenden Abbildung ist daher $\overrightarrow{PQ} = \overrightarrow{RS}$.

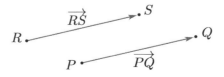

Ein spezieller Vektor ist der **Nullvektor** $\vec{0}$, der einer Verschiebung entspricht, bei der nichts verschoben wird, also der identischen Abbildung: $\vec{0} = \overrightarrow{PP}$ für alle Punkte $P$.
Zu einem Vektor $\vec{v}$ gibt es immer einen gleich langen, aber entgegengesetzt gerichteten Vektor, den wir mit $-\vec{v}$ bezeichnen. Die Verschiebung mit $-\vec{v}$ macht die vom Vektor $\vec{v}$ bewirkte Verschiebung rückgängig. Insbesondere ist also $\overrightarrow{QP} = -\overrightarrow{PQ}$.

> **Bemerkung:**
>
> In einigen Büchern werden Vektoren im $\mathbb{R}^n$ als geordnete $n$-Tupel von reellen Zahlen definiert. Das setzt voraus, dass ein Koordinatensystem vorgegeben ist, auf das sich die Koordinaten beziehen. Wenn man ein anderes Koordinatensystem wählt, dann wird dieselbe Verschiebung durch ein anderes $n$-Tupel von Zahlen beschrieben. Wir stellen uns Vektoren zunächst als etwas vor, das auch ohne ein Koordinatensystem existiert, das man aber mit Koordinaten ausdrücken kann.

> **Definition (Vektor in kartesischen Koordinaten):**
>
> Ist im $\mathbb{R}^2$ ein (kartesisches) Koordinatensystem gegeben, dann kann man jeden Vektor $\vec{v}$ durch ein Paar reeller Zahlen beschreiben. Sind $P = (p_1, p_2)$ und $Q = (q_1, q_2)$ zwei Punkte, dann ist der Vektor
>
> $$\overrightarrow{PQ} = \begin{pmatrix} q_1 - p_1 \\ q_2 - p_2 \end{pmatrix}.$$
>
> Analog wird nach Wahl eines Koordinatensystems im $\mathbb{R}^3$ jeder Vektor durch ein Tripel reeller Zahlen und im $\mathbb{R}^n$ durch ein n-Tupel reeller Zahlen beschrieben. Wir schreiben dann
>
> $$\vec{v} = \begin{pmatrix} v_1 \\ v_2 \\ \vdots \\ v_n \end{pmatrix} \in \mathbb{R}^n.$$

Vektoren treten in vielen technischen Anwendungen auf, zum Beispiel sind Kräfte als Vektoren aufzufassen, aber auch das elektrische Feld ist eine vektorielle Größe, da es in jedem Punkt des Raumes eine Richtung und eine „Länge" (hier: die Feldstärke) hat.

> Übrigens zeigt sich hier mal wieder, warum Mathematik für Ingenieurinnen und Ingenieure so wichtig ist. Ein relativ abstraktes Konzept (hier die Vektorrechnung) lässt sich in völlig verschiedenen Zusammenhängen verwenden. Wenn man einmal gelernt hat, mit Vektoren zu rechnen, kann man damit Kräftezerlegungen, elektrische Felder, Flüssigkeitsströmungen und vieles mehr behandeln.

## Rechnen mit Vektoren

Für Vektoren gibt es zunächst einmal zwei Rechenoperationen: Die Addition von Vektoren und die skalare Multiplikation (Skalierung) von Vektoren, die man nicht mit dem später noch auftretenden Skalarprodukt zwischen zwei Vektoren verwechseln sollte.
Die Hintereinanderausführung von zwei Parallelverschiebungen $\overrightarrow{PQ}$ und $\overrightarrow{QR}$ ergibt wieder eine Parallelverschiebung, nämlich $\overrightarrow{PR}$, denn der Punkt $P$ wird ja zunächst nach $Q$ und von $Q$ aus nach $R$ verschoben, insgesamt also von $P$ nach $R$.

Geometrisch kann man sich das sehr anschaulich klarmachen, indem man die entsprechenden Vektorpfeile aneinandersetzt.

### Beispiel (Vektoraddition und Kräfteparallelogramm):

Kräfte sind vektorielle Größen. Die resultierende Gesamtkraft, wenn an einem Punkt zwei Kräfte angreifen, erhält man durch Vektoraddition.

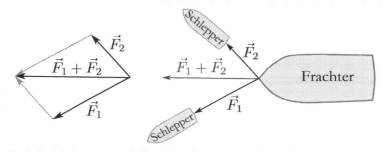

### Beispiel (Tragwerksberechnung):

Unter einem Fachwerk versteht man ein Tragwerk aus geraden, masselosen Stäben, bei denen jeder Stab an zwei Knoten gelenkig mit anderen Stäben verbunden ist, z.B. bei Brücken, Kränen oder Strommasten.
An den Knoten können äußere Kräfte angreifen, außerdem sind eventuell einer oder mehrere der Knoten fest oder verschiebbar gelagert.

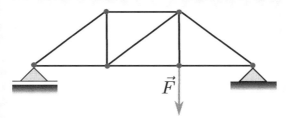

In der Technischen Mechanik bestimmt man die auftretenden Kräfte durch Gleichgewichtsbedingungen, d.h. an jedem einzelnen Knoten muss die vektorielle Addition der dort angreifenden Kräfte $\vec{0}$ ergeben.
Dies führt dann auf ein Lineares Gleichungssystem, wie wir es in Kapitel 4 behandeln.

Für die **Vektoraddition** gelten ähnliche Rechenregeln wie für die Addition von reellen Zahlen.

**Rechenregeln der Vektoraddition**

(i) $\vec{x} + \vec{y} = \vec{y} + \vec{x}$   *Kommutativität*

(ii) $(\vec{x} + \vec{y}) + \vec{z} = \vec{x} + (\vec{y} + \vec{z})$   *Assoziativität*

(iii) $\vec{x} + \vec{0} = \vec{0} + \vec{x} = \vec{x}$, d.h. der Nullvektor ist das *neutrale Element*

(iv) $\vec{x} + (-\vec{x}) = \vec{0}$, d.h. $-\vec{x}$ ist das *inverse Element* von $\vec{x}$

> **Beispiel:**
>
> Vektoren kann man zum Addieren also einfach „Aneinanderhängen":
>
> $$\vec{v}_1 + \vec{v}_2 + \vec{v}_3 + \vec{v}_4 + \vec{v}_5 + \vec{v}_6 = \sum_{j=1}^{6} \vec{v}_j = \vec{w}$$
>
>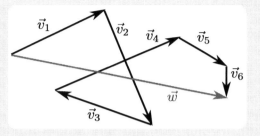

Darüber hinaus kann man Vektoren mit einem reellen Faktor skalieren. Der Vektor $\alpha \vec{v}$ hat dieselbe Richtung wie $\vec{v}$, aber die $\alpha$-fache Länge. Wenn $\alpha < 0$ ist, dann zeigen $\vec{v}$ und $\alpha \vec{v}$ in entgegengesetzte Richtungen.

Insbesondere erhält man für $\alpha = -1$ den schon angesprochenen Vektor $-\vec{v} = (-1)\vec{v}$, der dieselbe Länge wie $\vec{v}$, aber die genau entgegengesetzte Richtung hat.

> **Rechenregeln für die skalare Multiplikation von Vektoren**
>
> $$\begin{aligned} \alpha \cdot (\beta \cdot \vec{x}) &= (\alpha \cdot \beta) \cdot \vec{x} \\ 1 \cdot \vec{x} &= \vec{x} \\ \alpha \cdot (\vec{x} + \vec{y}) &= \alpha \cdot \vec{x} + \alpha \cdot \vec{y} \quad \text{(Distributivgesetz)} \\ (\alpha + \beta) \cdot \vec{x} &= \alpha \cdot \vec{x} + \beta \cdot \vec{x} \quad \text{(Distributivgesetz)} \end{aligned}$$

In Koordinaten werden Vektoren **komponentenweise** addiert bzw. subtrahiert, d.h. es ist

$$\vec{x} + \vec{y} = \begin{pmatrix} x_1 \\ x_2 \\ \vdots \\ x_n \end{pmatrix} + \begin{pmatrix} y_1 \\ y_2 \\ \vdots \\ y_n \end{pmatrix} = \begin{pmatrix} x_1 + y_1 \\ x_2 + y_2 \\ \vdots \\ x_n + y_n \end{pmatrix}$$

Auch die Skalierung erfolgt komponentenweise, d.h. für eine beliebige Zahl $\alpha \in \mathbb{R}$ gilt:

$$\alpha \cdot \vec{x} = \alpha \cdot \begin{pmatrix} x_1 \\ x_2 \\ \vdots \\ x_n \end{pmatrix} = \begin{pmatrix} \alpha x_1 \\ \alpha x_2 \\ \vdots \\ \alpha x_n \end{pmatrix}.$$

**Beispiel:**

$$3 \cdot \begin{pmatrix} 2 \\ -3 \\ 1 \end{pmatrix} + \begin{pmatrix} 2 \\ 5 \\ 0 \end{pmatrix} - \begin{pmatrix} -2 \\ 1 \\ 2 \end{pmatrix} = \begin{pmatrix} 10 \\ -5 \\ 1 \end{pmatrix}$$

Einen weiteren Zusammenhang zwischen Punkten in der Ebene bzw. im Raum und Vektoren stellt die folgende Definition her.

## Definition (Ortsvektor):

Sei im $\mathbb{R}^2$ oder $\mathbb{R}^3$ ein kartesisches Koordinatensystem gegeben. Dann ist zu jedem Punkt $P$ der **Ortsvektor** $\vec{p}$ von $P$ gegeben als

$$\vec{p} = \overrightarrow{OP}.$$

Insbesondere ist für zwei Punkte $P$ und $Q$ mit Ortsvektoren $\vec{p}$ und $\vec{q}$ immer $\overrightarrow{PQ} = \vec{q} - \vec{p}$, denn

$$\overrightarrow{OP} + \overrightarrow{PQ} = \overrightarrow{OQ} \;\Rightarrow\; \overrightarrow{PQ} = \overrightarrow{OQ} - \overrightarrow{OP} = \vec{q} - \vec{p}.$$

## Lineare Unabhängigkeit

Durch die Vektoraddition und Skalierung kann man aus zwei Vektoren $\vec{p}, \vec{q} \in \mathbb{R}^n$ viele weitere Vektoren konstruieren:

$$\vec{x} = \lambda \vec{p} + \mu \vec{q}$$

mit beliebigen Skalierungsfaktoren $\lambda, \mu \in \mathbb{R}$. Jede solche Darstellung nennt man eine **Linearkombination** von $\vec{p}$ und $\vec{q}$. Geometrisch sind die Linearkombinationen von $\vec{p}$ und $\vec{q}$ die Ortsvektoren aller Punkte, die in einer Ebene liegen. Auf diesen Punkt kommen wir später genauer zurück.

**Beispiel:** Für die beiden Vektoren $\vec{p} = \begin{pmatrix} -1 \\ 1 \\ 0 \end{pmatrix}$ und $\vec{p} = \begin{pmatrix} 2 \\ 0 \\ 1 \end{pmatrix}$ im $\mathbb{R}^3$ sind einige Linearkombinationen von $\vec{p}$ und $\vec{q}$ eingezeichnet.

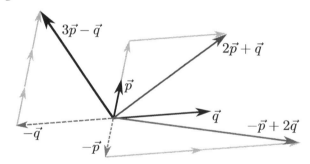

## Definition (linear unabhängig):

Man nennt die Vektoren $\vec{p}_1, \vec{p}_2, \ldots, \vec{p}_k$ **linear unabhängig**, falls die Vektorgleichung

$$\lambda_1 \vec{p}_1 + \lambda_2 \vec{p}_2 + \cdots + \lambda_k \vec{p}_k = \vec{0}$$

nur die Lösung $\lambda_1 = \lambda_2 = \ldots = \lambda_k = 0$ besitzt.
Im Gegensatz dazu sind die Vektoren $\vec{p}_1, \vec{p}_2, \ldots, \vec{p}_k$ **linear abhängig**, falls man Zahlen $\lambda_1, \lambda_2, \ldots, \lambda_k$ findet, von denen mindestens eine ungleich Null ist, und für die gilt

$$\lambda_1 \vec{p}_1 + \lambda_2 \vec{p}_2 + \ldots + \lambda_k \vec{p}_k = \vec{0}.$$

Im allgemeinen müssen wir ein lineares Gleichungssystem lösen (und dabei herausfinden, dass es nur die Lösung $\lambda_1 = \lambda_2 = \ldots = \lambda_k = 0$ gibt), um die lineare Unabhängigkeit von Vektoren zu überprüfen. Da wir ein allgemeines Lösungsverfahren für lineare Gleichungssystem beliebiger Größe erst in Kapitel 4 kennenlernen werden, stellen wir hier die wichtigsten Spezialfälle zusammen.

Die wichtigsten Spezialfälle:

▶ Wenn einer der $k$ Vektoren $\vec{p}_1, \vec{p}_2, \ldots, \vec{p}_k$ der Nullvektor ist, zum Beispiel $\vec{p}_1 = \vec{0}$, dann sind die Vektoren automatisch linear abhängig, denn die Vektorgleichung

$$\lambda_1 \vec{p}_1 + \lambda_2 \vec{p}_2 + \ldots + \lambda_k \vec{p}_k = \vec{0}.$$

hat dann beispielsweise die Lösung $\lambda_1 = 1$ und $\lambda_2 = \lambda_3 = \cdots = \lambda_k = 0$, bei der nicht alle $\lambda_j = 0$ sind.

▶ Zwei Vektoren $\vec{p} \neq \vec{0}$ und $\vec{q} \neq \vec{0}$ sind linear unabhängig, wenn $\vec{q}$ kein Vielfaches von $\vec{p}$ ist, d.h. wenn es kein $\lambda \in \mathbb{R}$ gibt, so dass $\vec{q} = \lambda \vec{p}$.

▶ Drei Vektoren $\vec{p}, \vec{q}, \vec{r} \neq \vec{0}$ sind linear unabhängig, wenn $\vec{q}$ kein Vielfaches von $\vec{p}$ und zudem $\vec{r}$ keine Linearkombination von $\vec{p}$ und $\vec{q}$ sind.
Achtung! Es reicht *nicht* zu überprüfen, dass keiner der Vektoren ein Vielfaches eines der anderen beiden Vektoren ist.

Im $\mathbb{R}^2$ kann man jeden Vektor als Linearkombination der beiden Vektoren

$$\vec{e}_1 = \begin{pmatrix} 1 \\ 0 \end{pmatrix} \quad \text{und} \quad \vec{e}_2 = \begin{pmatrix} 0 \\ 1 \end{pmatrix}$$

darstellen, denn

$$\vec{x} = \begin{pmatrix} x_1 \\ x_2 \end{pmatrix} = x_1 \begin{pmatrix} 1 \\ 0 \end{pmatrix} + x_2 \begin{pmatrix} 0 \\ 1 \end{pmatrix}.$$

Man könnte aber auch statt $\vec{e}_1$ und $\vec{e}_2$ zwei andere Vektoren verwenden, zum Beispiel

$$\vec{b}_1 = \begin{pmatrix} 1 \\ 1 \end{pmatrix} \quad \text{und} \quad \vec{b}_2 = \begin{pmatrix} 0 \\ 2 \end{pmatrix}.$$

Dann wäre

$$\vec{x} = \begin{pmatrix} x_1 \\ x_2 \end{pmatrix} = x_1 \begin{pmatrix} 1 \\ 1 \end{pmatrix} + \frac{x_2 - x_1}{2} \begin{pmatrix} 0 \\ 2 \end{pmatrix}$$

immer noch eindeutig als eine (andere!) Linearkombination dieser Vektoren $\vec{b}_1$ und $\vec{b}_2$ darstellbar. Diese Wahlmöglichkeit liegt der folgenden Definition zugrunde.

**Definition (Basis):**

Eine Menge linear unabhängiger Vektoren, aus denen sich alle Vektoren des $\mathbb{R}^n$ durch Linearkombination darstellen lassen, heißt eine **Basis** des $\mathbb{R}^n$.

**Satz 2.1:**

Jede Basis des $\mathbb{R}^n$ besteht aus genau $n$ Vektoren.
Wenn $\{\vec{b}_1, \vec{b}_2, \ldots, \vec{b}_n\}$ eine Basis des $\mathbb{R}^n$ ist, dann ist für jeden Vektor $\vec{x} \in \mathbb{R}^n$ die Darstellung

$$\vec{x} = \lambda_1 \vec{b}_1 + \lambda_2 \vec{b}_2 + \ldots + \lambda_n \vec{b}_n$$

als Linearkombination der Basisvektoren eindeutig, das heißt, es gibt für jeden Vektor $\vec{x}$ genau eine Möglichkeit, die Zahlen $\lambda_1, \lambda_2, \ldots, \lambda_n$ zu wählen, so dass die obige Gleichung gilt.

**(Teil-)Beweis:** Wir zeigen nur, dass die Darstellung jedes Vektors $\vec{x}$ eindeutig ist. Falls nämlich

$$\vec{x} = \lambda_1 \vec{b}_1 + \lambda_2 \vec{b}_2 + \ldots + \lambda_n \vec{b}_n = \mu_1 \vec{b}_1 + \mu_2 \vec{b}_2 + \ldots + \mu_n \vec{b}_n$$

zwei Linearkombinationen sind, die den Vektor $\vec{x}$ ergeben, dann erhält man durch Subtraktion der rechten Seite

$$(\lambda_1 - \mu_1)\vec{b}_1 + (\lambda_2 - \mu_2)\vec{b}_2 + \ldots + (\lambda_n - \mu_n)\vec{b}_n = \vec{0}$$

und weil die (Basis-)Vektoren $\vec{b}_1, \vec{b}_2, \ldots, \vec{b}_n$ linear unabhängig sind, müssen alle Koeffizienten verschwinden:

$$\lambda_1 - \mu_1 = \lambda_2 - \mu_2 = \cdots = \lambda_n - \mu_n = 0$$

und die „zwei" Linearkombinationen sind in Wahrheit ein und dieselbe Darstellung. Es gibt also nur eine einzige solche Darstellung von $\vec{x}$.

□

### Bemerkung:

Die Zahl $n$ erklärt sich folgendermaßen:

▶ Hat man zu wenige Vektoren, also weniger als $n$ linear unabhängige Vektoren, dann lassen sich nicht alle Vektoren des $\mathbb{R}^n$ durch Linearkombinationen darstellen.

▶ Hat man zu viele Vektoren, also insgesamt mehr als $n$ Vektoren, dann können diese nicht linear unabhängig sein.

Die Anzahl der Basisvektoren liefert auch die präzise Erklärung, warum man die Ebene *zweidimensional* und den Raum *dreidimensional* nennt: Jeder Vektor in der lässt sich mit Hilfe von zwei linear unabhängigen Vektoren als Linearkombination erzeugen, jeder Vektor im Raum als Linearkombination von drei linear unabhängigen Vektoren.

### Definition (Standardbasis):

Im $\mathbb{R}^n$ bilden die $n$ Vektoren

$$\vec{e}_1 = \begin{pmatrix} 1 \\ 0 \\ 0 \\ \vdots \\ 0 \end{pmatrix}, \quad \vec{e}_2 = \begin{pmatrix} 0 \\ 1 \\ 0 \\ \vdots \\ 0 \end{pmatrix}, \ldots, \vec{e}_n = \begin{pmatrix} 0 \\ 0 \\ 0 \\ \vdots \\ 1 \end{pmatrix}$$

eine Basis, die sogenannte **Standardbasis**. Die Vektoren $\vec{e}_1, \vec{e}_2, \ldots, \vec{e}_n$ nennt man auch die **Standardeinheitsvektoren**.

Im nächsten Abschnitt sehen wir, dass die Standardeinheitsvektoren nicht nur eine Basis bilden, sondern weitere günstige Eigenschaften besitzen.

## 2.2 Winkel und Skalarprodukt

Um Längen von Vektoren und Winkel zwischen Vektoren zu definieren, benutzt man eine Abbildung, die jeweils zwei Vektoren eine Zahl (einen *Skalar*) zuordnet.

## Definition (Skalarprodukt):

Für zwei Vektoren $\vec{x} = \begin{pmatrix} x_1 \\ \vdots \\ x_n \end{pmatrix}$ und $\vec{y} = \begin{pmatrix} y_1 \\ \vdots \\ y_n \end{pmatrix}$ im $\mathbb{R}^n$ ist das **Skalarprodukt** definiert durch

$$\vec{x} \cdot \vec{y} = x_1 y_1 + x_2 y_2 + \ldots + x_n y_n = \sum_{j=1}^{n} x_j y_j.$$

**Beispiel:**

$$\begin{pmatrix} 2 \\ -3 \\ 1 \end{pmatrix} \cdot \begin{pmatrix} 2 \\ 5 \\ 0 \end{pmatrix} = -11, \quad \begin{pmatrix} 2 \\ -3 \end{pmatrix} \cdot \begin{pmatrix} 3 \\ 2 \end{pmatrix} = 0$$

## Bemerkung:

Andere Schreibweisen für das Skalarprodukt sind $\langle \vec{x}, \vec{y} \rangle$ und $(\vec{x}, \vec{y})$.

Unmittelbar aus der Definition ergeben sich für das Skalarprodukt die folgenden Rechenregeln.

(i) $\vec{x} \cdot \vec{y} = \vec{y} \cdot \vec{x}$ (Kommutativität)

(ii) $\alpha(\vec{x} \cdot \vec{y}) = (\alpha \vec{x}) \cdot \vec{y} = \vec{x} \cdot (\alpha \vec{y})$

(iii) $\vec{x} \cdot (\vec{y} + \vec{z}) = \vec{x} \cdot \vec{y} + \vec{x} \cdot \vec{z}$ (Distributivgesetz)

## Länge von Vektoren

Der Betrag $|\overrightarrow{PQ}|$ eines Vektors $\overrightarrow{PQ}$ ist die Länge der Strecke $PQ$. Für den Vektor $\vec{p} = \begin{pmatrix} p_1 \\ p_2 \\ p_3 \end{pmatrix}$ erhält man die Länge $|\vec{p}| = \sqrt{p_1^2 + p_2^2 + p_3^2}$, indem man zweimal den Satz von Pythagoras anwendet: Zunächst in der $x_1 x_2$-Ebene und dann ein zweites Mal in der Ebene, die die $x_3$-Achse und den Vektor $\vec{p}$ enthält.

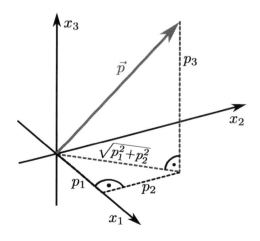

> **Definition (Betrag/Norm/Länge):**
>
> Der **Betrag** (die **Norm**) eines Vektors $\vec{p} = \begin{pmatrix} p_1 \\ p_2 \\ p_3 \end{pmatrix}$ ist die reelle Zahl
>
> $$|\vec{p}| = \sqrt{\vec{p} \cdot \vec{p}} = \sqrt{p_1^2 + p_2^2 + p_3^2}.$$

Ein Vorteil dieser Definition ist, dass sie sich ohne weiteres in beliebige Raumdimensionen übertragen lässt.

> **Definition (Norm):**
>
> Für einen Vektor $\vec{p} = \begin{pmatrix} p_1 \\ \vdots \\ p_n \end{pmatrix} \in \mathbb{R}^n$ ist der **Betrag** bzw. die **Norm** definiert durch
>
> $$|\vec{p}| = \sqrt{\vec{p} \cdot \vec{p}} = \sqrt{p_1^2 + p_2^2 + \ldots + p_n^2}.$$

Auch hier ergeben sich wieder einige Regeln, die man direkt durch Einsetzen in die Definition verifizieren kann.

> **Rechenregeln:**
>
> ▸ $|\alpha \vec{x}| = |\alpha| \cdot |\vec{x}|$
>
> ▸ Insbesondere ist $|-\vec{x}| = |\vec{x}|$
>
> ▸ $|\vec{0}| = 0$
>
> ▸ $|\vec{x} + \vec{y}| \leq |\vec{x}| + |\vec{y}|$  (Dreiecksungleichung)

> **Bemerkung (Vektoren normieren):**
>
> Um zu einem vorgegebenen Vektor $\vec{v}$ einen Vektor $\vec{e}$ zu konstruieren, der parallel zu $\vec{v}$ ist und die Länge 1 hat, muss man nur durch die Norm von $\vec{v}$ dividieren:
>
> $$\vec{e} = \frac{\vec{v}}{|\vec{v}|}$$
>
> Dann ist
>
> $$|\vec{e}| = \left| \frac{\vec{v}}{|\vec{v}|} \right| = \frac{|\vec{v}|}{|\vec{v}|} = 1.$$
>
> Man sagt dann, dass man den Vektor $\vec{v}$ **normiert**.

Mit Hilfe des Skalarprodukts lassen sich Winkel zwischen beliebigen Vektoren im $\mathbb{R}^n$ festlegen.

> **Definition (Winkel):**
>
> Der **Winkel** $\alpha$ zwischen zwei Vektoren $\vec{x}, \vec{y} \in \mathbb{R}^n$ ist die Zahl zwischen $0$ und $\pi$ für die gilt:
>
> $$\vec{x} \cdot \vec{y} = |\vec{x}| \cdot |\vec{y}| \cdot \cos(\alpha)$$
>
> Dabei wird der Winkel im Bogenmaß gemessen.
>
>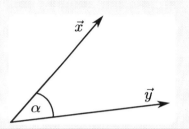

Insbesondere ist

- $\vec{x} \cdot \vec{y} > 0$, falls der Winkel ein spitzer Winkel ist
- $\vec{x} \cdot \vec{y} = 0$, falls die Vektoren senkrecht aufeinander stehen
- $\vec{x} \cdot \vec{y} < 0$, falls der Winkel ein stumpfer Winkel ist

> **Bemerkung (Cauchy-Schwarz-Ungleichung):**
>
> Da $\cos(\alpha)$ im Intervall $[-1, 1]$ liegt, ergibt die Definition nur dann Sinn, wenn *immer*, d.h. für beliebige Wahl von $\vec{x}$ und $\vec{y}$
>
> $$\frac{\vec{x} \cdot \vec{y}}{|\vec{x}| \cdot |\vec{y}|} \in [-1, 1]$$
>
> ist. Dass dies tatsächlich immer so ist, ist die Aussage der *Cauchy-Schwarz-Ungleichung*, die wir hier aber nicht beweisen.

Für die Winkel $\sphericalangle(\vec{a}, \vec{b})$ zwischen zwei Vektoren $\vec{a}$ und $\vec{b}$ gelten die folgenden Regeln, die sich direkt aus der Definition ableiten lassen:

$$\begin{aligned} \sphericalangle(\vec{a}, \vec{b}) &= \sphericalangle(\vec{b}, \vec{a}) \\ \sphericalangle(\vec{a}, \lambda\vec{a}) &= \begin{cases} 0 & \text{falls } \lambda \geq 0 \\ \pi & \text{falls } \lambda < 0 \end{cases} \\ \sphericalangle(-\vec{a}, \vec{b}) &= \pi - \sphericalangle(\vec{a}, \vec{b}) \end{aligned}$$

> **Beispiel (Kraft und Arbeit):**
>
> In der Mechanik begegnet man dem Skalarprodukt bei der Berechnung der physikalischen *Arbeit*. Wird eine Masse $m$ durch eine Kraft $\vec{F}$ in eine bestimmte Richtung $\vec{s}$ verschoben, dann muss dazu die Arbeit (= Energie) $\vec{F} \cdot \vec{s}$ aufgewendet werden. Da $\vec{F}$ und $\vec{s}$ nicht unbedingt dieselbe Richtung haben, zählt für die verrichtete Arbeit nur derjenige Anteil der Kraft, der in die Richtung von $\vec{s}$ zeigt.

## 2.3 Das Kreuzprodukt

Für Vektoren im Raum gibt es eine weitere Verknüpfungsmöglichkeit, das Kreuzprodukt. Es hat die Eigenschaften, dass zwei Vektoren $\vec{a}$ und $\vec{b}$ ein dritter Vektor $\vec{a} \times \vec{b}$ zugeordnet wird, der senkrecht auf derjenigen Ebene steht, die $\vec{a}$ und $\vec{b}$ enthält.

## Definition (Kreuzprodukt):

Seien $\vec{a}, \vec{b} \in \mathbb{R}^3$. Dann heißt der Vektor

$$\vec{a} \times \vec{b} = \begin{pmatrix} a_1 \\ a_2 \\ a_3 \end{pmatrix} \times \begin{pmatrix} b_1 \\ b_2 \\ b_3 \end{pmatrix} = \begin{pmatrix} a_2 b_3 - a_3 b_2 \\ a_3 b_1 - a_1 b_3 \\ a_1 b_2 - a_2 b_1 \end{pmatrix}$$

**Kreuzprodukt** oder **Vektorprodukt** von $\vec{a}$ und $\vec{b}$.

Die Rechenvorschrift kann man sich etwas leichter anhand des Schemas

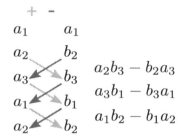

merken, bei dem man die beiden ersten Komponenten der Vektoren noch einmal hinschreibt, und dann die Komponenten des Kreuzprodukts als „Produkte über Kreuz" berechnet.

## Anregung zur weiteren Vertiefung:

Überzeugen Sie sich davon, dass $\vec{a} \times \vec{b}$ wirklich senkrecht auf $\vec{a}$ steht, indem Du das Skalarprodukt $(\vec{a} \times \vec{b}) \cdot \vec{a}$ berechnest.

## Beispiel (Drehmoment):

Greift an einem Angriffspunkt $P$ eine Kraft $\vec{F}$ an, dann ist das *Drehmoment* $\vec{M}_P = \vec{p} \times \vec{F}$ von $\vec{F}$ bezüglich 0 definiert über das Kreuzprodukt zwischen dem Ortsvektor $\vec{p}$ und dem Kraftvektor. Die Richtung des Drehmoments ist die (momentane) Drehachse.

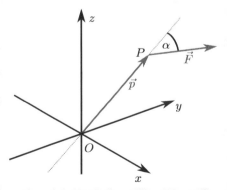

Ein weiteres Beispiel aus der Physik, bei dem das Kreuzprodukt von Vektoren auftritt, ist die Lorentz-Kraft $\vec{F} = q(\vec{v} \times \vec{B})$, die von einem Magnetfeld der Induktion $\vec{B}$ auf eine Ladung $q$ ausgeübt wird, wenn diese sich mit der Geschwindigkeit $\vec{v}$ im Magnetfeld bewegt.

## Satz 2.2 (Kreuzprodukt und Flächeninhalt):

Sind $\vec{a}$ und $\vec{b}$ zwei Vektoren im $\mathbb{R}^3$, dann ist

$$|\vec{a} \times \vec{b}| = |\vec{a}| \cdot |\vec{b}| \cdot \sin \alpha$$

wobei $\alpha$ der Winkel zwischen den Vektoren $\vec{a}$ und $\vec{b}$ ist.
Außerdem ist $|\vec{a} \times \vec{b}|$ der Flächeninhalt des von $\vec{a}$ und $\vec{b}$ aufgespannten Parallelogramms.

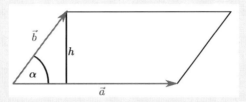

**Beweis:** Wir berechnen

$$\begin{aligned}
|\vec{a} \times \vec{b}|^2 &= (\vec{a} \times \vec{b}) \cdot (\vec{a} \times \vec{b}) \\
&= (a_2 b_3 - a_3 b_2)^2 + (a_3 b_1 - a_1 b_3)^2 + (a_1 b_2 - a_2 b_1)^2 \\
&= (a_1^2 + a_2^2 + a_3^2)(b_1^2 + b_2^2 + b_3^2) - (a_1 b_1 + a_2 b_2 + a_3 b_3)^2 \\
&= |\vec{a}|^2 \cdot |\vec{b}|^2 - \left(\vec{a} \cdot \vec{b}\right)^2 \\
&= |\vec{a}|^2 \cdot |\vec{b}|^2 - \left(|\vec{a}| \cdot |\vec{b}| \cos(\alpha)\right)^2 \\
&= |\vec{a}|^2 \cdot |\vec{b}|^2 \cdot \underbrace{(1 - \cos^2(\alpha))}_{=\sin^2(\alpha)} \\
&= \left(|\vec{a}| \cdot |\vec{b}| \cdot \sin(\alpha)\right)^2
\end{aligned}$$

Da $\alpha$ zwischen 0 und $\pi$ liegt, ist $\sin(\alpha)$ positiv und wenn man die Wurzel auf beiden Seiten der Ungleichung zieht, erhält man

$$|\vec{a} \times \vec{b}| = |\vec{a}| \cdot |\vec{b}| \cdot \sin(\alpha).$$

Der Flächeninhalt des Parallelogramms ist „Grundseite mal Höhe", also ebenfalls

$$|\vec{a}| \cdot h = |\vec{a}| \cdot (|\vec{b}| \sin(\alpha)) \qquad \square$$

Die folgenden Rechenregeln ergeben sich zwar ohne großen Aufwand aus der Definition des Kreuzprodukts, man sollte sie sich aber gut einprägen, da sie teilweise anders sind, als man dies vom „normalen" Produkt zweier Zahlen gewohnt ist.

## Satz 2.3 (Rechenregeln für das Kreuzprodukt):

Seien $\vec{a}, \vec{b}, \vec{c}$ und $\vec{d}$ Vektoren im $\mathbb{R}^3$. Dann gilt:

(i) $\vec{a} \times \vec{a} = \vec{0}$ für jeden Vektor $\vec{a}$

(ii) $\vec{a} \times \vec{b} = -\vec{b} \times \vec{a}$

(iii) $\vec{a} \times (\vec{b} \times \vec{c}) = (\vec{a} \cdot \vec{c})\vec{b} - (\vec{a} \cdot \vec{b})\vec{c}$

(iv) $(\vec{a} \times \vec{b}) \cdot (\vec{c} \times \vec{d}) = (\vec{a} \cdot \vec{c})(\vec{b} \cdot \vec{d}) - (\vec{a} \cdot \vec{d})(\vec{b} \cdot \vec{c})$

Insbesondere ist
$$(\vec{a} \times \vec{b}) \times \vec{c} = -\vec{c} \times (\vec{a} \times \vec{b}) = -(\vec{c} \cdot \vec{b})\vec{a} + (\vec{c} \cdot \vec{a})\vec{b} \neq \vec{a} \times (\vec{b} \times \vec{c}),$$
denn $(\vec{a} \times \vec{b}) \times \vec{c}$ liegt in der von $\vec{a}$ und $\vec{b}$ aufgespannten Ebene, während $\vec{a} \times (\vec{b} \times \vec{c})$ in der von $\vec{b}$ und $\vec{c}$ erzeugten Ebene liegt.

## Das Spatprodukt

Eine Kombination aus Kreuzprodukt und Skalarprodukt ist das Spatprodukt:

> **Definition (Spatprodukt):**
>
> Für drei Vektoren $\vec{a}, \vec{b}, \vec{c} \in \mathbb{R}^3$ ist das **Spatprodukt** $[\vec{a}, \vec{b}, \vec{c}]$ definiert als
> $$[\vec{a}, \vec{b}, \vec{c}] = \vec{a} \cdot (\vec{b} \times \vec{c})$$

Geometrisch gibt $|[\vec{a}, \vec{b}, \vec{c}]|$ das Volumen des Spats (oder Parallelepipeds oder Parallelotops) an, das von den drei Vektoren $\vec{a}, \vec{b}$ und $\vec{c}$ aufgespannt wird:

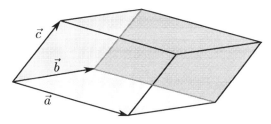

Dabei handelt es sich um die räumliche Variante eines Parallelogramms, d.h. die sechs Seitenflächen sind drei Paare von kongruenten, parallelen Parallelogrammen. Für das Spatprodukt gelten die folgenden Rechenregeln:

> **Satz 2.4 (Rechenregeln für das Spatprodukt):**
>
> (i) Wenn einer der Vektoren mit der Zahl $\lambda$ multipliziert wird, dann wird auch das Spatprodukt mit $\lambda$ multipliziert:
> $$[\lambda\vec{a}, \vec{b}, \vec{c}] = [\vec{a}, \lambda\vec{b}, \vec{c}] = [\vec{a}, \vec{b}, \lambda\vec{c}] = \lambda \cdot [\vec{a}, \vec{b}, \vec{c}]$$
>
> (ii) Das Spatprodukt bleibt unverändert, wenn man zu einem der Vektoren einen der beiden anderen addiert:
> $$[\vec{a}, \vec{b} + \vec{a}, \vec{c}] = [\vec{a}, \vec{b}, \vec{c} + \vec{a}] = [\vec{a} + \vec{b}, \vec{b}, \vec{c}] = \ldots = [\vec{a}, \vec{b}, \vec{c}]$$
>
> (iii) Für die Standardeinheitsvektoren gilt $[\vec{e}_1, \vec{e}_2, \vec{e}_3] = 1$.

**Beweis durch Nachrechnen:**

(i) Wir zeigen nur Teile der Behauptung, der Rest geht aber genauso:
$$[\lambda\vec{a}, \vec{b}, \vec{c}] = \lambda\vec{a} \cdot (\vec{b} \times \vec{c}) = \lambda \cdot [\vec{a}, \vec{b}, \vec{c}]$$
$$[\vec{a}, \lambda\vec{b}, \vec{c}] = \vec{a} \cdot (\lambda\vec{b} \times \vec{c}) = \vec{a} \cdot \lambda(\vec{b} \times \vec{c}) = \lambda \cdot [\vec{a}, \vec{b}, \vec{c}]$$

(ii) Auch hier wird nur exemplarisch ein Fall gezeigt:
$$[\vec{a}, \vec{b}+\vec{a}, \vec{c}] = \vec{a} \cdot ((\vec{b}+\vec{a}) \times \vec{c}) = \vec{a} \cdot (\vec{b} \times \vec{c} + \vec{a} \times \vec{c}) = \vec{a} \cdot (\vec{b} \times \vec{c}) + \underbrace{\vec{a} \cdot (\vec{a} \times \vec{c})}_{=0} = [\vec{a}, \vec{b}, \vec{c}]$$

da der Vektor $\vec{a} \times \vec{c}$ senkrecht zu $\vec{a}$ ist.

(iii) $[\vec{e}_1, \vec{e}_2, \vec{e}_3] = \vec{e}_1 \cdot \underbrace{(\vec{e}_2 \times \vec{e}_3)}_{=\vec{e}_1} = 1$

□

### Bemerkung:

1. Es ist $[\vec{a}, \vec{b}, \vec{c}] = 0$ genau dann, wenn die drei Vektoren $\vec{a}, \vec{b}$ und $\vec{c}$ in einer Ebene liegen.

2. Das Spatprodukt lässt sich auch mit Hilfe von Determinanten (siehe Kapitel 6) berechnen:
$$[\vec{a}, \vec{b}, \vec{c}] = \det \begin{pmatrix} a_1 & b_1 & c_1 \\ a_2 & b_2 & c_2 \\ a_3 & b_3 & c_3 \end{pmatrix}$$

3. Das Vorzeichen des Spatprodukts gibt an, ob die Vektoren $\vec{a}, \vec{b}$ und $\vec{c}$ ein Rechtssystem (positives Vorzeichen) oder ein Linkssystem (negatives Vorzeichen) bilden.

## 2.4 Orthogonale Zerlegung von Vektoren

Mit Hilfe des Skalarprodukts kann man einen gegebenen Vektor $\vec{a}$ zerlegen in einen Anteil $\vec{a}_{\vec{b}}$, der dieselbe Richtung hat wie ein vorgegebener Vektor $\vec{b} \neq \vec{0}$ hat sowie einen Anteil $\vec{a}_{\vec{b}}^{\perp}$, der dazu senkrecht ist. Diese Zerlegung ist sehr nützlich, wenn man den Abstand von Punkten zu Geraden oder Ebenen berechnen möchte.

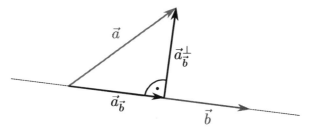

### Definition (Orthogonale Zerlegung):

Die **orthogonale Zerlegung** eines Vektors $\vec{a}$ in Richtung von $\vec{b}$ ist
$$\vec{a} = \vec{a}_{\vec{b}} + \vec{a}_{\vec{b}}^{\perp}$$

mit
$$\vec{a}_{\vec{b}} = \frac{\vec{a} \cdot \vec{b}}{|\vec{b}|^2} \vec{b} = \left( \vec{a} \cdot \frac{\vec{b}}{|\vec{b}|} \right) \frac{\vec{b}}{|\vec{b}|} \quad \text{und} \quad \vec{a}_{\vec{b}}^{\perp} = \vec{a} - \vec{a}_{\vec{b}} = \vec{a} - \frac{\vec{a} \cdot \vec{b}}{|\vec{b}|^2} \vec{b}.$$

Dass $\vec{a}_{\vec{b}}$ ein Vielfaches von $\vec{b}$ ist, ist unmittelbar zu erkennen. Um zu sehen, dass $\vec{a}_{\vec{b}}^{\perp}$ tatsächlich senkrecht zu $\vec{b}$ ist, bildet man das Skalarprodukt und rechnet nach, dass

$$\vec{a}_{\vec{b}}^{\perp} \cdot \vec{b} = \vec{a} \cdot \vec{b} - \frac{\vec{a} \cdot \vec{b}}{|\vec{b}|^2} \underbrace{\vec{b} \cdot \vec{b}}_{=|\vec{b}|^2} = \vec{a} \cdot \vec{b} - \vec{a} \cdot \vec{b} = 0$$

ist.

Aus der zweiten Darstellung für $\vec{a}_{\vec{b}}$ erkennt man auch, dass sich die orthogonale Zerlegung vereinfacht, wenn $\vec{b}$ ein Vektor der Länge 1 ist:

$$|\vec{b}| = 1 \quad \Rightarrow \vec{a}_{\vec{b}} = \underbrace{(\vec{a} \cdot \vec{b})}_{\in \mathbb{R}} \vec{b}$$

Mit Hilfe des Kreuzproduktes kann man im Fall $\vec{a}, \vec{b} \in \mathbb{R}^3$ den Anteil $\vec{a}_{\vec{b}}^{\perp}$ von $\vec{a}$ senkrecht zu $\vec{b}$ noch auf andere Weise darstellen.

$$\vec{a}_{\vec{b}}^{\perp} = \frac{1}{|\vec{b}|^2} \left( |\vec{b}|^2 \vec{a} - (\vec{a} \cdot \vec{b}) \vec{b} \right) = \frac{1}{|\vec{b}|^2} \vec{b} \times (\vec{a} \times \vec{b}),$$

denn nach den Rechenregeln für das Kreuzprodukt ist

$$\vec{b} \times (\vec{a} \times \vec{b}) = \vec{a} - \frac{\vec{a} \cdot \vec{b}}{|\vec{b}|^2} \vec{b} = (\vec{b} \cdot \vec{b})\vec{a} - (\vec{b} \cdot \vec{a})\vec{b}.$$

**Beispiel:** Für $\vec{a} = \begin{pmatrix} 1 \\ -2 \\ 1 \end{pmatrix}$ und $\vec{b} = \begin{pmatrix} 2 \\ 2 \\ 1 \end{pmatrix}$ ist

$$\vec{a}_{\vec{b}} = \frac{2-4+1}{9} \vec{b} = \begin{pmatrix} -2/9 \\ -2/9 \\ -1/9 \end{pmatrix} \quad \text{und} \quad \vec{a}_{\vec{b}}^{\perp} = \vec{a} - \vec{a}_{\vec{b}} = \begin{pmatrix} 11/9 \\ -16/9 \\ 10/9 \end{pmatrix}.$$

Die beiden Vektoren stehen senkrecht zueinander, denn

$$\vec{a}_{\vec{b}} \cdot \vec{a}_{\vec{b}}^{\perp} = \begin{pmatrix} -2/9 \\ -2/9 \\ -1/9 \end{pmatrix} \cdot \begin{pmatrix} 11/9 \\ -16/9 \\ 10/9 \end{pmatrix} = \frac{-22 + 32 - 10}{81} = 0.$$

## Orthonormalbasis im $\mathbb{R}^3$

Gelegentlich benötigt man für ein kartesisches Koordinatensystem Vektoren, die zueinander senkrecht sind, die Länge 1 haben, aber nicht die Standardeinheitsvektoren sind. Beispielsweise könnte es erwünscht sein, dass zwei der Vektoren in einer vorgegebenen Ebene liegen.

### Definition (Orthonormalbasis des $\mathbb{R}^3$):

Man nennt drei Vektoren $\{\vec{b}_1, \vec{b}_2, \vec{b}_3\}$ des $\mathbb{R}^3$ eine **Orthonormalbasis**, falls jeweils zwei dieser Vektoren senkrecht zueinander sind und jeder der Vektoren die Länge 1 hat, in Formeln ausgedrückt

$$\vec{b}_1 \cdot \vec{b}_2 = \vec{b}_1 \cdot \vec{b}_3 = \vec{b}_2 \cdot \vec{b}_3 = 0 \quad \text{und} \quad |\vec{b}_1| = |\vec{b}_2| = |\vec{b}_3| = 1.$$

Seien $\vec{a}_1, \vec{a}_2 \neq \vec{0}$ zwei Vektoren im $\mathbb{R}^3$, die nicht parallel zueinander sind. Dann kann man wie folgt eine Orthonormalbasis $\{\vec{b}_1, \vec{b}_2, \vec{b}_3\}$ des $\mathbb{R}^3$ konstruieren, so dass $\vec{b}_1$ und $\vec{b}_2$ in der von $\vec{a}_1$ und $\vec{a}_2$ erzeugten Ebene liegen.

> **Das Gram-Schmidt-Orthonormalisierungsverfahren**
>
> 1. Bringe den ersten Vektor durch Normieren auf die Länge 1: $\vec{b}_1 = \dfrac{\vec{a}_1}{|\vec{a}_1|}$
>
> 2. Benutze die orthogonale Zerlegung, um den Anteil von $\vec{a}_2$ zu bestimmen, der orthogonal zu $\vec{b}_1$ ist:
> $$\vec{c}_2 = \vec{a}_2 - (\vec{b}_1 \cdot \vec{a}_2)\vec{b}_1.$$
> Hierbei benutzen wir, dass $|\vec{b}_1| = 1$ ist.
>
> 3. Normiere auch den zweiten Vektor: $\vec{b}_2 = \dfrac{\vec{c}_2}{|\vec{c}_2|}$
>
> 4. Bestimme einen dritten Vektor, der auf $\vec{b}_1$ und $\vec{b}_2$ senkrecht steht durch das Kreuzprodukt:
> $$\vec{b}_3 = \vec{b}_1 \times \vec{b}_2$$
> Dieser Vektor hat automatisch die Länge 1!
>
> 4a. Alternativ kann man ohne das Kreuzprodukt den Vektor $\vec{c}_3$ so bestimmen, dass von $\vec{a}_3$ die Anteile in Richtung von $\vec{b}_1$ und $\vec{b}_2$ entfernt werden:
> $$\vec{c}_3 = \vec{a}_3 - (\vec{b}_1 \cdot \vec{a}_3)\vec{b}_1 - (\vec{b}_2 \cdot \vec{a}_3)\vec{b}_2.$$
> Durch Normieren von $\vec{c}_3$ erhält man dann $\vec{b}_3 = \dfrac{\vec{c}_3}{|\vec{c}_3|}$.

## Nach diesem Kapitel sollten Sie ...

... wissen, was ein kartesisches Koordinatensystem ist

... eine Vorstellung davon haben, was ein Vektor im $\mathbb{R}^n$ ist und wie man Vektoren addiert

... in der Lage sein zu überprüfen, ob eine gegebene Menge von Vektoren linear unabhängig ist

... Skalarprodukte von Vektoren, Längen von Vektoren und Winkel zwischen Vektoren im $\mathbb{R}^n$ berechnen können

... wissen, dass das Skalarprodukt eine der beliebtesten Techniken ist, um zu überprüfen, ob zwei Vektoren senkrecht zueinander sind

... das Kreuzprodukt von Vektoren im $\mathbb{R}^3$ berechnen können und die geometrische Interpretation des Kreuzprodukt kennen

... das Spatprodukt von Vektoren im $\mathbb{R}^3$ berechnen können und seine geometrische Interpretation kennen

... die orthogonale Zerlegung eines Vektors erklären und durchführen können

... das Gram-Schmidt-Verfahren im $\mathbb{R}^3$ durchführen können

## Aufgaben zu Kapitel 2

1. Ein Fluss strömt von Nordost nach Südwest, die Strömungsgeschwindigkeit in der Mitte des Flusses beträgt 8 km/h. Ein Boot fährt mühsam genau entgegengesetzt zur Strömung Richtung Nordost, seine Geschwindigkeit relativ zum fließenden Wasser beträgt 32 km/h. Von Westen her weht ein Wind mit 50 km/h.
   In welche Richtung weht die Fahne, die am Mast des Boots befestigt ist?

2. (a) Die beiden Vektoren $\vec{a} = \overrightarrow{OA}$ und $\vec{b} = \overrightarrow{OC}$ seien zwei Seiten eines Parallelogramms mit den Ecken $O$, $A$, $B$ und $C$. Drücken Sie $\vec{a}$ und $\vec{b}$ durch die Diagonalen $\vec{d} = \overrightarrow{OB}$ und $\vec{e} = \overrightarrow{AC}$ des Parallelogramms aus.
   (b) Unter welchem Winkel schneiden sich zwei Raumdiagonalen eines Würfels?

3. (a) Zeigen Sie, dass die drei Kräfte
   $$\vec{F}_1 = \begin{pmatrix} 3 \\ -1 \\ 4 \end{pmatrix}, \quad \vec{F}_2 = \begin{pmatrix} 1 \\ 1 \\ 2 \end{pmatrix} \quad \text{und} \quad \vec{F}_3 = \begin{pmatrix} -1 \\ -3 \\ -3 \end{pmatrix}$$
   in einer Ebene liegen.
   (b) Die drei Kräfte greifen alle an einem Punkt an. Berechnen Sie die resultierende Gesamtkraft und geben Sie ihren Betrag an.

4. (a) Sind die drei Vektoren $\vec{u} = \begin{pmatrix} 1 \\ 1 \\ 0 \end{pmatrix}, \vec{v} = \begin{pmatrix} 2 \\ -1 \\ 3 \end{pmatrix}$ und $\vec{w} = \begin{pmatrix} -1 \\ 4 \\ 1 \end{pmatrix}$ linear unabhängig?
   (b) Konstruieren Sie ein Orthonormalsystem $\{\vec{a}, \vec{b}, \vec{c}\}$, so dass
   ▶ $\vec{u}$ und $\vec{a}$ linear abhängig sind und
   ▶ die Vektoren $\vec{u}$ und $\vec{v}$ in derselben Ebene liegen wie die Vektoren $\vec{a}$ und $\vec{b}$.

5. Gegeben seien die Vektoren $\vec{a} = \begin{pmatrix} 2 \\ 3 \\ 4 \end{pmatrix}$ und $\vec{b} = \begin{pmatrix} 1 \\ 2 \\ 3 \end{pmatrix}$. Zerlegen Sie den Vektor $\vec{a}$ in eine Komponente parallel und eine Komponente senkrecht zu $\vec{b}$.

6. Man berechne das Volumen und die Oberfläche des Spats, der durch die drei Vektoren
   $$\vec{v}_1 = \begin{pmatrix} 1 \\ 0 \\ 1 \end{pmatrix}, \quad \vec{v}_2 = \begin{pmatrix} 1 \\ 2 \\ 3 \end{pmatrix} \quad \text{und} \quad \vec{v}_3 = \begin{pmatrix} 1 \\ 1 \\ 1 \end{pmatrix}$$
   erzeugt wird.

7. Das Kreuzprodukt $\vec{a} \times \vec{b}$ der Vektoren $\vec{a}$ und $\vec{b} \in \mathbb{R}^3$ ist genau dann der Nullvektor, wenn ...
   ☐ $\vec{a} = \vec{0}$ oder $\vec{b} = \vec{0}$ ist
   ☐ $\vec{a}$ und $\vec{b}$ linear abhängig sind
   ☐ $\vec{a} \cdot \vec{b} = 1$ ist
   ☐ $\vec{a}$ und $\vec{b}$ senkrecht zueinander sind
   ☐ $\vec{a} = \vec{b}$ ist

# 3 Geraden und Ebenen

## 3.1 Darstellung von Geraden

In einer Ebene $E$ mit einem kartesischen Koordinatensystem lässt sich eine Gerade $g$ durch eine lineare Gleichung für die Koordinaten $x$ und $y$ beschreiben:
Alle Punkte $(x, y)$, die auf der Gerade liegen, erfüllen die lineare Gleichung
$$y = mx + b$$
mit geeigneten Zahlen $m$ und $b$. Umgekehrt beschreibt jede solche lineare Gleichung eine Gerade in der Ebene.
Die beiden Größen $m$ und $b$ haben eine anschauliche Bedeutung:

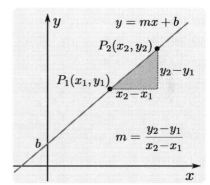

- $m$ ist die **Steigung** der Geraden

- $b$ ist der **Achsenabschnitt**, d.h. die Gerade schneidet die $y$-Achse im Punkt $(0, b)$.

Allerdings gibt es Geraden, die sich so nicht darstellen lassen, nämlich alle Geraden, die parallel zur $x$-Achse verlaufen. Wir werden daher noch andere Darstellungsformen untersuchen, die es erlauben, *alle* Geraden auf eine einheitliche Art zu schreiben.
Bei der Bestimmung von Geradengleichungen begegnet man verschiedenen Aufgabenstellungen.

- Sind zwei Punkte $P_0$ und $P_1$ auf der Geraden $g$ bekannt, so ergeben sich die zugehörigen Werte $m$ und $b$, indem man ausnutzt, dass die Koordinaten der Punkte $P_1 = (x_1, y_1)$ und $P_2 = (x_2, y_2)$ die Gleichung $y = mx + b$ erfüllen. Dies führt auf zwei Gleichungen mit den zwei Unbekannten $m$ und $b$:
$$\begin{aligned} y_1 &= mx_1 + b \\ y_2 &= mx_2 + b \end{aligned}$$
aus denen man dann die Werte
$$m = \frac{y_2 - y_1}{x_2 - x_1} \quad \text{und} \quad b = y_1 - \frac{y_2 - y_1}{x_2 - x_1} x_1$$
erhält. Man kann allerdings auch die Geradengleichung direkt hinschreiben:
$$y - y_1 = \frac{y_2 - y_1}{x_2 - x_1}(x - x_1)$$
Diese Gleichung stellt sicher, dass der Punkt $(x_1, y_1)$ auf der Geraden liegt, denn setzt man für $x$ den Wert $x_1$ und für $y$ den Wert $y_1$ ein, dann steht auf beiden Seiten der Gleichung Null. Da auch die Steigung mit der Steigung einer Gerade durch die Punkte $P_1 = (x_1, y_1)$ und $P_2 = (x_2, y_2)$ übereinstimmt, liegt auch der zweite Punkt $P_2 = (x_2, y_2)$ auf der Geraden.

- Ist die Gerade durch einen Punkt $P_1 = (x_1, y_1)$ und die Steigung $m$ gegeben, so erhält man die noch fehlende Größe $b$, indem man benutzt, dass die Koordinaten des Punktes $P_1 = (x_1, y_1)$ die Gleichung $y = mx + b$ erfüllen müssen. Noch einfacher ist es, die Gleichung in der Form
$$y - y_1 = m(x - x_1)$$
direkt hinzuschreiben, bei der man sofort sieht, dass sie für $y = y_1$ und $x = x_1$ erfüllt ist.

## Definition (Zwei-Punkte-Form):

Zwei Punkte $P$ und $Q$ in der Ebene mit Ortsvektoren $\vec{p}$ und $\vec{q}$ legen eindeutig eine Gerade fest, die durch diese beiden Punkte verläuft. Ein Punkt $X$ mit dem Ortsvektor $\vec{x}$ liegt genau dann auf der Geraden, wenn $\vec{x}$ die Darstellung

$$\vec{x} = \vec{p} + s(\vec{q} - \vec{p})$$

besitzt. Dabei darf der *Parameter* $s$ alle reellen Werte annehmen.
Andersherum betrachtet: Wenn $s$ alle reellen Zahlen durchläuft, dann liefert $\vec{x} = \vec{p} + s(\vec{q} - \vec{p})$ die Ortsvektoren von allen Punkten, die auf der Geraden durch $P$ und $Q$ liegen.

Dasselbe gilt, wenn man einen Punkt P und einen Richtungsvektor $\vec{u} \in \mathbb{R}^2$ gegeben hat, wobei $\vec{u} \neq \vec{0}$. Für alle Punkte $X$ auf der Geraden ist dann $\overrightarrow{PX}$ parallel zum Vektor $\vec{u}$.

## Definition (Punkt-Richtungs-Form):

Sei $P$ ein Punkt mit dem Ortsvektor $\vec{p}$ und $\vec{c} \neq \vec{0}$ ein beliebiger *Richtungsvektor*. Dann liegen alle Punkte $X$ mit Ortsvektor

$$\vec{x} = \vec{p} + s\vec{c}, \qquad s \in \mathbb{R}$$

auf einer Geraden durch $P$ parallel zu $\vec{c}$.

Da in beiden Fällen die Gerade dadurch dargestellt wird, dass ein Parameter (hier: s) alle möglichen Werte durchläuft, nennt man diese Formen **Parameterdarstellungen** von Geraden.

Die beiden Darstellungen kann man auch in Koordinaten schreiben:

$$\begin{pmatrix} x_1 \\ x_2 \end{pmatrix} = \begin{pmatrix} p_1 \\ p_2 \end{pmatrix} + s \cdot \begin{pmatrix} q_1 - p_1 \\ q_2 - p_2 \end{pmatrix} \qquad \text{Zwei-Punkte-Form}$$

$$\begin{pmatrix} x_1 \\ x_2 \end{pmatrix} = \begin{pmatrix} p_1 \\ p_2 \end{pmatrix} + s \cdot \begin{pmatrix} c_1 \\ c_2 \end{pmatrix} \qquad \text{Punkt-Richtungs-Form}$$

## Beispiel:

1. Die Gerade durch die beiden Punkte $P = (2, 1)$ und $Q = (-3, 2)$ hat die Gleichung

$$\begin{pmatrix} x_1 \\ x_2 \end{pmatrix} = \begin{pmatrix} 2 \\ 1 \end{pmatrix} + s \cdot \begin{pmatrix} -5 \\ 1 \end{pmatrix}$$

2. Die Gerade durch den Punkt $P = (2, 1)$, die parallel zu $\vec{c} = \begin{pmatrix} -2 \\ 3 \end{pmatrix}$ ist, hat die Darstellung

$$\begin{pmatrix} x_1 \\ x_2 \end{pmatrix} = \begin{pmatrix} 2 \\ 1 \end{pmatrix} + s \cdot \begin{pmatrix} -2 \\ 3 \end{pmatrix}$$

## Geraden im $\mathbb{R}^3$

Zunächst gibt es die gerade eben eingeführten Zwei-Punkte-Form und Punkt-Richtungsform auch für Geraden im $\mathbb{R}^3$. Sie lauten dort

$$\begin{pmatrix} x_1 \\ x_2 \\ x_3 \end{pmatrix} = \begin{pmatrix} p_1 \\ p_2 \\ p_3 \end{pmatrix} + s \cdot \begin{pmatrix} q_1 - p_1 \\ q_2 - p_2 \\ q_3 - p_3 \end{pmatrix} \quad \text{Zwei-Punkte-Form}$$

$$\begin{pmatrix} x_1 \\ x_2 \\ x_3 \end{pmatrix} = \begin{pmatrix} p_1 \\ p_2 \\ p_3 \end{pmatrix} + s \cdot \begin{pmatrix} c_1 \\ c_2 \\ c_3 \end{pmatrix} \quad \text{Punkt-Richtungs-Form}$$

Außer dass alle Vektoren nun eine dritte Komponente besitzen, ändert sich also überhaupt nichts. Wir könnten auf diese Weise sogar ohne Probleme Geraden im $\mathbb{R}^n$ definieren, auch wenn wir uns diese nicht mehr graphisch vorstellen können.

Es gibt im $\mathbb{R}^3$ allerdings eine neue Form, mit der man Geraden unter Benutzung des Vektorprodukts darstellen kann. Wir betrachten dazu eine Gerade, die durch einen Punkt $A$ verläuft und den Richtungsvektor $\vec{c}$ besitzt. Wenn $P \in \mathbb{R}^3$ ein beliebiger Punkt ist, dann ist der Vektor $\overrightarrow{AX} = \overrightarrow{PX} - \overrightarrow{PA}$ genau dann parallel zu $\vec{c}$, wenn $\overrightarrow{AX} \times \vec{c} = 0$ ist, d.h. $(\overrightarrow{PX} - \overrightarrow{PA}) \times \vec{c} = 0$.

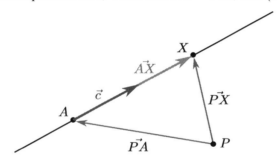

Daraus erhalten wir nun eine weitere Möglichkeit, wie man eine Gerade im $\mathbb{R}^3$ analytisch darstellen kann.

### Definition (Momentengleichung):

Ein Punkt $X$ liegt auf der Geraden durch $A$ in Richtung $\vec{c}$, wenn für den beliebig gewählten Bezugspunkt $P$ gilt:
$$\overrightarrow{PX} \times \vec{c} = \overrightarrow{PA} \times \vec{c}$$

Diese Form heißt **Momentengleichung** der Gerade.

## 3.2 Abstand von Geraden

Hat man in einer Zeichnung verschiedene Punkte und Geraden gegeben, interessiert man sich häufig für Abstände zwischen diesen Objekten oder Winkel zwischen sich schneidenden Geraden. Es gibt dabei im wesentlichen drei Grundaufgaben:

1. Abstand eines Punktes von einer Geraden
2. Abstand zweier nicht-paralleler Geraden im $\mathbb{R}^3$
3. Winkel zwischen zwei sich schneidenden Geraden

Um den Abstand zwischen zwei parallelen Geraden zu bestimmen, sind keine neuen Ideen nötig, hier kann man den Abstand *irgendeines Punktes* auf einer der Geraden zur anderen Geraden bestimmen.

Der Abstand eines Punktes $P$ von einer Geraden $g$ ist dabei der kürzeste Abstand zwischen dem Punkt und irgendeinem Punkt auf der Geraden.

Eine kurze geometrische Überlegung zeigt, dass dieser Abstand am kürzesten ist, wenn die Verbindungslinie senkrecht zu der Geraden ist. Steht die Verbindungslinie nicht senkrecht, dann kann man den Punkt auf der Geraden etwas verschieben und erhält eine kürzere Entfernung.

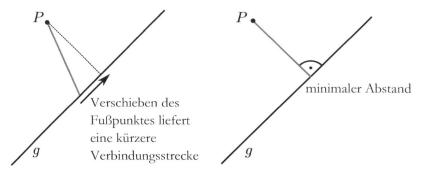

Für die Berechnung ist hier die Punkt-Richtungsform sehr praktisch, bei der die Gerade $g$ durch einen Punkt $A$ und den Richtungsvektor $\vec{c}$ gegeben ist.

Um den Abstand des Punktes $P$ von der Geraden $g$ zu bestimmen, zerlegen wir den Vektor $\overrightarrow{PA}$ in einen Anteil parallel zu $\vec{c}$ und einen Anteil senkrecht zu $\vec{c}$.

Im Abschnitt über die orthogonale Zerlegung hatten wir einen Vektor $\vec{a}$ in einen Anteil parallel und einen Anteil senkrecht zu einem gegebenen Vektor $\vec{b}$ zerlegt.

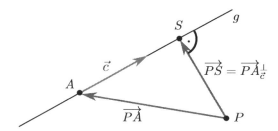

Bei dieser Zerlegung $\vec{a} = \vec{a}_{\vec{b}} + \vec{a}_{\vec{b}}^{\perp}$ war für $\vec{a}, \vec{b} \in \mathbb{R}^3$ die Darstellung

$$\vec{a}_{\vec{b}}^{\perp} = \frac{1}{|\vec{b}|^2} \vec{b} \times (\vec{a} \times \vec{b})$$

möglich. Diese wenden wir nun auf unseren Fall an und erhalten

$$\vec{PS} = \vec{PA}_{\vec{c}}^{\perp} = \frac{1}{|\vec{c}|^2} \vec{c} \times (\overrightarrow{PA} \times \vec{c})$$

Die Länge dieses Vektors ist gerade der Abstand zwischen $P$ und $g$. Es ist

$$|\vec{c} \times (\overrightarrow{PA} \times \vec{c})|^2 = |\vec{c}|^2 \cdot |\overrightarrow{PA} \times \vec{c}|^2 - (\underbrace{((\overrightarrow{PA} \times \vec{c}) \cdot \vec{c}}_{=0})^2$$

also ist

$$|\vec{c} \times (\overrightarrow{PA} \times \vec{c})| = |\vec{c}| \cdot |\overrightarrow{PA} \times \vec{c}|.$$

Damit gilt für den Abstand $d = |\overrightarrow{PS}|$:

### Satz 3.1:

Der Abstand zwischen einem Punkt $P$ und einer Geraden durch den Punkt $A$ mit Richtungsvektor $\vec{c}$ beträgt

$$d = \frac{|\overrightarrow{PA} \times \vec{c}|}{|\vec{c}|}$$

### Beispiel:

Der Abstand zwischen der Geraden

$$g: \begin{pmatrix} x_1 \\ x_2 \\ x_3 \end{pmatrix} = \begin{pmatrix} -2 \\ 0 \\ 1 \end{pmatrix} + s \cdot \begin{pmatrix} 3 \\ -2 \\ 4 \end{pmatrix}$$

durch den Punkt $A = (-2, 0, 1)$ und dem Punkt $P = (3, -1, 4)$ beträgt

$$d = \frac{\left|\overrightarrow{PA} \times \begin{pmatrix} 3 \\ -2 \\ 4 \end{pmatrix}\right|}{\left|\begin{pmatrix} 3 \\ -2 \\ 4 \end{pmatrix}\right|} = \frac{\left|\begin{pmatrix} -5 \\ 1 \\ -3 \end{pmatrix} \times \begin{pmatrix} 3 \\ -2 \\ 4 \end{pmatrix}\right|}{\left|\begin{pmatrix} 3 \\ -2 \\ 4 \end{pmatrix}\right|} = \frac{\left|\begin{pmatrix} -2 \\ 11 \\ 7 \end{pmatrix}\right|}{\left|\begin{pmatrix} 3 \\ -2 \\ 4 \end{pmatrix}\right|} = \frac{\sqrt{174}}{\sqrt{29}} = \sqrt{6}$$

## Abstand windschiefer Geraden

Im $\mathbb{R}^3$ können zwei Geraden so liegen, dass sie sich nicht schneiden, aber auch nicht parallel sind. In diesem Fall nennt man die Geraden **windschief**.

Ein Beispiel hierfür sind zwei Geraden, die wie im Bild eingezeichnet durch zwei verschiedene Kanten eines Würfels verlaufen:

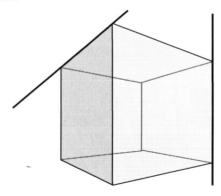

Der Abstand zwischen zwei solchen windschiefen Geraden $g$ und $h$ ist der kürzeste Abstand zwischen einem Punkt auf $g$ und einem Punkt auf $h$. Mit dem oben schon aufgeführten Argument, dass die Verbindungsstrecke durch Verschieben eines der Punkte entlang der Geraden kürzer wird, solange diese Verbindungsstrecke nicht auf beiden Geraden senkrecht steht, sieht man ein, dass die Richtung der Verbindungsstrecke orthogonal zu den Richtungsvektoren beider Geraden sein muss. Wenn $g$ durch $A$ verläuft und den Richtungsvektor $\vec{u}$ besitzt und $h$ durch den Punkt $B$

und den Richtungsvektor $\vec{v}$ gegeben ist, dann ist die Richtung der kürzesten Verbindungsstrecke durch das Kreuzprodukt $\vec{n} = \vec{u} \times \vec{v}$ festgelegt. Die Idee besteht nun darin, einen beliebigen Verbindungsvektor zwischen Punkten auf $g$ und $h$, zum Beispiel den Vektor $\overrightarrow{AB}$ in seine Komponenten parallel zu $\vec{n}$ und orthogonal zu $\vec{n}$ zu zerlegen. Der Abstand der Geraden ist dann die Länge des Anteils in Richtung von $\vec{n}$.

### Satz 3.2 (Abstand windschiefer Geraden):

Der Abstand zweier windschiefer Geraden durch Punkte $A$ und $B$ mit Richtungsvektoren $\vec{u}$ bzw. $\vec{v}$ beträgt

$$d = \left|\overrightarrow{AB}_{\vec{n}}\right| = \frac{|\overrightarrow{AB} \cdot (\vec{u} \times \vec{v})|}{|\vec{u} \times \vec{v}|}$$

### Beispiel :

Die Geraden

$$g : \begin{pmatrix} x_1 \\ x_2 \\ x_3 \end{pmatrix} = \begin{pmatrix} 1 \\ 1 \\ 0 \end{pmatrix} + s \begin{pmatrix} 2 \\ 0 \\ -1 \end{pmatrix} \quad \text{und} \quad h : \begin{pmatrix} x_1 \\ x_2 \\ x_3 \end{pmatrix} = \begin{pmatrix} 2 \\ 1 \\ 3 \end{pmatrix} + t \begin{pmatrix} 3 \\ 2 \\ -1 \end{pmatrix}$$

haben den gemeinsamen Normalenvektor

$$\vec{n} = \begin{pmatrix} 2 \\ 0 \\ -1 \end{pmatrix} \times \begin{pmatrix} 3 \\ 2 \\ -1 \end{pmatrix} = \begin{pmatrix} 2 \\ -1 \\ 4 \end{pmatrix}.$$

Als Abstand der beiden Geraden erhält man damit

$$d = \frac{\left|\begin{pmatrix} 1 \\ 0 \\ 3 \end{pmatrix} \cdot \begin{pmatrix} 2 \\ -1 \\ 4 \end{pmatrix}\right|}{\left|\begin{pmatrix} 2 \\ -1 \\ 4 \end{pmatrix}\right|} = \frac{14}{\sqrt{21}} = \frac{2\sqrt{21}}{3}.$$

## Winkel zwischen Geraden

Die Frage nach dem Schnittwinkel zweier Geraden ist einfach zu beantworten, wenn die Geraden in Punkt-Richtungsform gegeben sind. Wenn die beiden sich schneidenden Geraden $g$ und $h$ durch den Punkt $A$ und den Richtungsvektor $\vec{u}$ bzw. durch den Punkt $B$ und den Richtungsvektor $\vec{v}$ gegeben sind, dann ist der Winkel $\alpha$ zwischen ihnen mit Hilfe des Skalarprodukts zu berechnen:

$$\vec{u} \cdot \vec{v} = |\vec{u}| \cdot |\vec{v}| \cdot \cos(\alpha) \quad \Rightarrow \quad \cos(\alpha) = \frac{\vec{u} \cdot \vec{v}}{|\vec{u}| \cdot |\vec{v}|}$$

Von einem Winkel zwischen zwei Geraden spricht man in der Regel nur, wenn sich die beiden Geraden schneiden. Sollte das nicht offensichtlich sein, muss man es vorher nachprüfen.

## 3.3 Darstellung von Ebenen

Ganz ähnlich wie eine Gerade durch einen Punkt und einen Richtungsvektor oder durch zwei Punkte festgelegt ist, kann man auch eine Ebene durch einen Punkt und *zwei* Richtungsvektoren oder durch *drei* Punkte beschreiben.

Als erstes betrachten wir eine Ebene, die den Punkt $A$ enthält und von zwei nicht parallelen Vektoren $\vec{u}$ und $\vec{v}$ erzeugt wird. Ein Punkt $X$ liegt in dieser Ebene, wenn der Vektor $\overrightarrow{AX}$ sich mit geeigneten Zahlen $s, t \in \mathbb{R}$ in der Form

$$\overrightarrow{AX} = s \cdot \vec{u} + t \cdot \vec{v}$$

darstellen lässt. Dies ist die **Parameterdarstellung** von $E$.
In kartesischen Koordinaten lautet die Ebenengleichung dann

$$\begin{pmatrix} x_1 \\ x_2 \\ x_3 \end{pmatrix} = \begin{pmatrix} a_1 \\ a_2 \\ a_3 \end{pmatrix} + s \cdot \begin{pmatrix} u_1 \\ u_2 \\ u_3 \end{pmatrix} + t \cdot \begin{pmatrix} v_1 \\ v_2 \\ v_3 \end{pmatrix}$$

Falls eine Ebene $E$ durch drei Punkte $A$, $B$ und $C$ festgelegt wird, kann man als Richtungsvektoren $\vec{u} = \overrightarrow{AB}$ und $\vec{v} = \overrightarrow{AC}$ wählen.
Ein Punkt $X$ liegt in der Ebene $E$, wenn der Vektor $\overrightarrow{AX}$ darstellbar ist als

$$\overrightarrow{AX} = s \cdot \overrightarrow{AB} + t \cdot \overrightarrow{AC}$$

mit geeigneten $s, t \in \mathbb{R}$. Man erhält dann die **Drei-Punkte-Form** der Ebenengleichung

$$E : \begin{pmatrix} x_1 \\ x_2 \\ x_3 \end{pmatrix} = \begin{pmatrix} a_1 \\ a_2 \\ a_3 \end{pmatrix} + s \cdot \begin{pmatrix} b_1 - a_1 \\ b_2 - a_2 \\ b_3 - a_3 \end{pmatrix} + t \cdot \begin{pmatrix} c_1 - a_1 \\ c_2 - a_2 \\ c_3 - a_3 \end{pmatrix}$$

### Anregung zur weiteren Vertiefung:

Überlegen Sie sich, unter welchen Bedingungen und wie man eine Ebene durch zwei Punkte und einen Richtungsvektor darstellen kann.

Es gibt noch weitere Möglichkeiten, Ebenen durch Gleichungen darzustellen. Wenn die Ebene $E$ durch die drei Punkte $A$, $B$ und $C$ verläuft, dann liegt ein Punkt $X$ genau dann in dieser Ebene, wenn die drei Vektoren $\overrightarrow{AX}$, $\overrightarrow{AB}$ und $\overrightarrow{AC}$ linear abhängig sind. Dies kann man wiederum mit Hilfe des Spatprodukts sehr kompakt ausdrücken:

$$[\overrightarrow{AX}, \overrightarrow{AB}, \overrightarrow{AC}] = \overrightarrow{AX} \cdot (\overrightarrow{AB} \times \overrightarrow{AC}) = 0$$

Der Vektor $\vec{n} = \overrightarrow{AB} \times \overrightarrow{AC}$ steht senkrecht auf $E$ und heißt **Normalenvektor** von $E$.
Mit seiner Hilfe kann man eine besonders knappe Form der Ebenengleichung angeben.

### Definition (Normalengleichung):

Ein Punkt $X$ gehört zu einer Ebene $E$, die durch den Punkt $A$ verläuft und den Normalenvektor $\vec{n}$ besitzt, falls
$$\vec{n} \cdot \overrightarrow{AX} = 0\,.$$

In kartesischen Koordinaten mit $A = (a_1, a_2, a_3)$ und $\vec{n} = \begin{pmatrix} n_1 \\ n_2 \\ n_3 \end{pmatrix}$ lautet die **Normalengleichung**

$$n_1 x_1 + n_2 x_2 + n_3 x_3 = C \quad \text{mit} \quad C = n_1 a_1 + n_2 a_2 + n_3 a_3 \, .$$

> **Definition (Hesse-Normalform):**
>
> Ist $|\vec{n}| = 1$, dann nennt man die Normalengleichung auch **Hesse-Normalform** der Ebene. Sie wird uns noch einmal begegnen, wenn wir im nächsten Abschnitt den Abstand eines Punktes von einer Ebene berechnen.

## 3.4 Abstände und Schnittwinkel von Ebenen

Wenn es um Abstände von Ebenen zu Punkten, Geraden oder anderen Ebenen im $\mathbb{R}^3$ geht, sind folgende Grundaufgaben zu lösen:

1. Abstand eines Punktes von einer Ebene
2. Abstand einer Geraden von einer Ebene
3. Abstand zwischen zwei parallelen Ebenen

Zunächst sollte man sich klarmachen, dass es genügt, den Abstand eines Punktes von einer Ebene berechnen zu können, um auch die beiden anderen Aufgaben zu lösen. Eine Gerade und eine Ebene können im $\mathbb{R}^3$ nur drei Lagen relativ zueinander einnehmen: entweder die Gerade liegt in der Ebene, oder sie schneidet die Ebene in einem Punkt oder die Gerade ist parallel zur Ebene. Nur im letzten Fall kann man von einem echten Abstand sprechen und dieser ist von jedem Punkt der Geraden zur Ebene gleich. Man kann also den Abstand wieder bestimmen, indem man einen beliebigen Punkt der Geraden auswählt und seinen Abstand zur Ebene berechnet.

Ähnlich übersichtlich ist die Lage bei zwei parallelen Ebenen. Auch hier hat jeder Punkt der einen Ebene denselben Abstand zur anderen Ebene und kann folglich verwendet werden, um den Abstand der beiden Ebenen zu berechnen.

Der Abstand eines Punktes $P$ von einer Ebene berechnet sich wieder dadurch, dass man den Verbindungsvektor von $P$ zu einem beliebigen Punkt $A$ der Ebene in einen Anteil in Richtung von $\vec{n}$ sowie einen Anteil senkrecht dazu zerlegt. Der Abstand von $P$ zur Ebene ist dann gerade die Länge des zu $\vec{n}$ parallelen Anteils.

Mit der orthogonalen Zerlegung

$$\overrightarrow{PA}_{\vec{n}} = \frac{\overrightarrow{PA} \cdot \vec{n}}{|\vec{n}|^2} \vec{n}$$

ergibt sich als Abstand $d$ des Punktes $P$ von der Ebene daher

$$d = |\overrightarrow{PA}_{\vec{n}}| = \frac{|\overrightarrow{PA} \cdot \vec{n}|}{|\vec{n}|}$$

Im Fall $|\vec{n}| = 1$ ist also $d = |\overrightarrow{PA} \cdot \vec{n}|$.

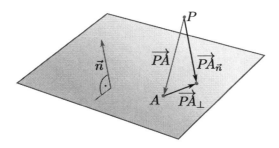

## Bemerkung (Abstandsberechnung mit der Hesse-Normalform):

Ist der Normalenvektor $\vec{n}$ so gewählt, dass er die Länge 1 hat, dann bedeutet in der Hesse-Normalform der Ebenengleichung

$$n_1 x_1 + n_2 x_2 + n_3 x_3 - C = 0$$

die Konstante $C = n_1 a_1 + n_2 a_2 + n_3 a_3 = \vec{n} \cdot \vec{a} = \dfrac{\vec{n} \cdot \vec{a}}{|\vec{n}|}$ gerade den **Abstand des Ursprungs von der Ebene** $E$, denn der Abstand von $O$ zu $E$ ist

$$d = \frac{|\overrightarrow{OA} \cdot \vec{n}|}{|\vec{n}|} = \frac{|\vec{a} \cdot \vec{n}|}{1} = a_1 n_1 + a_2 n_2 + a_3 n_3.$$

Dabei ist $\vec{a}$ der Ortsvektor eines in der Ebene $E$ liegenden Punktes $A$.
Der (signierte) Abstand $d$ eines beliebigen Punktes $P$ von der Ebene $E$ ist gegeben durch

$$d = \vec{p} \cdot \vec{n} - C.$$

Dabei bedeutet ein positives Vorzeichen, dass $P$ auf derselben Seite von $E$ liegt wie der Ursprung $O$, ein negatives Vorzeichen entsprechend, dass die beiden Punkte auf verschiedenen Seiten von $E$ liegen.
Zur Begründung zerlegt man $\overrightarrow{PA}$ in einen Anteil parallel und einen Anteil senkrecht zu $E$:

$$\overrightarrow{PA} = \overrightarrow{PF} + \overrightarrow{FA},$$

wobei $F$ der Lotfußpunkt ist, das heißt, es ist $\overrightarrow{PF} = d\vec{n}$ und $\overrightarrow{FA} \cdot \vec{n} = 0$. Damit ist

$$\vec{p} \cdot \vec{n} - C = \vec{p} \cdot \vec{n} - \vec{a} \cdot \vec{n} = \overrightarrow{PA} \cdot \vec{n} = \overrightarrow{PF} \cdot \vec{n} + \overrightarrow{FA} \cdot \vec{n} = d\vec{n} \cdot \vec{n} = d.$$

## Schnitte von Ebenen und Geraden

Im $\mathbb{R}^3$ gibt es drei Möglichkeiten, wie zwei Ebenen $E_1$ und $E_2$ relativ zueinander liegen können:

1. die Ebenen sind identisch
2. die Ebenen sind nicht identisch, aber parallel zueinander
3. die Ebenen schneiden sich entlang einer Geraden

Im letzten Fall steht man vor der Aufgabe, den Schnitt der beiden Ebenen zu bestimmen. Wenn $\vec{n}_1$ ein Normalenvektor von $E_1$ und $\vec{n}_2$ ein Normalenvektor von $E_2$ ist, so ist das Kreuzprodukt $\vec{n}_1 \times \vec{n}_2$

senkrecht zu $\vec{n}_1$ und damit parallel zu $E_1$. Aus demselben Grund ist $\vec{n}_1 \times \vec{n}_2$ auch parallel zu $E_2$. Der Vektor $\vec{n}_1 \times \vec{n}_2$ ist daher ein Richtungsvektor der Schnittgeraden von $E_1$ und $E_2$. Wenn man noch einen Punkt $A$ auf $g$ bestimmt, so kann man die Punkt-Richtungsform der Schnittgeraden angeben.

### Schnittwinkel von Ebenen

Der Winkel zwischen zwei sich schneidenden Ebenen ist definiert als der Winkel, den die beiden Normalenvektoren einschließen:
$$\cos(\varphi) = \frac{|\vec{n}_1 \cdot \vec{n}_2|}{|\vec{n}_1| \cdot |\vec{n}_2|}$$

Dies ist übrigens der *kleinste* Winkel, den man zwischen zwei Vektoren erhalten kann, von denen jeweils einer zu einer der beiden Ebenen parallel ist.
Der Winkel zwischen einer Geraden mit Richtungsvektor $\vec{c}$ lässt sich ebenfalls über den Normalenvektor $\vec{n}$ der Ebene berechnen. Allerdings ist der Winkel $\alpha$ zwischen $\vec{c}$ und $\vec{n}$ nicht der gesuchte Winkel, sondern der Schnittwinkel ist $\frac{\pi}{2} - \alpha$.

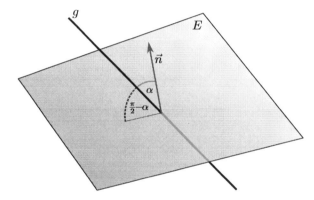

Unter Berücksichtigung der Beziehung $\cos(\frac{\pi}{2} - x) = \sin(x)$ gilt daher für den Schnittwinkel $\varphi$:
$$\sin(\varphi) = \frac{|\vec{c} \cdot \vec{n}|}{|\vec{c}| \cdot |\vec{n}|} \; .$$

# Nach diesem Kapitel sollten Sie ...

- ... die verschiedenen Darstellungsformen für Geraden und Ebenen kennen

- ... Abstände zwischen Punkten, Geraden und Ebenen rechnerisch bestimmen können

- ... wissen, welche Möglichkeiten es für die gegenseitige Lage von zwei Geraden im Raum gibt

- ... wissen, welche Möglichkeiten es für die gegenseitige Lage einer Geraden und einer Ebene im Raum gibt

- ... wissen, wie die Schnittwinkel zwischen Gerade und Ebene bzw. zwischen zwei Ebenen definiert sind und wie man sie berechnet

## Aufgaben zu Kapitel 3

1. Geben Sie eine Darstellung der Geraden $g$ an, die durch die Punkte $U(1|-2|3)$ und $V(-2|1|1)$ verläuft. Geben Sie außerdem eine Gleichung für die zu $g$ parallel Gerade $h$ durch den Punkt $W(3|2|0)$ an. Wo schneidet die Gerade $g$ die $x$-$y$-Ebene?

2. Bestimmen Sie rechnerisch den Umkreismittelpunkt des Dreiecks mit den Ecken $A(8|1)$, $B(-2|-13)$ und $C(-6|15)$. Der Umkreismittelpunkt ist der Schnittpunkt der Mittelsenkrechten und somit derjenige Punkt, der von allen drei Ecken des Dreiecks denselben Abstand hat.

3. Gegeben seien die Vektoren

$$\vec{a} = \begin{pmatrix} 1 \\ 0 \\ -3 \end{pmatrix}, \vec{b} = \begin{pmatrix} 2 \\ 3 \\ -1 \end{pmatrix}, \vec{u} = \begin{pmatrix} 3 \\ 1 \\ 1 \end{pmatrix}, \vec{v} = \begin{pmatrix} 1 \\ 2 \\ -1 \end{pmatrix} \text{ und } \vec{w} = \begin{pmatrix} 5 \\ 3 \\ 2 \end{pmatrix}$$

Zeigen Sie, dass die Gerade $g : \vec{x} = \vec{a} + r \cdot \vec{b}$ parallel zur Ebene $E : \vec{x} = \vec{u} + s \cdot \vec{v} + t \cdot \vec{w}$ ist und bestimmen Sie den Abstand zwischen $g$ und $E$.

4. (a) Bestimmen Sie $c \in \mathbb{R}$ so, dass die vier Punkte, die durch die Ortsvektoren

$$\begin{pmatrix} 2 \\ 0 \\ c \end{pmatrix}, \begin{pmatrix} 1 \\ c \\ 1 \end{pmatrix}, \begin{pmatrix} 2 \\ 1 \\ c \end{pmatrix} \text{ und } \begin{pmatrix} 3 \\ 1 \\ c+1 \end{pmatrix},$$

   beschrieben werden, in einer Ebene $E$ liegen.

   (b) Geben Sie die Hessesche Normalform der Ebene $E$ an und bestimmen Sie den Abstand des Punktes $P = (3|2|1)$ von der Ebene $E$.

5. Zur Förderung der erneuerbaren Energien betreibt die Univerwaltung alle Kaffeemaschinen mit Hilfe eines Windrads der Physik-Fakultät auf dem Physik-Institut. Die Fakultät für Philosophie vertraut mehr auf deutsche Ingenieurskunst und bezieht neuerdings ihren Strom von einem Windrad auf dem Dach des Maschinenbau-Gebäudes.
Da die Verwaltung das Zentrum jeder Universität darstellt, wählen wir dort den Koordinatenursprung $(0|0|0)$. Die weiteren Koordinaten lauten dann: Physik-Windrad: $(2|-2|5)$, Philosophie-Fakultät: $(-1|-2|-2)$, Maschinenbau-Windrad: $(2|0|3)$
Als Sicherheitsbeauftragte/r müssen Sie klären, ob der Mindestabstand zwischen den Leitungen eingehalten wird. Bestimmen Sie daher den Abstand der beiden Leitungen. Die Leitungen dürfen Sie dabei als geradlinige Verbindungen vom Windrad zum Verbraucher betrachten.

6. Gegeben seien die beiden Ebenen

$$E_1 : 2x_1 - 2x_2 - x_3 = 0 \text{ sowie } E_2 : \vec{x} = \begin{pmatrix} 1 \\ 1 \\ 0 \end{pmatrix} + s \cdot \begin{pmatrix} -1 \\ 2 \\ -3 \end{pmatrix} + t \cdot \begin{pmatrix} 2 \\ -1 \\ -3 \end{pmatrix}.$$

   (a) Geben Sie die Parameterdarstellung der Schnittgerade $g$ von $E_1$ und $E_2$ an.

   (b) Berechnen Sie den Cosinus des Schnittwinkels zwischen den Ebenen $E_1$ und $E_2$.

   (c) Bestimmen Sie den Abstand des Punktes $Q = (1, -1, 1)$ von der Ebene $E_2$.

7. Die Gerade $g$ verlaufe durch die beiden Punkte $A = (3|-1|4)$ und $B = (0|5|-2)$, die Gerade $h$ durch die Punkte $P = (5|5|-3)$ und $Q = (-1|-3|7)$. Untersuchen Sie, ob sich die beiden Geraden schneiden und bestimmen Sie gegebenenfalls ihren Schnittpunkt und Schnittwinkel.

8. Geben Sie die Hessesche Normalform der von den drei Punkten $P = (2, 1, 3)$, $Q = (1, 2, 4)$ und $R = (-1, 1, 0)$ aufgespannten Ebene an und bestimmen Sie den Abstand des Ursprungs von dieser Ebene.

# 4 Lineare Gleichungssysteme

## 4.1 Lineare Gleichungssysteme

Eine große Klasse von Gleichungen, die man im Prinzip explizit lösen kann, sind die linearen Gleichungen in $n$ Variablen.

> **Definition (Lineares Gleichungssystem):**
>
> Ein *lineares Gleichungssystem* (LGS) mit $m$ Gleichungen und $n$ Unbekannten $x_1, x_2, \ldots, x_n$ ist ein System von Gleichungen der Form
>
> $$\begin{aligned} a_{11}x_1 + a_{12}x_2 + \cdots + a_{1n}x_n &= b_1 \\ a_{21}x_1 + a_{22}x_2 + \cdots + a_{2n}x_n &= b_2 \\ &\vdots \\ a_{m1}x_1 + a_{m2}x_2 + \cdots + a_{mn}x_n &= b_m \end{aligned}$$
>
> Es dürfen also keine Terme wie $x_1 \cdot x_2$ oder $\sin(x_1)$ oder $x_3^2$ auftauchen.

> **Beispiel (Stöchiometrie):**
>
> Harnstoff reagiert mit salpetriger Säure zu Kohlendioxid, Stickstoff und Wasser. In der zugehörigen Reaktionsgleichung
>
> $$CH_4N_2O + a\,HNO_2 \to b\,CO_2 + c\,N_2 + d\,H_2O$$
>
> sollen natürliche Zahlen $a$, $b$, $c$ und $d$ bestimmt werden, so dass für jedes Element die Anzahl der Atome in den Ausgangsstoffen und in den Endstoffen übereinstimmt.
>
>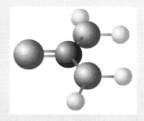
>
> Vergleicht man die Anzahl der verschiedenen Atome auf der linken und der rechten Seite der Reaktionsgleichung, gelangt man zu folgendem Gleichungssystem:
>
> | | |
> |---:|:---|
> | Kohlenstoff: | $1 = b$ |
> | Wasserstoff: | $4 + a = 2d$ |
> | Stickstoff: | $2 + a = 2c$ |
> | Sauerstoff: | $1 + 2a = 2b + d$ |
>
> Setzt man $b = 1$ in die letzte Gleichung ein und multipliziert die Gleichung mit zwei, erhält man $4a - 2 = 2d$ und durch Vergleich mit der zweiten Gleichung folgt $4 + a = 4a - 2$ also $a = 2$. Damit ergibt sich aus der zweiten Gleichung $d = \frac{1}{2}(4 + 2) = 3$ und aus der dritten Gleichung $c = \frac{1}{2}(2 + 2) = 2$.

## Beispiel (Fachwerk):

Ein ebenes Fachwerk ist *statisch bestimmt*, wenn sich die Kräfte in den Stäben aus den Gleichgewichtsbedingungen ermitteln lassen. Dies ist dann der Fall, wenn

$$2 \cdot (\text{Anzahl der Knoten}) = \text{Anzahl der Stäbe} + \text{Anzahl der Lagerkräfte}$$

ist.

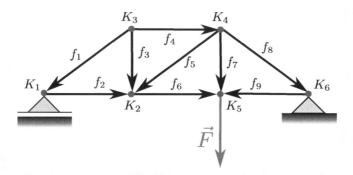

An jedem der sechs Knoten $K_1, \ldots, K_6$ im Bild ergeben sich Gleichgewichtsbedingungen für die horizontalen und vertikalen Kraftkomponenten. Diese bilden ein lineares Gleichungssystem für die gesuchten neun Kräfte $f_1, \ldots, f_9$.

Man erkennt, dass schon bei relativ „einfachen" mechanischen Systemen, die zugehörigen linearen Gleichungssysteme etwas unübersichtlich werden können.

Bei der Lösung des ersten Beispiels sind wir ziemlich ungeordnet („ad hoc") vorgegangen. Ziel dieses Kapitels ist es unter anderem, ein *systematisches* Verfahren zu erlernen, mit dem man im Prinzip beliebig große lineare Gleichungssysteme lösen kann.

## Lineare Gleichungssystem und Matrizen

Lineare Gleichungssysteme lassen sich mit Hilfe von Matrizen in kompakter Form aufschreiben und lösen.

## Definition (Matrix):

Eine **m × n-Matrix** ist ein Schema der Form

$$A = \begin{pmatrix} a_{11} & a_{12} & \cdots & a_{1n} \\ a_{21} & a_{22} & \cdots & a_{2n} \\ \vdots & \vdots & \ddots & \vdots \\ a_{m1} & a_{m2} & \cdots & a_{mn} \end{pmatrix}$$

bestehend aus $m$ Zeilen und $n$ Spalten.
Die Einträge $a_{ij}$ einer Matrix nennt man die **Koeffizienten** der Matrix und schreibt auch $A = (a_{ij})_{\substack{1 \leq i \leq m \\ 1 \leq j \leq n}}$ oder kurz $A = (a_{ij})$ für die Matrix.

Sind die Koeffizienten reelle Zahlen, spricht man von einer reellen Matrix, wenn auch komplexe Zahlen als Koeffizienten erlaubt sind, dann nennt man die Matrix ebenfalls komplex.

## Multiplikation von Matrizen und Vektoren

Eine $m \times n$-Matrix $A$ kann man mit einem Spaltenvektor $\vec{x}$ multiplizieren, wenn der Vektor genau $n$ Einträge hat, d.h. genau so viele, wie die Matrix Spalten besitzt. Dann liefert $A\vec{x}$ einen Vektor mit $m$ Einträgen. Dabei setzt man

$$\begin{pmatrix} a_{11} & a_{12} & \ldots & a_{1n} \\ a_{21} & a_{22} & \ldots & a_{2n} \\ \vdots & \vdots & \ddots & \vdots \\ a_{m1} & a_{m2} & \ldots & a_{mn} \end{pmatrix} \begin{pmatrix} x_1 \\ x_2 \\ \vdots \\ x_n \end{pmatrix} = \begin{pmatrix} a_{11}x_1 + \ldots + a_{1n}x_n \\ a_{21}x_1 + \ldots + a_{2n}x_n \\ \vdots \\ a_{m1}x_1 + \ldots + a_{mn}x_n \end{pmatrix}.$$

Wenn man sich an das Skalarprodukt aus Kapitel 2 erinnert, dann kann man die $m$ Einträge des Vektors $A\vec{x}$ auch als die Skalarprodukte der Zeilenvektoren von $A$ mit dem Vektor $\vec{x}$ auffassen. Schematisch passiert also folgendes:

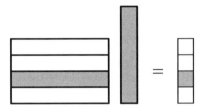

**Beispiel:**

Es ist

$$\begin{pmatrix} 1 & 2 & 3 \\ -1 & -3 & -4 \end{pmatrix} \begin{pmatrix} 2 \\ -2 \\ 3 \end{pmatrix} = \begin{pmatrix} 7 \\ -8 \end{pmatrix}.$$

## 4.2 Das Gaußsche Eliminationsverfahren

In der Schule haben Sie möglicherweise schon gelernt, wie man lineare Gleichungssysteme mit zwei oder drei Unbekannten lösen kann.

Beispielsweise kann man die Variablen der Reihe nach eliminieren, indem man eine Gleichung nach einer der Variablen auflöst und dann in die anderen Gleichungen einsetzt. Dieses bei Studierenden erfahrungsgemäß sehr beliebte Verfahren wird jedoch mit zunehmender Anzahl an Variablen immer komplizierter und ist schon für drei Gleichungen mit drei Unbekannten in der Regel nicht zu empfehlen.

Aus diesem Grund soll hier ein anderes Lösungsverfahren besprochen werden, das sich auch für größere Gleichungssystem eignet und das auch für die numerische Lösung von linearen Gleichungssystemen mit dem Computer implementiert werden kann.

Betrachten wir zunächst ein allgemeines lineares Gleichungssystem:

$$\begin{aligned} a_{11}x_1 + a_{12}x_2 + \ldots + a_{1n}x_n &= b_1 \\ a_{21}x_1 + a_{22}x_2 + \ldots + a_{2n}x_n &= b_2 \\ &\vdots \\ a_{m1}x_1 + a_{m2}x_2 + \ldots + a_{mn}x_n &= b_m \end{aligned}$$

Falls wir irgendwie eine Lösung $(x_1, x_2, \ldots, x_n)$ gefunden haben, dann ist jede einzelne dieser Gleichungen erfüllt.

Man darf daher, ohne die Menge der Lösungen zu verändern
- die Gleichungen vertauschen und in beliebiger Reihenfolge hinschreiben,
- eine der Gleichungen mit einer Zahl $\lambda \neq 0$ multiplizieren, d.h. man ersetzt die $k$-te Gleichung durch die äquivalente Gleichung $\lambda a_{k1}x_1 + \lambda a_{k2}x_2 + \ldots + \lambda a_{kn}x_n = \lambda b_k$.
- zwei der Gleichungen zueinander addieren, zum Beispiel die $j$-te und die $k$-te Gleichung:

$$(a_{j1} + a_{k1})x_1 + (a_{j1} + a_{k2})x_2 + \ldots + (a_{jn} + a_{kn})x_n = (b_j + b_k)$$

Die letzten beiden Operationen lassen sich sogar miteinander kombinieren, indem man für Zahlen $\mu, \lambda \neq 0$ das $\mu$-fache der $j$-ten Gleichung zum $\lambda$-fachen der $k$-ten Gleichung addiert, d.h. man kann eine der beiden Gleichungen durch

$$(\mu a_{j1} + \lambda a_{k1})x_1 + (\mu a_{j1} + \lambda a_{k2})x_2 + \ldots + (\mu a_{jn} + \lambda a_{kn})x_n = (\mu b_j + \lambda b_k)$$

ersetzen.

### Beispiel :

Wir suchen die Lösung bzw. die Lösungen des linearen Gleichungssystems

$$\begin{aligned} -2x_1 + 3x_2 - x_3 &= 3 \\ x_1 - 2x_2 &= -3 \\ 5x_1 - x_2 + x_3 &= -4 \end{aligned}$$

Dazu vertauschen wir zunächst die erste und zweite Gleichung:

$$\begin{aligned} x_1 - 2x_2 &= -3 \\ -2x_1 + 3x_2 - x_3 &= 3 \\ 5x_1 - x_2 + x_3 &= -4 \end{aligned}$$

Anschließend addieren wir das Doppelte der ersten Gleichung zur zweiten Gleichung und ziehen im selben Schritt das Fünffache der ersten Gleichung von der dritten Gleichung ab:

$$\begin{aligned} x_1 - 2x_2 &= -3 \\ -x_2 - x_3 &= -3 \\ 9x_2 + x_3 &= 11 \end{aligned}$$

Hier sieht man das zugrundeliegende Konzept: Die beiden letzten Gleichungen hängen nur noch von $x_2$ und $x_3$ ab, lassen sich also einfacher lösen als das gesamte Gleichungssystem. Wenn man die Lösungen dieses Teilsystems kennt, kann man sich wiederum mit Hilfe der ersten Gleichung $x_1$ verschaffen.

Addieren wir nun das Neunfache der zweiten Gleichung zur dritten hinzu, so erhalten wir

$$\begin{aligned} x_1 - 2x_2 &= -3 \\ -x_2 - x_3 &= -3 \\ -8x_3 &= -16 \end{aligned}$$

und können sukzessive von unten nach oben die Gleichungen lösen.

- Durch Auflösen der dritten Gleichung findet man $x_3 = 2$,
- aus der zweiten Gleichung ergibt sich daraus $x_2 = 1$ und
- aus der ersten Gleichung erhält man schließlich $x_1 = -1$.

Da wir nirgends irgendwelche Wahlmöglichkeiten hatten, handelt es sich um die einzige Lösung des linearen Gleichungssystems.

Diese Eigenschaften liegen dem Gauß-Verfahren zugrunde. Dabei geht es darum, mit Hilfe der sogenannten *elementaren Zeilenumformungen*, die genau den eben besprochenen Eigenschaften entsprechen, das Gleichungssystem in eine Form zu bringen, die es erlaubt, die Gleichungen der Reihe nach aufzulösen. Dafür muss man es schaffen, dass in jeder Zeile mindestens eine Variable weniger auftritt als in der vorhergehenden Zeile. Typischerweise macht man das so, dass man die Variablen der Reihe nach eliminiert.

## Formulierung mit Matrizen

Eine ökonomische Methode, um das Gaußsche Eliminationsverfahren durchzuführen, besteht darin, gar nicht in jedem Schritt die Unbekannten $x_1, x_2, \ldots$ hinzuschreiben, sondern nur die Koeffizienten. Definiert man für das lineare Gleichungssystem

$$\begin{aligned} a_{11}x_1 + a_{12}x_2 + \cdots + a_{1n}x_n &= b_1 \\ a_{21}x_1 + a_{22}x_2 + \cdots + a_{2n}x_n &= b_2 \\ &\vdots \\ a_{m1}x_1 + a_{m2}x_2 + \cdots + a_{mn}x_n &= b_m \end{aligned}$$

die **Koeffizientenmatrix** $A = (a_{ij})$ durch die Koeffizienten $a_{ij}$ des Gleichungssystems, den Spaltenvektor $\vec{x} \in \mathbb{R}^n$ durch die unbekannten Variablen $x_1, x_2, \ldots, x_n$ und den Spaltenvektor $\vec{b} \in \mathbb{R}^m$ durch die rechte Seite des Gleichungssystems, dann kann man es in der Form

$$A\vec{x} = \vec{b} \Leftrightarrow \begin{pmatrix} a_{11} & a_{12} & \ldots & a_{1n} \\ a_{21} & a_{22} & \ldots & a_{2n} \\ \vdots & \vdots & \ddots & \vdots \\ a_{m1} & a_{m2} & \ldots & a_{mn} \end{pmatrix} \begin{pmatrix} x_1 \\ x_2 \\ \vdots \\ x_n \end{pmatrix} = \begin{pmatrix} b_1 \\ b_2 \\ \vdots \\ b_m \end{pmatrix}$$

schreiben. Wenn $\vec{b} = 0$ der Nullvektor ist, dann nennt man das Gleichungssystem **homogen**. In diesem Fall ist der Vektor $\vec{x} = 0$ immer eine Lösung des Gleichungssystems. Es kann aber eventuell noch andere Lösungen geben.

Falls $\vec{b} \neq 0$ ist, spricht man von einem **inhomogenen linearen Gleichungssystem**.

Für inhomogene lineare Gleichungssysteme betrachtet man die **erweiterte Koeffizientenmatrix**

$$\left( \begin{array}{cccc|c} a_{11} & a_{12} & \ldots & a_{1n} & b_1 \\ a_{21} & a_{22} & \ldots & a_{2n} & b_2 \\ \vdots & \vdots & \ddots & \vdots & \vdots \\ a_{m1} & a_{m2} & \ldots & a_{mn} & b_m \end{array} \right),$$

die, getennt durch einen vertikalen Strich, sowohl die Einträge der Koeffizientenmatrix als auch die rechte Seite enthält.

Beispielsweise schreibt man statt des ursprünglichen Gleichungssystems

$$\begin{aligned} -2x_1 + 3x_2 - x_3 &= 3 \\ x_1 - 2x_2 &= -3 \\ 5x_1 - x_2 + x_3 &= -4 \end{aligned}$$

dann nur noch

$$\left( \begin{array}{ccc|c} -2 & +3 & -1 & 3 \\ 1 & -2 & 0 & -3 \\ 5 & -1 & 1 & -4 \end{array} \right)$$

Dabei muss man darauf achten, für Unbekannte, die in einer Gleichung gar nicht auftauchen, den Koeffizienten 0 einzusetzen.

Beim **Gaußschen Eliminationsverfahren** versucht man, unter Benutzung der drei erlaubten Operationen

- Vertauschen von Zeilen
- Multiplikation einer Zeile mit einer Zahl $\lambda \neq 0$
- Addition des $\lambda$-fachen einer Zeile zum $\mu$-fachen einer anderen Zeile

das Gleichungssystem, bzw. die zugehörige erweiterte Koeffizientenmatrix in eine Form zu bringen, aus der man leichter ablesen kann, ob und ggf. welche Lösungen das Gleichungssystem besitzt. Man nennt diese drei Umformungen **elementare Zeilenumformungen**, weil sie sich immer auf ganze Zeilen des Gleichungssystems beziehen.

Ziel dabei ist es, eine sogenannte **Zeilenstufenform** zu erreichen:

$$\left(\begin{array}{cccccccccccc|c}
\alpha_1 & \ldots & * & * & \ldots & * & * & \ldots & * & \ldots & \ldots & \ldots & * & * \\
0 & \ldots & 0 & \alpha_2 & \ldots & * & * & \ldots & * & \ldots & \ldots & \ldots & * & * \\
0 & \ldots & 0 & 0 & \ldots & 0 & \alpha_3 & \ldots & * & \ldots & \ldots & \ldots & * & * \\
0 & \ldots & 0 & 0 & \ldots & 0 & 0 & \ldots & 0 & \ddots & \ddots & \ldots & \vdots & \vdots \\
\vdots & & \vdots & \vdots & & \vdots & \vdots & & \vdots & \ddots & \ddots & \ldots & \vdots & \vdots \\
0 & \ldots & 0 & 0 & \ldots & 0 & 0 & \ldots & 0 & \ldots & \alpha_k & \ldots & * & * \\
0 & \ldots & 0 & 0 & \ldots & 0 & 0 & \ldots & 0 & \ldots & 0 & \ldots & 0 & * \\
\vdots & & \vdots & \vdots & & \vdots & \vdots & & \vdots & & & \ldots & & \vdots \\
0 & \ldots & 0 & 0 & \ldots & 0 & 0 & \ldots & 0 & \ldots & 0 & \ldots & 0 & *
\end{array}\right)$$

Hierbei sind die Einträge $\alpha_1, \alpha_2, \ldots, \alpha_k \neq 0$ und an allen Stellen mit Stern darf eine beliebige Zahl stehen. Die letzten $n - k$ Zeilen der Matrix enthalten nur Nullen.

Die Zeilenstufenform heißt so, weil die Nullen und die von Null verschiedenen Einträge durch „Stufen" voneinander getrennt sind:

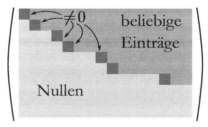

Schreibt man die erweiterte Koeffizientenmatrix des linearen Gleichungssystems auf, das wir im allerletzten Schritt des Beispiels erhalten hatten, so lautet diese

$$A = \begin{pmatrix} 1 & -2 & 0 & | & -3 \\ 0 & -1 & -1 & | & -3 \\ 0 & 0 & -8 & | & -16 \end{pmatrix}$$

Aus diesem Schema kann man nun wie oben die Lösung des Gleichungssystems ablesen.

> **Achtung!** Die Zeilenstufenform einer Matrix ist nicht eindeutig. Wenn man verschiedene Zeilenumformungen vornimmt, kann man am Ende durchaus verschiedene Zeilenstufenformen erhalten. Bei allen muss jedoch die Anzahl der Zeilen, die nicht nur Nullen enthalten, übereinstimmen. Diese Zahl nennen wir später den *Rang* der Matrix.

## Satz 4.1 (Gauß-Verfahren):

Die erweiterte Koeffizientenmatrix eines linearen Gleichungssystems lässt sich durch mehrfaches Anwenden der elementaren Zeilenoperationen

1. Vertauschen von Zeilen
2. Multiplikation einer Zeile mit einer Zahl $\lambda \neq 0$
3. Addition des Vielfachen einer Zeile zu einer anderen Zeile

immer in Zeilenstufenform bringen.

**Beweisidee:** Der Beweis ist konstruktiv, das heißt, es wird ein Verfahren beschrieben, mit dem man ganz konkret zu einer gegebenen Koeffizientenmatrix eine Zeilenstufenform berechnen kann. Zunächst vertauscht man falls nötig zwei Zeilen, so dass der obere linke Eintrag von Null verschieden ist. Dieser Eintrag heißt in der oben angegebenen Zeilenstufenform $\alpha_1$.
Im nächsten Schritt erzeugt man unterhalb dieses Eintrags in der ersten Spalte lauter Nullen, indem man geeignete Vielfache der ersten Zeile zu den anderen Zeilen addiert.
Nun sucht man die nächste Spalte, die unterhalb der ersten Zeile noch einen von Null verschiedenen Eintrag besitzt. Durch Vertauschen von Zeilen kann man dafür sorgen, dass dieser Eintrag, der oben $\alpha_2$ heißt in der zweiten Zeile steht. Wieder kann man durch Addition von Vielfachen der zweiten Zeile zu allen darunterliegenden Zeilen dafür sorgen, dass unterhalb von $\alpha_2$ nur Nullen stehen.
So fährt man fort: Man sucht die nächste Spalte, die unterhalb der zweiten Zeile nicht nur Nullen enthält, befördert einen nichtverschwindenden Eintrag in die dritte Zeile und eliminiert alle Einträge darunter. Spätestens wenn man in der letzten Spalte der Matrix angekommen ist, hat man die Zeilenstufenform erreicht. □

Aus der Zeilenstufenform kann man dann die Anzahl der Lösungen des linearen Gleichungssystems ablesen.

Beim Lösen eines linearen Gleichungssystems $A\vec{x} = \vec{b}$ können drei Fälle eintreten:
1. Das Gleichungssystem hat *keine* Lösung, wenn die Zeilenstufenform der erweiterten Koeffizientenmatrix eine Zeile enthält, in der links des Strichs nur Nullen und rechts davon eine Zahl ungleich Null steht.
   Dies ist meist (aber nicht immer) der Fall, wenn die Anzahl der Gleichungen größer ist als die Zahl der Unbekannten ($m > n$).
2. Das Gleichungssystem hat *genau eine* Lösung, wenn in der Zeilenstufenform der erweiterten Koeffizientenmatrix die $k$-te Zeile mit genau $k-1$ Nullen beginnt.
   Dies ist meist (aber nicht immer) der Fall, wenn die Anzahl der Gleichungen gleich der Zahl der Unbekannten ist ($m = n$).
3. Das Gleichungssystem hat *unendlich viele* Lösungen, wenn in der Zeilenstufenform der erweiterten Koeffizientenmatrix in jeder Zeile, in der links des Strichs nur Nullen stehen, auch rechts davon eine Null steht.
   Dies ist meist (aber nicht immer) der Fall, wenn die Anzahl der Gleichungen kleiner ist als die Zahl der Unbekannten ($m < n$).

Im Gegensatz zu quadratischen Gleichungen („p-q-Formel") kann es bei linearen Gleichungssystemen beispielsweise nie passieren, dass *genau* zwei Lösungen existieren.

Speziell für den häufigsten Fall von $n$ Gleichungen mit $n$ Unbekannten sollen hier noch einmal die drei verschiedenen Möglichkeiten dargestellt werden, die am Ende auftreten können, wenn die Zeilenstufenform erreicht ist:

1. Die Matrix hat am Ende die Gestalt

$$\left(\begin{array}{ccccc|c} \alpha_1 & * & * & \ldots & * & * \\ 0 & \alpha_2 & * & \ldots & * & * \\ 0 & 0 & \alpha_3 & \ldots & * & * \\ \vdots & \vdots & \ddots & \ddots & \vdots & \vdots \\ 0 & 0 & 0 & \ldots & \alpha_n & * \end{array}\right)$$

wobei die Koeffizienten $\alpha_1, \alpha_2, \ldots, \alpha_n \neq 0$ sein sollen und an allen Stellen mit Stern eine beliebige Zahl stehen darf. In diesem Fall kann man die Gleichungen der Reihe nach von unten eindeutig lösen und erhält damit insgesamt eine *eindeutige Lösung* des Gleichungssystems.

2. Die Matrix hat am Ende die Gestalt

$$\left(\begin{array}{ccccc|c} \alpha_1 & * & * & \ldots & * & * \\ 0 & \alpha_2 & * & \ldots & * & * \\ 0 & 0 & \alpha_3 & \ldots & * & * \\ \vdots & \vdots & \ddots & \ddots & \vdots & \vdots \\ 0 & 0 & 0 & \ldots & 0 & 0 \end{array}\right)$$

mit einer oder mehreren Zeilen, die nur Nullen enthalten. In diesem Fall hat das lineare Gleichungssystem *unendlich viele Lösungen* und man kann so viele Unbekannte frei wählen, wie Nullzeilen vorhanden sind. Die restlichen Unbekannten kann man dann in Abhängigkeit von diesen ausdrücken.

3. Die Matrix hat am Ende die Gestalt

$$\left(\begin{array}{ccccc|c} \alpha_1 & * & * & \ldots & * & * \\ 0 & \alpha_2 & * & \ldots & * & * \\ 0 & 0 & \alpha_3 & \ldots & * & * \\ \vdots & \vdots & \ddots & \ddots & \vdots & \vdots \\ 0 & 0 & 0 & \ldots & 0 & b_n \end{array}\right)$$

mit einer Zahl $b_n \neq 0$, d.h. die letzte Gleichung lautet

$$0 \cdot x_1 + 0 \cdot x_2 + \ldots + 0 \cdot x_n = b_n$$

und kann für keine Wahl von $x_1, x_2, \ldots, x_n$ erfüllt werden. Das lineare Gleichungssystem besitzt daher *keine Lösung*.

**Beispiel:** Als abschließendes Beispiel betrachten wir das lineare Gleichungssystem

$$\begin{array}{rcrcrcrcr} x_1 & & & -4x_3 & +3x_4 & = & 2 \\ x_1 & +2x_2 & & -8x_3 & +x_4 & = & 0 \\ -2x_1 & +x_2 & & +6x_3 & -7x_4 & = & -5 \\ x_1 & -4x_2 & & +4x_3 & +7x_4 & = & 6 \end{array}$$

In Matrixform lautet dieses lineare Gleichungssystem

$$\begin{pmatrix} 1 & 0 & -4 & 3 & | & 2 \\ 1 & 2 & -8 & 1 & | & 0 \\ -2 & 1 & 6 & -7 & | & -5 \\ 1 & -4 & 4 & 7 & | & 6 \end{pmatrix}$$

Indem wir von den Zeilen 2-4 jeweils Vielfache der ersten Zeile subtrahieren, erreichen wir, dass dort an der ersten Stelle jeweils eine Null steht:

$$\begin{pmatrix} 1 & 0 & -4 & 3 & | & 2 \\ 0 & 2 & -4 & -2 & | & -2 \\ 0 & 1 & -2 & -1 & | & -1 \\ 0 & -4 & 8 & 4 & | & 4 \end{pmatrix}$$

Vertauscht man die zweite und dritte Zeile

$$\begin{pmatrix} 1 & 0 & -4 & 3 & | & 2 \\ 0 & 1 & -2 & -1 & | & -1 \\ 0 & 2 & -4 & -2 & | & -2 \\ 0 & -4 & 8 & 4 & | & 4 \end{pmatrix}$$

dann kann man noch das $(-2)$-fache der zweiten Zeile zur dritten Zeile und das Vierfache der zweiten Zeile zur vierten Zeile addieren, um so die Zeilenstufenform

$$\begin{pmatrix} 1 & 0 & -4 & 3 & | & 2 \\ 0 & 1 & -2 & -1 & | & -1 \\ 0 & 0 & 0 & 0 & | & 0 \\ 0 & 0 & 0 & 0 & | & 0 \end{pmatrix}$$

zu erreichen. Wegen der beiden Nullzeilen dürfen zwei der Unbekannten frei gewählt. Setzt man also beispielsweise $x_3 = s$ und $x_4 = t$, dann ergeben sich aus den beiden anderen Gleichungen die Lösungen

$$x_1 = 4s - 3t + 2$$
$$x_2 = 2s + t - 1$$

## Nach diesem Kapitel sollten Sie ...

... wissen, was ein lineares Gleichungssystem ist

... wissen, welche Möglichkeiten es für die Anzahl an Lösungen eines linearen Gleichungssystems grundsätzlich gibt

... die elementaren Zeilenumformungen kennen

... die Zeilenstufenform einer Matrix beschreiben können und natürlich

... das Gaußsche Eliminationsverfahren in konkreten Situationen durchführen können

# Aufgaben zu Kapitel 4

1. Bestimmen Sie mit Hilfe des Gaußschen Eliminationsverfahrens alle Lösungen des linearen Gleichungssystems
$$\begin{aligned} -2x_1 + 3x_2 + x_3 &= 1 \\ x_1 + x_2 + 3x_3 &= 2 \\ -2x_1 + x_2 - 2x_3 &= -2 \end{aligned}$$

2. Bestimmen Sie alle Lösungen des linearen Gleichungssystems $A\vec{x} = \vec{b}$ mit
$$A = \begin{pmatrix} 1 & 0 & 2 & -1 & -4 & 0 \\ 0 & 1 & -1 & -3 & 0 & 1 \\ 1 & 0 & 2 & 1 & -2 & 0 \\ 0 & 1 & -1 & 0 & 2 & -1 \\ 1 & 1 & 1 & 0 & 0 & 1 \end{pmatrix} \quad \text{und} \quad \vec{b} = \begin{pmatrix} 1 \\ -4 \\ 1 \\ 0 \\ -3 \end{pmatrix}.$$

3. In der Elektrotechnik, Logistik und Verkehrsmodellierung werden Ströme in *Netzwerken* untersucht. Dabei gilt die Regel, dass an jedem Knotenpunkt die Summe der Ströme, die in den Knoten hineinfließen, mit der Summe der hinausführenden Ströme übereinstimmt. Bestimmen Sie in dem nebenstehenden Netzwerk die möglichen Ströme $x_1, x_2, \ldots, x_5$.

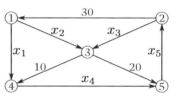

4. Für welchen Wert von $\mu \in \mathbb{R}$ besitzt das lineare Gleichungssystem
$$\begin{aligned} 3x_1 + 2x_2 &= 2 \\ 2x_1 + x_2 + 3x_3 &= \mu \\ 4x_1 + 3x_2 - 3x_3 &= -1 \end{aligned}$$
eine Lösung? Ist diese eindeutig?

5. Für welche $\alpha \in \mathbb{R}$ besitzt das folgende lineare Gleichungssysteme eine Lösung?
$$\begin{aligned} x - 3z &= -3 \\ 2x + \alpha y - z &= -2 \\ x + 2y + \alpha z &= 1 \end{aligned}$$
Geben Sie jeweils alle möglichen Lösungen an.

6. (a) Bringen Sie die Matrix $B = \begin{pmatrix} 1 & 2 & 3 \\ 4 & 5 & 6 \\ 7 & 8 & 9 \end{pmatrix}$ in Zeilenstufenform.

   (b) Die Zeilenstufenform einer Matrix ist nicht eindeutig. Geben Sie noch eine zweite Zeilenstufenform für $B$ an und überlegen Sie sich, wie die möglichen Zeilenstufenformen von $B$ allgemein aussehen.

7. Kreuzen Sie die richtige Antwort an!
Ein lineares Gleichungssystem mit zwei Gleichungen für drei Unbekannte ...
   - ☐ besitzt immer mindestens eine Lösung.
   - ☐ besitzt entweder keine oder genau eine Lösung
   - ☐ besitzt entweder keine oder unendlich viele Lösungen
   - ☐ besitzt immer unendlich viele Lösungen
   - ☐ besitzt immer genau eine Lösung

# 5 Matrizen

## 5.1 Matrizen

Beim Rechnen mit Vektoren spielen Matrizen eine wichtige Rolle. Während man sie bei der Lösung von linearen Gleichungssystem einfach nur als eine Art „Abkürzung" der Schreibweise auffassen kann, werden wir sehen, dass sie in Wirklichkeit zu viel mehr zu gebrauchen sind.
Wenn eine Matrix gleich viele Zeilen wie Spalten hat, dann nennt man sie eine **quadratische Matrix**. Die Koeffizienten $a_{ij}$ einer solchen $n \times n$-Matrix mit $i = j$, also $a_{11}, a_{22}, \ldots, a_{nn}$ nennt man Diagonaleinträge.

> **Definition (Diagonalmatrix):**
>
> Eine $n \times n$-Matrix heißt **Diagonalmatrix**, wenn nur in der Hauptdiagonale von Null verschiedene Einträge stehen, wenn also alle Koeffizienten $a_{ij}$ mit $i \neq j$ verschwinden.

> **Definition (Einheitsmatrix):**
>
> Die $n \times n$-Matrix
> $$E_n = \begin{pmatrix} 1 & 0 & \ldots & 0 \\ 0 & 1 & \ldots & 0 \\ \vdots & \vdots & \ddots & \vdots \\ 0 & 0 & \ldots & 1 \end{pmatrix}.$$
> heißt **Einheitsmatrix**.

Man kann nachrechnen, dass für jeden Vektor $\vec{x} \in \mathbb{R}^n$ gilt

$$E_n \vec{x} = \vec{x}$$

die Multiplikation mit der Einheitsmatrix ändert einen Vektor also nicht.
Wir werden sehen, dass die Einheitsmatrix beim Rechnen mit Matrizen eine ähnliche Rolle spielt wie die Zahl Eins bei der Multiplikation von Zahlen in $\mathbb{R}$.
Vektoren können wir beim Rechnen wie Matrizen mit nur einer Zeile oder einer Spalte behandeln. Dabei heißen Matrizen mit einer Spalte **Spaltenvektoren** und Matrizen mit einer Zeile **Zeilenvektoren**, zum Beispiel

$$S = \begin{pmatrix} a_1 \\ a_2 \\ \vdots \\ a_m \end{pmatrix} \text{ und } Z = (a_1 \, a_2 \, \ldots \, a_n).$$

Man kann die einzelnen Spalten bzw. Zeilen einer $m \times n$-Matrix also als Vektoren auffassen. Manchmal ist es praktisch, wenn man sich eine $m \times n$-Matrix aus $m$ Zeilenvektoren zusammengesetzt denkt, während es in anderen Situationen sinnvoller ist, sich die Matrix als $n$ Spaltenvektoren nebeneinander vorzustellen.

## Addition von Matrizen

Matrizen kann man *ausschließlich* dann addieren bzw. subtrahieren, wenn sie dieselbe „Größe" haben, also dieselbe Anzahl Spalten *und* Zeilen. In diesem Fall werden einfach die entsprechenden Koeffizienten addiert bzw. subtrahiert:

$$\begin{pmatrix} a_{11} & \cdots & a_{1n} \\ \vdots & \ddots & \vdots \\ a_{m1} & \cdots & a_{mn} \end{pmatrix} \pm \begin{pmatrix} b_{11} & \cdots & b_{1n} \\ \vdots & \ddots & \vdots \\ b_{m1} & \cdots & b_{mn} \end{pmatrix} = \begin{pmatrix} a_{11} \pm b_{11} & \cdots & a_{1n} \pm b_{1n} \\ \vdots & \ddots & \vdots \\ a_{m1} \pm b_{m1} & \cdots & a_{mn} \pm b_{mn} \end{pmatrix}$$

**Beispiel:** Von den vier Matrizen

$$A = \begin{pmatrix} 1 & 2 & 3 \\ -1 & -3 & -4 \end{pmatrix}, \quad B = \begin{pmatrix} 2 & 1 \\ -5 & \frac{1}{2} \end{pmatrix}, \quad C = \begin{pmatrix} 1 & 0 \\ 1 & 2 \\ 0 & 3 \end{pmatrix} \text{ und } D = \begin{pmatrix} 1 & 1 & 1 \\ 2 & 0 & -2 \end{pmatrix}$$

haben nur $A$ und $D$ dieselbe Anzahl Zeilen und Spalten und können addiert bzw. subtrahiert werden. Es ist dann

$$A + D = \begin{pmatrix} 1 & 2 & 3 \\ -1 & -3 & -4 \end{pmatrix} + \begin{pmatrix} 1 & 1 & 1 \\ 2 & 0 & -2 \end{pmatrix} = \begin{pmatrix} 2 & 3 & 4 \\ 1 & -3 & -6 \end{pmatrix}$$

$$A - D = \begin{pmatrix} 1 & 2 & 3 \\ -1 & -3 & -4 \end{pmatrix} - \begin{pmatrix} 1 & 1 & 1 \\ 2 & 0 & -2 \end{pmatrix} = \begin{pmatrix} 0 & 1 & 2 \\ -3 & -3 & -2 \end{pmatrix}.$$

Matrizen kann man mit einer beliebigen Zahl $\lambda$ multiplizieren, indem man jeden der Koeffizienten mit der Zahl multipliziert:

$$\lambda \cdot \begin{pmatrix} a_{11} & \cdots & a_{1n} \\ \vdots & \ddots & \vdots \\ a_{m1} & \cdots & a_{mn} \end{pmatrix} = \begin{pmatrix} \lambda a_{11} & \cdots & \lambda a_{1n} \\ \vdots & \ddots & \vdots \\ \lambda a_{m1} & \cdots & \lambda a_{mn} \end{pmatrix}$$

Diese Multiplikation einer Matrix mit einer Zahl nennt man **skalare Multiplikation**[1]. Für die Addition und die skalare Multiplikation von Matrizen gelten alle Rechenregeln, die man vom „normalen Rechnen" mit Zahlen her kennt:

---

Für $m \times n$-Matrizen $A$ und $B$ und Zahlen $\alpha, \beta \in \mathbb{R}$ gilt:

$$\begin{aligned} A + B &= B + A, & (A + B) + C &= A + (B + C) \\ 1 \cdot A &= A, & \alpha \cdot (\beta \cdot A) &= (\alpha \cdot \beta) \cdot A \\ (\alpha + \beta) \cdot A &= \alpha \cdot A + \beta \cdot A, & \alpha \cdot (A + B) &= \alpha \cdot A + \alpha \cdot B \end{aligned}$$

---

### Bemerkung :

Bis jetzt haben wir nur Matrizen mit reellen Einträgen betrachtet. Alle Überlegungen gelten auch für Matrizen mit komplexen Zahlen als Koeffizienten. In diesem Fall lässt man bei der skalaren Multiplikation natürlich auch komplexe Zahlen als Vorfaktoren zu.
Insbesondere in Kapitel 7 wird es unsere Betrachtungen erleichtern, wenn wir auch Matrizen und Vektoren mit komplexen Einträgen zulassen.

---

[1] Achtung! Die *skalare Multiplikation* ist nicht dasselbe wie das *Skalarprodukt* von zwei Vektoren

## 5.2 Multiplikation von Matrizen

Für Matrizen lässt sich eine Multiplikation definieren, die jedoch *nicht* wie die Addition komponentenweise definiert ist.
Zwei Matrizen $A$ und $B$ lassen sich miteinander multiplizieren, wenn die Anzahl der Spalten von $A$ mit der Anzahl der Zeilen von $B$ übereinstimmt.

**Definition (Matrizenmultiplikation):**

Das Produkt einer $m \times p$-Matrix und einer $p \times n$-Matrix ist eine $m \times n$-Matrix $C = (c_{ij})$ mit

$$c_{ij} = \sum_{k=1}^{p} a_{ik} b_{kj}.$$

Die Einträge der Produktmatrix $AB$ kann man sich auch vorstellen als Skalarprodukte der Zeilenvektoren von $A$ mit den Spaltenvektoren von $B$, genauer: schreibt man

$$A = \begin{pmatrix} --\vec{a}_1-- \\ --\vec{a}_2-- \\ \vdots \\ --\vec{a}_m-- \end{pmatrix} \quad \text{und} \quad B = \begin{pmatrix} | & | & & | \\ \vec{b}_1 & \vec{b}_2 & \ldots & \vec{b}_n \\ | & | & & | \end{pmatrix}$$

als $m$ untereinandergeschriebene Zeilenvektoren bzw. als $n$ hintereinandergeschriebene Spaltenvektoren, dann ist im Produkt $AB = (c_{ij})$ der Koeffizient $c_{ij} = \vec{a}_i \cdot \vec{b}_j$ das Skalarprodukt der $i$-ten Zeile von $A$ mit der $j$-ten Spalte von $B$.

Noch etwas anschaulicher kann man sich dies mit dem folgenden graphischen Schema klarmachen:

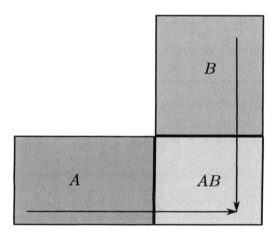

Der Koeffizient $c_{ij}$ von $AB$ in der $i$-ten Zeile und $j$-ten Spalte, steht in diesem Bild gerade dort, wo sich die Verlängerung der $i$-ten Zeile von $A$ und der $j$-ten Spalte von $B$ schneiden.

**Beispiel:** Sei

$$A = \begin{pmatrix} 3 & -1 & 2 \\ -2 & 0 & 5 \end{pmatrix} \quad \text{und} \quad B = \begin{pmatrix} 2 & 1 & 1 & -1 \\ 0 & -1 & 2 & 3 \\ 1 & 3 & 0 & 0 \end{pmatrix}.$$

Dann ist $AB = (c_{ij})$ eine Matrix mit zwei Zeilen und vier Spalten. Aus dem Schema

$$
\begin{array}{rrr|rrrr}
 & & & 2 & 1 & 1 & -1 \\
 & & & 0 & -1 & 2 & 3 \\
 & & & 1 & 3 & 0 & 0 \\
\hline
3 & -1 & 2 & c_{11} & c_{12} & c_{13} & c_{14} \\
-2 & 0 & 5 & c_{21} & c_{22} & c_{23} & c_{24}
\end{array}
$$

ergibt sich

$c_{11} = 3 \cdot 2 + (-1) \cdot 0 + 2 \cdot 1 = 8,$ $\qquad c_{21} = (-2) \cdot 2 + 0 \cdot 0 + 5 \cdot 1 = 1$

$c_{12} = 3 \cdot 1 + (-1)^2 + 2 \cdot 3 = 10,$ $\qquad c_{22} = (-2) \cdot 1 + 0 \cdot (-1) + 5 \cdot 3 = 13$

$c_{13} = 3 \cdot 1 + (-1) \cdot 2 + 2 \cdot 0 = 1,$ $\qquad c_{23} = (-2) \cdot 1 + 0 \cdot 2 + 5 \cdot 0 = -2$

$c_{14} = 3 \cdot (-1) + (-1) \cdot 3 + 2 \cdot 0 = -6,$ $\qquad c_{24} = (-2) \cdot (-1) + 0 \cdot 3 + 5 \cdot 0 = 2$

also

$$AB = \begin{pmatrix} 8 & 10 & 1 & -6 \\ 1 & 13 & -2 & 2 \end{pmatrix}.$$

**Bemerkung:** Die Multiplikation einer Matrix mit einem Spaltenvektor kann man jetzt als Spezialfall der Matrixmultiplikation auffassen, bei dem die zweite Matrix nur eine Spalte besitzt.

### Beispiel (Produktionsplanung):

Ein Unternehmen stellt aus den Rohstoffen $R_1, \ldots, R_3$ die fünf Zwischenprodukte $Z_1, \ldots, Z_4$ her. Aus diesen Zwischenprodukten werden anschließend zwei Endprodukte $P_1$ und $P_2$ gefertigt. Die folgenden Verbrauchsnormen-Tabellen geben den Bedarf an Rohstoffen bzw. Zwischenprodukten für die jeweiligen Produktionsschritte an:

|       | $Z_1$ | $Z_2$ | $Z_3$ | $Z_4$ |
|-------|-------|-------|-------|-------|
| $R_1$ | 1     | 2     | 2     | 0     |
| $R_2$ | 3     | 0     | 0     | 2     |
| $R_3$ | 0     | 1     | 1     | 1     |

|       | $P_1$ | $P_2$ |
|-------|-------|-------|
| $Z_1$ | 3     | 2     |
| $Z_2$ | 2     | 0     |
| $Z_3$ | 0     | 1     |
| $Z_4$ | 1     | 1     |

Dabei bedeutet die erste Spalte der linken Tabelle beispielsweise, dass zur Herstellung von einer Einheit des Zwischenprodukts $Z_5$ eine Einheit $R_1$ und drei Einheiten $R_2$ nötig sind. Fasst man diese Tabellen als Matrizen auf, dann kann man mit Hilfe des Matrixprodukts direkt den Bedarf der Rohstoffen $R1, \ldots, R_4$ für die Endprodukte $P_1$ und $P_3$ ermitteln:

$$\begin{pmatrix} 1 & 2 & 2 & 0 \\ 3 & 0 & 0 & 2 \\ 0 & 1 & 1 & 1 \end{pmatrix} \begin{pmatrix} 3 & 2 \\ 2 & 0 \\ 0 & 1 \\ 1 & 1 \end{pmatrix} = \begin{pmatrix} 7 & 4 \\ 11 & 8 \\ 3 & 2 \end{pmatrix}$$

In der zweiten Spalte liest man ab, dass zur Produktion von $P_2$ je 4 Einheiten $R_1$, 8 Einheiten $R_2$ und 2 Einheiten $R_3$ benötigt werden.

Um zu berechnen, wieviele Einheiten der verschiedenen Rohstoffe $R_1$, $R_2$ und $R_3$ benötigt werden, um 300 Exemplare von $P_1$ und 100 Exemplare $P_2$ herzustellen, benutzt man das Matrix-Vektor-Produkt:

$$\begin{pmatrix} 7 & 4 \\ 11 & 8 \\ 3 & 2 \end{pmatrix} \begin{pmatrix} 300 \\ 100 \end{pmatrix} = \begin{pmatrix} 2500 \\ 4100 \\ 1100 \end{pmatrix}$$

Bei der Matrizenmultiplikation gelten immer noch die Regeln

$$(AB)C = A(BC),$$
$$(A+B)C = AC + BC \text{ und}$$
$$A(B+C) = AB + AC$$

für alle Matrizen, für die die entsprechenden Produkte definiert sind.
Die Matrizenmultiplikation ist jedoch **nicht kommutativ**, das heißt, im allgemeinen ist für zwei quadratische Matrizen $A$ und $B$

$$AB \neq BA.$$

Nur mit der Einheitsmatrix $E_n$ oder einer Vielfachen der Einheitsmatrix $cE_n$ lässt sich jede quadratische Matrix $A$ vertauschen:

$$(cE_n)A = A(cE_n) = cA.$$

## 5.3 Inverse Matrizen

**Definition (Inverse Matrix):**

Eine $n \times n$-Matrix $A$ heißt **invertierbar** (oder **regulär**), wenn es eine $n \times n$-Matrix $B$ gibt, so dass

$$AB = BA = E_n \text{ (Einheitsmatrix)}$$

ist. Die Matrix $B$ heißt dann **inverse Matrix** von $A$, geschrieben $A^{-1}$.

**Achtung!** Nur quadratische Matrizen können überhaupt eine inverse Matrix besitzen!

Anders als bei den reellen Zahlen, bei denen jede von Null verschiedene Zahl $\lambda$ eine Inverse bezüglich der Multiplikation besitzt, nämlich die Zahl $\frac{1}{\lambda}$, gibt es Matrizen, die nicht die Nullmatrix sind und die dennoch keine inverse Matrix besitzen. Wir werden später sehen, woran man diese Matrizen erkennen kann.

Ist $A$ invertierbar, dann besitzt das lineare Gleichungssystem

$$A\vec{x} = \vec{b}$$

für jeden Vektor $\vec{b} \in \mathbb{R}^n$ genau eine Lösung, nämlich $\vec{x} = A^{-1}\vec{b}$.

Ein wichtiges Kriterium, wann eine Matrix invertierbar ist, lässt sich mit Hilfe des *Rangs* formulieren, einer Größe, die für beliebige (auch nicht-quadratische) Matrizen definiert ist.

**Definition (Rang einer Matrix):**

Sei $A$ eine $m \times n$-Matrix. Die maximale Anzahl linear unabhängiger Vektoren unter den Spaltenvektoren von $A$ nennt man den **(Spalten-)Rang** von $A$.

Für quadratische Matrizen gilt nun der wichtige

### Satz 5.1 (Invertierbarkeitskriterium):

Eine $n \times n$-Matrix $A$ ist genau dann invertierbar, wenn ihr Rang $n$ ist, das heißt, wenn die $n$ Spaltenvektoren von $A$ linear unabhängig sind.

## Bestimmung des Rangs einer Matrix

Da der Rang einer $m \times n$-Matrix die maximale Anzahl linear unabhängiger Spaltenvektoren ist, muss man herausbekommen, wie viele dieser Spaltenvektoren linear unabhängig sind.
Offenbar kann der Rang nicht größer sein als die Anzahl $n$ der Spaltenvektoren, ein Satz besagt aber, dass der Rang auch die Anzahl der linear unabhängigen *Zeilen*vektoren ist. Der Rang einer $m \times n$-Matrix kann also höchstens so groß sein wie die *kleinere* der beiden Zahlen $m$ und $n$. Prinzipiell ist ansonsten jede Zahl zwischen 0 und dem Minimum aus $m$ und $n$ möglich.
Der übliche Weg, um den Rang einer Matrix zu bestimmen, besteht darin, die Matrix durch elementare Zeilenumformungen wie beim Gauß-Verfahren in eine Form zu bringen, der man sofort ansehen kann, wie viele Spaltenvektoren linear unabhängig sind.

**Beispiel:** Bei der Matrix

$$M = \begin{pmatrix} 1 & 4 & -1 & 2 \\ 1 & -3 & 3 & -6 \\ 0 & 0 & 2 & -4 \\ 0 & 0 & 1 & -2 \end{pmatrix}$$

ist direkt zu erkennen, dass die ersten beiden Spaltenvektoren nicht linear abhängig sind, da der zweite kein Vielfaches des ersten Spaltenvektors ist. Der dritte Spaltenvektor ist sicher auch keine Linearkombination der ersten beiden, da diese in den beiden letzten Komponenten nur Nullen stehen haben. Wir wissen daher, dass der Rang der Matrix mindestens drei ist. Der vierte Spaltenvektor ist das $(-2)$-fache des dritten, also sind nicht alle vier Spaltenvektoren linear unabhängig. Auf diese Weise sieht man ein, dass Rang$(M) = 3$ sein muss.

## Berechnung der inversen Matrix

Auch die inverse Matrix $A^{-1}$ kann man mit einer Variante des Gaußschen Eliminationsverfahrens berechnen, die in diesem Zusammenhang auch oft *Gauß-Jordan-Verfahren* heißt.
Sei dazu $B = (\vec{b}_1, \vec{b}_2, \ldots, \vec{b}_n)$ eine $n \times n$-Matrix, die wir uns aus $n$ Spaltenvektoren zusammengesetzt vorstellen. Dann besteht die Matrix $AB$ aus den $n$ Spaltenvektoren $A\vec{b}_1, A\vec{b}_2, \ldots, A\vec{b}_n$. Da $AB = E_n$ ergeben soll, erhält man durch Vergleich der Spaltenvektoren, dass

$$A\vec{b}_j = \vec{e}_j \quad \text{für } j = 1, 2, \ldots, n$$

sein muss. Um die Spalten der Matrix $B$ zu bestimmen, muss man also jeweils ein Lineares Gleichungssystem lösen. Der „Trick" besteht nun darin, diese $n$ linearen Gleichungssysteme alle gleichzeitig zu bearbeiten, indem man die rechten Seiten nebeneinanderschreibt. Da diese rechten Seiten gerade die Einheitsvektoren sind, steht rechts nun statt einem einzelnen Vektor die Einheitsmatrix $E_n$ und links wie gewohnt die Matrix $A$. Dann führt man solange elementare Zeilenoperationen durch, bis auf der linken Seite die Einheitsmatrix steht. Die Matrix, die sich dann rechts ergibt, ist gerade $A^{-1}$.
Schematisch kann man folgendermaßen vorgehen und der Reihe nach auf der linken Seite die nötigen Einträge 1 und 0 erzeugen:

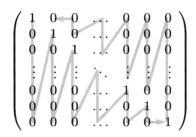

Indem man gegebenfalls zwei Zeilen vertauscht und die erste Zeile mit einer Zahl multipliziert sorgt man dafür, dass der linke obere Eintrag eine Eins ist. Durch Addition von Vielfachen der ersten Zeile kann man dann alle weiteren Einträge in der ersten Spalte zu Null machen. Man fährt dann mit der zweiten Spalte fort und erzeugt dort auf der Diagonalen eine Eins und darunter lauter Nullen usw. bis man links eine Matrix stehen hat, die auf der Diagonale nur Einsen und unterhalb der Diagonale nur Nullen hat. Anschließend arbeitet man sich von der letzten Spalte aus nach links und sorgt dafür, dass auch oberhalb der Diagonalen noch lauter Nullen stehen. Auf diese Weise gelangt man links zur Einheitsmatrix. Wenn man sauber gerechnet hat und auf der rechten Seite jeweils dieselben Zeilenoperationen durchführt, dann steht am Ende rechts die inverse Matrix $A^{-1}$.

In der Praxis kann es sinnvoll sein, auf der Diagonale zunächst keine Einsen, sondern nur von Null verschiedene Einträge zu erzeugen, damit man so lange wie möglich mit ganzen Zahlen statt mit Brüchen rechnen kann. Die Diagonaleinträge kann man dann am Ende noch auf Eins normieren, wenn die Gefahr, sich zu verrechnen, wesentlich geringer ist.

**Beispiel:** Um die Inverse der Matrix $A = \begin{pmatrix} 1 & 2 & 3 \\ 1 & 0 & 2 \\ 2 & 2 & 4 \end{pmatrix}$ zu bestimmen, bildet man eine erweiterte Matrix, indem man $A$ und die Einheitsmatrix $E_n$ nebeneinander schreibt:

$$\left(\begin{array}{ccc|ccc} 1 & 2 & 3 & 1 & 1 & 0 \\ 1 & 0 & 2 & 0 & 1 & 0 \\ 2 & 2 & 4 & 0 & 0 & 1 \end{array}\right)$$

Zieht man nun die erste Zeile von der zweiten Zeile ab und außerdem das Doppelte der ersten von der dritten Zeile erhält man

$$\left(\begin{array}{ccc|ccc} 1 & 2 & 3 & 1 & 0 & 0 \\ 0 & -2 & -1 & -1 & 1 & 0 \\ 0 & -2 & -2 & -2 & 0 & 1 \end{array}\right)$$

Nun zieht man nun die zweite von der dritten Zeile ab, so dass die linke Matrix nun in Dreiecksform ist:

$$\left(\begin{array}{ccc|ccc} 1 & 2 & 3 & 1 & 0 & 0 \\ 0 & -2 & -1 & -1 & 1 & 0 \\ 0 & 0 & -1 & -1 & -1 & 1 \end{array}\right)$$

Nun die dritte von der zweiten Zeile abziehen und das Dreifache der dritten Zeile zur ersten Zeile addieren:

$$\left(\begin{array}{ccc|ccc} 1 & 2 & 0 & -2 & -3 & 3 \\ 0 & -2 & 0 & 0 & 2 & -1 \\ 0 & 0 & -1 & -1 & -1 & 1 \end{array}\right)$$

Als letztes addiert man nun noch die zweite Zeile zur ersten Zeile und multipliziert anschließend die gesamte zweite Zeile mit dem Faktor $\frac{1}{2}$ sowie die dritte Zeile mit dem Faktor $-1$:

$$\begin{pmatrix} 1 & 0 & 0 & | & -2 & -1 & 2 \\ 0 & 1 & 0 & | & 0 & -1 & \frac{1}{2} \\ 0 & 0 & 1 & | & 1 & 1 & -1 \end{pmatrix}$$

Da nun auf der linken Seite die Einheitsmatrix steht, ist die inverse Matrix

$$A^{-1} = \begin{pmatrix} -2 & -1 & 2 \\ 0 & -1 & \frac{1}{2} \\ 1 & 1 & -1 \end{pmatrix}$$

> **Satz 5.2 (Rechenregeln für inverse Matrizen):**
>
> Falls $A$ und $B$ invertierbare $n \times n$-Matrizen sind, dann ist
>
> $\lambda A$ invertierbar und $(\lambda A)^{-1} = \frac{1}{\lambda} A^{-1}$ für alle $\lambda \neq 0$
>
> $A^{-1}$ invertierbar und $(A^{-1})^{-1} = A$
>
> $AB$ invertierbar und $(AB)^{-1} = B^{-1} A^{-1}$

**Begründung:** Es ist

$$\left(\frac{1}{\lambda} A^{-1}\right)(\lambda A) = \frac{1}{\lambda} \cdot \lambda \cdot A^{-1} A = E_n \text{ und } (\lambda A)\left(\frac{1}{\lambda} A^{-1}\right) = \lambda \cdot \frac{1}{\lambda} \cdot A A^{-1} = E_n.$$

Daher ist $\frac{1}{\lambda} A^{-1}$ die inverse Matrix zu $\lambda A$.

Um einzusehen, dass $A^{-1}$ eine invertierbare Matrix ist, müssen wir eine Matrix $B$ finden mit

$$BA^{-1} = A^{-1}B = E_n.$$

Nun wissen wir aber, dass $AA^{-1} = A^{-1}A = E_n$ ist, weil $A$ invertierbar ist, und sehen daran, dass $A$ genau die benötigten Eigenschaften hat. Daher ist $(A^{-1})^{-1} = A$.

Die letzte Regel bestätigt man am einfachsten durch Nachrechnen:

$AB(B^{-1}A^{-1}) = A(BB^{-1})A^{-1} = AA^{-1} = E_n$ und $(B^{-1}A^{-1})AB = B^{-1}(A^{-1}A)B = BB^{-1} = E_n.$

**Bemerkung:** Mathematiker sind bekanntermaßen oft Minimalisten, die so wenige Bedingungen wie möglich stellen wollen. Dabei stellt sich heraus, dass eine $n \times n$-Matrix $A$ schon invertierbar ist, wenn es eine Matrix $B$ mit $AB = E_n$ gibt. Unsere zweite Bedingung $BA = E_n$ gilt dann automatisch. Genauso ist es umgekehrt: Wenn $BA = E_n$ gilt, dann ist auch $AB = E_n$ richtig. Man muss also immer nur eine der beiden Bedingungen nachprüfen, um sicherzugehen, dass man die inverse Matrix gefunden hat.

> **Beispiel (Inverse einer $2 \times 2$-Matrix):**
>
> Ist für die Matrix $A = \begin{pmatrix} a_{11} & a_{12} \\ a_{21} & a_{22} \end{pmatrix}$ die Größe $a_{11}a_{22} - a_{12}a_{21} \neq 0$, dann ist die Inverse von $A$ die Matrix
> $$A^{-1} = \frac{1}{a_{11}a_{22} - a_{12}a_{21}} \begin{pmatrix} a_{22} & -a_{12} \\ -a_{21} & a_{11} \end{pmatrix}.$$
> Wenn wir demnächst noch die Determinante $\det(A) = a_{11}a_{22} - a_{12}a_{21}$ als Abkürzung für den im Nenner auftretenden Ausdruck kennengelernt haben, dann lässt sich dies noch kürzer in der Form
> $$A^{-1} = \frac{1}{\det(A)} \begin{pmatrix} a_{22} & -a_{12} \\ -a_{21} & a_{11} \end{pmatrix}$$
> schreiben. Die Inverse einer $2 \times 2$-Matrix erhält man also durch folgende drei Schritte:
>
> ▶ Man vertauscht die Hauptdiagonalelemente,
>
> ▶ ändert die Vorzeichen auf der Nebendiagonalen und
>
> ▶ teilt durch die Determinante $a_{11}a_{22} - a_{12}a_{21}$.

**Beispiel:** Inverse von Drehmatrizen
Im $\mathbb{R}^2$ wird eine Drehung um den Winkel $\alpha$ im mathematisch positiven Sinn durch die **Drehmatrix**
$$R_\alpha = \begin{pmatrix} \cos(\alpha) & -\sin(\alpha) \\ \sin(\alpha) & \cos(\alpha) \end{pmatrix}$$
beschrieben. Für Matrizen diesen Typs ist $a_{11}a_{22} - a_{12}a_{21} = \cos^2(\alpha) + \sin^2(\alpha) = 1$, die inverse Matrix erhält man also, indem man die Hauptdiagonalelemente vertauscht und die Vorzeichen auf der Nebendiagonalen wechselt:
$$\begin{pmatrix} \cos(\alpha) & -\sin(\alpha) \\ \sin(\alpha) & \cos(\alpha) \end{pmatrix}^{-1} = \begin{pmatrix} \cos(\alpha) & \sin(\alpha) \\ -\sin(\alpha) & \cos(\alpha) \end{pmatrix} = \begin{pmatrix} \cos(-\alpha) & -\sin(-\alpha) \\ \sin(-\alpha) & \cos(-\alpha) \end{pmatrix}$$
Dies entspricht anschaulich der Tatsache, dass die Drehung um den Winkel $-\alpha$ die Umkehrabbildung zur Drehung um den Winkel $\alpha$ darstellt.

## 5.4 Die transponierte Matrix

> **Definition (Transponierte Matrix):**
>
> Sei $A = (a_{ij})$ eine $m \times n$-Matrix. Dann nennt man die $n \times m$-Matrix $B = (b_{ij})$ mit $1 \leq i \leq n$ und $1 \leq j \leq m$ und
> $$b_{ij} = a_{ji}$$
> die zu $A$ **transponierte Matrix**, geschrieben $B = A^T$. Aus der $i$-ten Zeile von $A$ wird die $i$-te Spalte von $A^T$ und aus der $j$-ten Spalte von $A$ die $j$-te Zeile von $A^T$.
> Schematisch:

Die transponierte Matrix erhält man also, indem man die Matrix $A$ an einer gedachten Diagonale spiegelt.

**Beispiele:**

1. Für $A = \begin{pmatrix} 1 & -2 & 3 & 4 \\ -5 & 6 & 7 & -8 \end{pmatrix}$ ist $A^T = \begin{pmatrix} 1 & -5 \\ -2 & 6 \\ 3 & 7 \\ 4 & -8 \end{pmatrix}$

2. Für die komplexe Matrix $B = \begin{pmatrix} 1 & 0 & 3+2i \\ 2i & -1 & -2 \\ -3 & 0 & 4 \end{pmatrix}$ ist $B^T = \begin{pmatrix} 1 & 2i & -3 \\ 0 & -1 & 0 \\ 3+2i & -2 & 4 \end{pmatrix}$

3. Für einen Zeilenvektor $v = \begin{pmatrix} 1 & -1 & 2 & -2 \end{pmatrix}$ ist $v^T = \begin{pmatrix} 1 \\ -1 \\ 2 \\ -2 \end{pmatrix}$ ein Spaltenvektor (und umgekehrt).

Direkt aus der Definition macht man sich die folgenden Eigenschaften transponierter Matrizen klar:

**Satz 5.3 (Rechenregeln für transponierte Matrizen):**

Für alle $m \times n$-Matrizen $A, B$ gilt:

(i) $(A + B)^T = A^T + B^T$

(ii) $(\lambda A)^T = \lambda A^T$ für alle $\lambda \in \mathbb{R}$

(iii) $(A^T)^T = A$

(iv) $E_n^T = E_n$

Eine typische Fehlerquelle ist allerdings der Umgang mit transponierten Matrizen beim Matrixprodukt. Hier muss man beim Transponieren die Reihenfolge der beteiligten Matrizen vertauschen:

**Satz 5.4:**

Sind $A$ eine $m \times p$-Matrix und $B$ eine $p \times n$-Matrix, dann gilt

$$(A \cdot B)^T = B^T \cdot A^T.$$

**Beweis:** Wenn $C = (c_{ij}) = AB$ die $(m \times n)$-Produktmatrix ist, dann ist nach der Definition der Matrizenmultiplikation

$$c_{ij} = a_{i1}b_{1j} + a_{i2}b_{2j} + \ldots + a_{ip}b_{pj} = \sum_{k=1}^{p} a_{ik}b_{kj}$$

Die dazu transponierte $(n \times m$-$)$Matrix $C^T = (\tilde{c}_{ij})$ hat die Koeffizienten

$$\tilde{c}_{ij} = c_{ji} = \sum_{k=1}^{p} a_{jk}b_{ki}.$$

Setzt man nun $A^T = (\tilde{a}_{ij})$ mit $\tilde{a}_{ij} = a_{ji}$, $B^T = (\tilde{b}_{ij})$ mit $\tilde{b}_{ij} = b_{ji}$ und $D = B^T A^T = (d_{ij})$ dann ist

$$\begin{aligned} d_{ij} &= \tilde{b}_{i1}\tilde{a}_{1j} + \tilde{b}_{i2}\tilde{a}_{2j} + \ldots + \tilde{b}_{ip}\tilde{a}_{pj} = \sum_{k=1}^{p} \tilde{b}_{ik}\tilde{a}_{kj} \\ &= b_{1i}a_{j1} + b_{2i}a_{j2} + \ldots + b_{pi}a_{jp} = \sum_{k=1}^{p} b_{ki}a_{jk} \\ &= \sum_{k=1}^{p} a_{jk}b_{ki} = c_{ji} \end{aligned}$$

Also ist $D = C^T$ beziehungsweise $B^T A^T = (AB)^T$.

□

> **Bemerkung :**
>
> Eine Konsequenz dieser Rechenregel ist, dass für jede invertierbare $n \times n$-Matrix $A$ auch $A^T$ eine invertierbare Matrix ist mit $(A^T)^{-1} = (A^{-1})^T$.
> Man findet für $(A^T)^{-1}$ gelegentlich auch die Kurzschreibweise $A^{-T}$.

In der Physik bzw. Mechanik weisen die Einträge vieler Matrizen bestimmte Symmetrien auf.

> **Definition (Symmetrische Matrix):**
>
> Eine $n \times n$-Matrix $A$ heißt **symmetrisch**, falls $A^T = A$ ist.

Eine symmetrische Matrix ist also anschaulich „spiegelsymmetrisch zu ihrer Hauptdiagonalen". Beispielsweise kann man das Trägheitsmoment eines starren Körpers oder den Spannungstensor als symmetrische Matrix auffassen.

> **Definition (Schiefsymmetrische Matrix):**
>
> Eine $n \times n$-Matrix $A$ heißt **schiefsymmetrisch**, falls $A^T = -A$ ist.

**Beispiele:**

▶ $A = \begin{pmatrix} 1 & -2 & 3 \\ -2 & 5 & -4 \\ 3 & -4 & 0 \end{pmatrix}$ ist symmetrisch

▶ $B = \begin{pmatrix} 0 & 2 & 3 \\ -2 & 0 & -4 \\ -3 & 4 & 0 \end{pmatrix}$ ist schiefsymmetrisch

▶ $C = \begin{pmatrix} 1 & 2 & 3 \\ 2 & -2 & -4 \\ -3 & 4 & 3 \end{pmatrix}$ ist weder symmetrisch noch schiefsymmetrisch

### Bemerkung:

Bei einer schiefsymmetrischen Matrix sind alle Diagonaleinträge Null, denn da
$$A^T = (a_{ji})$$
muss $a_{ji} = -a_{ij}$ gelten. Speziell für $i = j$ ergibt sich daraus $a_{jj} = -a_{jj}$, also $a_{jj} = 0$.

### Beispiel (Spannungstensor):

In der Kontinuumsmechanik beschreibt man die Spannungen innerhalb eines festen Körpers unter dem Einfluss äußerer Kräfte durch eine symmetrische $3 \times 3$-Matrix

$$\sigma = \begin{bmatrix} \sigma_x & \tau_{xy} & \tau_{xz} \\ \tau_{yx} & \sigma_y & \tau_{yz} \\ \tau_{zx} & \tau_{zy} & \sigma_z \end{bmatrix}$$

In einer (gedachten) Schnittfläche durch den Körper übt die weggeschnittene Materie auf die verbliebene Materie eine Spannung aus. Dabei sind die Diagonaleinträge die Normalspannungskomponenten, die orthogonal zur Schnittfläche wirken, während die anderen Einträge, die Schubspannungskomponenten, in Richtung der Schnittfläche zeigen.
Obwohl die Matrix insgesamt neun Einträge hat, wird der räumliche Spannungszustand also durch sechs Größen vollständig charakterisiert.

### Anregung zur weiteren Vertiefung:

Man kann jede $n \times n$-Matrix $A$ als Summe einer symmetrischen und einer schiefsymmetrischen Matrix schreiben:

$$A = A_{\text{symm}} + A_{\text{schief}} \quad \text{mit} \quad A_{\text{symm}} = \frac{1}{2}\left(A + A^T\right) \quad \text{und} \quad A_{\text{schief}} = \frac{1}{2}\left(A - A^T\right)$$

Führen Sie diese Zerlegung an einem konkreten Beispiel durch und prüfen Sie nach, dass die Behauptung tatsächlich immer stimmt.

Eine interessante und nicht unmittelbar einsichtige Eigenschaft von Matrizen besteht darin, dass die Maximalzahl linear unabhängiger Zeilenvektoren immer mit der Maximalzahl linear unabhängiger Spaltenvektoren übereinstimmt, oder etwas anders formuliert:

### Satz 5.5 („Spaltenrang = Zeilenrang"):

Ist $A$ eine beliebige $m \times n$-Matrix, dann gilt
$$\text{Rang } A = \text{Rang } A^T.$$

Da beim Transponieren Zeilen und Spalten vertauscht werden, sind die Spaltenvektoren von $A^T$ gerade die Zeilenvektoren von $A$ und der Rang von $A^T$ als die Maximalzahl linear unabhängiger Spaltenvektoren von $A^T$ ist also die Maximalzahl linear unabhängiger Zeilenvektoren von $A$.

## 5.5 Abbildungen und Matrizen

Viele der aus der Schule bekannten geometrischen Abbildungen wie Spiegelungen, Drehungen und Streckungen kann man in Koordinaten durch die Multiplikation mit geeigneten Matrizen darstellen.
In der Computergraphik wird das beispielsweise dazu benutzt, um Objekte in einer „einfachen" Ansicht zu konstruieren und dann mittels Matrizen in die gewünschte Position zu transformieren.

### Spiegelungen und Drehungen

Bei der Spiegelung eines Punkte $P = (x, y)$ an der $x$-Achse bleibt die $x$-Koordinate unverändert, während die $y$-Koordinate ihr Vorzeichen wechselt. Die Koordinaten des Bildpunktes sind also

$$x' = x \qquad y' = -y$$

und man kann dies mit Hilfe einer Matrix in der Form

$$\begin{pmatrix} x' \\ y' \end{pmatrix} = \begin{pmatrix} 1 & 0 \\ 0 & -1 \end{pmatrix} \begin{pmatrix} x \\ y \end{pmatrix} \quad \text{beziehungsweise} \quad \vec{x}' = S_x \vec{x}$$

schreiben. Genauso kann man eine Spiegelung an der $y$-Achse durch

$$\begin{pmatrix} x' \\ y' \end{pmatrix} = \begin{pmatrix} -x \\ y \end{pmatrix} = \begin{pmatrix} -1 & 0 \\ 0 & 1 \end{pmatrix} \begin{pmatrix} x \\ y \end{pmatrix} \quad \text{beziehungsweise} \quad \vec{x}' = S_y \vec{x}$$

darstellen. Bei einer Punktspiegelung am Ursprung wechseln beide Koordinaten ihr Vorzeichen, wir können Sie daher durch

$$\begin{pmatrix} x' \\ y' \end{pmatrix} = \begin{pmatrix} -1 & 0 \\ 0 & -1 \end{pmatrix} \begin{pmatrix} x \\ y \end{pmatrix} \quad \text{beziehungsweise} \quad \vec{x}' = P_0 \vec{x}$$

beschreiben. Geometrisch kann man die Punktspiegelung auch als Hintereinanderausführung der beiden Achsenspiegelungen erhalten und tatsächlich ist auch $P_0 = S_x S_y = S_y S_x$.

Eine Drehung um den Koordinatenursprung lässt sich ebenfalls durch eine Matrix beschreiben. In der nachfolgenden Skizze wird der Punkt $P = (x, y)$ mit einer Drehung um den Winkel $\varphi$ um den Ursprung in den Punkt $P' = (x', y')$ überführt. Dabei ändert sich der Abstand $r$ zum Ursprung nicht. Aus diesem Grund ist $(x, y) = (r \cos(\alpha), r \sin(\alpha))$ und $(x', y') = (r \cos(\alpha + \varphi), r \sin(\alpha + \varphi))$.
Mit Hilfe der Additionstheoreme ergibt sich daraus

$$\begin{pmatrix} x' \\ y' \end{pmatrix} = \begin{pmatrix} r \cos(\alpha + \varphi) \\ r \sin(\alpha + \varphi) \end{pmatrix} = \begin{pmatrix} r \cos(\alpha) \cos(\varphi) - r \sin(\alpha) \sin(\varphi) \\ r \sin(\alpha) \cos(\varphi) + r \cos(\alpha) \sin(\varphi) \end{pmatrix} = \begin{pmatrix} \cos(\varphi) & -\sin(\varphi) \\ \sin(\varphi) & \cos(\varphi) \end{pmatrix} \begin{pmatrix} x \\ y \end{pmatrix}$$

oder in Kurzform

$$\vec{x}' = D_\varphi \vec{x} \quad \text{mit} \quad D_\varphi = \begin{pmatrix} \cos(\varphi) & -\sin(\varphi) \\ \sin(\varphi) & \cos(\varphi) \end{pmatrix}.$$

Wieder etwas einfacher als die Drehungen lassen sich Verschiebungen (Translationen) beschreiben. Einer Verschiebung $T_{\vec{a}}$ um den Vektor $\vec{a}$ entspricht gerade die Addition dieses Vektors.
Um Drehungen um einen beliebigen Punkt $Q$ zu beschreiben, kann man beide Typen von Abbildungen kombinieren: Wenn $\vec{q}$ der Ortsvektor von $Q$ ist, dann wird durch die Abbildung $T_{-\vec{q}}$ mit $\vec{x}' = \vec{x} - \vec{q}$ der Punkt $Q$ in den Ursprung verschoben. Nun kann man eine Drehung $D_\varphi$ mit der oben berechneten Drehmatrix durchführen, so dass $\vec{x}'' = D_\varphi \vec{x}'$ der gedrehte Vektor ist und

anschließend durch die Verschiebung $T_{\vec{q}}$ den Ursprung wieder an seine ursprüngliche Position zurückbefördern. Zusammengesetzt ergibt dies die Abbildung

$$\vec{x}''' = \vec{x}'' + \vec{q} = D_\varphi \vec{x}' + \vec{q} = D_\varphi(\vec{x} - \vec{q}) + \vec{q} = D_\varphi \vec{x} + \vec{q} - D_\varphi \vec{q}$$

Auf ähnliche Weise kann man auch Spiegelungen an einer beliebigen Achse beschreiben. Wir führen die Konstruktion hier für Achsen, die durch den Ursprung verlaufen vor, für Achsen, die nicht durch den Ursprung verlaufen, muss man zusätzlich noch eine Verschiebung durchführen. Will man eine Spiegelung an der Geraden $g$, die durch den Ursprung führt und den Richtungsvektor $(\cos(\alpha), \sin(\alpha))$ besitzt mit Hilfe einer Matrix beschreiben, so führt man die Spiegelachse durch eine Drehung $D_{-\alpha}$ in die $x$-Achse über, führt dann die Spiegelung $S_x$ durch und dreht anschließend mit $D_\alpha$ wieder zurück.
Damit ergibt sich $\vec{x}' = D_g \vec{x}$ mit

$$D_g = D_\alpha S_x D_{-\alpha} = \begin{pmatrix} \cos(\alpha) & -\sin(\alpha) \\ \sin(\alpha) & \cos(\alpha) \end{pmatrix} \begin{pmatrix} 1 & 0 \\ 0 & -1 \end{pmatrix} \begin{pmatrix} \cos(-\alpha) & -\sin(-\alpha) \\ \sin(-\alpha) & \cos(-\alpha) \end{pmatrix}$$

## Abbildungen im $\mathbb{R}^3$

Im $\mathbb{R}^3$ gibt es drei verschiedene Möglichkeiten, Spiegelungen durchzuführen:

1. Punktspiegelung in $O$, beschrieben durch die Matrix $\begin{pmatrix} -1 & 0 & 0 \\ 0 & -1 & 0 \\ 0 & 0 & -1 \end{pmatrix}$

2. Geradenspiegelungen, z.B. an der $x_1$-Achse, beschrieben durch die Matrix $\begin{pmatrix} 1 & 0 & 0 \\ 0 & -1 & 0 \\ 0 & 0 & -1 \end{pmatrix}$
   und

3. Ebenenspiegelungen, zum Beispiel an der $x_1$-$x_2$-Ebene, beschrieben durch $\begin{pmatrix} 1 & 0 & 0 \\ 0 & 1 & 0 \\ 0 & 0 & -1 \end{pmatrix}$

### Anregung zur weiteren Vertiefung :

Wie sehen die Matrizen für eine Ebenenspiegelung an der $x_2$-$x_3$-Ebene oder an der $x_1$-$x_3$-Ebene aus? Wie könnte man prinzipiell vorgehen, um eine Matrix bestimmen, die die Ebenenspiegelung an einer beliebigen Ebene durch den Ursprung beschreibt?

Bei den Drehungen um die Koordinatenachsen bleibt immer diese Koordinate unverändert. Es ergeben sich daher die Drehmatrizen

▶ $D_1 = \begin{pmatrix} 1 & 0 & 0 \\ 0 & \cos\omega & -\sin\omega \\ 0 & \sin\omega & \cos\omega \end{pmatrix}$ für die Drehung um die $x_1$-Achse,

▶ $D_2 = \begin{pmatrix} \cos\omega & 0 & \sin\omega \\ 0 & 1 & 0 \\ -\sin\omega & 0 & \cos\omega \end{pmatrix}$ für die Drehung um die $x_2$-Achse und

▶ $D_3 = \begin{pmatrix} \cos\omega & -\sin\omega & 0 \\ \sin\omega & \cos\omega & 0 \\ 0 & 0 & 1 \end{pmatrix}$ für die Drehung um die $x_3$-Achse

> **Anregung zur weiteren Vertiefung:**
>
> Ist das Ergebnis dasselbe, wenn man zuerst eine Drehung um den Winkel $\alpha$ um die $x_1$-Achse und dann um den Winkel $\beta$ um die $x_2$-Achse ausführt oder zuerst die Drehung um die $x_2$-Achse und dann um die $x_1$-Achse?

> **Beispiel (Rotationen eines Flugzeugs):**
>
> Die Drehungen um die Hauptachsen eines Flugzeugs haben in der Navigation eigene Bezeichnungen:
>
> ▶ Rollen (engl. *to roll*) ist die Drehung um die Längsachse des Rumpfes
>
> ▶ Nicken (engl. *to pitch*) ist fast selbsterklärend und
>
> ▶ Gieren (engl. *to yaw*) bezeichnet eine Drehbewegung um die vertikale Achse
>
>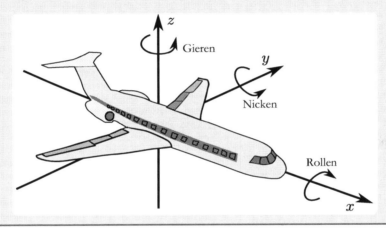

Daneben gibt es noch weitere lineare Abbildungen, die von geometrischer Bedeutung sind, zum Beispiel zentrische Streckungen oder Scherungen.

## Nach diesem Kapitel sollten Sie ...

... wissen, was Matrizen sind und wie man mit ihnen rechnet, insbesondere

... wissen, wann und wie man Matrizen miteinander multiplizieren kann

... Diagonalmatrizen, symmetrische und schiefsymmetrische Matrizen erkennen

... wissen, was eine invertierbare Matrix ist und wie man ihre Inverse berechnen kann

... den Zusammenhang zwischen Invertierbarkeit einer Matrix und der linearen Unabhängigkeit ihrer Spaltenvektoren kennen

... den Rang einer Matrix definieren können und ein Verfahren beschreiben können, mit dem man den Rang einer Matrix bestimmen kann

... die Rechenregeln für inverse und transponierte Matrizen beherrschen

... in der Lage sein, konkrete geometrische Abbildungen wie Drehungen oder Spiegelungen durch Matrizen darzustellen

## Aufgaben zu Kapitel 5

1. Bilden Sie soweit möglich die Matrixprodukte $AB$ und $BA$ für

   (a) $A = \begin{pmatrix} 1 & -2 \\ -3 & 4 \end{pmatrix}$ und $B = \begin{pmatrix} 4 & 3 \\ 2 & 1 \end{pmatrix}$,

   (b) $A = \begin{pmatrix} 1 & 0 & -1 & 2 \\ 3 & 1 & 0 & -2 \\ 0 & 2 & -3 & 1 \end{pmatrix}$ und $B = \begin{pmatrix} 10 & -2 & 3 \\ 3 & 1 & 0 \\ 0 & 2 & -2 \end{pmatrix}$.

2. Sei $c \in \mathbb{R}$ und $A = \begin{pmatrix} 1 & c \\ 0 & 1 \end{pmatrix}$. Zeigen Sie mit vollständiger Induktion, dass für alle $n \in \mathbb{N}$ gilt:
$$A^n = \begin{pmatrix} 1 & nc \\ 0 & 1 \end{pmatrix}$$

3. Sei $A = \begin{pmatrix} 0 & 0 & 0 \\ 1 & 0 & 0 \\ 0 & 1 & 0 \end{pmatrix}$. Finden Sie alle $3 \times 3$-Matrizen $B$, für die $AB = BA$ ist.

4. Berechnen Sie mit Hilfe des Gauß-Jordan-Verfahrens die Inverse $Q^{-1}$ der Matrizen
$$P = \begin{pmatrix} 2 & 3 & -1 \\ 1 & 2 & 3 \\ 3 & 4 & -4 \end{pmatrix} \quad \text{und} \quad Q = \begin{pmatrix} 1 & 2 & 3 \\ 3 & -4 & -3 \\ 4 & -6 & -5 \end{pmatrix}.$$

5. Verifizieren Sie die Rechenregel $(A \cdot B)^T = B^T \cdot A^T$ speziell für die Matrizen
$$A = \begin{pmatrix} -1 & 3 & 2 \\ 0 & -5 & 43 \end{pmatrix} \quad \text{und} \quad B = \begin{pmatrix} -1 & 4 \\ -3 & 5 \\ 2 & 3 \end{pmatrix}.$$

6. Finden Sie jeweils Zahlen $a, b, c \in \mathbb{R}$, so dass die Matrix
$$M = \begin{pmatrix} -1 & 2a & 4 \\ c & -1 & -2 \\ 2 & 3 & b-1 \end{pmatrix}$$

   (a) den Rang 1 hat,

   (b) den Rang 2 hat oder

   (c) den Rang 3 hat.

7. (a) Bestimmen Sie die Inverse der Matrix
$$A = \begin{pmatrix} 1 & 1 & 0 \\ 1 & 1 & 1 \\ 0 & 1 & 1 \end{pmatrix}.$$

   (b) Lösen Sie das Gleichungssystem $A\vec{x} = \begin{pmatrix} 2 \\ -8 \\ 3 \end{pmatrix}$.

8. Die Spur einer Matrix
   Für eine $3 \times 3$-Matrix $A = \begin{pmatrix} a_{11} & a_{12} & a_{13} \\ a_{21} & a_{22} & a_{23} \\ a_{31} & a_{32} & a_{33} \end{pmatrix}$ nennt man die Zahl $\text{spur}(A) = a_{11} + a_{22} + a_{33}$
   die **Spur** der Matrix $A$.
   (a) Machen Sie sich klar, dass für beliebige $3 \times 3$-Matrizen $A$ und $B$ und eine beliebige Zahl $\alpha \in \mathbb{R}$ immer
   $$\begin{aligned} \text{spur}(A + B) &= \text{spur}(A) + \text{spur}(B) \\ \text{spur}(\alpha A) &= \alpha\, \text{spur}(A) \\ \text{spur}(AB) &= \text{spur}(BA) \end{aligned}$$
   gilt.
   (b) Zeigen Sie durch ein Gegenbeispiel, dass im allgemeinen $\text{spur}(AB) \neq \text{spur}(A) \cdot \text{spur}(B)$ ist.

9. (a) Überlegen Sie sich eine Matrixdarstellung für die Spiegelung $S: \mathbb{R}^2 \to \mathbb{R}^2$ an der Winkelhalbierenden $x_1 = x_2$.
   (b) Leiten Sie eine Matrixdarstellung für die Spiegelung an einer Geraden her, die die $x_1$-Achse in einem Winkel von $\frac{\pi}{3}$ schneidet.
   *Hinweis:* Die Hintereinanderausführung von einzelnen linearen Abbildungen entspricht der Multiplikation der entsprechenden Darstellungsmatrizen. Sie können die gesuchte Spiegelung daher als Verknüpfung einer Drehung, einer Spiegelung an einer Koordinatenachse und einer weiteren Drehung darstellen und die Darstellungsmatrix dann als Produkt von drei einfacheren Matrizen erhalten.

10. Rechnen mit komplexen Matrizen
    (a) Bestimmen Sie für die Matrix
    $$A = \begin{pmatrix} 0 & -2i \\ 3i & 0 \end{pmatrix}$$
    die Potenzen $A^k$ für $k = 2, 3, \ldots, 8$.
    (b) Für welche $\lambda \in \mathbb{C}$ ist die Matrix
    $$B_\lambda = \begin{pmatrix} 1 & 2 + 2i \\ -3i & \lambda \end{pmatrix}$$
    invertierbar? Wie lautet gegebenenfalls die inverse Matrix $B_\lambda^{-1}$?

11. Gegeben seien die Matrizen $A = \begin{pmatrix} 9 & -5 \\ 7 & 4 \\ -2 & 3 \end{pmatrix}$, $B = \begin{pmatrix} 11 & -5 & 12 \\ -9 & 6 & -7 \end{pmatrix}$ und $C = \begin{pmatrix} 4 & 0 \\ 3 & 1 \end{pmatrix}$.

    Welcher der folgenden Ausdrücke ist dann **nicht** definiert?
    - ☐ $CA^T + C^T B$
    - ☐ $AC^{-1}B$
    - ☐ $B^T + AC$
    - ☐ $C^{-1}BA$
    - ☐ $B^T A^T - 3C$
    - ☐ $BA - 3C^T$

# 6 Determinanten

## 6.1 Determinanten von $2 \times 2$- und $3 \times 3$-Matrizen

Obwohl wir ja schon beliebig große lineare Gleichungssysteme lösen können, betrachten wir noch einmal ein System von zwei Gleichungen in zwei Unbekannten:

$$a_{11}x_1 + a_{12}x_2 = b_1$$
$$a_{21}x_1 + a_{22}x_2 = b_2$$

Wir können die obere Zeile mit $a_{22}$ und die untere mit $a_{12}$ multiplizieren und dann voneinander abziehen und erhalten

$$x_1 = \frac{b_1 a_{22} - b_2 a_{12}}{a_{11} a_{22} - a_{12} a_{21}}$$

falls $a_{11}a_{22} - a_{12}a_{21} \neq 0$ ist. Auf dieselbe Weise erhält man

$$x_2 = \frac{b_2 a_{11} - b_2 a_{21}}{a_{11} a_{22} - a_{12} a_{21}}.$$

Insbesondere ist das lineare Gleichungssystem genau dann eindeutig lösbar, wenn der Ausdruck $a_{11}a_{22} - a_{12}a_{21}$ von Null verschieden ist. Man bezeichnet diesen Ausdruck als die Determinante der Matrix.

> **Definition (Determinante einer $2 \times 2$-Matrix):**
>
> Sei $A = \begin{pmatrix} a_{11} & a_{12} \\ a_{21} & a_{22} \end{pmatrix}$ eine $2 \times 2$-Matrix. Dann nennt man die Zahl
>
> $$\det(A) = \begin{vmatrix} a_{11} & a_{12} \\ a_{21} & a_{22} \end{vmatrix} = a_{11}a_{22} - a_{12}a_{21}$$
>
> die **Determinante** von $A$.

Mit Hilfe von Determinanten kann man die Lösung des Gleichungssystems

$$a_{11}x_1 + a_{12}x_2 = b_1$$
$$a_{21}x_1 + a_{22}x_2 = b_2$$

darstellen. Was wir oben berechnet haben, lässt sich nämlich in der Form

$$x_1 = \frac{\begin{vmatrix} b_1 & a_{12} \\ b_2 & a_{22} \end{vmatrix}}{\begin{vmatrix} a_{11} & a_{12} \\ a_{21} & a_{22} \end{vmatrix}}, \quad x_2 = \frac{\begin{vmatrix} a_{11} & b_1 \\ a_{21} & b_2 \end{vmatrix}}{\begin{vmatrix} a_{11} & a_{12} \\ a_{21} & a_{22} \end{vmatrix}}$$

schreiben. Dies ist die einfachste Version der *Cramerschen Regel*, die wir später noch in allgemeinerer Form besprechen werden.

## Definition (Determinante einer 3 × 3-Matrix):

Sei $A = \begin{pmatrix} a_{11} & a_{12} & a_{13} \\ a_{21} & a_{22} & a_{23} \\ a_{31} & a_{32} & a_{33} \end{pmatrix}$ eine 3 × 3-Matrix. Dann nennt man die Zahl

$$\det(A) = \begin{vmatrix} a_{11} & a_{12} & a_{13} \\ a_{21} & a_{22} & a_{23} \\ a_{31} & a_{32} & a_{33} \end{vmatrix}$$
$$= a_{11}a_{22}a_{33} + a_{12}a_{23}a_{31} + a_{13}a_{21}a_{32} - a_{13}a_{22}a_{31} - a_{11}a_{23}a_{32} - a_{12}a_{21}a_{33}$$

die **Determinante** von $A$.

Man kann sich die Berechnung der Determinante einer 3 × 3-Matrix durch das folgende Schema (*Sarrusregel*) recht gut merken:

$$\begin{array}{ccccc} \oplus & \oplus & \oplus & \ominus & \ominus & \ominus \\ a_{11} & a_{12} & a_{13} & a_{11} & a_{12} \\ a_{21} & a_{22} & a_{23} & a_{21} & a_{22} \\ a_{31} & a_{32} & a_{33} & a_{31} & a_{32} \end{array}$$

Man schreibt zunächst die ersten beiden Spalten der Matrix rechts noch einmal auf und multipliziert dann immer die drei Koeffizienten, die entlang der Pfeile liegen, miteinander. Die drei Produkte in „Südost"-Richtung werden positiv gezählt, die drei Produkte in „Südwest"-Richtung negativ.

**Achtung!** Dieses Schema ist für Determinanten von $n \times n$-Matrizen mit $n \geq 4$ **falsch**!

Man kann die Determinante jedoch auf eine weitere Art schreiben, die sich dann auf größere Matrizen verallgemeinern lässt.

$$\det(A) = \begin{vmatrix} a_{11} & a_{12} & a_{13} \\ a_{21} & a_{22} & a_{23} \\ a_{31} & a_{32} & a_{33} \end{vmatrix} = a_{11} \begin{vmatrix} a_{22} & a_{23} \\ a_{32} & a_{33} \end{vmatrix} - a_{12} \begin{vmatrix} a_{21} & a_{23} \\ a_{31} & a_{33} \end{vmatrix} + a_{13} \begin{vmatrix} a_{21} & a_{22} \\ a_{31} & a_{32} \end{vmatrix}$$

## 6.2 Determinanten von $n \times n$-Matrizen

Auch für $n \times n$-Matrizen mit $n > 3$ kann man eine Determinante definieren, die ähnliche Eigenschaften besitzt wie im Fall der 2 × 2- und 3 × 3-Matrizen.
Ihre Berechnung wird allerdings zunehmend komplizierter.

### Definition (Streichungsmatrix):

Sei $A = (a_{ij})$ eine $n \times n$-Matrix. Dann erhält man die **Streichungsmatrix** $S_{ik}(A)$, indem man aus der Matrix $A$ die $i$-te Zeile und die $k$-te Spalte wegstreicht, also genau die Zeile bzw. Spalte, die den Koeffizienten $a_{ik}$ enthält.

**Beispiel:** Für die Matrix
$$A = \begin{pmatrix} 1 & 2 & 3 & 4 \\ -2 & -3 & -4 & -5 \\ 3 & 4 & 5 & 6 \\ -4 & -5 & -6 & -7 \end{pmatrix}$$
ist
$$S_{23}(A) = \begin{pmatrix} 1 & 2 & 4 \\ 3 & 4 & 6 \\ -4 & -5 & -7 \end{pmatrix} \quad \text{und} \quad S_{44}(A) = \begin{pmatrix} 1 & 2 & 3 \\ -2 & -3 & -4 \\ 3 & 4 & 5 \end{pmatrix}.$$

Mit Hilfe dieser Definition kann man nun die Berechnung von $n \times n$-Determinanten auf die Berechnung von $(n-1) \times (n-1)$-Determinanten zurückführen. Auf diese Weise kann man sich hinunterhangeln, bis man nur noch $3 \times 3$-Determinanten auswerten muss.

**Definition (Entwicklungssatz):**

Sei $A$ eine $n \times n$-Matrix. Dann gilt für ein beliebiges $j \in \{1, 2, \dots, n\}$

$$\det(A) = \sum_{k=1}^{n} (-1)^{j+k} a_{jk} \det S_{jk}(A) \quad \text{(„Entwicklung nach der $j$-ten Zeile")}$$

und für beliebiges $k \in \{1, 2, \dots, n\}$

$$\det(A) = \sum_{j=1}^{n} (-1)^{j+k} a_{jk} \det S_{jk}(A) \quad \text{(„Entwicklung nach der $k$-ten Spalte")}.$$

**Bemerkungen:**

1. Es ist nicht schwer nachzuprüfen, dass diese Definition mit unserer bisherigen Festlegung harmoniert. Für $n = 3$ ergibt sich also beim Entwickeln nach Zeilen oder Spalten genau dasselbe Resultat wie bei der Anwendung der Sarrus-Regel.

2. Man kann Determinanten auch auf eine andere Weise definieren und erhält die hier als Definition angegebene Berechnungsmethode dann als Konsequenz. Daher heißt das Entwickeln nach Zeilen oder Spalten häufig auch *Laplacescher Entwicklungssatz*.

3. Das wechselnde Vorzeichen, mit dem die Determinanten der Streichungsmatrizen versehen werden, kann man sich mit folgendem „Schachbrett"-Schema gut merken:

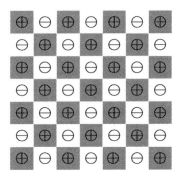

4. Die Determinanten der Streichungsmatrizen nennt man auch **Unterdeterminanten** von $A$.

**Beispiel:** Entwickelt man zunächst nach der 2. Zeile und anschließend nach der 1. Spalte, kann man die Berechnung der folgenden $5 \times 5$-Determinante auf die Berechnung von zwei $3 \times 3$-Determinanten zurückführen:

$$\begin{vmatrix} 0 & 3 & -1 & 5 & 7 \\ 0 & 0 & 0 & -3 & 0 \\ 2 & 1 & 0 & 8 & 1 \\ 1 & -1 & -4 & 3 & -1 \\ 0 & -2 & 3 & -4 & 0 \end{vmatrix} = (-3) \cdot \begin{vmatrix} 0 & 3 & -1 & 7 \\ 2 & 1 & 0 & 1 \\ 1 & -1 & -4 & -1 \\ 0 & -2 & 3 & 0 \end{vmatrix}$$

$$= (-3) \cdot (-1) \cdot 2 \cdot \begin{vmatrix} 3 & -1 & 7 \\ -1 & -4 & -1 \\ -2 & 3 & 0 \end{vmatrix} + (-3) \cdot 1 \cdot \begin{vmatrix} 3 & -1 & 7 \\ 1 & 0 & 1 \\ -2 & 3 & 0 \end{vmatrix}$$

$$= -3 \cdot (-1) \cdot 2 \cdot (-70) + (-3) \cdot 1 \cdot 14 = -462.$$

## 6.3 Rechenregeln für Determinanten

**Satz 6.1 (Zeilenumformungen):**

Sei $A = \begin{pmatrix} a_{11} & \cdots & a_{1n} \\ \vdots & \ddots & \vdots \\ a_{n1} & \cdots & a_{nn} \end{pmatrix}$ eine $n \times n$-Matrix mit Zeilenvektoren $a_1, a_2, \ldots, a_n$. Dann gelten die folgenden Rechenregeln:

(a) Entsteht die Matrix $\tilde{A}$ aus $A$, indem zwei Zeilen von $A$ miteinander vertauscht werden, dann ist $\det(\tilde{A}) = -\det(A)$.

(b) Entsteht $\tilde{A}$ aus $A$, indem die $j$-te Zeile von $A$ mit einer Zahl $\lambda \in \mathbb{R}$ multipliziert wird, dann ist $\det(\tilde{A}) = \lambda \det(A)$.

(c) Entsteht $\tilde{A}$ aus $A$, indem ein Vielfaches der $i$-ten Zeile von $A$ zur $j$-ten Zeile von $A$ addiert wird, dann ist $\det(\tilde{A}) = \det(A)$.

**Bemerkung:** Multipliziert man *jede* Zeile von $A$ mit $\lambda$, dann wird aus der Matrix $A$ die Matrix $\lambda \cdot A$. Wendet man Eigenschaft (b) $n$-mal an, sieht man, dass $\det(\lambda \cdot A) = \lambda^n \det(A)$ ist.

**Tipp:** Wenn man Determinanten von „großen" Matrizen ($4 \times 4$ aufwärts) berechnen will, empfiehlt sich oft ein Kombination dieser Rechenregeln mit dem Entwickeln nach Zeilen oder Spalten. Konkret kann man oft durch einfaches Addieren oder Subtrahieren von Zeilen oder Spalten dafür sorgen, dass einer oder mehrere Einträge verschwinden und so beim Entwickeln weniger Unterdeterminanten berechnet werden müssen.

**Beispiel:** Addiert man zunächst die zweite zur dritten Zeile und anschließend das Doppelte der ersten Zeile zur vierten Zeile, so ergibt sich

$$\begin{vmatrix} 0 & -2 & 1 & -5 \\ 3 & 0 & 4 & 3 \\ -3 & 0 & -2 & -9 \\ 0 & 4 & 0 & 7 \end{vmatrix} = \begin{vmatrix} 0 & -2 & 1 & -5 \\ 3 & 0 & 4 & 3 \\ 0 & 0 & 2 & -6 \\ 0 & 4 & 0 & 7 \end{vmatrix} = \begin{vmatrix} 0 & -2 & 1 & -5 \\ 3 & 0 & 4 & 3 \\ 0 & 0 & 2 & -6 \\ 0 & 0 & 2 & -3 \end{vmatrix}$$

$$= 3 \cdot (-1) \cdot \begin{vmatrix} -2 & 1 & -5 \\ 0 & 2 & -6 \\ 0 & 2 & -3 \end{vmatrix} + (-3) \cdot (-2) \cdot \begin{vmatrix} 2 & -6 \\ 2 & -3 \end{vmatrix} = 36.$$

> **Beispiel (Determinante einer oberen Dreiecksmatrix):**
>
> Sei
> $$B = \begin{pmatrix} b_{11} & b_{12} & b_{13} & \ldots & b_{1n} \\ 0 & b_{22} & b_{23} & \ddots & \vdots \\ 0 & 0 & b_{33} & \ddots & \vdots \\ \vdots & \ddots & \ddots & \ddots & \vdots \\ 0 & \ldots & \ldots & 0 & b_{nn} \end{pmatrix}.$$
>
> Dann ist $\det(B) = b_{11} \cdot b_{22} \cdot \ldots \cdot b_{nn}$.

Zur Begründung kann man nacheinander nach der ersten Spalte, der zweiten Spalte, usw. entwickeln.

Wenn man die Transponierte einer Matrix bildet, ändert dies die Determinante nicht:

> **Satz 6.2:**
>
> Für alle $n \times n$-Matrizen $A$ ist $\det(A^T) = \det(A)$.

Als Folgerung ergeben sich weitere Rechenregeln

> **Satz 6.3:**
>
> Sei $A$ eine $n \times n$-Matrix. Dann gelten die folgenden Rechenregeln:
>
> (a) Entsteht die Matrix $\tilde{A}$ aus $A$, indem zwei Spalten von $A$ miteinander vertauscht werden, dann ist $\det(\tilde{A}) = -\det(A)$.
>
> (b) Entsteht $\tilde{A}$ aus $A$, indem die $j$-te Spalte von $A$ mit einer Zahl $\lambda \in \mathbb{R}$ multipliziert wird, dann ist $\det(\tilde{A}) = \lambda \det(A)$.
>
> (c) Entsteht $\tilde{A}$ aus $A$, indem ein Vielfaches der $i$-ten Spalte von $A$ zur $j$-ten Spalte von $A$ addiert wird, dann ist $\det(\tilde{A}) = \det(A)$.

> **Satz 6.4 (Determinante und Invertierbarkeit):**
>
> Sei $A$ eine $n \times n$-Matrix. Dann gilt
> $$\text{Rang}(A) < n \quad \Leftrightarrow \quad \det(A) = 0$$
> beziehungsweise
> $$\text{Rang}(A) = n \quad \Leftrightarrow \quad \det(A) \neq 0.$$
>
> Mit anderen Worten:
> Die Matrix $A$ ist genau dann invertierbar, wenn ihre Determinante nicht verschwindet.

**Beweis:** Durch elementare Zeilenumformungen kann man $A$ in Zeilenstufenform bringen. Nach Satz 6.1 ändert sich dabei höchstens das Vorzeichen der Determinante. Wenn $\det(A) \neq 0$ ist, dann bleibt diese Eigenschaft also bei allen Zeilenumformungen erhalten und für eine beliebige

Zeilenstufenform $\tilde{A}$ von $A$ gilt zumindest

$$|\det(\tilde{A})| = |\det(A)|.$$

Wir zeigen nun die beiden Richtungen der oberen Äquivalenz.

„$\Rightarrow$": Ist Rang$(A) < n$, dann besitzt $\tilde{A}$ eine Zeile, die nur aus Nullen besteht. Wegen der Linearität der Determinante ist dann $\det \tilde{A} = 0$ und damit auch $\det(A) = 0$.

„$\Leftarrow$": Falls $\det(A) = 0$ ist, dann muss Rang$(A) < n$ sein, denn im Fall Rang$(A) = n$ hat die Zeilenstufenform von $A$ die Gestalt

$$\tilde{A} = \begin{pmatrix} b_{11} & * & \dots & * \\ 0 & b_{22} & \dots & * \\ \vdots & & \ddots & \vdots \\ 0 & \dots & \dots & b_{nn} \end{pmatrix}$$

mit $b_{11} \neq 0, b_{22} \neq 0, \dots, b_{nn} \neq 0$. Die Determinante dieser oberen Dreiecksmatrix ist dann $\det(\tilde{A}) = b_{11} \cdot b_{22} \cdot \dots \cdot b_{nn} \neq 0$ und damit wäre auch $\det(A) \neq 0$ im Widerspruch zu unserer Annahme oben. □

An dieser Stelle fassen wir zusammen, was wir bis jetzt über die $n \times n$-Matrizen wissen.

**Eigenschaften von quadratischen Matrizen**

Für eine $n \times n$-Matrix $A$ gibt es die folgenden Alternativen:

| $A$ ist invertierbar | $A$ ist nicht invertierbar |
|---|---|
| $\det A \neq 0$ | $\det A = 0$ |
| Die Zeilenstufenform von $A$ ist eine Dreiecksmatrix ohne Nullzeile | Die Zeilenstufenform von A enthält (mindestens) eine Nullzeile |
| Das lineare Gleichungssystem $A\vec{x} = 0$ besitzt nur die Lösung $\vec{x} = 0$ | Das lineare Gleichungssystem $A\vec{x} = 0$ besitzt unendlich viele Lösungen |
| Das lineare Gleichungssystem $A\vec{x} = \vec{b}$ besitzt die eindeutige Lösung $\vec{x} = A^{-1}\vec{b}$ | Das lineare Gleichungssystem $A\vec{x} = \vec{b}$ besitzt entweder keine oder unendlich viele Lösungen. |
| $A$ hat vollen Rang, d.h. Rang$(A) = n$ | Der Rang von $A$ ist kleiner als $n$. |
| Die Spaltenvektoren von $A$ sind linear unabhängig | Die Spaltenvektoren von $A$ sind linear abhängig. |
| Die Spaltenvektoren von A spannen den gesamten $\mathbb{R}^n$ auf | Die Spaltenvektoren von A spannen nicht den vollen $\mathbb{R}^n$ auf. |

Die Determinante eines Matrixprodukts lässt sich recht einfach berechnen.

**Satz 6.5:**

Seien $A$ und $B$ zwei $n \times n$-Matrizen. Dann gilt

$$\det(A \cdot B) = \det(A) \cdot \det(B).$$

Die allgemeine Gültigkeit dieser Regel nachzuweisen ist übrigens gar nicht ganz einfach, daher verzichten wir darauf und notieren lieber noch eine Konsequenz dieser guten Verträglichkeit der Determinanten mit der Matrixmultiplikation:

**Satz 6.6 (Determinante der inversen Matrix):**

Ist $A$ eine invertierbare $n \times n$-Matrix. Dann ist

$$\det(A^{-1}) = \frac{1}{\det(A)} = (\det(A))^{-1}.$$

**denn:**
$$\det(A) \cdot \det(A^{-1}) = \det(A \cdot A^{-1}) = \det(E_n) = 1.$$

**Bemerkung:** Im allgemeinen (also praktisch immer) ist $\det(A + B) \neq \det(A) + \det(B)$.

**Satz 6.7 (Determinanten von Blockmatrizen):**

Seien $A$ eine $m \times m$-Matrix, $B$ eine $m \times n$-Matrix und $C$ eine $n \times n$-Matrix. Dann ist die Determinante der $(m+n) \times (m+n)$-Blockmatrix $\left( \begin{array}{c|c} A & B \\ \hline 0_{n \times m} & C \end{array} \right)$ gerade

$$\det \left( \begin{array}{c|c} A & B \\ \hline 0_{n \times m} & C \end{array} \right) = \det(A) \cdot \det(C).$$

## 6.4 Die Cramersche Regel

Auch die Inverse einer Matrix kann man mit Hilfe von Determinanten ausdrücken. Dazu benötigen wir noch eine Definition.

**Definition (Adjunkte):**

Sei $A = (a_{ij}) \in M(n, \mathbb{K})$ eine quadratische Matrix mit den Spaltenvektoren $\vec{a}_1, \ldots, \vec{a}_n$. Dann heißt die Matrix $A^\sharp = (\tilde{a}_{ij})$ mit

$$\tilde{a}_{ij} = \det(\vec{a}_1, \ldots, \vec{a}_{i-1}, \vec{e}_j, \vec{a}_{i+1}, \ldots, \vec{a}_n),$$

bei der die $i$-te Spalte durch den Einheitsvektor $\vec{e}_j$ ersetzt wird, die **Adjunkte** von $A$ oder auch die zu $A$ **komplementäre Matrix**.

**Satz 6.8:**

Sei $A$ eine $n \times n$-Matrix und $A^\sharp$ ihre Adjunkte. Dann ist

$$A \cdot A^\sharp = A^\sharp \cdot A = \det(A) \cdot E_n$$

Insbesondere ist im Fall $\det A \neq 0$ die Inverse von $A$

$$A^{-1} = \frac{1}{\det(A)} A^\sharp$$

> **Bemerkung:**
>
> Diese Methode, die inverse Matrix zu berechnen, erfreut sich in Klausuren nicht geringer Beliebtheit. Die Gründe dafür liegen auf der Hand: Es sind nur Determinanten zu berechnen und dafür gibt es ein klares Rechenschema. Wenn die Koeffizienten der Matrix alle ganzzahlig sind, dann sind auch die Determinante ganzzahlig und Brüche treten erst am Ende der Rechnung auf. Rechenfehler ändern meist nur einen Eintrag (falls man nicht gerade $\det(A)$ falsch berechnet hat...).
> Dennoch ist dabei etwas Vorsicht geboten. Der Aufwand wird ab $4 \times 4$-Matrizen deutlich größer als beim Gaußschen Eliminationsverfahren, so dass man in diesem Fall mit der Cramerschen Regel nur noch konkurrenzfähig ist, wenn die Matrix sehr viele Nullen enthält.

Mit Hilfe von Determinanten kann man auch die Lösungen von Gleichungssystem $A\vec{x} = \vec{b}$ für quadratische Matrizen $A$ bestimmen. Dieses Verfahren wird erfahrungsgemäß von Studierenden in Klausuren häufig angewandt, da es sehr schematisch durchführbar ist. Der Aufwand ist allerdings in aller Regel höher als beim Gaußschen Eliminationsverfahren. Außerdem liefert das Gauß-Verfahren auch für nicht-quadratische Matrizen $A$ alle Lösungen.

> **Satz 6.9 (Cramersche Regel):**
>
> Sei $A$ eine invertierbare $n \times n$-Matrix mit den Spaltenvektoren $\vec{a}_1, \vec{a}_2, \ldots, \vec{a}_n$. Dann ist die eindeutige Lösung der linearen Gleichung $A\vec{x} = b$ der Vektor $\vec{x} = (x_1, x_2, \ldots, x_n)$ mit
> $$x_j = \frac{\det(\vec{a}_1, \ldots, \vec{a}_{j-1}, \vec{b}, \vec{a}_{j+1}, \ldots, \vec{a}_n)}{\det(A)}.$$

> **Beispiel:**
>
> Die Lösung des linearen Gleichungssystems
> $$\begin{aligned} 3x_1 - 2x_2 + 2x_3 &= 10 \\ 4x_1 + 2x_2 - 3x_3 &= 1 \\ 2x_1 - 3x_2 + 2x_3 &= 7 \end{aligned}$$
> ist
> $$x_1 = \frac{\begin{vmatrix} 10 & -2 & 2 \\ 1 & 2 & -3 \\ 7 & -3 & 2 \end{vmatrix}}{\begin{vmatrix} 3 & -2 & 2 \\ 4 & 2 & -3 \\ 2 & -3 & 2 \end{vmatrix}} = \frac{-38}{-19} = 2, \quad x_2 = \frac{\begin{vmatrix} 3 & 10 & 2 \\ 4 & 1 & -3 \\ 2 & 7 & 2 \end{vmatrix}}{\begin{vmatrix} 3 & -2 & 2 \\ 4 & 2 & -3 \\ 2 & -3 & 2 \end{vmatrix}} = \frac{-19}{-19} = 1.$$
> Zuletzt lässt sich dann $x_3$ durch Einsetzen in die erste Gleichung bestimmen als $x_3 = 3$.

**Beweis der Cramerschen Regel:** Hierfür können wir noch einmal die Adjunkte und insbesondere Satz 6.8 ausnutzen. Wenn $A$ invertierbar ist, dann ist $A^{-1} = \dfrac{1}{\det(A)} A^\sharp$, wobei $A^\sharp = (\tilde{a}_{ij})$ mit

$$\tilde{a}_{ij} = \det(\vec{a}_1, \ldots, \vec{a}_{i-1}, \vec{e}_j, \vec{a}_{i+1}, \ldots, \vec{a}_n).$$

Die $j$-te Komponente von $\vec{x} = A^{-1}\vec{b} = \dfrac{1}{\det(A)} A^{\sharp}\vec{b}$ ist dann

$$\begin{aligned}
x_j &= \frac{1}{\det(A)} \sum_{k=1}^{n} \tilde{a}_{jk} b_k \\
&= \frac{1}{\det(A)} \sum_{k=1}^{n} \det(\vec{a}_1, \ldots, \vec{a}_{j-1}, \vec{e}_k, \vec{a}_{j+1}, \ldots, \vec{a}_n) b_k \\
&= \frac{1}{\det(A)} \det(\vec{a}_1, \ldots, \vec{a}_{j-1}, \sum_{k=1}^{n} b_k \vec{e}_k, \vec{a}_{j+1}, \ldots, \vec{a}_n) \\
&= \frac{1}{\det(A)} \det(\vec{a}_1, \ldots, \vec{a}_{j-1}, \vec{b}, \vec{a}_{j+1}, \ldots, \vec{a}_n).
\end{aligned}$$

□

**Bemerkung:** Da man durch $\det(A)$ teilt, funktioniert dieses Verfahren wirklich nur, wenn $A$ invertierbar ist. In anderen Fällen, insbesondere dann, wenn die Lösung nicht eindeutig ist, muss man sich die Lösungen auf andere Weise verschaffen.

## Nach diesem Kapitel sollten Sie ...

... im Schlaf $2 \times 2$- und $3 \times 3$-Determinanten berechnen können

... mit Hilfe des Laplaceschen Entwicklungssatzes $n \times n$-Determinanten berechnen können

... das Verhalten von Determinanten unter elementaren Zeilenumformungen kennen

... wissen, wie man möglichst einfach die Determinante von Diagonalmatrizen und Blockdiagonalmatrizen bestimmt

... wissen, wie man die Determinante eines Matrixprodukts berechnet

... wissen, wie die Determinante einer Matrix mit der Determinante der transponierten Matrix zusammenhängt

... wissen, wie die Determinante einer Matrix mit der Determinante ihrer inversen Matrix zusammenhängt

... wissen, was die Determinante mit der Invertierbarkeit einer Matrix zu tun hat

... die Cramersche Regel anwenden können

## Aufgaben zu Kapitel 6

1. Bestimmen Sie die Determinanten der folgenden Matrizen

   (a) $A = \begin{pmatrix} 12 & -11 \\ -10 & 9 \end{pmatrix}$
   
   (b) $B = \begin{pmatrix} -1 & 2 & 3 \\ 4 & 0 & -3 \\ 1 & -1 & 2 \end{pmatrix}$
   
   (c) $C = \begin{pmatrix} 1 & 3 & 5 & 7 \\ 1 & 0 & 2 & 3 \\ 2 & -3 & 0 & -1 \\ 0 & -2 & 1 & 3 \end{pmatrix}$
   
   (d) $D = \begin{pmatrix} -1 & 2 & 0 & 1 \\ 2 & -1 & 0 & 0 \\ 0 & 1 & 3 & 2 \\ 0 & 0 & -2 & 3 \end{pmatrix}$
   
   (e) $E = \left(\begin{array}{c|c} 0 & E_3 \\ \hline E_4 & 0 \end{array}\right)$

2. Für welche $\alpha \in \mathbb{R}$ besitzt das Gleichungssystem
   $$\begin{pmatrix} 1 & 1 & \alpha \\ 1 & \alpha & 1 \\ \alpha & 1 & 1 \end{pmatrix} \vec{x} = \begin{pmatrix} 1 \\ \alpha \\ \alpha^2 \end{pmatrix}$$
   eine Lösung? Wie lautet diese Lösung?

3. Sei $A = \begin{pmatrix} 1 & 1 & 1 & 1 \\ 0 & 1 & 1 & 1 \\ 0 & 0 & 1 & 1 \\ 1 & 0 & 0 & 1 \end{pmatrix}$.

   (a) Berechnen Sie $\det(A)$.
   
   (b) Bestimmen Sie die inverse Matrix $A^{-1}$.
   
   (c) Bestimmen Sie $\det(A^{-1})$.

4. Gegeben sind die Matrizen
   $$A = \begin{pmatrix} 1 & 0 & 1 \\ 0 & -2 & 0 \\ 3 & 0 & -1 \end{pmatrix} \text{ und } B = \begin{pmatrix} -4 & 2 & 7 \\ 0 & -1 & -2 \\ 0 & 0 & 3 \end{pmatrix}.$$

   (a) Berechnen Sie die Determinante von $AB$.
   
   (b) Welchen Rang hat $AB$?

5. Berechnen Sie $\det(A)$ in Abhängigkeit des Parameters $t \in \mathbb{R}$ für
   $$A_t = \begin{pmatrix} 1 & 0 & -1 & 2 \\ t & 1 & 2-t & -1 \\ -1 & t^2 & 1 & -2 \\ 3t & 1 & t & 0 \end{pmatrix}.$$
   Für welche $t \in \mathbb{R}$ ist die Matrix $A_t$ invertierbar?

6. Für jede natürliche Zahl $n \in \mathbb{N}$ sei $A_n = (a_{ij})$ die $n \times n$–Matrix mit
   $$a_{ij} = \begin{cases} 2 & \text{falls } i = j \\ -1 & \text{falls } j = i+1 \\ 0 & \text{sonst}. \end{cases}$$
   Wie hängen die Determinanten $\det(A_{n+1})$ und $\det(A_n)$ miteinander zusammen? Wie kann man dann aus dem Wert von $\det(A_2)$ oder $\det(A_3)$ eine allgemeine Formel für $\det(A_n)$ herleiten?

# 7 Eigenwerte und Eigenvektoren

## 7.1 Eigenwerte und Eigenvektoren

Wenn wir eine $n \times n$-Matrix $A$ als eine Abbildung auffassen (also als eine „Maschine" oder „black box", die aus jedem Vektor $\vec{x} \in \mathbb{R}^n$ einen anderen Vektor $A\vec{x} \in \mathbb{R}^n$ macht), dann wird der „Output-Vektor" $A\vec{x}$ typischerweise in eine andere Richtung zeigen als der Vektor $\vec{x}$ selbst. Für einige spezielle Vektoren wird jedoch $A\vec{x}$ parallel zu $\vec{x}$ sein. Diese Vektoren spielen eine besondere Rolle.

> **Definition (Eigenwert):**
>
> Sei $A$ eine $n \times n$-Matrix. Eine *komplexe* Zahl $\lambda \in \mathbb{C}$ heißt **Eigenwert** von $A$, wenn es einen Vektor $\vec{v} \in \mathbb{C}^n$ mit $\vec{v} \neq 0$ gibt, so dass
>
> $$A\vec{v} = \lambda \vec{v}.$$
>
> Den Vektor $\vec{v}$ nennt man dann **Eigenvektor** von $A$ zum Eigenwert $\lambda$.

Es erscheint auf den ersten Blick etwas seltsam, dass man nun plötzlich komplexe Zahlen und komplexe Vektoren betrachtet. Der Grund dafür ist, dass man ohne diese Sichtweise in vielen Fällen wesentliche Eigenschaften der Matrix nicht erfassen kann. Rein rechnerisch ist das Ganze kein echtes Problem: eine reelle Matrix kann man immer als eine komplexe Matrix auffassen, deren Koeffizienten eben zufällig reell sind. Abgesehen davon sind die Rechenregeln für komplexe Matrizen genau dieselben wie für reelle Matrizen.

> **Bemerkung:**
>
> **Wichtig!** Der Nullvektor ist **niemals** der einzige Eigenvektor zu einem Eigenwert!
> Wenn ein Vektor $\vec{v}$ Eigenvektor von $A$ zum Eigenwert $\lambda$ ist, dann ist auch jeder Vektor $c\vec{v}$ mit $c \in \mathbb{R} \setminus \{0\}$ ein Eigenvektor von $A$ zum Eigenwert $\lambda$.

> **Beispiel:**
>
> Sei $A = \begin{pmatrix} 0 & 1 \\ 1 & 0 \end{pmatrix}$. Dann sind $\lambda_1 = -1$ und $\lambda_2 = 1$ Eigenwerte von $A$, denn
>
> $$A \begin{pmatrix} 1 \\ -1 \end{pmatrix} = \begin{pmatrix} -1 \\ 1 \end{pmatrix} = (-1) \cdot \begin{pmatrix} 1 \\ -1 \end{pmatrix} \quad \text{und} \quad A \begin{pmatrix} 1 \\ 1 \end{pmatrix} = 1 \cdot \begin{pmatrix} 1 \\ 1 \end{pmatrix}.$$

> **Beispiel:**
> Für die Matrix $C = \begin{pmatrix} 3 & 1 & 1 \\ -2 & 2 & 0 \\ 2 & 1 & 3 \end{pmatrix}$ ist $\lambda = 3$ ein Eigenwert von $C$ mit Eigenvektor $\vec{v} = \begin{pmatrix} 1 \\ -2 \\ 2 \end{pmatrix}$,
>
> denn $C\vec{v} = C \begin{pmatrix} 1 \\ -2 \\ 2 \end{pmatrix} = \begin{pmatrix} 3 & 1 & 1 \\ -2 & 2 & 0 \\ 2 & 1 & 3 \end{pmatrix} \begin{pmatrix} 1 \\ -2 \\ 2 \end{pmatrix} = \begin{pmatrix} 3 \\ -6 \\ 6 \end{pmatrix} = 3 \cdot \begin{pmatrix} 1 \\ -2 \\ 2 \end{pmatrix} = 3\vec{v}.$

Für einige geometrische Abbildungen kennen wir schon Eigenvektoren und Eigenwerte: Bei einer Drehung um die Achse $\vec{a}$ zum Beispiel bleiben der Vektor $\vec{a}$ und alle Vielfachen von $\vec{a}$ unverändert. Es handelt sich daher um Eigenvektoren zum Eigenwert $\lambda = 1$. Ähnlich ist es bei einer Spiegelung an einer Ebene E. Der Normalenvektor $\vec{n}$ von E wird auf $-\vec{n}$ abgebildet, ist also ein Eigenvektor zum Eigenwert $\lambda = -1$.

Reelle Eigenwerte sind anschaulich etwas leichter zu fassen als komplexe Eigenwerte: Falls $\lambda \in \mathbb{R}$ ein Eigenwert von $A$ ist und $\vec{v}$ ein dazugehöriger Eigenvektor, dann bedeutet dies, dass $A\vec{v}$ dieselbe Richtung hat wie $\vec{v}$, nur die Länge hat sich um den Faktor $\lambda$ geändert. Falls $\lambda < 0$ ist, dann zeigt $A\vec{v}$ in die entgegengesetzte Richtung wie $\vec{v}$. Komplexe Eigenwerte haben dagegen oft etwas mit Rotationen zu tun, aber das werden wir erst am Ende dieses Kapitels genauer untersuchen.

## 7.2 Das charakteristische Polynom

Wenn $\lambda$ ein Eigenwert einer $n \times n$-Matrix $A$ ist, dann ist

$$A\vec{v} = \lambda \vec{v} \quad \text{beziehungsweise} \quad (A - \lambda E_n)\vec{v} = \vec{0}.$$

Es gibt also zwei Vektoren, nämlich $\vec{v}$ und $\vec{0}$, die beide von der Matrix $A - \lambda E_n$ auf den Nullvektor abgebildet werden. Das heißt aber, dass die Matrix $A - \lambda E_n$ nicht invertierbar ist, weil die entsprechende Abbildung nicht injektiv ist.

Wir wissen aber aus Satz 6.4 schon, dass die Determinante von Matrizen, die nicht invertierbar sind, verschwindet. Damit haben wir ein sehr praktisches Kriterium hergeleitet, mit dessen Hilfe man Eigenwerte tatsächlich ausrechnen kann:

> **Satz 7.1 (Bestimmung von Eigenwerten):**
> Sei $A$ eine $n \times n$-Matrix. Dann ist $\lambda \in \mathbb{C}$ genau dann ein Eigenwert von $A$, wenn
>
> $$\det(A - \lambda E_n) = 0$$
>
> ist.

Den Eigenvektor $\vec{v}$ zum Eigenwert $\lambda$ bestimmt man anschließend, indem man die Lösungen des Gleichungssystems $(A - \lambda E_n)\vec{v} = \vec{0}$ sucht. Da mit $\vec{v}$ auch die Vielfachen von $\vec{v}$ Eigenvektoren sind, hat dieses Gleichungssystem *keine eindeutige Lösung*!

> **Tipp:** Wie schon erwähnt ist mit $\vec{v}$ auch jedes Vielfache $c\vec{v}$ mit $c \neq 0$ ein Eigenvektor. Man kann es also oft so einrichten, dass in den Einträgen des Eigenvektors keine Brüche auftreten.
> Statt des Eigenvektors $\vec{v} = \begin{pmatrix} 2/3 \\ -1/2 \\ 1 \end{pmatrix}$ ist es für das Weiterrechnen sinnvoll $\vec{w} = 6\vec{v} = \begin{pmatrix} 4 \\ -3 \\ 6 \end{pmatrix}$ zu benutzen.

**Beispiele:**

1. Sei $A = \begin{pmatrix} 1 & 1 \\ 0 & -2 \end{pmatrix}$. Dann ist $\det(A - \lambda E_2) = \begin{vmatrix} 1-\lambda & 1 \\ 0 & -2-\lambda \end{vmatrix} = (1-\lambda)(-2-\lambda) = 0$ genau dann erfüllt, wenn $\lambda = 1$ oder $\lambda = -2$ ist.

2. Sei $A = \begin{pmatrix} 0 & 1 \\ -1 & 0 \end{pmatrix}$. Dann hat $\det(A - \lambda E_2) = \begin{vmatrix} -\lambda & 1 \\ -1 & -\lambda \end{vmatrix} = \lambda^2 + 1 = 0$ die beiden Lösungen (alias Eigenwerte) $\lambda_1 = i$ und $\lambda_2 = -i$ mit den Eigenvektoren $\vec{v}_1 = \begin{pmatrix} 1 \\ i \end{pmatrix}$ und $\vec{v}_2 = \begin{pmatrix} 1 \\ -i \end{pmatrix}$.

   Obwohl die Matrix $A$ nur reelle Einträge hat, sind beide Eigenwerte komplex und auch die zugehörigen Eigenvektoren haben komplexe Einträge. Aus diesem Grund fassen wir in diesem Kapitel alle Matrizen als komplexe Matrizen auf (auch wenn sie reelle Einträge haben).

**Definition (charakteristisches Polynom):**

Sei $A$ eine $n \times n$-Matrix. Dann heißt

$$\chi_A(\lambda) := \det(A - \lambda \cdot E_n)$$

das **charakteristische Polynom** von $A$.

Das charakteristische Polynom ist nicht irgendein Polynom in $\lambda$, sondern einige der Koeffizienten haben eine spezielle Gestalt.

**Definition (Spur einer Matrix):**

Sei $A$ eine $n \times n$-Matrix. Die Summe der Diagonalelemente von $A$ heißt **Spur** von $A$, es ist also

$$\operatorname{spur}(A) = a_{11} + a_{22} + \ldots + a_{nn}.$$

**Satz 7.2:**

Sei $A$ eine $n \times n$-Matrix. Dann ist $\chi_A$ ein Polynom vom Grad $n$

$$\chi_A(\lambda) = \alpha_n \lambda^n + \alpha_{n-1} \lambda^{n-1} + \ldots + \alpha_1 \lambda + \alpha_0$$

mit $\alpha_n = (-1)^n$, $\alpha_{n-1} = (-1)^{n-1} \operatorname{spur}(A)$ und $\alpha_0 = \det A$.

**Begründung:** Die Behauptung $\alpha_0 = \det A$ ergibt sich aus der kurzen Rechnung

$$\det A = \det(A - 0 \cdot E_n) = \chi_A(0) = \alpha_n 0^n + \alpha_{n-1} 0^{n-1} + \ldots + \alpha_1 \cdot 0 + \alpha_0 = \alpha_0.$$

Die Behauptung über die beiden führenden Koeffizienten kann man im Fall $n = 1$, $n = 2$ oder $n = 3$ einfach nachrechnen. Konkret ist im Fall $n = 2$ für

$$A = \begin{pmatrix} a_{11} & a_{12} \\ a_{21} & a_{22} \end{pmatrix}$$

$$\det(A - \lambda E_2) = \begin{vmatrix} a_{11} - \lambda & a_{12} \\ a_{21} & a_{22} - \lambda \end{vmatrix}$$
$$= (a_{11} - \lambda)(a_{22} - \lambda) - a_{12} a_{21} = \lambda^2 - \underbrace{(a_{11} + a_{22})}_{\operatorname{spur}(A)} \lambda + \underbrace{a_{11} a_{22} - a_{12} a_{21}}_{\det(A)}.$$

Für allgemeines $n$ kann man mittels vollständiger Induktion argumentieren. Das dafür nötige Argument skizzieren wir hier in knapper Form.
Die Rechnung für $n = 2$ von eben können wir dabei als Induktionsanfang verwenden.
Im Induktionsschritt von $n$ nach $n+1$ kann man nun annehmen, dass die Behauptung für alle $n \times n$-Matrizen richtig ist. Man betrachtet dann eine $(n+1) \times (n+1)$-Matrix, die man in der Form

$$A = \begin{pmatrix} a_{11} & a_{12} & \ldots & a_{1n} \\ a_{21} & & & \\ \vdots & & \tilde{A} & \\ a_{n1} & & & \end{pmatrix}$$

schreibt, wobei $\tilde{A}$ eine $n \times n$-Matrix ist. Entwickelt man die Determinante von $A - \lambda E_{n+1}$ nach der ersten Zeile, so erhält man dabei

$$\det(A - \lambda E_{n+1}) = (a_{11} - \lambda)\det(\tilde{A} - \lambda E_n) - a_{12}\det S_{12} + - \cdots + (-1)^n a_{1n} \det S_{1n},$$

wobei $S_{12}, \ldots, S_{1n}$ Streichungsmatrizen von $A - \lambda E_{n+1}$ sind. Nun ist nach der Induktionsvoraussetzung

$$\begin{aligned}(a_{11} - \lambda)\det(\tilde{A} - \lambda E_n) &= (a_{11} - \lambda)((-1)^n \lambda^n + (-1)^{n-1} \operatorname{spur}(\tilde{A})\lambda^{n-1} + \ldots)\\ &= (-1)^{n+1}\lambda^{n+1} + a_{11}(-1)^n \lambda^n + (-\lambda)(-1)^{n-1}\operatorname{spur}(\tilde{A})\lambda^{n-1} + \ldots \\ &= (-1)^{n+1}\lambda^{n+1} + (-1)^n \lambda^n \operatorname{spur}(A)\lambda^{n-1} + \ldots,\end{aligned}$$

wobei nach den Pünktchen nur Terme kommen, die höchstens vom Grad $n-1$ in $\lambda$ sind.
Mit etwas Mühe kann man sich noch klarmachen, dass die restlichen auftretenden Terme, also $-a_{12}\det S_{12} + - \ldots + (-1)^n a_{1n} \det S_{1n}$ etc. an diesen führenden beiden Koeffizienten nichts ändern, sondern dass dort $\lambda$ ebenfalls höchstens in der $(n-1)$-ten Potenz auftritt.
Damit ist der Induktionsschritt beendet und es ist gezeigt, dass die Behauptung auch für jede $(n+1) \times (n+1)$-Matrix stimmt. Nach dem Prinzip der vollständigen Induktion ist sie damit für alle quadratischen Matrizen richtig. □

Eine Tatsache aus der Algebra, die wir im Kapitel über komplexe Zahlen schon angesprochen haben, ist der *Fundamentalsatzes der Algebra*: Jedes Polynom $n$-ten Grades mit reellen (oder komplexen) Koeffizienten besitzt genau $n$ (nicht unbedingt verschiedene) *komplexe* Nullstellen. Ein Polynom $p$ vom Grad $n$ lässt sich daher im Komplexen *immer* in Linearfaktoren zerlegen:

$$p(\lambda) = c(\lambda - \lambda_1) \cdot (\lambda - \lambda_2) \cdot \ldots \cdot (\lambda - \lambda_n)$$

Fasst man noch die Terme zusammen, die zu denselben Nullstellen gehören, dann kann man ein Polynom mit $m$ verschiedenen Nullstellen auch schreiben als

$$p(\lambda) = c(\lambda - \lambda_1)^{\alpha_1} \cdot (\lambda - \lambda_2)^{\alpha_2} \cdot \ldots \cdot (\lambda - \lambda_m)^{\alpha_m}$$

wobei $\lambda_1, \lambda_2, \ldots, \lambda_m$ nun lauter verschiedene Zahlen sind. Bezogen auf das charakteristische Polynom bedeutet das, dass jede Matrix Eigenwerte besitzt, wenn man komplexe Zahlen als Eigenwerte zulässt.

> **Definition (algebraische Vielfachheit):**
>
> Sei $A$ eine $n \times n$-Matrix mit charakteristischem Polynom
>
> $$\chi_A(\lambda) = (-1)^n(\lambda - \lambda_1)^{\alpha_1} \cdot (\lambda - \lambda_2)^{\alpha_2} \cdot \ldots \cdot (\lambda - \lambda_m)^{\alpha_m}$$
>
> wobei $\lambda_1, \lambda_2, \ldots, \lambda_m$ die verschiedenen Eigenwerte von $A$ sind.
> Dann nennt man die Zahl $\alpha_j$ die **algebraische Vielfachheit** des Eigenwerts $\lambda_j$.

Per Definition gibt es zu jedem Eigenwert $\lambda_j$ einer Matrix $A$ einen Eigenvektor, wenn die algebraische Vielfachheit eines Eigenwerts größer als Eins ist können aber auch mehrere linear unabhängige Eigenvektoren vorkommen.

> **Definition (geometrische Vielfachheit):**
>
> Sei $A$ eine $n \times n$-Matrix und $\lambda \in \mathbb{C}$ ein Eigenwert von $A$. Dann nennt man die Maximalzahl linear unabhängiger Eigenvektoren zum Eigenwert $\lambda$ die **geometrische Vielfachheit** von $\lambda$.

Da Linearkombinationen von Eigenvektoren zum selben Eigenwert ebenfalls Eigenvektoren sind, existiert beispielsweise für einen geometrisch doppelten Eigenwert eine ganze „Ebene" aus Eigenvektoren. Dies kann aber nur für algebraische mehrfache Eigenwerte vorkommen, denn es gilt:

> **Satz 7.3:**
>
> Sei $A$ eine $n \times n$-Matrix und $\lambda \in \mathbb{C}$ ein Eigenwert von $A$. Dann ist die geometrische Vielfachheit von $\lambda$ höchstens gleich groß wie die algebraische Vielfachheit von $\lambda$.
> Insbesondere gehört zu jedem algebraisch einfachen Eigenwert, also zu jeder einfachen Nullstelle des charakteristischen Polynoms, immer nur ein linear unabhängiger Eigenvektor.

> **Zusammenfassung: Berechnung von Eigenwerten und Eigenvektoren**
> Um die Eigenwerte und Eigenvektoren einer quadratischen Matrix $A$ zu bestimmen, geht man also wie folgt vor:
>
> 1. Man berechnet das charakteristische Polynom $\chi_A(\lambda) = \det(A - \lambda E_n)$.
>
> 2. Anschließend bestimmt man die komplexen(!) Nullstellen des Polynoms $\chi_A$. Das charakteristische Polynom kann maximal $n$ komplexe Nullstellen besitzen.
>
> 3. Für jeden Eigenwert $\lambda$ findet man Eigenvektoren, indem man das homogene lineare Gleichungssystem $(A - \lambda E_n)\vec{v} = \vec{0}$ löst. Dabei ist zu beachten:
>
>    ▶ $\vec{0}$ ist nie der einzige Eigenvektor zu einem Eigenwert. Wer bei der Berechnung von Eigenvektoren als einzige Lösung $\vec{0}$ erhält, hat sich entweder bei der Berechnung des Eigenvektors oder (häufiger) bei der Bestimmung des Eigenwerts verrechnet.
>
>    ▶ eine reelle Matrix kann durchaus komplexe Eigenwerte besitzen
>
>    ▶ zu komplexen Eigenwerten einer reellen Matrix ergeben sich komplexe Eigenvektoren, genauer:
>    Wenn $\lambda \notin \mathbb{R}$ ein komplexer Eigenwert mit dem komplexen Eigenvektor $\vec{v}$ ist, dann ist auch $\overline{\lambda}$ ein Eigenwert von $A$ und zwar mit dem Eigenvektor $\overline{\vec{v}}$
>
>    ▶ Wenn $\lambda$ eine $k$-fache Nullstelle des charakteristischen Polynoms ist, dann kann es bis zu $k$ linear unabhängige Eigenvektoren geben. Das muss aber nicht sein, eventuell gibt es auch nur einen (oder $2, 3, \ldots, k-1$) linear unabhängige Eigenvektor(en).

## 7.3 Diagonalisierbarkeit

Eine nützliche Technik beim Umgang mit Matrizen ist das Vereinfachen von Matrizen durch eine geeignete Koordinatentransformation.

Ersetzt man beispielsweise in einer linearen Gleichung

$$A\vec{x} = \vec{b}$$

mit einer $n \times n$–Matrix $A$ und $\vec{b} \in \mathbb{R}^n$ den Vektor $\vec{x}$ durch einen Vektor $\vec{y}$ mit $\vec{x} = S\vec{y}$, wobei $S$ eine invertierbare $n \times n$–Matrix ist und schreibt gleichzeitig $\vec{b} = S\vec{c}$, dann folgt durch Einsetzen

$$AS\vec{y} = S\vec{c} \Rightarrow S^{-1}AS\vec{y} = \vec{c}.$$

Die neue (transformierte) Variable $\vec{y}$ soll also ebenfalls eine lineare Gleichung lösen, aber mit einer anderen Matrix $S^{-1}AS$ und einer anderen rechten Seite $\vec{c} = S^{-1}\vec{b}$.

Die Matrizen $A$ und $S^{-1}AS$ sind also auf eine gewisse Weise „dieselbe Abbildung", aber ausgedrückt in verschiedenen Koordinatensystemen. Genaueres zu dieser Sichtweise folgt in Kapitel 9.

> **Definition (ähnliche Matrizen):**
>
> Zwei $n \times n$-Matrizen $A$ und $B$ heißen **ähnlich**, wenn es eine invertierbare $n \times n$-Matrix $S$ gibt, so dass $B = S^{-1}AS$.

Es ist leicht einzusehen, dass die Rollen von $A$ und $B$ auch vertauscht werden können, denn es ist $A = SBS^{-1} = (S^{-1})^{-1}BS^{-1}$, d.h. wenn man $T = S^{-1}$ setzt ist $A = T^{-1}BT$.

> **Satz 7.4:**
>
> Sind $A$ und $B$ ähnliche Matrizen, dann stimmen die Eigenwerte von $A$ und $B$ überein. Ist also $\lambda \in \mathbb{C}$ ein Eigenwert von $A$, dann ist $\lambda$ auch Eigenwert von $B$ und umgekehrt.

**Beweis:** Wenn $\lambda$ ein Eigenwert von $A$ ist, dann gibt es einen Eigenvektor $\vec{v} \neq \vec{0}$, so dass $A\vec{v} = \lambda\vec{v}$. Wegen $A = SBS^{-1}$ kann man diese Gleichung umschreiben zu

$$SBS^{-1}\vec{v} = \lambda\vec{v} \Leftrightarrow BS^{-1}\vec{v} = S^{-1}\lambda\vec{v} \Leftrightarrow B(S^{-1}\vec{v}) = \lambda(S^{-1}\vec{v})$$

der Vektor $S^{-1}\vec{v}$ ist also ein Eigenvektor von $B$ zum Eigenwert $\lambda$. Mit ganz ähnlichen Argumenten kann man auch zeigen, dass Eigenwerte von $B$ automatisch auch Eigenwerte von $A$ sind. □

**Bemerkung:** Eine alternative Begründung besteht darin zu zeigen, dass für ähnliche Matrizen das charakteristische Polynom übereinstimmt, denn

$$\begin{aligned}\chi_A(\lambda) = \det(A - \lambda E_n) = \det(SBS^{-1} - \lambda E_n) &= \det(SBS^{-1} - \lambda SS^{-1}) \\ &= \det(S)\det(B - \lambda E_n)\underbrace{\det(S^{-1})}_{=1/\det(S)} \\ &= \det(B - \lambda E_n) = \chi_B(\lambda).\end{aligned}$$

Das Ziel besteht nun darin, eine Matrix $S$ zu finden, so dass die neue Matrix $S^{-1}AS$ so einfach wie möglich wird. Ideal wäre eine Diagonalmatrix, da sich für eine Diagonalmatrix $D$ das Lineare Gleichungssystem $D\vec{y} = \vec{c}$ ohne Schwierigkeiten lösen lässt.

> **Definition (diagonalisierbar):**
>
> Eine $n \times n$-Matrix $A$ heißt **diagonalisierbar**, wenn es eine invertierbare $n \times n$-Matrix $S$ gibt, so dass $S^{-1}AS$ eine Diagonalmatrix ist.

Wie so oft gibt es eine gute und eine schlechte Nachricht hierzu:

*Die gute Nachricht:* In vielen Fällen gibt es eine Matrix $S$, so dass $S^{-1}AS$ eine Diagonalmatrix ist.

*Die weniger gute Nachricht:* Es gibt durchaus Matrizen $A$, für die $S^{-1}AS$ nie eine Diagonalmatrix ist (egal, welche Matrix $S$ man dabei wählt).

Um zu verstehen, wie die Matrix $S$ aufgebaut ist, wenn die Diagonalisierung gelingt, schreiben wir die Gleichung $S^{-1}AS = D$ etwas um in die Form $AS = SD$ und multiplizieren auf beiden Seiten jeweils von rechts mit dem j-ten Standardbasisvektor:

$$AS\vec{e}_j = SD\vec{e}_j \Leftrightarrow A\vec{s}_j = S\lambda_j\vec{e}_j = \lambda_j S\vec{e}_j = \lambda_j \vec{s}_j,$$

wobei $D = \text{diag}(\lambda_1, \lambda_2, \ldots, \lambda_n)$ und $\vec{s}_j$ der j-te Spaltenvektor der Matrix $S$ ist.

Die Gleichung $A\vec{s}_j = \lambda_j \vec{s}_j$ bedeutet dann nichts anderes, als dass $\vec{s}_j$ ein Eigenvektor der Matrix $A$ zum Eigenwert $\lambda_j$ sein muss.

Daraus schließen wir zwei Dinge:

1. Wenn $S^{-1}AS = D$ ist, dann sind die Einträge der Diagonalmatrix $D$ die Eigenwerte von $A$ und

2. die j-te Spalte der Matrix $S$ enthält einen Eigenvektor zum Eigenwert $\lambda_j$.

Ob eine Matrix diagonalisierbar ist, entscheidet sich an den algebraischen und geometrischen Vielfachheiten ihrer Eigenwerte.

### Satz 7.5 (Diagonalisierbarkeit):

Eine $n \times n$-Matrix $A$ ist genau dann diagonalisierbar, wenn die geometrische Vielfachheit jedes Eigenwertes von $A$ mit seiner algebraischen Vielfachheit übereinstimmt.

### Bemerkung (Der wichtigste Spezialfall):

Jede $n \times n$-Matrix $A$, die $n$ **verschiedene** Eigenwerte besitzt, ist diagonalisierbar, **denn:** die $n$ Eigenwerte sind Nullstellen des charakteristischen Polynoms. Dieses ist ein Polynom $n$-ten Grades und kann nicht mehr als $n$ Nullstellen besitzen. Insbesondere kann auch keine der Nullstellen mehrfach sein, denn die Vielfachheit der Nullstellen wird mitgezählt. Wenn alle Nullstellen des charakteristischen Polynoms einfach sind, bedeutet dies, dass alle Eigenwerte algebraische einfach sind. Wegen Satz 7.3 sind diese dann automatisch auch geometrisch einfach. Damit ist die Bedingung aus dem vorigen Satz erfüllt und die Matrix ist diagonalisierbar.

### Beispiel :

Eine nicht-diagonalisierbare Matrix ist zum Beispiel

$$A = \begin{pmatrix} 0 & 1 \\ 0 & 0 \end{pmatrix}.$$

Hier lautet das charakteristische Polynom $\chi_A(\lambda) = \lambda^2$, und $A$ besitzt den algebraisch doppelten Eigenwert $\lambda_1 = \lambda_2 = 0$. Zu diesem Eigenwert gibt es aber nur einen linear unabhängigen Eigenvektor $v = \begin{pmatrix} 1 \\ 0 \end{pmatrix}$, die geometrische Vielfachheit ist also kleiner als die algebraische Vielfachheit.

**Diagonalisierung - so geht man vor**
Ist bei einer $n \times n$-Matrix $A$ zu entscheiden, ob diese diagonalisierbar ist, dann muss man zunächst die Eigenwerte von $A$ berechnen. Sind darunter mehrfache Eigenwerte muss noch geprüft werden, ob zu diesen mehrfachen Eigenwerten auch jeweils eine entsprechende Anzahl an linear unabhängigen Eigenvektoren vorliegt.
Möchte man nicht nur entscheiden, *ob* $A$ diagonalisierbar ist, sondern auch noch die Transformationsmatrizen $S$ und $S^{-1}$ angeben, dann benötigt man von allen Eigenwerten (auch von den einfachen) die Eigenvektoren. Wegen Satz 7.5 kann man $n$ linear unabhängige Eigenvektoren finden. Diese bilden die Spalten der Matrix $S$.
Um $S^{-1}$ zu erhalten, kommt man im allgemeinen Fall nicht darum herum, die Matrix $S$ zu invertieren, was durchaus mühsam sein kann. Wenn alles ohne Rechenfehler geklappt hat, ist dann $S^{-1}AS$ eine Diagonalmatrix, in deren Diagonale die Eigenwerte in derselben Reihenfolge stehen, wie die entsprechenden Eigenvektoren von $A$ in den Spalten der Matrix $S$.

**Achtung!** Ist $A$ eine symmetrische Matrix, dann ist das Vorgehen etwas anders. Mehr dazu im nächsten Abschnitt!

**Beispiel:**

Die Matrix $A = \begin{pmatrix} -1 & 3 & 1 \\ -4 & 7 & 2 \\ 6 & -9 & -2 \end{pmatrix}$ hat das charakteristische Polynom

$$\chi_A(\lambda) = \det(A - \lambda E_3) = -\lambda^3 + 4\lambda^2 - 5\lambda + 2,$$

so dass man den Eigenwert $\lambda_1 = 1$ erraten kann. Durch Polynomdivision erhält man

$$\chi_A(\lambda) = \det(A - \lambda E_3) = (1 - \lambda)(\lambda^2 - 3\lambda + 2)$$

und daraus die weiteren Eigenwerte $\lambda_2 = 1$ und $\lambda_3 = 2$.
Das bedeutet, dass $\lambda_1 = \lambda_2 = 1$ ein algebraisch doppelter und $\lambda_3 = 2$ ein algebraische einfacher Eigenwert ist.

Es stellt sich heraus, dass man zu $\lambda_1$ die beiden linear unabhängigen Eigenvektoren $\vec{v}_1 = \begin{pmatrix} 3 \\ 2 \\ 0 \end{pmatrix}$ und $\vec{v}_2 = \begin{pmatrix} 1 \\ 1 \\ -1 \end{pmatrix}$ findet und zu $\lambda_3 = 2$ den Eigenvektor $\vec{v}_3 = \begin{pmatrix} 1 \\ 2 \\ -3 \end{pmatrix}$. Damit ist

$$S = \begin{pmatrix} 3 & 1 & 1 \\ 2 & 1 & 2 \\ 0 & -1 & -3 \end{pmatrix} \quad \text{und} \quad S^{-1} = \begin{pmatrix} -1 & 2 & 1 \\ 6 & -9 & -4 \\ -2 & 3 & 1 \end{pmatrix}$$

wie man durch (mühsames) Invertieren von $S$ herausfindet. Schließlich ist

$$S^{-1}AS = \begin{pmatrix} -1 & 2 & 1 \\ 6 & -9 & -4 \\ -2 & 3 & 1 \end{pmatrix} \begin{pmatrix} -1 & 3 & 1 \\ -4 & 7 & 2 \\ 6 & -9 & -2 \end{pmatrix} \begin{pmatrix} 3 & 1 & 1 \\ 2 & 1 & 2 \\ 0 & -1 & -3 \end{pmatrix} = \begin{pmatrix} 1 & 0 & 0 \\ 0 & 1 & 0 \\ 0 & 0 & 2 \end{pmatrix}$$

wie gewünscht eine Diagonalmatrix mit den Eigenwerten auf der Diagonale.

> **Bemerkung :**
>
> Eine Matrix in Diagonalform bietet für viele Rechnungen Vorteile, beispielsweise bei der Berechnung von Matrixpotenzen. Ganz allgemein gilt
>
> $$\begin{aligned}(S^{-1}AS)^k &= (S^{-1}AS)(S^{-1}AS)\ldots(S^{-1}AS) \\ &= S^{-1}A\underbrace{SS^{-1}}_{=E_n}A\underbrace{SS^{-1}}_{=E_n}\ldots S^{-1}AS = S^{-1}A^kS.\end{aligned}$$
>
> Falls aber sogar $S^{-1}AS = D = \mathrm{diag}(\lambda_1, \lambda_2, \ldots, \lambda_n)$ eine Diagonalmatrix ist, deren Potenzen $D^k = \mathrm{diag}(\lambda_1^k, \lambda_2^k, \ldots, \lambda_n^k)$ leicht zu berechnen sind, dann ist
>
> $$A^k = SD^kS^{-1} = S\begin{pmatrix}\lambda_1^k & 0 & \cdots & 0 \\ 0 & \lambda_2^k & \cdots & 0 \\ \vdots & \vdots & \ddots & \vdots \\ 0 & 0 & \cdots & \lambda_n^k\end{pmatrix}S^{-1}.$$

## 7.4 Diagonalisierung von symmetrischen Matrizen

Da Eigenwerte prinzipiell komplexe Zahlen sein können, rechnen wir in diesem Abschnitt (zunächst) mit komplexen Zahlen, Vektoren und Matrizen. Dabei handelt es sich um Vektoren und Matrizen, deren Komponenten bzw. Koeffizienten jeweils komplexe Zahlen sind. Während die Vektoraddition oder die Multiplikation mit einer (komplexen) Zahl wie gewohnt komponentenweise erfolgt, gibt es beim Skalarprodukt von zwei komplexen Vektoren einen kleinen, aber wichtigen Unterschied:

> **Definition (Skalarprodukt im $\mathbb{C}^n$):**
>
> Für zwei Vektoren $\vec{x} = \begin{pmatrix}x_1 \\ \vdots \\ x_n\end{pmatrix}$ und $\vec{y} = \begin{pmatrix}y_1 \\ \vdots \\ y_n\end{pmatrix}$ im $\mathbb{C}^n$ ist das **Skalarprodukt** definiert durch
>
> $$\vec{x} \cdot \vec{y} = x_1\overline{y_1} + x_2\overline{y_2} + \ldots + x_n\overline{y_n} = \sum_{j=1}^n x_j\overline{y_j} = \vec{x}^T\overline{\vec{y}}.$$

Der Unterschied besteht darin, dass bei $\vec{y}$ der (komponentenweise) komplex-konjugierte Vektor benutzt wird. Das führt insbesondere dazu, dass

$$\vec{x} \cdot \vec{x} = x_1\overline{x_1} + x_2\overline{x_2} + \ldots + x_n\overline{x_n} = \sum_{j=1}^n x_j\overline{x_j} = \sum_{j=1}^n |x_j|^2$$

reell ist, wobei $|x_j|^2$ der komplexe Betrag der (komplexen) Zahl $x_j$ ist. Daraus ergeben sich die Rechenregeln

$$\begin{aligned}\vec{x} \cdot \vec{y} &= \overline{\vec{y} \cdot \vec{x}} \\ (\lambda\vec{x}) \cdot \vec{y} &= \lambda(\vec{x} \cdot \vec{y}) \\ \vec{x} \cdot (\lambda\vec{y}) &= \overline{\lambda}(\vec{x} \cdot \vec{y})\end{aligned}$$

die für reelle Vektoren in die bekannten Rechenregeln für das Skalarprodukt im $\mathbb{R}^n$ übergehen.

## Satz 7.6 (Eigenwerte symmetrischer Matrizen):

Alle Eigenwerte einer reellen, symmetrischen Matrix sind reell.

**Begründung:** Sei $A$ eine reelle symmetrische Matrix und $\lambda \in \mathbb{C}$ ein Eigenwert von $A$ mit zugehörigem Eigenvektor $\vec{v}$. Im Prinzip kann $\lambda$ eine komplexe Zahl sein. Aus diesem Grund rechnen wir auch erst einmal mit dem komplexen Skalarprodukt und betrachten die Matrix $A$ als komplexe Matrix. Dass eine komplexe Zahl in Wirklichkeit reell ist, erkennt man daran, dass $\overline{\lambda} = \lambda$ ist. Man berechnet nun

$$\begin{aligned}
\lambda \vec{v}^T \, \overline{\vec{v}} &= (\lambda \vec{v})^T \, \overline{\vec{v}} = (A\vec{v})^T \, \overline{\vec{v}} \\
&= \vec{v}^T A^T \, \overline{\vec{v}} = \vec{v}^T A \overline{\vec{v}} \qquad \text{(da } A \text{ symmetrisch ist)} \\
&= \vec{v}^T \, \overline{A\vec{v}} \qquad \qquad \text{(da } A \text{ reell ist)} \\
&= \vec{v}^T \, \overline{A\vec{v}} = \vec{v}^T \, \overline{\lambda \vec{v}} \\
&= \overline{\lambda} \vec{v}^T \, \overline{\vec{v}}
\end{aligned}$$

Da $\vec{v}^T \, \overline{\vec{v}} = |\vec{v}|^2 \neq 0$ ist, folgt daraus $\lambda = \overline{\lambda}$ und $\lambda$ muss reell sein.

□

**Beispiel:** Die Matrix $A = \begin{pmatrix} 3 & -1 \\ -1 & 3 \end{pmatrix}$ hat das charakteristische Polynom

$$\chi(\lambda) = \det \begin{pmatrix} 3-\lambda & -1 \\ -1 & 3-\lambda \end{pmatrix} = (3-\lambda)^2 - (-1)^2 = \lambda^2 - 6\lambda + 8$$

und damit die Eigenwerte

$$\lambda_{1,2} = \frac{6 \pm \sqrt{36 - 4 \cdot 8}}{2} \Rightarrow \lambda_1 = 2 \text{ und } \lambda_2 = 4.$$

Zugehörige Eigenvektoren sind

$$\vec{v}_1 = \begin{pmatrix} 1 \\ 1 \end{pmatrix} \text{ und } \vec{v}_2 = \begin{pmatrix} 1 \\ -1 \end{pmatrix}.$$

Betrachtet man die beiden Eigenvektoren aus dem vorigen Beispiel, dann stellt man fest, dass diese zueinander orthogonal sind. Das ist kein Zufall, sondern eine allgemeingültige Tatsache.

## Satz 7.7:

Ist $A$ eine symmetrische $n \times n$-Matrix und sind $\lambda \neq \mu$ zwei verschiedene Eigenwerte von $A$ mit zugehörigen Eigenvektoren $\vec{v}$ und $\vec{w}$, dann sind $\vec{v}$ und $\vec{w}$ orthogonal zueinander, das heißt, es ist $\vec{v} \cdot \vec{w} = 0$.

**Beweis:** Die folgende Rechnung benutzt nur die Eigenschaften der Eigenvektoren:

$$\begin{aligned}
\lambda \vec{v} \cdot \vec{w} &= (\lambda \vec{v}) \cdot \vec{w} = (A\vec{v}) \cdot \vec{w} \\
&= (A\vec{v})^T \vec{w} = \vec{v}^T A^T \vec{w} \\
&= \vec{v} \cdot (A^T \vec{w}) = \vec{v} \cdot (\mu \vec{w}) \\
&= \mu \vec{v} \cdot \vec{w}.
\end{aligned}$$

Wegen $\lambda \neq \mu$ kann dies nur gelten, wenn $\vec{v} \cdot \vec{w} = 0$ ist.

□

## 7.4 Diagonalisierung von symmetrischen Matrizen

Die angenehmen Eigenschaften der Eigenwerte und Eigenvektoren symmetrischer Matrizen kann man ausnutzen, um solche Matrizen zu diagonalisieren.

**Definition (orthogonale Matrix):**

Eine $n \times n$-Matrix $A$ heißt **orthogonal**, wenn $AA^T = A^T A = E_n$ ist, d.h. wenn $A^{-1} = A^T$.

Orthogonale Matrizen entsprechen anschaulich Drehungen. Insbesondere verändern sie nicht die Länge von Vektoren und die Winkel zwischen Vektoren.

**Satz 7.8:**

Sei $A$ eine orthogonale Matrix. Dann gilt für die Norm

$$|A\vec{x}| = |\vec{x}|$$

und für das Skalarprodukt zwischen zwei Vektoren $\vec{x}$ und $\vec{y}$

$$(A\vec{x}) \cdot (A\vec{y}) = \vec{x} \cdot \vec{y}.$$

**Bemerkung:** Da der Winkel $\alpha = \angle(\vec{x}, \vec{y})$ zwischen den Vektoren $\vec{x}$ und $\vec{y}$ als

$$\cos(\alpha) = \frac{\vec{x} \cdot \vec{y}}{|\vec{x}| \cdot |\vec{y}|}$$

definiert ist, ist auch $\angle(A\vec{x}, A\vec{y}) = \alpha$.

**Beweis des Satzes:** Wir zeigen zunächst die Aussage über das Skalarprodukt:

$$\begin{aligned}(A\vec{x}) \cdot (A\vec{y}) &= (A\vec{x})^T (A\vec{y}) \\ &= \vec{x}^T \underbrace{A^T A}_{=E_n} \vec{y} = \vec{x}^T \vec{y} \\ &= \vec{x} \cdot \vec{y}\end{aligned}$$

Für $\vec{x} = \vec{y}$ bedeutet dies

$$|A\vec{x}|^2 = |\vec{x}|^2$$

und da die Ausdrücke auf beiden Seiten nicht-negativ sind, muss $|A\vec{x}| = |\vec{x}|$ sein. □

Man kann orthogonale Matrizen auch über die Einträge ihrer Spaltenvektoren charakterisieren:

**Satz 7.9:**

Sei $A$ eine orthogonale Matrix. Dann bilden die Spaltenvektoren von $A$ eine Orthonormalbasis des $\mathbb{R}^n$. Die Zeilenvektoren von $A$ bilden ebenfalls eine Orthonormalbasis des $\mathbb{R}^n$.

**Beweis:** Die Spaltenvektoren bilden eine Basis, da die Matrix invertierbar ist.
Sei $A = (\vec{a}_1, \ldots, \vec{a}_n)$, d.h. $\vec{a}_1, \ldots, \vec{a}_n$ seien die Spaltenvektoren von $A$. Dann sind $\vec{a}_1^T, \ldots, \vec{a}_n^T$ die Zeilenvektoren von $A$ und die Matrix $A^T A$ hat als Eintrag in der $i$-ten Zeile und $j$-ten Spalte den Koeffizienten $\vec{a}_i^T \vec{a}_j$. Nun ist aber $A^T A = E_n$, das heißt dieser Koeffizient ist entweder Null oder eins, genauer

$$\begin{aligned}\vec{a}_i^T \vec{a}_i &= 1 \text{ für } i = 1, 2, \ldots, n \\ \vec{a}_i^T \vec{a}_j &= 0 \text{ falls } i \neq j.\end{aligned}$$

Die erste Zeile bedeutet, dass $|\vec{a}_i| = 1$ ist, die zweite, dass $\vec{a}_i$ und $\vec{a}_j$ für $i \neq j$ aufeinander senkrecht stehen.

Um die Zeilenvektoren als Orthonormalsystem zu identifizieren kann man genauso argumentieren, indem man benutzt, dass die Transponierten dieser Zeilenvektoren gerade die Spaltenvektoren von $A^T$ sind und dann die Gleichung $AA^T = E_n$ verwendet.

□

> **Satz 7.10 (Diagonalisierbarkeit symmetrischer Matrizen):**
>
> Sei $A$ eine symmetrische $n \times n$-Matrix. Dann existiert eine orthogonale Matrix $S$, so dass $S^T A S$ eine Diagonalmatrix ist, deren Diagonaleinträge die Eigenwerte von $A$ sind. Die Spaltenvektoren der Matrix $S$ bilden eine Orthonormalbasis aus Eigenvektoren der Matrix $A$.

Der Beweis dieses Satzes lässt sich mit unseren Mitteln nicht sauber führen. Da es sich aber um einen sehr wichtigen und häufig benutzten Satz handelt, soll wenigstens das Vorgehen kurz skizziert werden. Beim Verständnis helfen auch die etwas abstrakteren Begriffe aus Kapitel 9.

**Beweisidee:** Das charakteristische Polynom der $n \times n$-Matrix $A$ ist ein Polynom vom Grad $n$ und besitzt nach dem Fundamentalsatz der Algebra $n$ komplexe Nullstellen, die Eigenwerte von $A$. Nach dem Satz am Beginn dieses Kapitels besitzt $A$ sind alle Eigenwerte reell, d.h. die Matrix besitzt mindestens einen reellen Eigenwert $\lambda_1$ und einen zugehörigen normierten Eigenvektor $\vec{v}_1$. Wir betrachten nun die Menge $U_1 = \{\vec{x} \in \mathbb{R}^n; \ \vec{x} \cdot \vec{v}_1 = 0\}$, das sogenannte **orthogonale Komplement** von $\vec{v}_1$. Jeder Vektor $\vec{x} \in \mathbb{R}^n$ lässt sich schreiben als

$$\vec{x} = \alpha \vec{v}_1 + \vec{u}_1 \text{ mit } \alpha \in \mathbb{R} \text{ und } \vec{u}_1 \in U_1.$$

Dann ist

$$A\vec{u}_1 \cdot \vec{v}_1 = \vec{u}_1 \cdot (A^T \vec{v}_1) = \vec{u}_1 \cdot (A\vec{v}_1) = \vec{u}_1 \cdot (\lambda_1 \vec{v}_1) = \lambda_1 (\vec{u}_1 \cdot \vec{v}_1) = 0.$$

Damit liegt $A\vec{u}_1$ in $U_1$. Man sagt, dass $U_1$ invariant unter $A$ ist, d.h. wenn man einen beliebigen Vektor aus $U_1$ auswählt und die Matrix $A$ darauf anwendet, dann landet man wieder in $U_1$.
Die Menge $U_1$ ist ein Untervektorraum (siehe Kapitel 9) und um eine Dimension kleiner als der gesamte Raum, d.h. $U_1$ hat die Dimension $n-1$. Wenn man nun die Matrix $A$ nur noch für Vektoren aus $U_1$ betrachtet, kann man dieselbe Argumentation im wesentlichen wiederholen: Zunächst findet man einen reellen Eigenwert $\lambda_2$ (der auch mit $\lambda_1$ übereinstimmen könnte) und einen zugehörigen normierten Eigenvektor $\vec{v}_2$. Dieser ist wegen der Konstruktion von $U_1$ automatisch orthogonal zu $\vec{v}_1$.
Nun wiederholt man dasselbe Verfahren und konstruiert einen Untervektorraum $U_2$, der aus allen Vektoren besteht, die senkrecht zu $\vec{v}_1$ *und* $\vec{v}_2$ sind, und dessen Dimension nur noch $n-2$ ist.
So kann man sich in $n$ Schritten $n$ reelle Eigenwerte und $n$ zugehörige normierte Eigenvektoren $\vec{v}_1, \vec{v}_2, \ldots, \vec{v}_n$ beschaffen, die jeweils senkrecht aufeinander stehen. Da diese $n$ Vektoren eine Basis aus Eigenvektoren bilden, ist $A$ diagonalisierbar und nach der beschriebenen Konstruktion sind $\vec{v}_1, \vec{v}_2, \ldots, \vec{v}_n$ die Spaltenvektoren einer orthogonalen Matrix $S$. Beides zusammen zeigt, dass $S^{-1}AS$ eine Diagonalmatrix ist, deren Diagonaleinträge die Eigenwerte $\lambda_1, \lambda_2, \ldots, \lambda_n$ von $A$ sind.

□

## 7.4 Diagonalisierung von symmetrischen Matrizen

### Bemerkung (Diagonalisieren von symmetrischen Matrizen):

Wenn eine symmetrische Matrix $A$ diagonalisiert werden soll, kann man nach einem festen Schema vorgehen.

1. alle Eigenwerte von $A$ bestimmen

2. alle zugehörigen Eigenvektoren bestimmen

3. Falls $A$ nur einfache Eigenwerte hat, sind diese automatisch senkrecht zueinander und es genügt, die Eigenvektoren zu normieren.

    Besitzt $A$ mehrfache Eigenwerte, kann man mit dem Gram-Schmidt-Verfahren (wie am Ende von Abschnitt 2.4 beschrieben) Eigenvektoren konstruieren, die zueinander senkrecht stehen und die Länge 1 haben.

4. Die normierten Eigenvektoren bilden schließlich die Spalten der Transformationsmatrix.

### Beispiel (Trägheitstensor):

Der Trägheitstensor beschreibt das (Massen-)Trägheitsmoment eines starren Körpers bezüglich aller möglichen Drehachsen. Er lässt sich durch eine symmetrische Matrix $\Theta$ darstellen. Wenn ein starrer Körper mit Winkelgeschwindigkeit $\vec{\omega}$ um eine Achse rotiert, dann ist das Trägheitsmoment

$$J = \frac{1}{|\vec{\omega}|^2} \vec{\omega}^T \Theta \vec{\omega}$$

Da $\Theta$ eine symmetrische Matrix ist, besitzt sie drei reelle Eigenwerte (die *Hauptträgheitsmomente*) und kann durch eine Koordinatentransformation diagonalisiert werden. Die neuen Koordinatenrichtungen nennt man die *Hauptträgheitsachsen*.

In Anlehnung an diese Anwendung heißt die Diagonalisierung symmetrischer Matrizen oft auch **Hauptachsentransformation**.

## Nach diesem Kapitel sollten Sie ...

... Eigenwerte und Eigenvektoren definieren können

... eine anschauliche Vorstellung davon haben, was ein reeller Eigenwert einer Matrix ist

... wissen, wie man die Eigenwerte einer Matrix berechnen kann

... den Unterschied zwischen der algebraischen und der geometrischen Vielfachheit eines Eigenwerts erklären können

... wissen, wann man eine quadratische Matrix diagonalisieren kann und wie man dabei vorgeht

... wissen, dass symmetrische Matrizen nur reelle Eigenwerte haben

... orthogonale Matrizen definieren können

... das Vorgehen bei der Diagonalisierung symmetrischer Matrizen kennen

## Aufgaben zu Kapitel 7

1. Berechnen Sie die Eigenwerte und Eigenvektoren von

$$B = \begin{pmatrix} -2 & 3 & 1 \\ 3 & -2 & 1 \\ 1 & 1 & 0 \end{pmatrix} \quad \text{und} \quad C = \begin{pmatrix} 2 & 0 & 0 & 0 \\ 0 & -4 & -1 & -1 \\ 0 & -6 & -2 & -2 \\ 0 & 9 & 3 & 2 \end{pmatrix}$$

   Was sind die algebraischen und geometrischen Vielfachheiten der jeweiligen Eigenwerte?

2. Die $2 \times 2$-Matrix $A$ besitze die beiden Eigenvektoren $\vec{v} = \begin{pmatrix} 3 \\ -1 \end{pmatrix}$ zum Eigenwert $\lambda = 4$ und $\vec{w} = \begin{pmatrix} -2 \\ 2 \end{pmatrix}$ zum Eigenwert $\lambda = -2$. Bestimmen Sie daraus die Matrix $A$.

   *Hinweis:* Machen Sie sich klar, dass für die Matrix $S = \begin{pmatrix} 3 & -2 \\ -1 & 2 \end{pmatrix}$ die Gleichung

$$AS = S \begin{pmatrix} 4 & 0 \\ 0 & -2 \end{pmatrix}$$

   gilt.

3. Eigenwerte schiefsymmetrischer Matrizen

   (a) Sei $K$ eine schiefsymmetrische Matrix, d.h. $K^T = -K$. Zeigen Sie: Wenn $\lambda \in \mathbb{C}$ ein Eigenwert von $K$ ist, dann ist auch $-\lambda$ ein Eigenwert von $K$.
   Was kann man also über die Lage der Eigenwerte einer schiefsymmetrischen Matrix in der komplexen Ebene aussagen?

   (b) Sei $K$ eine schiefsymmetrische $n \times n$-Matrix *mit ungeradem* $n$. Zeigen Sie, dass $\lambda = 0$ ein Eigenwert von $K$ ist.

   (c) Warum funktioniert die Argumentation aus Teil (b) nicht, wenn $n$ gerade ist?

4. Entscheiden Sie, ob die folgenden Matrizen diagonalisierbar sind und geben Sie gegebenenfalls eine Diagonalmatrix $D$ an, die zu der untersuchten Matrix ähnlich ist.

   (a) $A = \begin{pmatrix} 2 & -1 \\ 2 & 4 \end{pmatrix}$, (b) $B = \begin{pmatrix} 2 & 0 & 1 \\ 0 & -1 & 0 \\ 0 & 0 & 2 \end{pmatrix}$, (c) $C = \begin{pmatrix} 2 & -1 & -1 \\ -1 & 2 & -1 \\ -1 & -1 & 0 \end{pmatrix}$

5. Zum Experimentieren und Nachdenken

   Gegeben sei die Matrix $A = \begin{pmatrix} -57 & 54 & -18 \\ -40 & 41 & -10 \\ 40 & -44 & 7 \end{pmatrix}$. Wählen Sie einen beliebigen Vektor $\vec{x}_1 \in \mathbb{R}^3$. Berechnen Sie daraus der Reihe nach die Vektoren $\vec{x}_2, \vec{x}_3, \ldots, \vec{x}_{10} \in \mathbb{R}^3$ durch die Vorschrift

$$\vec{x}_{j+1} = \frac{A\vec{x}_j}{|A\vec{x}_j|}$$

   Wiederholen Sie die Rechnung mit einem anderen Startvektor $\vec{x}_1 \in \mathbb{R}^3$.
   Geben Sie für beide Startvektoren jeweils die Vektoren $\vec{x}_1, \vec{x}_9, \vec{x}_{10}$ und $A\vec{x}_{10}$ an, beschreiben Sie, was dabei zu beobachten ist und erklären Sie in Worten das beobachtete Verhalten.

6. (a) Begründen Sie, warum das Matrixprodukt von zwei orthogonalen Matrizen wieder eine orthogonale Matrix ist.
   (b) Zeigen Sie durch eine Rechnung, dass die Determinante einer orthogonalen Matrix immer den Wert $+1$ oder $-1$ hat.

7. Finden Sie zu der Matrix
$$R = \begin{pmatrix} 1 & 1 & 3 \\ 1 & 5 & 1 \\ 3 & 1 & 1 \end{pmatrix}$$
jeweils eine orthogonale Matrix $T$, so dass $T^T R T$ eine Diagonalmatrix ist.

8. Kreuzen Sie die richtige Antwort an!
   Wenn $\vec{v}$ ein Eigenvektor der Matrix $A$ zum Eigenwert $\mu$ ist...

   □   ...dann ist $\vec{v}$ auch ein Eigenvektor von $A^2$ zum Eigenwert $\mu$

   □   ...dann ist $\vec{v}$ ein Eigenvektor von $A^2$ zum Eigenwert $\mu^2$

   □   ...dann ist $\vec{v} \cdot \vec{v}$ ein Eigenvektor von $A^2$ zum Eigenwert $\mu$

   □   ...dann ist $\vec{v} \cdot \vec{v}$ ein Eigenvektor von $A^2$ zum Eigenwert $\mu^2$

   □   ...dann ist $\vec{v}$ auch ein Eigenvektor von $A^2$ zum Eigenwert $2\mu$

   □   ...dann ist $\vec{v}$ im allgemeinen kein Eigenvektor von $A^2$

# 8 Quadriken

## 8.1 Quadriken

In der Schule haben Sie vermutlich ausführlich quadratische Funktionen und ihre Schaubilder behandelt. In der Regel ist das Schaubild von $p(x) = ax^2 + bx + c$ eine Parabel, die irgendwie gestreckt und verschoben im Koordinatensystem liegt. Diese quadratischen Funktionen sind sozusagen die einfachsten nicht-linearen Funktionen.

Wir betrachten nun als Verallgemeinerung davon, quadratische Polynome in mehreren Variablen.

> **Definition (quadratisches Polynom):**
>
> Wir nennen eine Funktion $q : \mathbb{R}^n \to \mathbb{R}$ der Form
>
> $$q(\vec{x}) = \vec{x}^T A \vec{x} + \vec{a}^T \vec{x} + \alpha$$
>
> mit einer symmetrischen $n \times n$-Matrix $A$, einem Vektor $\vec{a} \in \mathbb{R}^n$ und einer Zahl $\alpha \in \mathbb{R}$ ein **quadratisches Polynom** in $n$ Variablen.

Falls $A = \text{diag}(\lambda_1, \lambda_2, \ldots, \lambda_n)$ eine Diagonalmatrix ist, dann ist

$$q(\vec{x}) = \vec{x}^T \begin{pmatrix} \lambda_1 & 0 & \cdots & 0 \\ 0 & \lambda_2 & \cdots & 0 \\ \vdots & & \ddots & \vdots \\ 0 & 0 & \cdots & \lambda_n \end{pmatrix} \vec{x} = \lambda_1 x_1^2 + \lambda_2 x_2^2 + \cdots + \lambda_n x_n^2$$

eine Summe von „reinen" Quadraten. Einträge von $A$ abseits der Diagonalen liefern dagegen gemischte Terme der Form $x_i x_j$.

> **Beispiele :**
>
> 1. Im Fall $n = 2$ mit $A = \begin{pmatrix} a_{11} & a_{12} \\ a_{12} & a_{22} \end{pmatrix}$ ist
>
> $$q(\vec{x}) = \vec{x}^T \begin{pmatrix} a_{11} & a_{12} \\ a_{12} & a_{22} \end{pmatrix} \vec{x} = a_{11} x_1^2 + 2 a_{12} x_1 x_2 + a_{22} x_2^2$$
>
> 2. Für die $3 \times 3$-Matrix $A = \begin{pmatrix} 2 & 0 & -1 \\ 0 & -1 & 0 \\ -1 & 0 & 1 \end{pmatrix}$, den Vektor $\vec{a} = \begin{pmatrix} 2 \\ 3 \\ -4 \end{pmatrix}$ und $\alpha = -5$ ist
>
> $$q(x_1, x_2, x_3) = 2x_1^2 - x_2^2 + x_3^2 - 2x_1 x_3 + 2x_1 + 3x_2 - 4x_3 - 5.$$

### Anregung zur weiteren Vertiefung:

Machen Sie sich klar, warum es keine Einschränkung ist, dass man die Matrix $A$ als symmetrisch voraussetzt, d.h. überlegen Sie sich, dass man jedes quadratische Polynom, das man mit einer nicht-symmetrischen Matrix $A$ erzeugt, auch durch eine symmetrische Matrix $\tilde{A}$ erhalten kann.

### Definition (Quadrik):

Die Nullstellenmenge
$$\{\vec{x} \in \mathbb{R}^n;\ q(\vec{x}) = 0\}$$
einer quadratischen Funktion $q$ nennt man **Quadrik**.

Im folgenden geht es darum, die Diagonalisierbarkeit symmetrischer Matrizen auszunutzen, um durch eine geeignete Koordinatentransformation die Quadrik in eine möglichst einfache Form zu bringen.
Dabei bedeutet „möglichst einfach":

▶ von den quadratischen Termen sollen nur noch „reine" Terme wie $x_1^2, x_2^2, \ldots$ vorkommen, aber keine gemischten Glieder $x_1x_2, x_2x_4, \ldots$ etc.

▶ von den linearen Termen sollen möglichst wenige übrigbleiben, im Idealfall überhaupt keine

▶ die Koordinatentransformationen sollen Längen und Winkel nicht ändern. Wir werden sehen, dass man mit Drehungen und Verschiebungen auskommen kann.

Wir starten mit der Beobachtung aus dem vorigen Kapitel, dass jede symmetrische Matrix diagonalisierbar ist, genauer, dass es zu einer vorgegebenen symmetrischen Matrix $A$ eine orthogonale Matrix $T$ gibt mit $T^{-1}AT = T^TAT = D$ wobei $D$ eine Diagonalmatrix ist, deren Diagonalelemente die Eigenwerte von $A$ sind. Mehrfache Eigenwerte kommen dabei entsprechend ihrer Vielfachheit auch mehrfach in $D$ vor. Nun kann man diese Gleichung auch umgekehrt schreiben als

$$A = TDT^T$$

indem man die ursprüngliche Gleichung von links mit $T$ und von rechts mit $T^T$ multipliziert. Damit lässt sich $q(\vec{x})$ umschreiben:

$$\begin{aligned} q(\vec{x}) &= \vec{x}^T A \vec{x} + \vec{a}^T \vec{x} + \alpha \\ &= \vec{x}^T TDT^T \vec{x} + \vec{a}^T \vec{x} + \alpha \\ &= (T^T \vec{x})^T D (T^T \vec{x}) + \vec{a}^T \underbrace{TT^T}_{=E_n} \vec{x} + \alpha \end{aligned}$$

Nun setzt man $\vec{y} = T^T \vec{x}$ und erhält durch Einsetzen

$$\begin{aligned} \tilde{q}(\vec{y}) &= \vec{y}^T D \vec{y} + \vec{a}^T T \vec{y} + \alpha \\ &= \lambda_1 y_1^2 + \lambda_2 y_2^2 + \cdots + \lambda_n y_n^2 + \vec{a}^T T \vec{y} + \alpha \\ &= \lambda_1 y_1^2 + \lambda_2 y_2^2 + \cdots + \lambda_n y_n^2 + \vec{b}^T \vec{y} + \alpha \end{aligned}$$

wobei der Vektor $\vec{b} = T^T \vec{a}$ aus $\vec{a}$ genauso entsteht wie $\vec{y}$ aus $\vec{x}$.

Im nächsten Kapitel werden wir nachtragen, dass der Wechsel von $\vec{x}$ zu $\vec{y}$ mit einer orthogonalen Matrix $T$ einer Drehung des Koordinatensystems entspricht.
Genauer ist damit Folgendes gemeint: Wenn wir $\vec{x} = x_1\vec{e}_1 + x_2\vec{e}_2 + x_3\vec{e}_3$ schreiben, dann entspricht wegen $T\vec{y} = \vec{x}$

$$T\vec{y} = T(y_1\vec{e}_1 + y_2\vec{e}_2 + y_3\vec{e}_3) = x_1\vec{e}_1 + x_2\vec{e}_2 + x_3\vec{e}_3$$
$$\Leftrightarrow \quad y_1(T\vec{e}_1) + y_2(T\vec{e}_2) + y_3(T\vec{e}_3) = x_1\vec{e}_1 + x_2\vec{e}_2 + x_3\vec{e}_3$$

der Vektor $(x_1, x_2, x_3)^T$ im $\vec{x}$-Koordinatensystem genau dem Vektor $(y_1, y_2, y_3)^T$, wenn man im $\vec{y}$-Koordinatensystem als Basisvektoren die drei Vektoren $T\vec{e}_1$, $T\vec{e}_2$ und $T\vec{e}_3$ verwendet.
In einem weiteren Schritt kann man nun noch durch quadratisches Ergänzen einige oder alle linearen Terme entfernen. Für all diejenigen Indizes, für die $\lambda_j \neq 0$ ist, kann der Term $\lambda_j y_j^2 + b_j y_j$ mit Hilfe der Transformation

$$z_j = y_j + \frac{b_j}{2\lambda_j}$$

die geometrisch einer Verschiebung entspricht, durch

$$\lambda_j y_j^2 + b_j y_j = \lambda_j \left(z_j - \frac{b_j}{2\lambda_j}\right)^2 + b_j \left(z_j - \frac{b_j}{2\lambda_j}\right) = \lambda_j z_j^2 - \frac{b_j^2}{4\lambda_j}$$

ersetzt werden. So erreicht man schließlich die **Normalform**

$$\hat{q}(z) = \lambda_1 z_1^2 + \lambda_2 z_2^2 + \cdots + \lambda_n z_n^2 + c_1 z_1 + c_2 z_2 + \cdots + c_n z_n + \beta$$

wobei

$$\lambda_j \neq 0 \;\Rightarrow\; c_j = 0$$

d.h. falls ein quadratischer Term mit $z_j^2$ vorhanden ist, dann ist $c_j = 0$. Die Konstante $\beta$ ergibt sich aus der ursprünglichen Konstante $\alpha$ und der Summe aller „Reste" $-\frac{b_j^2}{4\lambda_j}$, die beim quadratischen Ergänzen auftreten.

---

**Zusammenfassung**
Die Transformation einer Quadrik

$$q(\vec{x}) = \vec{x}^T A \vec{x} + \vec{a}^T \vec{x} + \alpha = 0$$

auf die sogenannte Normalform besteht aus drei Schritten.

1. Mit der orthogonalen Matrix $T$, die $A$ diagonalisiert, d.h. für die $T^T A T = D$ ist, führt man die Koordinatentransformation $\vec{y} = T^T \vec{x}$ durch, um die gemischten quadratischen Terme zu eliminieren. Aus $\vec{x}^T A \vec{x}$ wird dann $\vec{y}^T D \vec{y}$.
Bei diesem Schritt geht der Term $\vec{a}^T \vec{x}$ in den Term $\vec{a}^T T \vec{y}$ über, bzw. in $\vec{b}^T \vec{y}$ mit $\vec{b} = T^T \vec{a}$, der konstante Term $\alpha$ bleibt unverändert.

2. Für alle Indizes $j$, für die nun noch ein Term $\lambda_j y_j^2$ vorhanden ist, kann man durch quadratische Ergänzung den linearen Anteil $\tilde{a}_j y_j$ ebenfalls eliminieren. Dabei ändert sich der konstante Term.

3. Anhand der Ordnung (quadratisch? linear?) sowie des Vorzeichens der nun noch vorhandenen Terme lässt sich die Quadrik klassifizieren. Dies wird in den nächsten beiden Abschnitten für ebene und räumliche Quadriken illustriert.

## 8.2 Normalformen ebener Quadriken

Jedes allgemeine quadratische Polynom

$$q(x_1, x_2) = (x_1, x_2) \begin{pmatrix} a_{11} & a_{12} \\ a_{12} & a_{22} \end{pmatrix} \begin{pmatrix} x_1 \\ x_2 \end{pmatrix} + (a_1, a_2) \cdot \begin{pmatrix} x_1 \\ x_2 \end{pmatrix} + \alpha$$

in zwei Variablen $x_1$ und $x_2$ kann auf eine der im vorigen Abschnitt beschriebenen Normalformen gebracht werden.
Folgende Möglichkeiten können dabei eintreten:

▶ Rang$(A) = 2$:
in diesem Fall sind beide Eigenwerte $\lambda_{1,2}$ von $A$ von Null verschiedene reelle Zahlen und die linearen Terme lassen sich durch quadratisches Ergänzen entfernen.

Indem man durch eine Konstante teilt, kann man immer erreichen, dass der Term mit $x_1^2$ positiv ist und der von $\vec{x}$ unabhängige Term den Wert $+1, 0$ oder $-1$ hat. Damit ergeben sich die folgenden Normalformen

$$\frac{x_1^2}{c^2} + \frac{x_2^2}{d^2} - 1 = 0 \quad \text{Ellipse, bzw. Kreis, falls } c = d$$

$$\frac{x_1^2}{c^2} + \frac{x_2^2}{d^2} + 1 = 0 \quad \text{leere Menge}$$

$$\frac{x_1^2}{c^2} - \frac{x_2^2}{d^2} - 1 = 0 \quad \text{Hyperbel}$$

$$\frac{x_1^2}{c^2} + x_2^2 = 0 \quad \text{einzelner Punkt}$$

$$\frac{x_1^2}{c^2} - x_2^2 = 0 \quad \text{zwei sich schneidende Geraden}$$

▶ Rang$(A) = 1$:
In diesem Fall ist einer der Eigenwerte Null und einer von Null verschieden. Ohne Einschränkung können wir annehmen, dass $\lambda_1 \neq 0$ und $\lambda_2 = 0$ ist und dass in der Normalform der Term mit $x_1^2$ wieder positiv ist.

$$\lambda_1 x_1^2 + c_2 x_2 + \beta = 0 \quad \text{Parabel, falls } c_2 \neq 0$$

$$\frac{x_1^2}{c^2} + 1 = 0 \quad \text{leere Menge}$$

$$\frac{x_1^2}{c^2} - 1 = 0 \quad \text{zwei parallele Geraden}$$

$$\frac{x_1^2}{c^2} = 0 \quad \text{eine Gerade}$$

▶ Rang$(A) = 0$:
In diesem Fall müssen beide Eigenwerte von $A$ verschwinden und $A$ muss in diesem Fall die Nullmatrix sein. Die Funktion ist also gar keine „quadratische Funktion", daher können wir diesen Fall ignorieren.

**Beispiel:** Um den Typ der Quadrik zu bestimmen, die durch die Gleichung

$$q(x_1, x_2) = 5\,x_1^2 + 4\,x_1 x_2 + 8\,x_2^2 + \frac{14\sqrt{5}}{5} x_1 - \frac{52\sqrt{5}}{5} x_2 - 11 = 0$$

gegeben ist, schreiben wir $q$ zunächst um in die Form

$$q(x_1, x_2) = \begin{pmatrix} x_1 \\ x_2 \end{pmatrix}^T \begin{pmatrix} 5 & 2 \\ 2 & 8 \end{pmatrix} \begin{pmatrix} x_1 \\ x_2 \end{pmatrix} + \begin{pmatrix} \frac{14\sqrt{5}}{5} & -\frac{52\sqrt{5}}{5} \end{pmatrix} \begin{pmatrix} x_1 \\ x_2 \end{pmatrix} - 11$$

und bestimmen die Eigenwerte der symmetrischen Matrix $A = \begin{pmatrix} 5 & 2 \\ 2 & 8 \end{pmatrix}$. Mit dem charakteristischen Polynom

$$\chi_A(\lambda) = \det(A - \lambda\,E_n) = (5-\lambda)(8-\lambda) - 2^2 = \lambda^2 - 13\lambda + 36$$

ergeben sich die Eigenwerte $\lambda_1 = 4$ und $\lambda_2 = 9$ mit Eigenvektoren

$$\vec{v}_1 = \begin{pmatrix} 2 \\ -1 \end{pmatrix}, \quad \vec{v}_2 = \begin{pmatrix} 1 \\ 2 \end{pmatrix}$$

Diese stehen automatisch senkrecht aufeinander, haben aber noch nicht die Länge 1. Eine orthogonale Matrix, die die Matrix $A$ diagonalisiert, ist daher

$$T = \frac{1}{\sqrt{5}} \begin{pmatrix} 2 & 1 \\ -1 & 2 \end{pmatrix}$$

Mit $\vec{y} = T^T \vec{x}$ beziehungsweise $\vec{x} = T\vec{y}$ erhält man daraus

$$\tilde{q}(y_1, y_2) = 4y_1^2 + 9y_2^2 + 16y_1 - 18y_2 - 11 = 4(y_1^2 + 4y_1) + 9(y_2^2 - 2y_2) - 11$$

und durch quadratisches Ergänzen, indem man $z_1 = y_1 + 2$ und $z_2 = y_2 - 1$ setzt, schließlich

$$\hat{q}(z_1, z_2) = 4z_1^2 + 9z_2^2 - 36.$$

Damit ist

$$\hat{q}(z_1, z_2) = 0 \;\Leftrightarrow\; \frac{z_1^2}{3^2} + \frac{z_2^2}{2^2} - 1 = 0$$

es handelt sich also um eine Ellipse mit Halbachsen $r_1 = 3$ und $r_2 = 2$, die verschoben und gedreht im ursprünglichen $x_1$-$x_2$-Koordinatensystem liegt.
Die folgende Skizze veranschaulicht, wie die Quadrik aus einer „normal" im Koordinatensystem liegenden Ellipse durch Verschieben um 2 nach links und 1 nach oben sowie Drehen um den Winkel $-\arccos(\frac{2}{\sqrt{5}})$ entsteht.

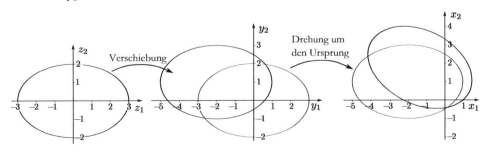

## 8.3 Normalformen räumlicher Quadriken

Quadriken im $\mathbb{R}^3$, auch *Flächen 2. Ordnung* genannt, sind die höherdimensionale Verallgemeinerung der Kegelschnitte Ellipse, Hyperbel und Parabel.
Man kann nachdem man die Normalform

$$\hat{q}(\vec{z}) = \lambda_1 z_1^2 + \lambda_2 z_2^2 + \lambda_3 z_3^2 + c_1 z_1 + c_2 z_2 + c_3 z_3 + \beta$$

erreicht hat, wieder durch Multiplikation mit einem Faktor dafür sorgen, dass

$$\hat{q}(\vec{z}) = 0 \Leftrightarrow \alpha_1 z_1^2 + \alpha_2 z_2^2 + \alpha_3 z_3^2 + c_1 z_1 + c_2 z_2 + c_3 z_3 + \beta = 0$$

wobei $\alpha_1 > 0$ und $\beta \in \{-1, 0, 1\}$ liegt.

> **Tipp:** Um den Typ der Fläche zu erkennen und auch zum Zeichnen hilft es oft, sich klarzumachen, wie der Schnitt der Quadrik mit den Koordinatenebenen $\{z_1 = 0\}$, $\{z_2 = 0\}$ und $\{z_3 = 0\}$ oder mit Ebenen parallel dazu aussieht.

Wir unterscheiden wieder nach der Anzahl nicht-verschwindender Eigenwerte von $A$ drei Fälle:

- Rang$(A) = 3$: In diesem Fall sind $\lambda_1, \lambda_2, \lambda_3 \neq 0$ und daher $c_1 = c_2 = c_3 = 0$.

**Ellipsoid, bzw. Kugel, falls** $c = d = e$

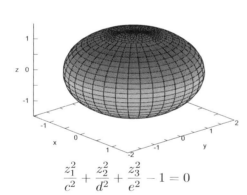

$$\frac{z_1^2}{c^2} + \frac{z_2^2}{d^2} + \frac{z_3^2}{e^2} - 1 = 0$$

**(Doppel-)Kegel**

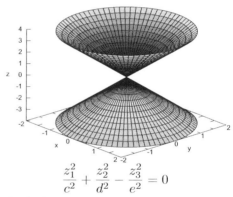

$$\frac{z_1^2}{c^2} + \frac{z_2^2}{d^2} - \frac{z_3^2}{e^2} = 0$$

**Einschaliges Hyperboloid**

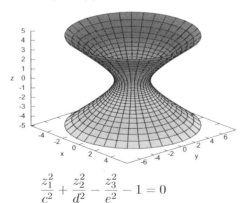

$$\frac{z_1^2}{c^2} + \frac{z_2^2}{d^2} - \frac{z_3^2}{e^2} - 1 = 0$$

**Zweischaliges Hyperboloid**

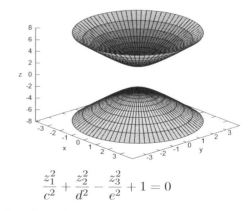

$$\frac{z_1^2}{c^2} + \frac{z_2^2}{d^2} - \frac{z_3^2}{e^2} + 1 = 0$$

**Leere Menge**

$$\frac{z_1^2}{c^2} + \frac{z_2^2}{d^2} + \frac{z_3^2}{e^2} + 1 = 0$$

**Einzelner Punkt**

$$\frac{z_1^2}{c^2} + \frac{z_2^2}{d^2} + \frac{z_3^2}{e^2} = 0$$

▶ Rang($A$) = 2: In diesem Fall sind $\lambda_1, \lambda_2 \neq 0$ und $\lambda_3 = 0$.

**Elliptisches Paraboloid**

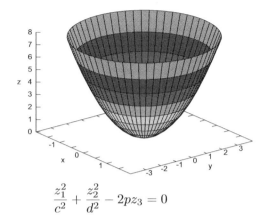

$$\frac{z_1^2}{c^2} + \frac{z_2^2}{d^2} - 2pz_3 = 0$$

**Hyperbolisches Paraboloid**

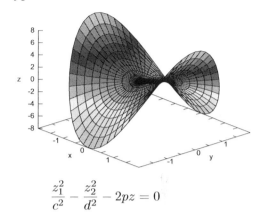

$$\frac{z_1^2}{c^2} - \frac{z_2^2}{d^2} - 2pz = 0$$

**Elliptischer Zylinder**

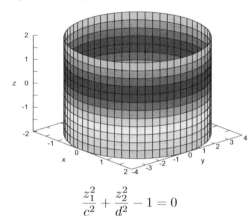

$$\frac{z_1^2}{c^2} + \frac{z_2^2}{d^2} - 1 = 0$$

**Hyperbolischer Zylinder**

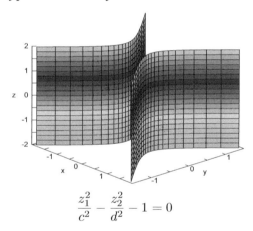

$$\frac{z_1^2}{c^2} - \frac{z_2^2}{d^2} - 1 = 0$$

**Zwei sich schneidende Ebenen**

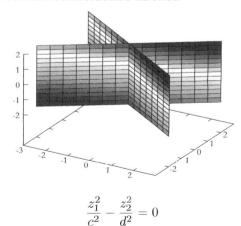

$$\frac{z_1^2}{c^2} - \frac{z_2^2}{d^2} = 0$$

**Leere Menge**

$$\frac{z_1^2}{c^2} + \frac{z_2^2}{d^2} + 1 = 0$$

**Einzelne Gerade**

$$\frac{z_1^2}{c^2} + \frac{z_2^2}{d^2} = 0$$

▶ Rang$(A) = 1$:
Auch in diesem Fall gibt es noch mehrere Möglichkeiten.

### Parabolischer Zylinder

### Zwei parallele Ebenen

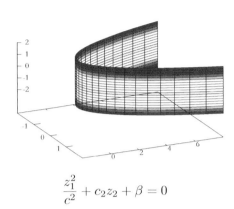

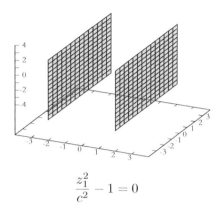

$$\frac{z_1^2}{c^2} + c_2 z_2 + \beta = 0$$

$$\frac{z_1^2}{c^2} - 1 = 0$$

### Leere Menge

### Einzelne Ebene

$$\frac{z_1^2}{c^2} + 1 = 0$$

$$z_1^2 = 0$$

## Nach diesem Kapitel sollten Sie ...

- ... wissen, wie man ein quadratisches Polynom in zwei oder drei Variablen in die Normalform $q(\vec{x}) = \vec{x}^T A \vec{x} + \vec{a}^T \vec{x} + \alpha$ bringt
- ... wissen, wie man vorgeht, um ein solches Polynom in die Normalform zu bringen
- ... wissen, welchen geometrischen Operationen (Verschiebung, Drehung) die einzelnen Schritte entsprechen
- ... eine in ihrer Normalform gegebene Quadrik im $\mathbb{R}^2$ oder $\mathbb{R}^3$ klassifizieren können

## Aufgaben zu Kapitel 8

1. Im $\mathbb{R}^2$ sei die folgende Quadrik gegeben:
$$Q : x_1^2 - 6x_2^2 - 24x_1x_2 + 74x_1 - 18x_2 + 100 = 0$$
   (a) Schreiben Sie die Gleichung für $Q$ in die Form $x^T A + a^T x + \alpha = 0$ um.
   (b) Um welchen Typ von Quadrik (Ellipse, Hyperbel,...) handelt es sich bei $Q$?
   (c) Skizzieren Sie $Q$.

2. Sei
$$Q = \{(x,y) \in \mathbb{R}^2;\ 5x^2 + 5y^2 + 6xy + 4x - 4y = 4\}.$$
Bestimmen Sie die Normalform von $Q$ und zeichnen Sie $Q$ sowohl in den Normalformkoordinaten als auch in den ursprünglichen Koordinaten.

3. Durch $3x^2 + 2xy + 3y^2 + 6z^2 - 12z = 0$ wird im $\mathbb{R}^3$ ein Ellipsoid beschrieben. Bestimmen Sie seine Halbachsen.

4. Bringen Sie die Quadrik $Q$ mit der Gleichung
$$3x_1^2 + 2x_2^2 - 4x_3^2 + 2x_1x_2 - 3x_2x_3 - 2x_2 + x_3 + 1 = 0$$
in Normalform und klassifizieren Sie sie.

# 9 Lineare Algebra

## 9.1 Vektorräume

Man kann viele Dinge, die wir in diesem Kapitel bisher behandelt haben, auch auf eine etwas abstraktere Art betrachten. Das hat den Vorteil, dass man sich einerseits noch einmal klar macht, welche Eigenschaften und Rechenregeln man fortlaufend benutzt und es bietet die Chance, diese Konzepte ohne allzu viel Aufwand auf neue Situationen zu übertragen. Man startet hier nicht mit einer geometrischen Anschauung wie in Kapitel 2, sondern definiert Vektoren als „Elemente eines Vektorraums", d.h. als völlig abstrakte Objekte, die aber gewisse Eigenschaften erfüllen:

**Definition (reeller Vektorraum):**

Ein **reeller Vektorraum** ist eine nichtleere Menge $V$ mit einer **Vektoraddition** $+ : V \times V \to V$ und einem ausgezeichneten Element $\vec{0} \in V$ (dem „Nullvektor"), so dass für alle $\vec{x}, \vec{y}, \vec{z} \in V$ folgende Regeln gelten:

(V1) $(\vec{x} + \vec{y}) + \vec{z} = \vec{x} + (\vec{y} + \vec{z})$

(V2) $\vec{x} + \vec{0} = \vec{0} + \vec{x} = \vec{x}$

(V3) zu jedem $\vec{x} \in V$ existiert genau ein Element von $V$, genannt $-\vec{x}$, mit $\vec{x} + (-\vec{x}) = \vec{0}$.

(V4) $\vec{x} + \vec{y} = \vec{y} + \vec{x}$

Außerdem gehört zu einem reellen Vektorraum noch ein Abbildung $\cdot : \mathbb{R} \times V \to V$, **skalare Multiplikation** genannt, die folgenden Regeln genügt: Für $\vec{x}, \vec{y} \in V$ und $\alpha, \beta \in \mathbb{R}$ gilt:

(V5) $\alpha \cdot (\vec{x} + \vec{y}) = \alpha \cdot \vec{x} + \alpha \cdot \vec{y}$

(V6) $(\alpha + \beta) \cdot \vec{x} = \alpha \cdot \vec{x} + \beta \cdot \vec{x}$

(V7) $\alpha \cdot (\beta \cdot \vec{x}) = (\alpha \beta) \cdot \vec{x}$

(V8) $1 \cdot \vec{x} = \vec{x}$

Die Elemente von $V$ nennt man Vektoren.

Das Paradebeispiel für einen reellen Vektorraum (und damit die Motivation für diese ganze Definition) ist der $\mathbb{R}^n$, aber es gibt auch jede Menge andere Vektorräume:

**Beispiel :**

Die Menge aller $m \times n$-Matrizen mit reellen Koeffizienten ist ein reeller Vektorraum, denn wenn man Matrizen derselben Größe addiert oder mit einer reellen Zahl multipliziert, gelten genau die oben angegebenen Regeln. Davon kann man sich leicht überzeugen. Der „Nullvektor" ist in diesem Fall die Nullmatrix, deren Einträge alle Null sind.

## Beispiel:

Die Menge aller Polynome mit reellen Koeffizienten ist ein reeller Vektorraum. Für zwei beliebige Polynome $p$ und $q$ gegeben als

$$p(x) = a_0 + a_1 x + a_2 x^2 + \ldots + a_n x^n \text{ und}$$
$$q(x) = b_0 + b_1 x + b_2 x^2 + \ldots + b_m x^m$$

beispielsweise mit $m \geq n$ ist dann

$$(\lambda \cdot p)(x) = \lambda a_0 + \lambda a_1 x + \lambda a_2 x^2 + \ldots + \lambda a_n x^n,$$
$$(p+q)(x) = (a_0 + b_0) + (a_1 + b_1)x + \ldots + (a_n + b_n)x^n + \ldots + a_m x^m$$

und auch hier ist es nicht schwer nachzurechnen, dass die oben angegebenen Vektorraumeigenschaften alle erfüllt sind.
Der „Nullvektor" ist in diesem Fall das konstante (Null-)Polynom $n(x) = 0$.
Interessant an diesem Beispiel ist, dass es in diesem Vektorraum unendlich viele linear unabhängige „Vektoren" gibt, zum Beispiel $1, x, x^2, x^3, x^4, \ldots$. Darum ist dies ein *unendlichdimensionaler* Vektorraum.

## Definition (Untervektorraum):

Sei $V$ irgendein reeller Vektorraum. Ein **Untervektorraum** (oft auch einfach **Unterraum**) von $V$ ist eine nichtleere Teilmenge $U \subset V$, die die beiden Bedingungen

$$\vec{u}_1, \vec{u}_2 \in U \Rightarrow \vec{u}_1 + \vec{u}_2 \in U \quad \text{und} \quad \vec{u}_1 \in U, \lambda \in \mathbb{R} \Rightarrow \lambda \vec{u}_1 \in U$$

erfüllt.

Ein Unterraum von $V$ ist daher eine Teilmenge von $V$, die selbst ein Vektorraum ist. Anschaulich ist ein Untervektorraum eine Teilmenge von $V$, die „etwa so aussieht wie eine Ebene oder eine Gerade im Raum".

Für jeden Vektorraum $V$ sind daher $V$ selbst und die Menge $\{\vec{0}\}$ Untervektorräume von $V$. Interessant ist allerdings meistens, ob es noch weitere Untervektorräume gibt.

## Beispiel:

Sei $A$ eine $n \times n$-Matrix. Dann ist die Lösungsmenge des linearen Gleichungssystems $A\vec{x} = \vec{0}$ ein Untervektorraum des $\mathbb{R}^n$, denn wenn wir die Lösungsmenge mit

$$L = \{\vec{x} \in \mathbb{R}; \ A\vec{x} = \vec{0}\}$$

bezeichnen, dann gilt:

- $\vec{x}_1, \vec{x}_2 \in L \Rightarrow A\vec{x}_1 = A\vec{x}_2 = \vec{0} \Rightarrow A(\vec{x}_1 + \vec{x}_2) = \vec{0} \Rightarrow \vec{x}_1 + \vec{x}_2 \in L$
- $\vec{x}_1 \in L \Rightarrow A\vec{x}_1 = \vec{0} \Rightarrow \lambda A\vec{x}_1 = A(\lambda \vec{x}_1) = \vec{0} \Rightarrow \lambda \vec{x}_1 \in L$

> **Beispiel:**
>
> Im $\mathbb{R}^3$ ist die Menge $\{(x,y,z) \in \mathbb{R}^3;\ 2x+3y = 3x-2z\}$ ein Untervektorraum.

> **Anregung zur weiteren Vertiefung (Magische Quadrate):**
>
> Ein *magisches Quadrat* der Ordnung $n$ ist eine quadratische Anordnung von $n^2$ Zahlen, bei der die Summe in jeder Zeile, jeder Spalte und in den beiden Diagonalen denselben Wert ergibt. Ein magisches Quadrat kann man als eine $n \times n$-Matrix mit bestimmten Eigenschaften auffassen. Wenn man zulässt, dass die Einträge und damit auch die Zeilensummen nicht ganzzahlig sein müssen, dann bilden die magischen Quadrate einen Untervektorraum des Vektorraums aller $n \times n$-Matrizen. Überlegen Sie sich, dass Summen und Vielfache von magischen Quadraten wieder magische Quadrate sind. Durch wieviele Einträge ist ein magisches Quadrat der Größe $3 \times 3$ oder $4 \times 4$ bereits vollständig festgelegt?

### Komplexe Vektorräume

(Fast) alles, was wir für reelle Vektorräume gemacht haben, kann man ganz genauso definieren und zeigen, wenn man als Zahlen, also Einträge der Vektoren und Vorfaktoren, komplexe Zahlen zulässt. So besteht der Vektorraum $\mathbb{C}^2$ aus den Vektoren

$$\vec{z} = \begin{pmatrix} z_1 \\ z_2 \end{pmatrix}$$

mit $z_1, z_2 \in \mathbb{C}$. Man beachte, dass dann beispielsweise

$$\begin{pmatrix} 1 \\ i \end{pmatrix} \text{ und } \begin{pmatrix} -i \\ 1 \end{pmatrix}$$

zwei linear abhängige Vektoren im $\mathbb{C}^2$ sind, da

$$(-i) \cdot \begin{pmatrix} 1 \\ i \end{pmatrix} = \begin{pmatrix} (-i) \cdot 1 \\ (-i) \cdot i \end{pmatrix} = \begin{pmatrix} -i \\ 1 \end{pmatrix}$$

Ein kleiner Unterschied ist beim Skalarprodukt zu beachten. Für zwei Vektoren $\vec{w}$ und $\vec{z}$ im $\mathbb{C}^n$ ist

$$\vec{w} \cdot \vec{z} = w_1 \overline{z_1} + w_2 \overline{z_2} + \cdots + w_n \overline{z_n}$$

d.h. in der zweiten Komponente benutzt man den komplex konjugierten Vektor. Auf diese Weise wird

$$\vec{z} \cdot \vec{z} = z_1 \overline{z_1} + z_2 \overline{z_2} + \cdots + z_n \overline{z_n} = |z_1|^2 + |z_2|^2 + \cdots + |z_n|^2$$

eine reelle Zahl, so dass man als Betrag des Vektors $\vec{z}$ wieder

$$|\vec{z}| = (\vec{z} \cdot \vec{z})^{1/2} = \left(|z_1|^2 + |z_2|^2 + \cdots + |z_n|^2\right)^{1/2}$$

setzen kann.

## 9.2 Basis und Dimension

**Definition (linear unabhängig):**

Sei $V$ ein reeller oder komplexer Vektorraum. Eine Menge $E \subset V$ heißt **linear unabhängig**, falls sich der Nullvektor nur als die triviale Linearkombination aus $E$ darstellen lässt:

$$\sum_{j=1}^{k} \alpha_j \vec{e}_j = 0 \Rightarrow \alpha_1 = \alpha_2 = \ldots = \alpha_k = 0$$

$E$ heißt **linear abhängig**, falls $E$ nicht linear unabhängig ist.

**Definition (Dimension und Basis):**

Sei $V$ ein reeller oder komplexer Vektorraum. Die maximale Anzahl an linear unabhängigen Vektoren in $V$ nennt man die **Dimension** von $V$. Hat ein Vektorraum $V$ die Dimension $n$, dann nennt man eine Menge $B = \{\vec{b}_1, \ldots, \vec{b}_n\}$ von $n$ linear unabhängigen Vektoren eine **Basis** von $V$.

**Achtung!** Mit keinem Wort wird hier verlangt, dass Basisvektoren die Länge 1 haben oder zueinander senkrecht stehen sollen. Basisvektoren können also durchaus ein „schiefes" Koordinatensystem erzeugen.

**Beispiel:** Die Vektoren $\vec{b}_1 = \begin{pmatrix} 1 \\ i \end{pmatrix}$ und $\vec{b}_2 = \begin{pmatrix} 1 \\ -i \end{pmatrix}$ sind im $\mathbb{C}^2$ linear unabhängig, denn falls

$$\alpha_1 \begin{pmatrix} 1 \\ i \end{pmatrix} + \alpha_2 \begin{pmatrix} 1 \\ -i \end{pmatrix} = \begin{pmatrix} 0 \\ 0 \end{pmatrix}$$

ist, dann muss $\alpha_1 + \alpha_2 = 0$ und $i(\alpha_1 - \alpha_2) = 0$ gelten, woraus dann $\alpha_1 = \alpha_2 = 0$ folgt. Für jeden Vektor $\begin{pmatrix} w \\ z \end{pmatrix} \in \mathbb{C}^2$ ist

$$\begin{pmatrix} w \\ z \end{pmatrix} = \frac{z - iw}{2} \begin{pmatrix} 1 \\ i \end{pmatrix} + \frac{z + iw}{2} \begin{pmatrix} 1 \\ -i \end{pmatrix}.$$

Damit ist $\{\vec{b}_1, \vec{b}_2\}$ eine maximale Menge an linear unabhängigen Vektoren, denn jede „Vergrößerung" dieser Menge macht sie linear abhängig. Damit ist $\{\vec{b}_1, \vec{b}_2\}$ eine (von unendlich vielen) Basen des $\mathbb{C}^2$.

**Bemerkung:** Ist $B = \{\vec{b}_1, \ldots, \vec{b}_n\}$ eine Basis des Vektorraums $V$, dann lässt sich jeder Vektor $\vec{x}$ als eine Linearkombination der Vektoren $\vec{b}_1, \ldots, \vec{b}_n$ darstellen, sonst wäre die Menge $\{\vec{b}_1, \ldots, \vec{b}_n, \vec{x}\}$ linear unabhängig (siehe Aufgabe) und $B$ wäre keine Basis.
Bezüglich einer beliebigen vorgegebenen Basis $B = \{\vec{b}_1, \ldots, \vec{b}_n\}$ von $V$ kann man jeden Vektor $\vec{v} \in V$ auf genau eine Art als Linearkombination

$$\vec{v} = \alpha_1 \vec{b}_1 + \alpha_2 \vec{b}_2 + \ldots + \alpha_n \vec{b}_n$$

darstellen.
Den Vektor $\begin{pmatrix} \alpha_1 \\ \vdots \\ \alpha_n \end{pmatrix} \in \mathbb{R}^n$ nennt man die **Koordinaten** von $\vec{v}$ bezüglich der Basis $B$.

**Bemerkung:** Es gibt Vektorräume, in denen es unendlich viele linear unabhängige Vektoren gibt. Zum Beispiel sind im Vektorraum aller Polynome die Vektoren $1, x, x^2, x^3, \ldots$ alle linear unabhängig. In diesem Fall spricht man von einem *unendlich-dimensionalen* Vektorraum.

## 9.3 Lineare Abbildungen

### Definition (lineare Abbildung):

Eine Abbildung $f : V \to W$ zwischen zwei reellen Vektorräumen $V$ und $W$ heißt **lineare Abbildung**, falls die beiden Bedingungen

(i) $f(\vec{x} + \vec{y}) = f(\vec{x}) + f(\vec{y})$ für alle Vektoren $\vec{x}, \vec{y} \in V$

(ii) $f(\alpha \vec{x}) = \alpha f(\vec{x})$ für alle Zahlen $\alpha \in \mathbb{R}$ und alle Vektoren $\vec{x} \in V$

erfüllt sind.

### Bemerkung :

Falls $f$ eine lineare Abbildung ist, dann muss $f(\vec{0}) = \vec{0}$ sein, d.h. der Nullvektor von $V$ wird auf den Nullvektor von $W$ abgebildet. Dies folgt aus der kurzen Rechnung

$$f(\vec{0}) = f(\vec{0} + \vec{0}) = f(\vec{0}) + f(\vec{0}).$$

Diese Eigenschaft lässt sich gelegentlich nutzen, um zu erkennen, dass eine Abbildung *nicht* linear ist.

### Beispiele :

1. Die *Nullabbildung* $N : \mathbb{R}^3 \to \mathbb{R}^3$, die jeden Vektor $\vec{x}$ aus $\mathbb{R}^3$ auf den Nullvektor $\vec{0} \in \mathbb{R}^3$ abbildet, ist eine nicht sehr spannende, aber lineare Abbildung.

2. Sei $V = \mathbb{R}^n$. Die Abbildung $\pi_j : \mathbb{R}^n \to \mathbb{R}$ mit $\pi_j(x_1, x_2, \ldots, x_n) = x_j$, die jedem Vektor seine $j$-te Komponente zuordnet, ist linear. Das prüft man, indem man es für beliebige Vektoren $\vec{x} = (x_1, x_2, \ldots, x_n)$ und $\vec{y} = (y_1, y_2, \ldots, y_n)$ nachrechnet:

$$\pi_j(\vec{x} + \vec{y}) = \pi_j(x_1 + y_1, x_2 + y_2, \ldots, x_n + y_n) = x_j + y_j = \pi_j(\vec{x}) + \pi_j(\vec{y})$$
$$\pi_j(\alpha \cdot \vec{x}) = \pi_j(\alpha x_1, \alpha x_2, \ldots, \alpha x_n) = \alpha x_j = \alpha \pi_j(\vec{x})$$

Die Abbildung $\pi_j$ heißt die **Projektion** auf die $j$-te Komponente des Vektors.

3. Für eine vorgegebene reelle $m \times n$-Matrix $A$ definiert $F_A(\vec{x}) = A\vec{x}$ eine lineare Abbildung $F_A : \mathbb{R}^n \to \mathbb{R}^m$. Die Spaltenvektoren von $A$ sind dabei die Bilder $F_A(\vec{e}_j)$ der Standardbasisvektoren $\vec{e}_j$.
   Man kann zeigen, dass sich umgekehrt jede lineare Abbildung $f : \mathbb{R}^n \to \mathbb{R}^m$ durch eine $m \times n$-Matrix darstellen lässt.

4. Sei $V = \{p : \mathbb{R} \to \mathbb{R}; \ p(x) = a_0 + a_x x + a_2 x^2$ ist Polynom vom Grad $\leq 2\}$ der Vektorraum der quadratischen Polynome. Dann ist die Abbildung $f : V \to \mathbb{R}$ mit $f(p) = a_0 + a_1 + a_2$ eine lineare Abbildung.

Lineare Abbildungen „passen" sehr gut zu Vektorräumen, denn man erhält dasselbe Resultat, wenn man zwei Vektoren $\vec{x}$ und $\vec{y}$ zunächst addiert und dann die Abbildung $f$ anwendet und wenn man zuerst $f$ anwendet und anschließend $f(\vec{x})$ und $f(\vec{y})$ addiert.

Zu einer linearen Abbildung $f : V \to W$ kann man die *lineare Gleichung*

$$f(\vec{x}) = \vec{0}$$

betrachten. Es stellt sich heraus, dass die Lösungsmenge dieser Gleichung immer ein Untervektorraum von $V$ ist (siehe Aufgaben). Ganz unabhängig von $V$, $W$ und $f$ besitzt eine solche Gleichung also immer entweder die eindeutige Lösung $\vec{x} = \vec{0}$ oder gleich unendlich viele Lösungen.

Zum Schluss noch eine lineare Abbildung, die andeutet, dass Vektorräume und lineare Abbildungen bei der Lösung von (linearen) Differentialgleichungen eine Rolle spielen, siehe auch Kapitel 17 in Band 2.

> **Beispiel:**
>
> Obwohl wir die Differentiation erst später einführen, hier schon ein Beispiel, das Ableitungen benutzt (da man die Ableitung von Polynomen ja aus der Schule kennt).
> Die Abbildung $D : V \to V$ mit $(D(p))(x) = p'(x)$, die jedem Polynom $p(x)$ seine Ableitung $p'(x)$ zuordnet, ist eine lineare Abbildung. Für $p(x) = a_0 + a_1 x + a_2 x^2 + \ldots + a_n x^n$ erhält man als Bild $q = D(p)$ das Polynom $q(x) = p'(x) = a_1 + 2a_2 x + 3a_3 x^2 + \ldots + n a_n x^{n-1}$. Man kann nun relativ leicht nachrechnen, dass die beiden Bedingungen für Linearität erfüllt sind. Später werden wir zeigen, dass die Linearität zu den Rechenregeln gehört, die ganz allgemein für Ableitungen gelten.

Die Linearität von Abbildungen entspricht in manchen Situationen dem Superpositionsprinzip aus der Mechanik bzw. Physik: Wenn man zwei Lösungen einer Bewegungsgleichung kennt, dann ist auch die Summe dieser Lösungen und jedes Vielfache einer Lösung wieder selbst eine Lösung. Man kann dieses Superpositionsprinzip beispielsweise benutzen, um aus einigen speziellen Lösungen alle möglichen Lösungen einer Differentialgleichung zu konstruieren und dann diejenige zu finden, die auch noch gewisse vorgegebene Anfangs- oder Randbedingungen erfüllt.

Der folgende Satz sagt aus, dass für eine bijektive, lineare Abbildung auch die Umkehrabbildung automatisch linear ist.
Beispielsweise ist für eine gegebene invertierbare $n \times n$-Matrix $A$ die Abbildung $F_A : \mathbb{R}^n \to \mathbb{R}^n$ mit $F_A(\vec{x}) = A\vec{x}$ linear und bijektiv und die Umkehrabbildung $F_A^{-1}(\vec{x}) = A^{-1}\vec{x}$ ist ebenfalls linear.

> **Satz 9.1:**
>
> Ist $f: V \to W$ eine lineare, bijektive Abbildung zwischen zwei $n$-dimensionalen reellen Vektorräumen $V$ und $W$, dann ist auch die Umkehrabbildung $f^{-1}: W \to V$ linear.

## Lineare Abbildungen und Basen

Sehr praktisch an linearen Abbildungen ist, dass sie schon durch wenige Angaben eindeutig festgelegt sind, genauer

### Satz 9.2:

Eine lineare Abbildung $f: \mathbb{R}^n \to \mathbb{R}^m$ ist schon durch die Bilder der Standardbasisvektoren

$$f(\vec{e}_1) = \vec{w}_1, f(\vec{e}_2) = \vec{w}_2, \ldots, f(\vec{e}_n) = \vec{w}_n$$

eindeutig bestimmt: Wenn man die Bilder $\vec{w}_1, \vec{w}_2, \ldots, \vec{w}_n \in \mathbb{R}^m$ der Standardbasisvektoren beliebig festlegt, dann liegt bereits für jeden Vektor $\vec{x} \in \mathbb{R}^n$ der Funktionswert $f(\vec{x})$ fest.

**Begründung:** Der Vektor $\vec{x} = \begin{pmatrix} \alpha_1 \\ \alpha_2 \\ \vdots \\ \alpha_n \end{pmatrix} \in \mathbb{R}^n$ lässt sich auch als $\vec{x} = \alpha_1 \vec{e}_1 + \alpha_2 \vec{e}_2 + \ldots + \alpha_n \vec{e}_n$

schreiben. Weil $f$ aber eine *lineare* Abbildung ist, muss dann

$$\begin{aligned} f(\vec{x}) = f(\alpha_1 \vec{e}_1 + \ldots + \alpha_n \vec{e}_n) &= \alpha_1 f(\vec{e}_1) + \ldots + \alpha_n f(\vec{e}_n) \\ &= \alpha_1 \vec{w}_1 + \ldots + \alpha_n \vec{w}_n \end{aligned}$$

sein. Dass man auf diese Weise tatsächlich eine lineare Abbildung erhält, kann man wieder mit der Definition von linearen Abbildungen nachrechnen.

□

## 9.4 Koordinatentransformationen

Bisher hatten wir immer in einem festen Koordinatensystem gearbeitet und gerechnet, das durch die *Standardbasisvektoren*

$$\vec{e}_1 = \begin{pmatrix} 1 \\ 0 \\ 0 \\ \vdots \\ 0 \end{pmatrix}, \vec{e}_2 = \begin{pmatrix} 0 \\ 1 \\ 0 \\ \vdots \\ 0 \end{pmatrix}, \vec{e}_3 = \begin{pmatrix} 0 \\ 0 \\ 1 \\ \vdots \\ 0 \end{pmatrix}, \ldots, \vec{e}_n = \begin{pmatrix} 0 \\ 0 \\ 0 \\ \vdots \\ 1 \end{pmatrix}$$

festgelegt war. Ein Vektor $\vec{x}$ mit Koordinaten $x_1, x_2, \ldots, x_n$ lässt sich also als Linearkombination

$$\vec{x} = \begin{pmatrix} x_1 \\ x_2 \\ \vdots \\ x_n \end{pmatrix} = x_1 \vec{e}_1 + x_2 \vec{e}_2 + \ldots + x_n \vec{e}_n = \sum_{j=1}^n x_j \vec{e}_j$$

schreiben.

Aus praktischen Gründen bietet es sich manchmal an, ein neues Koordinatensystem einzuführen, das dem betrachteten Problem besser angepasst ist. Man ersetzt also die Basis $(\vec{e}_1, \vec{e}_2, \ldots, \vec{e}_n)$ durch eine neue Basis $B = (\vec{b}_1, \vec{b}_2, \ldots, \vec{b}_n)$.

Einen Vektor $\vec{x}$ mit den „alten" Koordinaten $x_1, x_2, \ldots, x_n$ kann man auch in der Form

$$\vec{x} = y_1 \vec{b}_1 + y_2 \vec{b}_2 + \cdots + y_n \vec{b}_n = \sum_{j=1}^n y_j \vec{b}_j$$

und nennt $y_1, y_2, \ldots, y_n$ die **Koordinaten** von $\vec{x}$ bezüglich der Basis $B$.

Eine wichtige Frage ist natürlich, wie diese „neuen" Koordinaten mit den alten zusammenhängen. Um das herauszufinden, muss man die Koordinaten der neuen Basisvektoren in der alten Basis betrachten:

$$\vec{b}_1 = \begin{pmatrix} t_{11} \\ t_{21} \\ \vdots \\ t_{n1} \end{pmatrix}, \vec{b}_2 = \begin{pmatrix} t_{12} \\ t_{22} \\ \vdots \\ t_{n2} \end{pmatrix}, \ldots, \vec{b}_n = \begin{pmatrix} t_{1n} \\ t_{2n} \\ \vdots \\ t_{nn} \end{pmatrix}$$

oder anders ausgedrückt

$$\vec{b}_i = t_{1i}\vec{e}_1 + t_{2i}\vec{e}_2 + \cdots + t_{ni}\vec{e}_n = \sum_{j=1}^{n} t_{ji}\vec{e}_j$$

mit Koeffizienten $t_{ji} \in \mathbb{R}$.
Setzt man die Darstellung der neuen Basisvektoren oben ein, dann ergibt sich

$$\vec{x} = y_1 \sum_{j=1}^{n} t_{j1}\vec{e}_j + y_2 \sum_{j=1}^{n} t_{j2}\vec{e}_j + \ldots + y_n \sum_{j=1}^{n} t_{jn}\vec{e}_j = \sum_{j=1}^{n} \left( \sum_{i=1}^{n} y_i \, t_{ji} \right) \vec{e}_j$$

Da die Koeffizienten in dieser Darstellung mit denen in der ursprünglichen Form übereinstimmen müssen, ist

$$\sum_{i=1}^{n} t_{ji} y_i = x_j$$

Diese $n$ Gleichungen für $j = 1, 2, \ldots, n$ kann man auch mit Hilfe einer Matrix kompakt in eine Gleichung schreiben.

> **Definition (Transformationsmatrix):**
>
> Die Matrix
> $$T = \begin{pmatrix} t_{11} & t_{12} & \cdots & t_{1n} \\ t_{21} & t_{22} & \cdots & t_{2n} \\ \vdots & \vdots & \ddots & \vdots \\ t_{n1} & t_{n2} & \cdots & t_{nn} \end{pmatrix}$$
> nennt man die **Transformationsmatrix** der Koordinatentransformation.
> Die Spaltenvektoren von $T$ enthalten die „alten" Koordinaten der neuen Basisvektoren.

Es gilt dann

$$\vec{x} = T\vec{y},$$

die Umrechnung der Koordinaten erfolgt also durch Matrixmultiplikation mit der Transformationsmatrix.

## 9.4 Koordinatentransformationen

> **Beispiel:**
>
> Wir betrachten im $\mathbb{R}^3$ die Basis $B$ aus $\vec{b}_1 = \begin{pmatrix} 1 \\ 1 \\ 0 \end{pmatrix}, \vec{b}_2 = \begin{pmatrix} 2 \\ 0 \\ -1 \end{pmatrix}$ und $\vec{b}_3 = \begin{pmatrix} 0 \\ 3 \\ 2 \end{pmatrix}$.
>
> Sei $\vec{y}$ der Vektor, der bezüglich dieser Basis die Darstellung $\vec{y} = \begin{pmatrix} 2 \\ -1 \\ 1 \end{pmatrix}$ hat. Mit den Überlegungen von oben lautet die Transformationsmatrix
>
> $$T = \begin{pmatrix} 1 & 2 & 0 \\ 1 & 0 & 3 \\ 0 & -1 & 2 \end{pmatrix}$$
>
> und in der Standardbasis ist die Darstellung von $\vec{y}$ dann
>
> $$\vec{x} = T\vec{y} = \begin{pmatrix} 1 & 2 & 0 \\ 1 & 0 & 3 \\ 0 & -1 & 2 \end{pmatrix} \begin{pmatrix} 2 \\ -1 \\ 1 \end{pmatrix} = \begin{pmatrix} 0 \\ 5 \\ 3 \end{pmatrix}.$$

Fast genauso oft möchte man für einen in den alten Koordinaten gegebenen Vektor die neuen Koordinaten finden. Hier könnte man ganz analog vorgehen. Man kann aber auch die Gleichung $\vec{x} = T\vec{y}$ von links mit der Matrix $T^{-1}$ multiplizieren und erhält so mit

$$\vec{y} = T^{-1}\vec{x}$$

die Möglichkeit, die neuen Koordinaten aus den alten durch eine Matrixmultiplikation zu bestimmen. Dass die Matrix $T$ überhaupt invertierbar ist, liegt daran, dass $B$ eine Basis ist, also aus linear unabhängigen Vektoren besteht. Damit sind die Spaltenvektoren der Matrix $T$ linear unabhängig und dies hat zur Konsequenz, dass $T$ eine Inverse besitzt.

> **Beispiel:**
>
> Im $\mathbb{R}^3$ wollen wir den Vektor $\vec{x} = \begin{pmatrix} 1 \\ 2 \\ 3 \end{pmatrix}$ bezüglich der Basis $B$ bestehend aus
>
> $$\vec{b}_1 = \begin{pmatrix} 1 \\ 1 \\ 0 \end{pmatrix}, \quad \vec{b}_2 = \begin{pmatrix} 2 \\ 0 \\ -1 \end{pmatrix} \quad \text{und} \quad \vec{b}_3 = \begin{pmatrix} 0 \\ 3 \\ 2 \end{pmatrix}$$
>
> darstellen. Indem man die Transformationsmatrix $T$ aus dem vorigen Beispiel invertiert, erhält man
>
> $$\vec{y} = T^{-1}\vec{x} = \begin{pmatrix} 1 & 2 & 0 \\ 1 & 0 & 3 \\ 0 & -1 & 2 \end{pmatrix}^{-1} \begin{pmatrix} 1 \\ 2 \\ 3 \end{pmatrix} = \begin{pmatrix} -3 & 4 & -6 \\ 2 & -2 & 3 \\ 1 & -1 & 2 \end{pmatrix} \begin{pmatrix} 1 \\ 2 \\ 3 \end{pmatrix} = \begin{pmatrix} -13 \\ 7 \\ 5 \end{pmatrix}.$$
>
> Zur Kontrolle rechnen wir nach:
>
> $$-13\vec{b}_1 + 7\vec{b}_2 + 5\vec{b}_3 = -13\begin{pmatrix} 1 \\ 1 \\ 0 \end{pmatrix} + 7\begin{pmatrix} 2 \\ 0 \\ -1 \end{pmatrix} + 5\begin{pmatrix} 0 \\ 3 \\ 2 \end{pmatrix} = \begin{pmatrix} 1 \\ 2 \\ 3 \end{pmatrix} = \vec{x}$$

Die Bestimmung der inversen Matrix ist im allgemeinen recht mühsam. Daher ist der Fall von besonderem Interesse, dass $T$ eine orthogonale Matrix ist, für die sich die Inverse einfach durch Transponieren berechnen lässt. Die bisherigen Betrachtungen zu Koordinatentransformationen gelten für einen beliebigen Wechsel der Basisvektoren und haben nichts damit zu tun, dass wir am Anfang von der Standardbasis $(\vec{e}_1, \vec{e}_2, \vec{e}_3)$ ausgegangen sind. Die neuen Basisvektoren dürfen eine beliebige Länge haben und müssen nicht senkrecht aufeinander stehen. Sie müssen nur linear unabhängig sein.

Wenn die neuen Basisvektoren ein Orthonormalsystem bilden, ist die Transformationsmatrix $T$ eine orthogonale Matrix, d.h. $TT^T = T^TT = E_n$.

## Lineare Abbildungen und Koordinatentransformationen

Ist eine lineare Abbildung $f: \mathbb{R}^n \to \mathbb{R}^m$ bezüglich der Standardbasen im $\mathbb{R}^n$ und $\mathbb{R}^m$ durch die Multiplikation mit der $m \times n$-Matrix $A$ gegeben, und wechselt man im $\mathbb{R}^n$ die Basis zu einer neuen Basis $B = (\vec{b}_1, \vec{b}_2, \ldots, \vec{b}_n)$ und im $\mathbb{R}^m$ zu einer neuen Basis $C = (\vec{c}_1, \vec{c}_2, \ldots, \vec{c}_m)$, dann ändert sich auch die Matrix, durch die die lineare Abbildung beschrieben wird. Dieselbe lineare Abbildung in den neuen Koordinaten wird also durch eine andere Matrix $M$ dargestellt. Wie $A$ und diese neue Matrix $M$ zusammenhängen, lässt sich mit den bisherigen Überlegungen herleiten.

Seien dazu wieder $\vec{x} \in \mathbb{R}^n$ ein beliebiger Vektor und $\vec{y} = T_{S,B}\vec{x}$ seine Darstellung in der Basis $B$, wobei die Indizes der Transformationsmatrix $T_{S,B}$ andeuten sollen, dass Koordinaten von der Standardbasis in die Basis $B$ umgerechnet werden. Umgekehrt ist $\vec{x} = T_{B,S}\vec{y}$ die Transformation von den „neuen" in die Standardkoordinaten.

Analog ist für einen Vektor $\vec{w} \in \mathbb{R}^m$ die Darstellung in der Basis $C$ gegeben durch $\vec{z} = T_{S,C}\vec{w}$.

Gesucht ist nun das Bild eines Vektors $\vec{y}$, der in Koordinaten bezüglich der Basis $B$ dargestellt wird unter der Abbildung $f$, wobei der Bildvektor wiederum in Koordinaten bezüglich der Basis $C$ dargestellt wird. Dazu kann man in drei Schritten vorgehen:

1. Durch $\vec{x} = T_{B,S}\,\vec{y}$ gelangt man zu der Darstellung von $\vec{y}$ in Standardkoordinaten.

2. Die Abbildung $f$ entspricht in Standardkoordinaten der Multiplikation mit der Matrix $A$, man gelangt also zu $f(\vec{x}) = AT_{B,S}\,\vec{y}$.

3. Diesen Vektor muss man nun in Koordinaten bezüglich der Basis $C$ darstellen. Dies führt zu $T_{S,C}AT_{B,S}\,\vec{y}$.

Multipliziert man die drei auftretenden Matrizen, erhält man eine Matrix $M$, die dem Vektor $\vec{y}$ direkt sein Bild zuordnet.

> **Satz 9.3:**
>
> Ist eine lineare Abbildung $f: \mathbb{R}^n \to \mathbb{R}^m$ bezüglich der Standardbasen im $\mathbb{R}^n$ und $\mathbb{R}^m$ durch die Multiplikation mit einer $m \times n$-Matrix $A$ definiert, dann wird dieselbe Abbildung bezüglich der Basen $B$ in $\mathbb{R}^n$ und $C$ in $\mathbb{R}^m$ durch die Multiplikation mit der Matrix
>
> $$M = T_{S,C}AT_{B,S} = T_{C,S}^{-1}AT_{B,S}$$
>
> beschrieben.

Graphisch kann man sich die Situation durch das folgende Diagramm verdeutlichen:

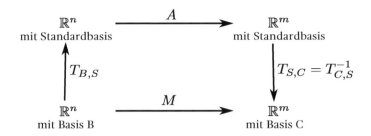

### Beispiel:

Wir betrachten die Abbildung $f : \mathbb{R}^3 \to \mathbb{R}^2$ mit

$$f(\vec{x}) = A\vec{x} \quad \text{für} \quad A = \begin{pmatrix} 1 & 2 & 3 \\ -3 & -2 & -1 \end{pmatrix}.$$

Wenn im $\mathbb{R}^3$ Koordinaten wieder bezüglich der schon mehrmals benutzten Basis $B$ aus den Vektoren $\vec{b}_1 = \begin{pmatrix} 1 \\ 1 \\ 0 \end{pmatrix}$, $\vec{b}_2 = \begin{pmatrix} 2 \\ 0 \\ -1 \end{pmatrix}$ und $\vec{b}_3 = \begin{pmatrix} 0 \\ 3 \\ 2 \end{pmatrix}$ betrachtet werden und im $\mathbb{R}^2$ die Basis $C = \{\vec{c}_1, \vec{c}_2\}$ mit $\vec{c}_1 = \begin{pmatrix} 1 \\ 0 \end{pmatrix}$ und $\vec{c}_2 = \begin{pmatrix} 1 \\ 1 \end{pmatrix}$ die Standardbasis ersetzt, dann ist

$$T_{B,S} = \begin{pmatrix} 1 & 2 & 0 \\ 1 & 0 & 3 \\ 0 & -1 & 2 \end{pmatrix} \quad \text{und} \quad T_{C,S} = \begin{pmatrix} 1 & 1 \\ 0 & 1 \end{pmatrix}.$$

Damit erhält man aus dem Satz bzw. dem Diagramm

$$M = T_{C,S}^{-1} A T_{B,S} = \begin{pmatrix} 1 & 1 \\ 0 & 1 \end{pmatrix}^{-1} \begin{pmatrix} 1 & 2 & 3 \\ -3 & -2 & -1 \end{pmatrix} \begin{pmatrix} 1 & 2 & 0 \\ 1 & 0 & 3 \\ 0 & -1 & 2 \end{pmatrix}$$

$$= \begin{pmatrix} 8 & 4 & 20 \\ -5 & -5 & -8 \end{pmatrix}.$$

## Nach diesem Kapitel sollten Sie ...

... wissen, was ein Vektorraum und ein Untervektorraum sind

... die Begriffe Basis und Dimension eines Vektorraums erklären können

... wissen, was eine lineare Abbildung ist

... entscheiden, ob eine gegebene Abbildung linear ist

... wissen, wie man die Koordinaten eines Punktes bezüglich eines neuen Koordinatensystems ausdrückt

... herleiten können, wie man dabei auf die Transformationsmatrix kommt

... eine in den Standardkoordinaten angegebene lineare Abbildung in ein neues Koordinatensystem umrechnen können

## Aufgaben zu Kapitel 9

1. Unter welchen Bedingungen an die Zahlen $\alpha, \beta, \gamma \in \mathbb{R}$ bilden die drei Vektoren

$$\vec{b}_1 = \begin{pmatrix} 1 \\ \alpha \\ 0 \end{pmatrix}, \quad \vec{b}_2 = \begin{pmatrix} 0 \\ 1 \\ \beta \end{pmatrix} \quad \text{und} \quad \vec{b}_3 = \begin{pmatrix} \gamma \\ 0 \\ 0 \end{pmatrix}$$

   eine Basis des $\mathbb{R}^3$?

2. Sei $V$ der Vektorraum aller $2 \times 2$-Matrizen mit reellen Einträgen.
   (a) Überlegen Sie sich zwei verschiedene Basen von $V$ und bestimmen Sie die Dimension von $V$.
   (b) Bildet die Menge aller $2 \times 2$-Matrizen mit Determinante 1 einen Untervektorraum von $V$? Bestimmen Sie gegebenenfalls die Dimension dieses Untervektorraums.
   (c) Bildet die Menge aller $2 \times 2$-Matrizen der Form $\begin{pmatrix} a & 2a \\ -2a & -a \end{pmatrix}$ mit $a \in \mathbb{R}$ einen Untervektorraum von $V$? Bestimmen Sie auch hier gegebenenfalls die Dimension.

3. Zeigen Sie: Falls $\{\vec{b}_1, \ldots, \vec{b}_n\}$ eine Menge linear unabhängiger Vektoren aus einem Vektorraum $V$ ist und sich der Vektor $\vec{x} \in V$ nicht als Linearkombination von $\vec{b}_1, \ldots, \vec{b}_n$ darstellen lässt, dann ist auch $\{\vec{b}_1, \ldots, \vec{b}_n, \vec{x}\}$ eine linear unabhängige Menge.

4. Seien $V$ und $W$ reelle Vektorräume und $f : V \to W$ eine lineare Abbildung.
   Zeigen Sie, dass die Menge
   $$\{\vec{x} \in V;\ f(\vec{x}) = \vec{0}\}$$
   einen Untervektorraum von $V$ bildet.

5. Zeigen Sie, dass

6. Entscheiden Sie, ob die folgenden Abbildungen linear sind.
   (a) $f : \mathbb{R}^2 \to \mathbb{R}^3$ mit $f\begin{pmatrix} x_1 \\ x_2 \end{pmatrix} = \begin{pmatrix} x_1 + x_2 \\ x_1 x_2 \end{pmatrix}$
   (b) $g : \mathbb{R}^3 \to \mathbb{R}^1$ mit $g\begin{pmatrix} x_1 \\ x_2 \\ x_3 \end{pmatrix} = 2x_1 - 3x_3$.
   (c) $h : \mathbb{R}^2 \to \mathbb{R}^2$ mit $h\begin{pmatrix} x_1 \\ x_2 \end{pmatrix} = \begin{pmatrix} -20x_2 \\ 12x_1 - 3x_2 \end{pmatrix}$

7. Der Vektor $\vec{v} \in \mathbb{R}^3$ habe bezüglich der Standardbasis die Koordinaten $\vec{x} = \begin{pmatrix} 2 \\ 7 \\ 4 \end{pmatrix}$ Bestimmen Sie die Koordinaten von $\vec{v}$ bezüglich der Basen
   (a) $v_1 = \begin{pmatrix} 1 \\ 2 \\ 1 \end{pmatrix}, v_2 = \begin{pmatrix} 2 \\ 0 \\ 1 \end{pmatrix}, v_3 = \begin{pmatrix} 3 \\ 1 \\ 1 \end{pmatrix}$ und (b) $w_1 = \begin{pmatrix} 1 \\ 1 \\ 1 \end{pmatrix}, w_2 = \begin{pmatrix} -2 \\ 3 \\ 1 \end{pmatrix}, w_3 = \begin{pmatrix} 1 \\ 1 \\ 7 \end{pmatrix}$.

8. Sei $f : \mathbb{R}^3 \to \mathbb{R}^3$ gegeben als $f(\vec{x}) = A\vec{x}$ mit der Matrix

$$A = \begin{pmatrix} -1 & 0 & 2 \\ 2 & 1 & 1 \\ 1 & -1 & 3 \end{pmatrix}.$$

Eine andere Basis $B$ des $\mathbb{R}^3$ besteht aus den Vektoren

$$\vec{b}_1 = \begin{pmatrix} 1 \\ 1 \\ 0 \end{pmatrix}, \quad \vec{b}_2 = \begin{pmatrix} 1 \\ 0 \\ 1 \end{pmatrix} \text{ und } \vec{b}_3 = \begin{pmatrix} 1 \\ 0 \\ -1 \end{pmatrix}.$$

Bestimmen Sie die Matrix $M$, durch die die Abbildung $f$ in den neuen Koordinaten bezüglich der Basis $B$ beschrieben wird.

# 10 Grenzwerte

## 10.1 Einleitung

Funktionen sind ein wesentliches Hilfsmittel zur quantitativen Beschreibung vieler Zusammenhänge und Vorgänge: Aus der Schule kennen Sie das Ohmsche Gesetz, nach dem der in einer Leitung fließende Strom eine Funktion von Spannung und Widerstand ist.

In der Mechanik ist die Schubspannung

$$\tau = G \cdot \tan(\gamma)$$

eine Funktion des Schubmoduls $G$ und des Schubwinkels $\gamma$.

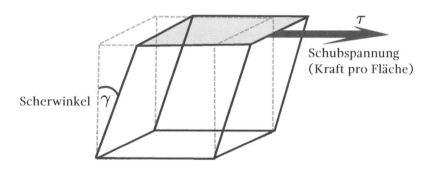

In vielen Situationen treten lineare Funktionen auf, die die Proportionalität zwischen verschiedenen Größen beschreiben, aber oft ist dieser *lineare* Zusammenhang nur für einen gewissen Bereich gültig und muss durch einen kompliziertere *nichtlineare* Funktion ersetzt werden, wenn man diesen Bereich überschreitet.

Einige Eigenschaften der Funktionen erkennt man am besten, wenn man sich bestimmte *Grenzfälle* anschaut. Beispielsweise wird $\tan(\gamma)$ sehr groß, wenn der Winkel $\gamma$ sich dem Wert $\frac{\pi}{2}$ annähert. Das entspricht anschaulich der Vorstellung, dass man eine immer größere Kraft (im Grenzfall: unendlich viel Kraft) aufwenden muss, um den Scherwinkel weiter zu vergrößern,

Umgekehrt kann man aber auch den Grenzwert kleiner Scherwinkel $\gamma$ betrachten. Dort unterscheiden sich $\tan(\gamma)$ und der Winkel $\gamma$ nur wenig und bei vielen Rechnungen kann man sich das Leben leichter machen, wenn man statt mit $\tan(\gamma)$ nur mit $\gamma$ rechnet.

Wie in diesem Fall gibt es viele andere Situationen, in denen Grenzübergänge eine komplizierte Situation oder Rechnung vereinfachen.

# Grenzwerte von Funktionen

## Beispiel (Kesselformel):

Ein Behälter wird nach DIN 2413 als *dünnwandig* bezeichnet, falls das Verhältnis zwischen Wandstärke $s$ und Innendurchmesser $d_i$ kleiner als $0,1$ ist. Herrscht im Inneren eines abgeschlossenen, zylinderförmigen dünnwandigen Behälters ein Überdruck $p_i$ so führt dies zu einer Ausdehnung und damit verbunden zu Spannungen in der Wand.
Die Tangentialspannung $\sigma_t = \dfrac{p_i \cdot d_i}{2s}$ wirkt in Richtung des Umfangs, die axiale Spannung $\sigma_a$ in Richtung der Zylinderachse.

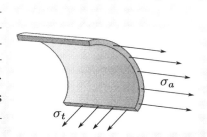

Bei dünnwandigen Behältern setzt man voraus, dass diese Spannung innerhalb der Wand konstant ist.

Aus der Gleichgewichtsbedingung, dass die Druckkraft auf die Enden des Zylinders die axiale Spannung bewirkt, ergibt sich dann die Gleichung

$$p_i \cdot \underbrace{\frac{\pi}{4} d_i^2}_{\text{innere Querschnittsfläche}} = \sigma_a \cdot \underbrace{\frac{\pi}{4}((d_i + 2s)^2 - d_i^2)}_{\text{Querschnittsfläche der Wand}}$$

$$= \sigma_a \cdot \frac{\pi}{4}(d_i^2 + 4sd_i + 4s^2 - d_i^2)$$

$$\Leftrightarrow \quad p_i d_i^2 = \sigma_a \cdot (4sd_i + 4s^2)$$

$$\Leftrightarrow \quad \sigma_a = \frac{p_i d_i^2}{4sd_i + 4s^2}$$

Nun ist $s$ viel kleiner als $d_i$ und damit $4s^2$ auch viel kleiner als $4sd_i$.
Beim Grenzübergang $s \to 0$ spielt der Term $4s^2$ daher keine entscheidende Rolle mehr. Dies führt auf die wesentlich einfachere „Kesselformel"

$$\frac{\sigma_a}{\sigma_t} = \frac{\frac{p_i d_i^2}{4sd_i + 4s^2}}{\frac{p_i d_i}{2s}} = \frac{d_i}{2d_i + 2s} \approx \frac{d_i}{2d_i} = \frac{1}{2} \Rightarrow \sigma_a = \frac{1}{2}\sigma_t = \frac{p_i \cdot d_i}{4s}.$$

Dieser Zusammenhang zwischen $\sigma_a$ und $\sigma_t$ hat übrigens eine recht anschauliche Auswirkung: Bratwürste platzen beim Erhitzen auf dem Grill immer in Längsrichtung auf, da die Umfangsspannung doppelt so groß ist wie die Spannung in Längsrichtung.

Wie in diesem Beispiel helfen Grenzwertbetrachtungen in vielen Fällen unter mehreren Effekten denjenigen auszusondern, der für dünne Wände, lange Seile, große Biegesteifigkeit, etc. den entscheidenden Beitrag liefert. Grenzwerte spielen eine wichtige Rolle, wenn es darum geht, sinnvolle Vereinfachungen durchzuführen. Darüber hinaus erlauben Sie auch zu quantifizieren, welche Fehler bei diesen Vereinfachungen auftreten.

## 10.2 Folgen

Auch wenn der typische Fall der Grenzübergang gegen Null oder gegen unendlich ist, wollen wir die theoretischen Betrachtungen für beliebige Grenzwerte einführen. Dazu beginnen wir mit Grenzwerten von Zahlenfolgen und kehren später mit deren Hilfe zu Grenzwerten bei Funktionen zurück.

## Definition (Folge):

Eine **Folge** ist eine Aufzählung von unendlich vielen fortlaufend nummerierten Zahlen $a_1, a_2, a_3, a_4, \ldots$.
Etwas abstrakter kann man eine Folge auch als Abbildung

$$a : \mathbb{N} \to \mathbb{R}$$
$$n \mapsto a_n,$$

auffassen, die jeder natürlichen Zahl $n$ ein **Folgenglied** $a_n$ zuordnet. Wir schreiben die Folge $x$ entweder in der Form $(a_0, a_1, a_2, a_3, \ldots)$ oder kurz $(a_n)_{n \in \mathbb{N}}$.
Die Zahl $n$ nennen wir den **(Folgen-)Index** des Folgenglieds $a_n$.

Wichtig dabei ist, dass die Zahlenfolge eine *unendlich* lange Liste ist, also nie aufhört.

Zahlenfolgen kann man auf unterschiedliche Arten angeben.
Die Folgenglieder können einfach aufgezählt werden, wenn dadurch klar ist, wie die weiteren Folgenglieder aussehen. Das geht bei Folgen wie

$$1, -1, 1, -1, 1, -1, 1, -1, \ldots \quad \text{oder} \quad 1, \frac{1}{2}, \frac{1}{3}, \frac{1}{4}, \frac{1}{5}, \ldots$$

Die Folgenglieder können auch durch eine Formel beschrieben werden. Das $n$-te Folgenglied der ersten Folge ist beispielsweise $(-1)^{n+1}$, während die Glieder der zweiten Folge durch $\frac{1}{n}$ berechnet werden können.
Bei einer **arithmetischen Folge** ist die Differenz zweier aufeinanderfolgender Glieder immer gleich, das Bildungsgesetz lautet also $a_n = c \cdot n + b$ mit Konstanten $c, b \in \mathbb{R}$. Arithmetische Folgen sind also

$$7, 14, 21, 28, 35, \ldots \quad \text{oder} \quad \frac{1}{3}, \frac{4}{3}, \frac{7}{3}, \frac{10}{3}, \frac{13}{3}, \frac{16}{3}, \frac{19}{3}, \ldots$$

Bei einer **geometrischen Folge** ist der Quotient zweier aufeinanderfolgender Glieder immer gleich, das Bildungsgesetz lautet also $a_n = C \cdot q^n$ mit Konstanten $C, q \in \mathbb{R}$. Geometrische Folgen sind also

$$1, 2, 4, 8, 16, \ldots \quad \text{oder} \quad \frac{3}{2}, \frac{9}{2}, \frac{27}{2}, \frac{81}{2}, \ldots$$

Auch bei einer komplizierteren Formel zur Beschreibung der Folgenglieder wie $x_n = \frac{(n!)^2 \cdot (n-1)}{(2n)! \sqrt{n+1}}$ kann man im Prinzip zu jedem Index $n$ das entsprechende Folgenglied $x_n$ berechnen, indem man das entsprechende $n$ in die Formel einsetzt.

## Anregung zur weiteren Vertiefung:

Geben Sie für die Folgen

$$\frac{3}{2}, -\frac{3}{4}, \frac{3}{8}, -\frac{3}{16}, \ldots \quad \text{und} \quad \frac{1}{2}, \frac{2}{5}, \frac{3}{8}, \frac{4}{11}, \frac{5}{14}, \ldots$$

Formeln an, mit denen man das allgemeine $n$-te Folgenglied berechnen kann und bestimmen Sie daraus jeweils das zehnte Folgenglied.

Eine weitere Methode, Zahlenfolgen zu beschreiben, ist die *rekursive Definition*. Dabei gibt man an, wie man ein Folgenglied $x_{n+1}$ aus dem jeweils vorhergehenden Folgenglied $x_n$ berechnet (oder wie sich $x_n$ aus dem vorhergehenden Folgenglied $x_{n-1}$ ergibt).

Beispielsweise könnte dieser Zusammenhang durch die Formel

$$x_{n+1} = \frac{x_n + \frac{3}{x_n}}{2}$$

gegeben sein. Damit man daraus die Folgenglieder der Reihe nach berechnen kann, muss man noch das allererste Folgenglied kennen. Zum Beispiel ergibt sich aus der oben angegebenen Rekursionsformel mit dem ersten Folgenglied $x_1 = 1$ als Beginn der Folge

$$x_2 = \frac{x_1 + \frac{3}{x_1}}{2} = \frac{1 + \frac{3}{1}}{2} = 2, \quad x_3 = \frac{x_2 + \frac{3}{x_2}}{2} = \frac{2 + \frac{3}{2}}{2} = \frac{7}{4}, \quad x_4 = \frac{x_3 + \frac{3}{x_3}}{2} = \frac{\frac{7}{4} + \frac{3}{\frac{7}{4}}}{2} = \frac{97}{56}, \ldots$$

### Beispiel (Die Fibonacci-Zahlen):

Bei einer rekursiv definierten Folge kann das Folgenglied $x_n$ auch von mehreren vorhergehenden Folgengliedern abhängen. Ein Beispiel dafür ist die **Fibonacci-Folge**, die durch die Rekursionsvorschrift $F_n = F_{n-1} + F_{n-2}$ definiert wird. Damit man überhaupt irgendwelche Folgenglieder berechnen kann, benötigt man hier zwei „Startwerte" $F_1 = F_2 = 1$. Daraus ergibt sich somit $F_3 = 1+1 = 2, F_4 = 2+1 = 3, F_5 = 3+2 = 5, F_6 = 5+3 = 8, F_7 = 8+5 = 13$, usw.

**Zusammengefasst:** Bei einer *rekursiv definierten Folge* wird eine Vorschrift angegeben, wie man ein Folgenglied aus dem vorhergehenden (oder mehreren vorhergehenden) berechnet. Außerdem müssen das erste Folgenglied oder die ersten Folgenglieder gegeben sein, damit man mit der Berechnung überhaupt beginnen kann.

Man kann Folgen auf verschiedene Arten graphisch darstellen, beispielsweise indem man die Lage der einzelnen Folgenglieder auf dem Zahlenstrahl markiert. Daran kann man erkennen, in welchem Bereich besonders viele oder besonders wenige Folgenglieder liegen. Man kann aber auch in einem zweidimensionalen Diagramm die Punkte $(n, x_n)$ markieren und auf diese Weise möglicherweise eine Vorstellung davon bekommen, wie sich die Folgenglieder für große $n$ verhalten.

Beispielsweise erhält man in der folgenden Graphik einen Eindruck davon, wie schnell die Glieder der Fibonacci-Folge anwachsen.

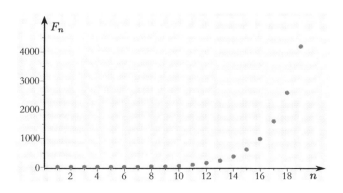

> **Bemerkung:**
>
> Folgen lassen sich gliedweise addieren, subtrahieren und multiplizieren:
> $$(a+b)_n = a_n + b_n$$
> $$(a-b)_n = a_n - b_n$$
> $$(a \cdot b)_n = a_n \cdot b_n$$
> Auch die Division von Folgen ist möglich, vorausgesetzt, dass alle Folgenglieder $b_n \neq 0$ sind:
> $$(a/b)_n = \frac{a_n}{b_n}$$

## 10.3 Konvergenz

Unter allen Zahlenfolgen interessiert man sich besonders für die *konvergenten* Folgen, das sind diejenigen Folgen, deren Folgenglieder sich einem bestimmten Wert immer mehr annähern. Bei der Frage nach der Konvergenz geht es darum zu beschreiben, wie sich Glieder einer Folge schließlich verhalten, wenn man $n$ immer größer macht.

> **Beispiel (Vakuumpumpe):**
>
> Ein Behälter vom Volumen $V$ soll mit Hilfe einer Pumpe evakuiert werden. Dazu wird mehrmals hintereinander der folgende Zyklus durchlaufen:
>
> - Hahn 2 wird geschlossen, Hahn 1 geöffnet
> - der Kolben wird herausgezogen
> - Hahn 1 wird geschlossen, Hahn 2 geöffnet
> - der Kolben wird hineingeschoben
>
>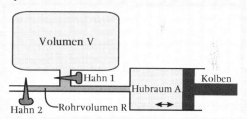
>
> Zu Beginn herrscht überall der gleiche Außendruck $p_0$. Der Druck im Behälter nach dem $n$-ten solchen Zyklus werde mit $p_n$ bezeichnet. Wenn man von einem idealen Gas und gleichbleibender Temperatur ausgeht, dann ist immer $p \cdot V = const$. Zu Beginn des $(n+1)$-ten Zyklus herrscht im Behälter der Druck $p_n$, während sich im Rohr der Außendruck $p_0$ eingestellt hat, da Hahn 2 geöffnet war. Nach dem Herausziehen des Kolbens sinkt der Druck auf
> $$p_{n+1} \cdot (V + R + A) = p_n V + p_0 R \quad \Rightarrow \quad p_{n+1} = \frac{p_n V + p_0 R}{V + R + A},$$
> bevor Hahn 1 wieder geschlossen wird, da das Volumen auf $V + R + A$ wächst. Auf diese Weise wird der Druckverlauf im Behälter durch eine rekursive Folge beschrieben.
>
> Von Interesse ist hier natürlich die Frage, wie klein man den Druck auf diese Weise machen kann. Für $V = 1$, $p_0 = 1000$, $K = 0,2$ und $R = 0,1$ sind die ersten 50 Werte von $p_n$ in der nebenstehenden Graphik dargestellt. Offenbar nähert sich der Druck im Behälter einem festen Wert $p_\infty$ an. Wie man das mathematisch präzise beschreibt und wie man diesen Druck $p_\infty$ bestimmt, der „schließlich" erreicht wird, werden wir in diesem Kapitel lernen.
>
>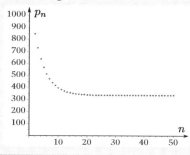

In der Praxis wird man in vielen Fällen die Folgenglieder $a_n$ einer konvergenten Folge $(a_n)_{n \in \mathbb{N}}$ für großes $n$ und den Grenzwert der Folge nicht mehr unterscheiden. In dem eben diskutierten Beispiel wird der Grenzwert des Drucks nie ganz erreicht. Trotzdem wird man davon ausgehen, dass man nur einen winzigen Fehler macht, wenn man statt $p_{100}$ oder $p_{1000000}$ mit dem (von $n$ unabhängigen) Wert $p_\infty$ rechnet.

Als nächstes soll nun ganz präzise beschrieben werden, was es bedeutet, dass sich die Glieder einer Folge immer mehr einem „Grenzwert" annähern. Um die anschauliche Vorstellung mathematisch in den Griff zu bekommen, betrachtet man kleine Intervalle um eine vorgegebene Zahl herum.

### Definition (Umgebung):

Sei $a$ eine reelle Zahl. Für $\varepsilon > 0$ nennen wir die Menge

$$B_\varepsilon(a) := \{y \in \mathbb{R}; |a - y| < \varepsilon\} = (a - \varepsilon, a + \varepsilon)$$

die $\varepsilon$-**Umgebung** von $a$.

Die Folge $(a_n)_{n \in \mathbb{N}}$ konvergiert dann gegen eine Zahl $a$, falls es zu jedem noch so kleinen $\varepsilon > 0$ einen Index $N = N(\varepsilon)$ gibt, so dass ab diesem Folgenindex alle Folgenglieder in der $\varepsilon$-Umgebung von $a$ liegen.

### Definition (Konvergenz):

Sei $(x_n)_{n \in \mathbb{N}}$ eine Folge reeller Zahlen und $a$ eine reelle Zahl. Dann **konvergiert** die Folge $(x_n)_{n \in \mathbb{N}}$ gegen $a$, falls es zu jeder reellen Zahl $\varepsilon > 0$ eine natürliche Zahl $N \in \mathbb{N}$ gibt, so dass

$$|x_n - a| < \varepsilon \quad \text{für alle } n \geq N.$$

Man schreibt dann

$$\lim_{n \to \infty} x_n = a \quad \text{oder auch} \quad x_n \stackrel{n \to \infty}{\longrightarrow} a.$$

Die Zahl $a$ nennt man den **Grenzwert** oder **Limes** der Folge.

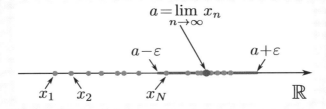

Falls eine Folge nicht konvergiert, nennt man sie **divergent**.

Beispielsweise sind die Folgen $(0, 1, 0, 1, 0, 1, \dots)$ oder $(1, 2, 3, 4, 5, \dots)$ oder $(1, -2, 3, -4, 5, -6, \dots)$ alle divergent.

**Achtung!** Es ist durchaus erlaubt, dass auch Folgenglieder $a_n$ mit $n < N$ sehr nahe an $a$ liegen. Wichtig ist nur, dass ab dem Index $N$ *alle* Folgenglieder höchstens noch den Abstand $\varepsilon$ vom Grenzwert $a$ haben.

Besonders häufig haben wir es mit Folgen zu tun, die gegen 0 konvergieren. Diese Folgen nennt man **Nullfolgen**.

## 10.3 Konvergenz

**Beispiel:** Die Folge $(x_n)_{n \in \mathbb{N}} = \left(\frac{1}{n}\right)_{n \in \mathbb{N}}$ konvergiert gegen 0, ist also eine Nullfolge. Um das ganz formal nachzuweisen, wählen wir uns eine beliebig kleine Zahl $\varepsilon > 0$. Zu diesem $\varepsilon$ suchen wir nun eine natürliche Zahl $N$, so dass

$$0 - \varepsilon < \frac{1}{n} < 0 + \varepsilon \text{ für alle } n \geq N.$$

Da die Folgenglieder mit wachsendem $n$ immer kleiner werden, reicht es dafür aus, dass

$$-\varepsilon < \frac{1}{N} < \varepsilon.$$

Die linke Ungleichung ist schon allein wegen des Vorzeichens immer erfüllt. Die rechte Ungleichung ist äquivalent zu $N > \frac{1}{\varepsilon}$. Für $\varepsilon = 0{,}03$ muss man also $N > 33{,}33$ wählen, zum Beispiel $N = 34$ oder wenn man großzügig ist auch $N = 1000$. Auf die optimale Wahl kommt es hier nicht an!

Weil man prinzipiell zu *jedem* noch so kleinen $\varepsilon$ einen passenden Index $N$ ausrechnen könnte, ist die Definition von Konvergenz gegen den Grenzwert $a = 0$ erfüllt.

**Bemerkung :**

1. Die Definition ist theoretisch zu verstehen. Es muss nur zu jedem $\varepsilon$ *im Prinzip* ein Index $N$ *existieren*, so dass $|x_n - a| < \varepsilon$ ist, man muss dieses $N$ nicht unbedingt explizit angeben können. Tatsächlich ist es so, dass man nur in den seltensten Fällen Konvergenz wirklich mit Hilfe der Definition nachweist. Einfachere Methoden dazu werden wir bald kennenlernen.

2. Man beachte, dass die Zahl $N = N(\varepsilon)$ in der Definition der Konvergenz natürlich vom gewählten $\varepsilon$ abhängt. Wählt man ein kleineres $\varepsilon$, braucht man in der Regel ein größeres $N$, um die Bedingung aus der Definition der Konvergenz zu erfüllen.

3. Es kommt in der Definition von Konvergenz nur auf Folgenglieder $x_n$ mit (hinreichend) großem $n$ an. Weder das Konvergenzverhalten noch der Grenzwert ändert sich, wenn man endlich viele der Folgenglieder abändert oder weglässt.

Die Definition der Konvergenz mag dem einen oder anderen umständlich und kompliziert erscheinen. Wir werden deshalb auch in den nächsten Kapiteln viele Wege kennenlernen, wie man verschiedene Grenzwerte *ohne* Benutzung der Definition berechnen kann. Dennoch sollte man diesen zentralen Begriff der Analysis zur Verfügung zu haben, um in Fällen, in denen keines der Rechenschemata passt, eine Grenzwertuntersuchung durchführen zu können.

**Beispiel :**

Die Folge $(y_n)_{n \in \mathbb{N}}$ mit $y_n = (-1)^{n-1}$ divergiert, denn 1 kann nicht Grenzwert der Folge sein, weil unendlich viele Folgenglieder $-1$ vorkommen. Eine andere Zahl kann auch nicht Grenzwert der Folge sein, da unendlich viele Folgenglieder $+1$ vorkommen.

> **Beispiel:**
>
> Die Zahlenfolge $(z_n)_{n\in\mathbb{N}}$ mit $z_n = q^n$ konvergiert für $|q| < 1$ gegen 0, denn:
> Weil $\frac{1}{|q|} > 1$ ist, gibt es eine Zahl $h > 0$ mit
> $$\frac{1}{|q|} = 1 + h.$$
> Wendet man nun die Bernoullische Ungleichung aus Kapitel 1 an, erhält man für $n \geq 1$ die Abschätzung
> $$\left(\frac{1}{|q|}\right)^n = (1+h)^n \geq 1 + nh > nh.$$
> Damit ist dann
> $$|q^n - 0| = |q^n| = |q|^n < \frac{1}{nh}.$$
> Wählt man nun zu einer beliebigen vorgegebenen Zahl $\varepsilon > 0$ die natürliche Zahl $N$ so, dass $N > \frac{1}{h\cdot\varepsilon}$ ist, dann gilt für alle $n \geq N$ zunächst $\frac{1}{n} \leq \frac{1}{N} < h\cdot\varepsilon$ und somit
> $$|q^n - 0| < \frac{1}{nh} < \varepsilon.$$
> Damit ist nachgewiesen, dass 0 der Grenzwert der Folge $(q^n)_{n\in\mathbb{N}}$ ist, wenn $|q| < 1$ ist:
> $$\lim_{n\to\infty} q^n = 0 \quad \text{für} \quad |q| < 1$$

## 10.4 Rechenregeln für Grenzwerte

Viele Grenzwerte von Folgen kann man dadurch bestimmen, dass man sie auf einige „bekannte" Grenzwerte zurückführt. Dazu dienen die nun folgenden Rechenregeln für Grenzwerte.

> **Satz 10.1:**
>
> Seien $(x_n)_{n\in\mathbb{N}}$ und $(y_n)_{n\in\mathbb{N}}$ reelle Folgen.
> Falls die Grenzwerte $x = \lim_{n\to\infty} x_n$ und $y = \lim_{n\to\infty} y_n$ beide existieren, gilt:
>
> $(i) \quad \lim_{n\to\infty}(x_n + y_n) = (\lim_{n\to\infty} x_n) + (\lim_{n\to\infty} y_n)$
>
> $(ii) \quad \lim_{n\to\infty}(x_n \cdot y_n) = (\lim_{n\to\infty} x_n) \cdot (\lim_{n\to\infty} y_n)$
>
> $(iii) \quad \lim_{n\to\infty}\left(\frac{x_n}{y_n}\right) = \frac{\lim_{n\to\infty} x_n}{\lim_{n\to\infty} y_n}, \quad \text{falls } \lim_{n\to\infty} y_n \neq 0.$

**Begründung:** Wir zeigen exemplarisch, wie man sich von der Gültigkeit der Regel (i) überzeugt. Für die anderen Regeln ist die Argumentation ähnlich.
Man betrachtet dazu zwei Folgen $(x_n)_{n\in\mathbb{N}}$ mit Grenzwert $x$ und $(y_n)_{n\in\mathbb{N}}$ mit Grenzwert $y$.
Zu einem festen $\varepsilon > 0$ findet man zunächst eine Zahl $N_1 \in \mathbb{N}$, so dass gilt:
$$|x_n - x| \leq \frac{\varepsilon}{2} \quad \text{für alle } n \geq N_1.$$

Weil auch die Folge $(y_n)_{n\in\mathbb{N}}$ konvergiert, findet man genauso eine Zahl $N_2 \in \mathbb{N}$, so dass
$$|y_n - y| \leq \frac{\varepsilon}{2} \quad \text{für alle } n \geq N_2.$$
Dass wir hier $\frac{\varepsilon}{2}$ statt dem $\varepsilon$ aus der ursprünglichen Definition genommen haben, ist kein Problem, da $|x_n - x|$ bzw. $|y_n - y|$ für große $n$ kleiner als *jede* positive Zahl werden.

Nun wählen wir als $N$ die *größere* der beiden Zahlen $N_1$ und $N_2$. Damit sind für $n \geq N$ beide Ungleichungen
$$|x_n - x| \leq \frac{\varepsilon}{2} \quad \text{und} \quad |y_n - y| \leq \frac{\varepsilon}{2}$$
gleichzeitig erfüllt. Aus der Dreiecksungleichung folgt nun, dass für alle $n \geq N(\varepsilon)$ gilt:
$$\big|(x_n + y_n) - (x+y)\big| \leq |x_n - x| + |y_n - y| < \frac{\varepsilon}{2} + \frac{\varepsilon}{2} = \varepsilon.$$
Nach der Definition der Konvergenz ist damit $x + y$ der Grenzwert der Folge $(x_n + y_n)_{n\in\mathbb{N}}$. □

### Beispiele :

1. $\displaystyle\lim_{n\to\infty} \frac{n}{n+1} = \lim_{n\to\infty}\left(1 - \frac{1}{n+1}\right) = \lim_{n\to\infty} 1 - \lim_{n\to\infty}\frac{1}{n+1} = 1 - 0 = 1$

2. $\displaystyle\lim_{n\to\infty}\left(3 + \frac{2}{n^3}\right)\frac{(-1)^n}{2n+5} = \lim_{n\to\infty}\left(3 + \frac{2}{n^3}\right)\cdot \lim_{n\to\infty}\frac{(-1)^n}{2n+5} = \left(3 + \lim_{n\to\infty}\frac{2}{n^3}\right)\cdot \lim_{n\to\infty}\frac{(-1)^n}{2n+5} = 3\cdot 0 = 0$

3. $\displaystyle\lim_{n\to\infty}\frac{n+1}{2n-1} = \lim_{n\to\infty}\frac{1 + \frac{1}{n}}{2 - \frac{1}{n}} = \frac{1 + \lim_{n\to\infty}\frac{1}{n}}{2 - \lim_{n\to\infty}\frac{1}{n}} = \frac{1}{2}$

### Beispiel (Hertzsche Pressung):

Werden zwei starre Kugeln mit der Kraft $\vec{F}$ gegeneinander gedrückt, dann berühren sie sich im idealisierten Fall nur in einem Punkt. Durch die immer vorhandene Elastizität entsteht aber in der Realität eine Berührungsfläche, auf der in beiden Körpern eine Spannung herrscht. Nach Arbeiten des Physiker Heinrich Hertz ist die Spannung in der Mitte am größten.

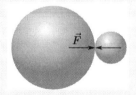

Diese Maximalspannung heißt auch *Hertzsche Pressung* und beträgt für Kugeln vom Radius $r_1, r_2$ mit Elastizitätsmodul $E_1$ bzw. $E_2$
$$p_{max} = \frac{1}{\pi} \cdot \sqrt[3]{\frac{1{,}5 \cdot FE^2}{r^2(1-\nu^2)^2}},$$
wobei $r = \dfrac{r_1 r_2}{r_1 + r_2}$, $E = 2\dfrac{E_1 E_2}{E_1 + E_2}$ und $1 - \nu^2 = \dfrac{E}{2} \cdot \left(\dfrac{1-\nu_1^2}{E_1} + \dfrac{1-\nu_2^2}{E_2}\right)$ mit den Poissonzahlen (Querkontraktionszahlen) $\nu_{1,2}$ der Kugeln zusammenhängt.

Den Fall, dass eine Kugel auf eine Ebene drückt, kann man als **Grenzfall** $r_2 \to \infty$ auffassen. In diesem Fall ist
$$r = \lim_{r_2\to\infty} \frac{r_1 r_2}{r_1 + r_2} = r_1 \cdot \lim_{r_2\to\infty} \frac{r_2}{r_2\left(\frac{r_1}{r_2} + 1\right)} = r_1.$$

## Weitere Grenzwerte

Ohne strengen Beweis geben wir jetzt noch einige Grenzwerte an, die hin und wieder von Nutzen sind:

1. Es ist
$$\lim_{n\to\infty} \sqrt[n]{2} = 1$$
und allgemeiner für jede positive Zahl $a > 0$
$$\lim_{n\to\infty} \sqrt[n]{a} = 1$$
Wenn man also immer „höhere" Wurzeln aus einer Zahl zieht, landet man schließlich (sehr nahe) bei Eins.

2. Es gilt sogar
$$\lim_{n\to\infty} \sqrt[n]{n} = 1$$
obwohl hier der Ausdruck unter der Wurzel immer weiter wächst.

3. Für $-1 < q < 1$ ist
$$\lim_{n\to\infty} nq^n = 0$$
d.h. das Abklingen der Folge $q, q^2, q^3, \ldots$ ist stärker als das Anwachsen der Folge $1, 2, 3, \ldots$.

4. Für $-1 < q < 1$ ist sogar
$$\lim_{n\to\infty} p(n)q^n = 0$$
für ein beliebiges Polynom $p(n) = a_0 + a_1 n + a_2 n^2 + \cdots + a_k n^k$ d.h. das Abklingen der Folge $q, q^2, q^3, \ldots$ ist sogar stärker als das Anwachsen der Folge $p(1), p(2), p(3), \ldots$.

## Grenzwerte durch Abschätzungen

### Definition (monotone Folge):

Eine Folge $(a_n)_{n\in\mathbb{N}}$ heißt **monoton wachsend**, falls $a_n \leq a_{n+1}$ für jedes $n \in \mathbb{N}$. Falls sogar $a_n < a_{n+1}$ für jedes $n \in \mathbb{N}$, dann heißt die Folge **streng monoton wachsend**.
Analog heißt eine Folge $(a_n)_{n\in\mathbb{N}}$ **monoton fallend**, wenn $a_n \geq a_{n+1}$ bzw. **streng monoton fallend**, wenn $a_n > a_{n+1}$ für alle $n \in \mathbb{N}$.

Bei einer monoton wachsenden Folge $(a_n)_{n\in\mathbb{N}}$ gibt es zwei mögliche Verhaltensweisen für $n \to \infty$:

▶ **Entweder** die Folgenglieder werden immer größer und wachsen über jede noch so große Zahl hinaus

▶ **oder** die Zuwächse werden immer geringer und alle Folgenglieder bleiben unterhalb einer bestimmten Zahl.

Dieses unterschiedliche Verhalten hängt wiederum eng mit der Konvergenz der Folge zusammen.

### Definition (beschränkte Folge):

Eine Folge $(a_n)_{n\in\mathbb{N}}$ heißt **beschränkt**, falls es eine Zahl $M > 0$ gibt, so dass $|a_n| \leq M$ ist für jedes $n \in \mathbb{N}$. Alle Folgenglieder liegen dann in dem (beschränkten!) Intervall $[-M, M]$.

Der folgende Satz besagt, dass sich jede monoton wachsende Folge, die nicht über alle Grenzen wächst, einem Grenzwert annähert.

### Satz 10.2 (Satz von der monotonen Konvergenz):

Sei $(x_n)_{n\in\mathbb{N}}$ eine monoton wachsende reelle Folge, die beschränkt ist. Dann hat die Folge $(x_n)_{n\in\mathbb{N}}$ einen Grenzwert, d.h. sie ist konvergent.

Erstaunlicherweise (oder je nach Standpunkt: bedauerlicherweise) besagt dieser Satz nur, dass es einen Grenzwert *gibt*, sagt aber nicht, *welche Zahl* dieser Grenzwert ist. Das kann aber auch ein Vorteil sein. Während man bei der ursprünglichen Definition der Konvergenz einen „Kandidaten" für den Grenzwert benötigt, um die Folge auf Konvergenz zu überprüfen, ist dies mit Satz 10.2 nicht notwendig. Man kann auf diese Weise auch konvergente Zahlenfolgen untersuchen, deren Grenzwert eine Zahl ist, die man noch gar nicht „kennt" oder die man nicht leicht errät.

### Beispiel (Die Eulersche Zahl e):

Sei $(e_n)_{n\in\mathbb{N}}$ die Folge der Zahlen
$$e_n = 1 + \frac{1}{1!} + \frac{1}{2!} + \cdots + \frac{1}{n!}$$
Dann ist die Folge $(e_n)_{n\in\mathbb{N}}$ eine monoton wachsende Folge und diese konvergiert gegen den Grenzwert
$$e := \lim_{n\to\infty} e_n.$$
Man nennt $e \approx 2,71828$ die **Eulersche Zahl** und schreibt auch
$$e = 1 + \frac{1}{1!} + \frac{1}{2!} + \frac{1}{3!} + \frac{1}{4!} + \cdots$$

**Begründung:** Die Monotonie der Folge sieht man sofort ein, da bei jedem Folgenglied zum vorhergehenden noch etwas hinzuaddiert wird. Dass die Folge beschränkt ist, erkennt man beispielsweise mit der folgenden Abschätzung

$$\begin{aligned} e_n &= 1 + \frac{1}{1!} + \frac{1}{2!} + + \frac{1}{3!} + \frac{1}{4!} \cdots + \frac{1}{n!} \\ &= 1 + \frac{1}{1} + \frac{1}{2} + \frac{1}{2\cdot 2} + \frac{1}{2\cdot 2\cdot 2} \cdots + \frac{1}{2\cdot\ldots\cdot 2} \\ &= 1 + (2 - \frac{1}{2^{n-1}}) \leq 3, \end{aligned}$$

wenn man die Summenformel für die geometrische Summe geschickt ausnutzt. Man erkennt also, dass *alle* Folgenglieder $e_n$ kleiner als 3 bleiben. Also ist die Folge $(e_n)_{n\in\mathbb{N}}$ monoton wachsend und von oben beschränkt und damit nach dem Satz von der monotonen Konvergenz eine konvergente Folge.

□

## Grenzwerte und Anordnung

Eine wichtige Eigenschaft von Grenzwerten besteht darin, dass sie die Anordnung nicht ändern. Wenn also eine Folge „kleiner" ist als die andere und beide konvergieren, dann kann der Grenzwert der kleineren Folge nicht größer sein als der Grenzwert der größeren Folge. Etwas präziser formuliert:

**Satz 10.3:**

Wenn für zwei konvergente Folgen $(x_n)_{n \in \mathbb{N}}$ und $(y_n)_{n \in \mathbb{N}}$ die Ungleichung

$$x_n \leq y_n \quad \text{für alle } n \in \mathbb{N}$$

erfüllt ist, dann ist auch $\lim_{n \to \infty} x_n \leq \lim_{n \to \infty} y_n$.

**Beweisidee:** Die Anordnung der Grenzwerte kann nicht anders sein, denn wenn der Grenzwert $\lim_{n \to \infty} x_n$ *größer* wäre als der Grenzwert $\lim_{n \to \infty} y_n$, dann könnte man ein Folgenglied $x_N$ und ein Folgenglied $y_N$ mit einem sehr großen Index $N$ finden, die beide schon sehr nahe an dem jeweiligen Grenzwert der Folge liegen. Die Folgenglieder und Grenzwerte würden also in etwa so auf der Zahlengeraden liegen:

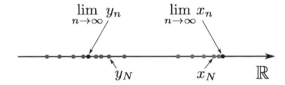

Das kann aber nicht sein, da die Voraussetzung $x_N \leq y_N$ nicht erfüllt wäre. Damit kann auch $\lim_{n \to \infty} x_n > \lim_{n \to \infty} y_n$ nicht wahr sein. □

**Achtung!** Es kann durchaus vorkommen, dass für alle $n \in \mathbb{N}$ sogar die echte Ungleichung $x_n < y_n$ gilt und trotzdem $\lim_{n \to \infty} x_n = \lim_{n \to \infty} y_n$ ist.

**Anregung zur weiteren Vertiefung:**

Überlegen Sie sich selbst ein Beispiel, bei dem tatsächlich immer $x_n < y_n$ ist und bei dem die Grenzwerte trotzdem übereinstimmen.

Man kann diesen Satz benutzen, um die Konvergenz einer Folge zu beweisen, indem man sie zwischen zwei Folgen mit demselben Grenzwert „einzwängt":

**Satz 10.4 (Vergleichskriterium, „Sandwich-Kriterium"):**

Seien $(x_n)_{n \in \mathbb{N}}$, $(y_n)_{n \in \mathbb{N}}$ und $(z_n)_{n \in \mathbb{N}}$ drei Folgen, die der Ungleichung

$$x_n \leq y_n \leq z_n \quad \text{für alle } n \in \mathbb{N}$$

genügen. Falls die Grenzwerte

$$\lim_{n \to \infty} x_n = \lim_{n \to \infty} z_n$$

existieren, dann konvergiert auch die Folge $(y_n)_{n \in \mathbb{N}}$ und es gilt

$$\lim_{n \to \infty} y_n = \lim_{n \to \infty} x_n = \lim_{n \to \infty} z_n.$$

> **Beispiele:**
>
> 1. Es ist $\lim_{n\to\infty} \frac{n^2 + \cos(3n)}{2n^2 + 3} = \frac{1}{2}$, denn da der Cosinus nur Werte zwischen $-1$ und $1$ annimmt, ist
> $$\frac{n^2 - 1}{2n^2 + 3} \leq \frac{n^2 + \cos(3n)}{2n^2 + 3} \leq \frac{n^2 + 1}{2n^2 + 3}$$
> Es ist aber
> $$\lim_{n\to\infty} \frac{n^2 - 1}{2n^2 + 3} = \lim_{n\to\infty} \frac{1 - \frac{1}{n^2}}{2 + \frac{3}{n^2}} = \frac{1}{2}$$
> und genauso $\lim_{n\to\infty} \frac{n^2 + 1}{2n^2 + 3} = \frac{1}{2}$. Daher ist die Folge $\left(\frac{n^2 + \cos(3n)}{2n^2 + 3}\right)$ trotz der Oszillationen des Cosinus zwischen zwei Folgen eingezwängt, die beide denselben Grenzwert haben. Also muss auch die Folge selbst gegen den Grenzwert $\frac{1}{2}$ konvergieren.
>
> 2. Es gilt
> $$\lim_{n\to\infty} \frac{n!}{n^n} = 0,$$
> denn
> $$0 \leq \frac{n!}{n^n} = \frac{1 \cdot 2 \cdot 3 \cdot \ldots \cdot n}{n^n} = \frac{1}{n} \cdot \frac{2}{n} \cdot \frac{3}{n} \cdots \frac{n}{n} \leq \frac{1}{n} \to 0.$$
>
> 3. Es ist $\lim_{n\to\infty} \sqrt[n]{2^n + 3^n} = 3$, denn etwas Jonglieren mit Potenzgesetzen zeigt
> $$3 = \sqrt[n]{3^n} \leq \sqrt[n]{2^n + 3^n} \leq \sqrt[n]{2 \cdot 3^n} = \sqrt[n]{2} \cdot \sqrt[n]{3^n}.$$
> Da
> $$\lim_{n\to\infty} \sqrt[n]{2}\sqrt[n]{3^n} = \lim_{n\to\infty} \sqrt[n]{2} \cdot \lim_{n\to\infty} \sqrt[n]{3^n} = 1 \cdot 3 = 3,$$
> ist die Folge $(\sqrt[n]{2^n + 3^n})$ zwischen zwei Folgen „eingequetscht", die beide gegen 3 konvergieren. Damit muss sie ebenfalls gegen 3 konvergieren.

## 10.5 Uneigentliche Grenzwerte

In gewissen Grenzen gelten die Rechenregeln für Grenzwerte auch noch für Folgen, die „gegen $+\infty$" oder „gegen $-\infty$" streben. Was wir damit genau meinen ist folgendes:

> **Definition (Uneigentliche Grenzwerte):**
>
> Sei $(a_n)_{n\in\mathbb{N}}$ eine Folge. Falls für jede noch so große Zahl $C > 0$ ein Index $N \in \mathbb{N}$ existiert, so dass
> $$a_n > C \quad \text{für alle } n \geq N,$$
> dann sagt man, die Folge **konvergiert uneigentlich gegen** $+\infty$.
> In (etwas missbräuchlicher) Notation schreibt man dann $\lim_{n\to\infty} x_n = +\infty$, obwohl die Folge streng genommen keinen Grenzwert besitzt.
> Analog nennt man $(a_n)_{n\in\mathbb{N}}$ uneigentlich konvergent gegen $-\infty$, falls es für jede Zahl $C > 0$ ein Index $N \in \mathbb{N}$ existiert, so dass $a_n < -C$ ist für alle $n \geq N$.

**Beispiele:**

1. Es ist $\lim_{n\to\infty} n! = +\infty$.

2. Für jedes $x > 1$ ist $\lim_{n\to\infty} x^n = +\infty$.

3. Für jedes $x < -1$ ist $\lim_{n\to\infty} x^{2n+1} = -\infty$.

4. Es ist $\lim_{n\to\infty} \sqrt{n} = +\infty$.

> **Bemerkung:**
>
> Die Rechenregeln für Grenzwerte gelten auch für uneigentlich konvergente Folgen, wenn man die naheliegenden Vorschriften
>
> $$\infty + c = \infty, \quad \infty + \infty = \infty, \quad \infty \cdot \infty = \infty \quad \text{und} \quad \infty \cdot (-\infty) = -\infty$$
>
> verwendet. Es gibt aber eine ganze Reihe Ausdrücke mit $\pm\infty$, mit denen man nicht sinnvoll rechnen kann, zum Beispiel
>
> $$\infty + (-\infty), \quad \frac{\infty}{\infty} \quad \text{oder} \quad 0 \cdot \infty.$$
>
> Hier muss man andere Überlegungen anstellen, um die entsprechenden Grenzwerte zu bestimmen.

> Den Grenzwert für $n \to \infty$ von Folgen, die der Quotient von zwei Polynomen sind, kann man mit etwas Übung „sehen".
>
> ▶ Falls der Grad des Zählerpolynoms *kleiner* ist als der Grad des Nennerpolynoms, dann strebt die Folge für $n \to \infty$ gegen 0, denn beim Ausklammern der höchsten Potenzen bleibt im Nenner noch eine Potenz von $n$ übrig.
>
> ▶ Falls der Grad des Zählerpolynoms *größer* ist als der Grad des Nennerpolynoms, dann strebt die Folge für $n \to \infty$ gegen $+\infty$ oder $-\infty$. Die Folge ist also uneigentlich konvergent.
>
> ▶ Falls der Grad des Zählerpolynoms *gleich* dem Grad des Nennerpolynoms ist, dann konvergiert die Folge für $n \to \infty$ gegen das Verhältnis der führenden Koeffizienten.
>
> Vorsicht ist geboten, wenn der Grad des Zähler- oder Nennerpolynoms nicht ganz offensichtlich zu erkennen ist, zum Beispiel bei
>
> $$\lim_{n\to\infty} \frac{(n-1)^3 - (n-2)^3}{(n+2)^2 - (2n+1)^2}.$$
>
> Nach dem Ausmultiplizieren und Vereinfachen wird daraus nämlich
>
> $$\lim_{n\to\infty} \frac{n^3 - 3n^2 + 3n - 1 - (n^3 - 6n^2 + 12n - 8)}{n^2 + 4n + 4 - (4n^2 + 4n + 1)} = \lim_{n\to\infty} \frac{3n^2 - 9n + 7}{-3n^2 + 3} = -1.$$

## 10.6 Funktionsgrenzwerte und Stetigkeit

> **Definition (Funktionsgrenzwerte):**
>
> Sei $f : D \to \mathbb{R}$ eine Funktion und $x_0 \in \mathbb{R}$. Man sagt, dass $f$ für $x \to x_0$ den Grenzwert $a$ hat, wenn für jede Folge $(x_n)_{n \in \mathbb{N}}$ mit $x_n \in D \setminus \{x_0\}$ und $\lim_{n \to \infty} x_n = x_0$ gilt:
> $$\lim_{n \to \infty} f(x_n) = a.$$
> Man schreibt in diesem Fall
> $$\lim_{x \to x_0} f(x) = a.$$

Anschaulich bedeutet der Grenzübergang $x \to x_0$, dass $x$ der Stelle $x_0$ beliebig nahe kommt, den Wert $x_0$ aber *nicht* annimmt. Es wird dabei vorausgesetzt, dass es eine Folge im Definitionsbereich von $f$ gibt, die gegen $x_0$ konvergiert. Oft erlaubt man auch uneigentliche Grenzwerte und schreibt $\lim_{x \to x_0} f(x) = +\infty$ oder $\lim_{x \to x_0} f(x) = -\infty$, falls die Folge $(f(x_n))_{n \in \mathbb{N}}$ den uneigentlichen Grenzwert $+\infty$ oder $-\infty$ besitzt.

**Beispiel:** Es ist $\lim_{x \to 0} \frac{1}{x^2} = +\infty$, denn wenn $x$ sich immer mehr der Zahl 0 nähert, wächst $\frac{1}{x^2}$ über jede Grenze.

Grenzwerte von Funktionen können verwendet werden, um spezielle Grenzfälle (kleine Massen, kleines Massenverhältnis, große Abstände,...) zu berechnen.

> **Beispiel (Elastischer Stoß):**
>
> Beim idealen elastischen Stoß von zwei Massen gelten
>
> der Energieerhaltungssatz $\quad \frac{1}{2}m_1 u_1^2 + \frac{1}{2}m_2 u_2^2 = \frac{1}{2}m_1 v_1^2 + \frac{1}{2}m_2 v_2^2$ und
> der Impulserhaltungssatz $\quad m_1 u_1 + m_2 u_2 = m_1 v_1 + m_2 v_2,$
>
> wobei $u_1$, $u_2$ die Geschwindigkeiten vor dem Stoß und $v_1$, $v_2$ die Geschwindigkeiten nach dem Stoß sind.
>
>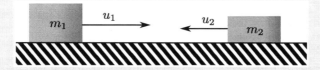
>
> Durch algebraische Umformungen kann man aus diesen beiden Gleichungen die Geschwindigkeiten nach dem Stoß aus $u_1$ und $u_2$ berechnen:
> $$v_1 = \frac{m_1 u_1 + m_2(-u_1 + 2u_2)}{m_1 + m_2}, \quad v_2 = \frac{m_1(2u_1 - u_2) + m_2 u_2}{m_1 + m_2}$$
>
> Als Grenzfälle kann man beispielsweise den Fall betrachten, dass eine sehr viel größere Masse auf eine kleine trifft ($m_2 \to 0$). Physikalisch ergibt der Grenzfall $m_2 = 0$ natürlich wenig Sinn (was ist eine masselose Kugel?), aber die Geschwindigkeiten im Grenzfall $m_2 = 0$
> $$v_1 = u_1, \quad v_2 = 2u_1 - u_2$$
> sind eine gute Näherung für die Geschwindigkeiten im Fall $m_1 \gg m_2$.

Aus den Rechenregeln für Grenzwerte von Folgen erhält man unmittelbar

### Satz 10.5 (Rechenregeln für Funktionsgrenzwerte):

Seien $f$ und $g$ zwei Funktionen, für die die Grenzwerte $\lim_{x \to x_0} f(x)$ und $\lim_{x \to x_0} g(x)$ beide existieren. Dann gilt
$$\lim_{x \to x_0} (f(x) + g(x)) = \lim_{x \to x_0} f(x) + \lim_{x \to x_0} g(x)$$
$$\lim_{x \to x_0} (f(x) - g(x)) = \lim_{x \to x_0} f(x) - \lim_{x \to x_0} g(x)$$
$$\lim_{x \to x_0} (f(x) \cdot g(x)) = \lim_{x \to x_0} f(x) \cdot \lim_{x \to x_0} g(x)$$
$$\lim_{x \to x_0} \frac{f(x)}{g(x)} = \frac{\lim_{x \to x_0} f(x)}{\lim_{x \to x_0} g(x)} \quad \text{falls} \quad \lim_{x \to x_0} g(x) \neq 0$$
$$\lim_{x \to x_0} (c \cdot f(x)) = c \cdot \lim_{x \to x_0} f(x) \quad \text{für alle} \ c \in \mathbb{R}$$

## Stetigkeit

Wenn man in einer Versuchsanordnung eine Inputgröße regeln kann, erwartet man typischerweise, dass kleine Änderungen (wenig Drehen am Regler) auch nur kleine Änderungen am Output bewirken. Diese Eigenschaft, dass eine kontinuierliche Änderung von $x$ auch eine allmähliche Änderung von $f(x)$ bewirkt ohne dass Sprünge auftreten, nennt man Stetigkeit. Sie ist in aller Regel die Mindestanforderung an „vernünftige" Funktionen, mit denen man technische Vorgänge beschreibt.

Es ist aber natürlich nicht so, dass diese Eigenschaft automatisch vorhanden ist. Ein anschauliches Beispiel ist das plötzliche Abknicken eines Stabs.

### Beispiel (Eulerscher Knickstab):

Wir betrachten einen langen elastischen Stab, auf den in Achsenrichtung eine Kraft $\vec{F}$ ausgeübt wird. Wenn die Kraft wirklich exakt in Achsenrichtung wirkt, wird selbst eine sehr große Kraft nur eine kleine Längenänderung bewirken.
In der Realität ist die Kraft aber niemals *genau* parallel zur Achse. Solange die Kraft klein ist, macht das kaum einen Unterschied, aber ab einer gewissen Schwelle beobachtet man, dass der Stab plötzlich „knickt" und sich verbiegt. Tastet man sich an diesen Punkt heran, dann schafft man es, mit einer sehr, sehr kleinen Änderung der Druckkraft eine große Wirkung zu erzielen. Im Ingenieurs-Alltag hat diese Unstetigkeit insofern eine Bedeutung als man natürlich Träger und Säulen so konstruiert, dass diese *Eulersche Knicklast* gerade nicht auftritt.

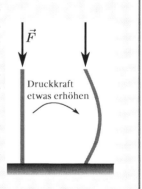

Weitere Beispiele für „natürliche" unstetige Vorgänge sind Brüche oder Rissbildungen.

### Definition (Stetigkeit):

Eine Funktion $f$ heißt **stetig** an der Stelle $x_0$, falls $\lim_{x \to x_0} f(x) = f(x_0)$ gilt. Die Funktion heißt stetig, wenn sie an jedem Punkt ihres Definitionsbereiches stetig ist.

## Beispiele:

1. Die quadratische Funktion $q(x) = x^2$ ist überall stetig, denn wenn $x = x_0 + h$ ist, dann ist $q(x) = (x_0 + h)^2 = x_0^2 + 2x_0 h + h^2$ und dieser Ausdruck strebt für $h \to 0$ gegen $q(x_0) = x_0^2$.

2. Die Betragsfunktion $g(x) = |x|$ ist ebenfalls stetig.

3. Die Funktion $k(x) = \frac{1}{x}$ ist für alle $x \in \mathbb{R} \setminus \{0\}$ definiert. Sie ist auf ihrem gesamten Definitionsbereich stetig (denn die Null gehört nicht dazu, das heißt, wir reden einfach nicht über die Null). Definiert man jedoch eine neue Funktion

$$\tilde{k}(x) = \begin{cases} \frac{1}{x} & \text{für } x \neq 0 \\ c & \text{für } x \neq 0 \end{cases}$$

mit irgendeinem beliebigen Wert $c \in \mathbb{R}$, dann ist $\tilde{k}$ immer unstetig in $x = 0$, denn beispielsweise ist $x_n = \frac{1}{n}$ eine Folge, die gegen 0 konvergiert, aber $\tilde{k}(x_n) = n$ konvergiert uneigentlich gegen unendlich und damit sicher *nicht* gegen den Wert $c$.

## Satz 10.6:

Seien $f, g : D \to \mathbb{R}$ zwei stetige Funktionen mit Definitionsbereich $D$. Dann gilt:

(i) Die Funktionen $f + g$, $f - g$ und $f \cdot g$ sind stetig. Falls $g(x) \neq 0$ für alle $x$, dann ist auch $f/g$ stetig.

(ii) die Hintereinanderausführung $g \circ f$ ist stetig (vorausgesetzt, dass $f(x)$ für alle $x$ im Definitionsbereich von $g$ liegt).

**Achtung!** Nicht nur Sprungstellen können für die Unstetigkeit einer Funktion sorgen, es gibt auch andere Ursachen, insbesondere starke Oszillationen in der Nähe eines Punktes. Selbst Wertetabellen können hier ziemlich in die Irre führen.

**Beispiel:** Auch wenn wir die Sinusfunktion ganz genau erst im kommenden Kapitel betrachten, schauen wir uns als Beispiel dafür die Funktion $f(x) = \sin\left(\frac{\pi}{x}\right)$ mit einer harmlos aussehenden Wertetabelle an.

| $x$ | $\sin(\pi/x)$ |
|---|---|
| 1,0 | 0 |
| 0,5 | 0 |
| 0,4 | 1 |
| 0,3 | -0,866 |
| 0,2 | 0 |
| 0,1 | 0 |
| 0,05 | 0 |
| 0,01 | 0 |
| 0,001 | 0 |

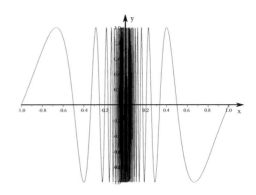

Das Schaubild der Funktion ist auf der rechten Seite so gut wie möglich skizziert. Obwohl an keiner Stelle ein „Sprung" zu sehen ist, ist die Funktion in $x = 0$ nicht stetig ganz egal, wie man den Funktionswert von $f$ an der Stelle $x = 0$ auch definiert, denn in der Nähe von $x = 0$ treten alle Zahlen zwischen $-1$ und $+1$ unendlich oft als Funktionswerte auf.

> Untersucht man eine Funktion auf Stetigkeit, dann sollte man folgende Punkte berücksichtigen:
>
> ▶ Kann ein Nenner Null werden?
>
> ▶ Kann unter einer Wurzel etwas Negatives stehen?
>
> ▶ Versucht man, den Logarithmus einer nicht-positiven Zahl zu bilden?
>
> Bei den durch diese Punkte verursachten Einschränkungen des Definitionsbereichs ist es immer sinnvoll nachzuschauen, wie die Funktion sich in der Nähe der „verbotenen" Stellen verhält.

## Stückweise definierte Funktionen

Gelegentlich hat man mit Funktionen zu tun, die in verschiedenen Intervallen unterschiedlich definiert sind. Am Übergang dieser Intervalle muss man dann den rechts- und linksseitigen Funktionsgrenzwert untersuchen und feststellen, ob diese Grenzwerte mit dem Funktionswert übereinstimmen.

> **Definition (einseitige Grenzwerte):**
>
> Sei $f : (a, b) \to \mathbb{R}$ auf einem offenen Intervall definiert. Dann existiert für $f$ der **linksseitige Grenzwert**, falls für jede Folge $(x_n)_{n \in \mathbb{N}}$ mit $x_n \leq b$ und $\lim_{n \to \infty} x_n = b$ gilt: $\lim_{n \to \infty} f(x_n) = c$.
> Wir benutzen die Schreibweise $\lim_{x \to b-} f(x) = c$ für diesen linksseitigen Grenzwert. Andere Schreibweisen sind $\lim_{x \nearrow b} f(x) = c$ oder $\lim_{x \to b-0} f(x) = c$.
> Analog existiert der rechtsseitige Grenzwert $\tilde{c} := \lim_{x \to a+} f(x)$, falls für jede Folge $(x_n)_{n \in \mathbb{N}}$ mit $x_n \geq a$ und $\lim_{n \to \infty} x_n = a$ gilt: $\lim_{n \to \infty} f(x_n) = \tilde{c}$. Andere Schreibweisen für rechtsseitige Grenzwerte sind $\lim_{x \searrow a} f(x) = \tilde{c}$ und $\lim_{x \to a+0} f(x) = \tilde{c}$.

Als Beispiel betrachten wir die Funktion $f : \mathbb{R} \to \mathbb{R}$ mit

$$f(x) = \begin{cases} 1 - x, & \text{falls } x < 1 \\ \sqrt{x - 1}, & \text{falls } x \geq 1 \end{cases}$$

Die Stetigkeit dieser Funktion ergibt sich für $x < 1$, weil die lineare Funktion $f_1(x) = 1 - x$ stetig ist und für $x > 0$, weil die Verkettung der Wurzelfunktion mit $f_2(x) = x - 1$ ebenfalls stetig ist. Die „Nahtstelle" $x = 1$ muss gesondert untersucht werden. Hier kann man folgendermaßen argumentieren: Für eine Folge $(x_n)_{n \in \mathbb{N}}$ mit $x_n > 1$ und $x_n \to 1$ konvergiert $x_n - 1$ gegen 0 und damit auch $\sqrt{x_n - 1} \to 0 = f(1)$. Der rechtsseitige Grenzwert von $f$ ist also $\lim_{x \to 0+} f(x) = 0$.
Die Funktion $f_1(x) = 1 - x$ ist an sich auf ganz $\mathbb{R}$ stetig. Also ist für eine Folge $(x_n)_{n \in \mathbb{N}}$ mit $x_n < 1$ und $x_n \to 1$ auch $\lim_{n \to \infty} f(x_n) = \lim_{x \to 0-} f(x) = 0 = f(1)$.

Damit stimmen der links- und rechtsseitige Grenzwert und der Funktionswert überein, die Funktion ist also stetig.

## Stetige Funktionen auf kompakten Intervallen

Betrachtet man stetige Funktionen auf einem abgeschlossenen Intervall $[a, b]$, dann kann man einige Aussagen treffen, die im allgemeinen so nicht gelten.

### Definition (kompaktes Intervall):

Ein Intervall der Form $[a, b]$ mit $a, b \in \mathbb{R}$ heißt **kompaktes Intervall**.

### Satz 10.7 (Satz vom Maximum):

Sei $f : [a, b] \to \mathbb{R}$ stetig. Dann ist die Funktion $f$ auf diesem Intervall beschränkt. Sie nimmt sogar ihren größten und kleinsten Wert an, d.h. es existiert ein $x_{max} \in [a, b]$ so dass

$$f(x_{max}) \geq f(x) \quad \text{für alle} \quad x \in [a, b]$$

und ein $x_{min}$, so dass

$$f(x_{min}) \leq f(x) \quad \text{für alle} \quad x \in [a, b].$$

### Anregung zur weiteren Vertiefung :

Machen Sie sich durch Beispiele klar, dass diese Eigenschaften weder dann gelten müssen, wenn $f : (a, b) \to \mathbb{R}$ eine stetige Funktion auf einem *offenen Intervall* ist, noch dann, wenn $f : [a, b] \to \mathbb{R}$ auf dem abgeschlossenen Intervall $[a, b]$ definiert ist, aber unstetig ist und beispielsweise eine oder mehrere Sprungstellen besitzt.

### Satz 10.8 (Zwischenwertsatz):

Sei $f : [a, b] \to \mathbb{R}$ eine stetige Funktion. Dann nimmt $f$ auf $(a, b)$ jeden Wert zwischen $f(a)$ und $f(b)$ an. Für jede Zahl $c$ zwischen $f(a)$ und $f(b)$ gibt es also ein $\xi \in (a, b)$ mit $f(\xi) = c$.

Der Zwischenwertsatz ist eine reine *Existenzaussage*. Er gibt keine Methode an, wie man die Stelle $\xi$ findet. Eine Möglichkeit besteht darin, dass man das Intervall $[a, b]$ immer wieder halbiert und mit Hilfe des Zwischenwertsatzes feststellt, in welchem der beiden Teilintervalle die gesuchte Stelle $\xi$ liegt. Mit diesem *Intervallhalbierungsverfahren* kann man $\xi$ zwar nicht exakt, aber mit beliebiger Genauigkeit bestimmen.

### Bemerkung :

Die mit Abstand häufigste Anwendung des Zwischenwertsatzes ist bei der Suche nach Nullstellen von Funktionen. Wenn $f : [a, b] \to \mathbb{R}$ eine stetige Funktion ist und wenn $f(a)$ und $f(b)$ verschiedene Vorzeichen haben, wenn also $f(a) \cdot f(b) < 0$ ist, dann muss $f$ nach dem Zwischenwertsatz im Intervall $(a, b)$ mindestens eine Nullstelle besitzen.

Eine oft benutzte Folgerung aus dem Zwischenwertsatz ist die folgende nützliche Aussage:

## Satz 10.9:

Jedes Polynom ungeraden Grades besitzt (mindestens) eine reelle Nullstelle.

**Begründung:** Sei
$$p(x) = a_{2n+1}x^{2n+1} + a_{2n}x^{2n} + \cdots + a_2 x^2 + a_1 x + a_0$$
ein Polynom ungeraden Grades. Wenn $x = R$ eine sehr große Zahl ist, dann ist für das Vorzeichen von $p(R)$ nur der am schnellsten wachsende Term $a_{2n+1}x^{2n+1}$ ausschlaggebend, $p(R)$ hat also dasselbe Vorzeichen wie $a_{2n+1}$.
Wenn $x = -R$ sehr negativ ist, ist mit demselben Argument das Vorzeichen von $p(-R)$ alleine durch den Term $a_{2n+1}(-R)^{2n+1}$ mit der höchsten Potenz bestimmt, $p(-R)$ hat also das entgegengesetzte Vorzeichen wie $a_{2n+1}$.
Von den beiden Funktionswerten $p(R)$ und $p(-R)$ ist daher für hinreichend großes $R$ einer positiv und einer negativ. Da Polynome immer stetig sind, lässt sich der Zwischenwertsatz anwenden, der besagt, dass der Wert 0, der zwischen $p(-R)$ und $p(R)$ liegt, irgendwo im Intervall $[-R, R]$ von $p$ angenommen wird. Das Polynom hat also in $[-R, R]$ eine Nullstelle. □

## Nach diesem Kapitel sollten Sie unter anderem ...

... wissen, was eine Zahlenfolge ist

... anhand eines Beispiels erklären können, was eine rekursiv definierte Folge ist

... die $\varepsilon$-Definition der Konvergenz an einem Beispiel erklären können

... die wichtigen elementaren Grenzwerte $\lim_{n \to \infty} \frac{1}{n} = 0$ und $\lim_{n \to \infty} q^n = 0$ für $|q| < 1$ kennen

... die Rechenregeln für Grenzwerte anwenden können

... Konvergenznachweise mit Hilfe des Satzes über monotone Konvergenz führen können

... Konvergenznachweise mit Hilfe des Einschließungskriteriums führen können

... die Definition der Eulerschen Zahl als Grenzwert kennen

... den Umgang mit uneigentlichen Grenzwerten beherrschen

... wissen, wie Funktionsgrenzwerte und die Stetigkeit einer Funktion definiert sind

... eine gegebene Funktion auf Stetigkeit untersuchen können

... den Satz vom Maximum und den Zwischenwertsatz kennen und anwenden können

## Aufgaben zu Kapitel 10

1. (a) Gegeben sei die Zahlenfolge $(a_n)_{n \in \mathbb{N}}$ mit $a_n = \dfrac{1}{\sqrt{n^2 - n + 1}}$ und eine positive Zahl $\varepsilon > 0$.
   Bestimmen Sie die *kleinste* natürliche Zahl $N_0(\varepsilon)$, so dass $a_n < \varepsilon$ ist für alle $n \geq N_0(\varepsilon)$.
   *Hinweis:* Sie dürfen gerne die *Gauß-Klammer* $[x]$ einer reellen Zahl $x$ verwenden. Sie bezeichnet die größte ganze Zahl, die kleiner oder gleich $x$ ist.

   (b) Gegeben sei die Zahlenfolge $(b_n)_{n \in \mathbb{N}}$ mit $b_n = \dfrac{1}{\sqrt{n^5 - n^2 + 1}}$ und eine positive Zahl $\varepsilon > 0$.
   Bestimmen Sie eine *beliebige* natürliche Zahl $N_1(\varepsilon)$, so dass $b_n < \varepsilon$ ist für alle $n \geq N_1(\varepsilon)$.

2. Untersuchen Sie die angegebenen Zahlenfolgen auf Konvergenz:
   (a) $x_n = \dfrac{3n^3 + (-1)^n n^2 - 4}{(2n+1)^3}$

   (b) $x_n = \left(\dfrac{2n+13}{5n-1}\right)^2$

   (c) $x_n = \dfrac{n \cdot 2^n}{3^n + 1}$

   (d) $x_n = \sqrt{n + \sqrt{2n}} - \sqrt{n}$

   (e) $x_n = \dfrac{n \cdot \cos(2n)}{n + \sin(n)}$
   (Hier müssen Sie über Sinus und Cosinus nur wissen, dass $\cos(2n)$ und $\sin(n)$ immer zwischen $-1$ und $1$ liegen.)

   (f) $x_n = \sqrt[n]{3 + \dfrac{2n+3}{n+2}}$

   (g) $x_n = \dfrac{(n^2 + 2n + 3) \cdot 2^n}{3^n}$

3. Finden Sie reelle Zahlenfolgen mit den folgenden Eigenschaften:
   (a) Eine Folge $(x_n)_{n \in \mathbb{N}}$, die nicht monoton ist und die gegen 99 konvergiert.
   (b) Eine Folge $(y_n)_{n \in \mathbb{N}}$, die monoton fallend und nicht konvergent ist.
   (c) Eine Folge $(z_n)_{n \in \mathbb{N}}$, die streng monoton wachsend ist und gegen 0 konvergiert.
   (d) Zwei Folgen $(a_n)_{n \in \mathbb{N}}$ und $(b_n)_{n \in \mathbb{N}}$, die beide divergent sind, für die aber $(a_n \cdot b_n)_{n \in \mathbb{N}}$ eine konvergente Folge ist.

4. Aus der Schule kennen Sie vielleicht den Grenzwert
$$\lim_{n \to \infty} \left(1 + \frac{1}{n}\right)^n = e$$
für die eulersche Zahl $e$. Benutzen Sie diesen Grenzwert, um die Grenzwerte
$$\lim_{n \to \infty} \left(1 + \frac{1}{n}\right)^{3n+999} \quad \text{und} \quad \lim_{n \to \infty} \left(\frac{n}{n+1}\right)^{2n}$$
zu bestimmen.

5. **Uneigentliche Konvergenz**
   Die Folge $(a_n)_{n\in\mathbb{N}}$ heißt **uneigentlich konvergent** mit $\lim\limits_{n\to\infty} a_n = +\infty$, falls man zu jeder noch so großen Zahl $C > 0$ einen Index $N$ finden kann, so dass $a_n > C$ ist, falls $n > N$ ist. Zeigen Sie:
   (a) Falls die Folge $(b_n)_{n\in\mathbb{N}}$ ebenfalls uneigentlich konvergent ist mit $\lim\limits_{n\to\infty} b_n = +\infty$, dann gilt $\lim\limits_{n\to\infty}(a_n + b_n) = +\infty$.
   (b) Falls $(b_n)_{n\in\mathbb{N}}$ konvergent ist mit $\lim\limits_{n\to\infty} b_n = b$, dann gilt $\lim\limits_{n\to\infty}(a_n + b_n) = +\infty$.
   Dies rechtfertigt die Grenzwertsätze auch in der Form „$\infty + \infty = \infty$" und „$\infty + b = \infty$". Es gibt allerdings auch Fälle, in denen man vorsichtig sein muss, zum Beispiel ist der Ausdruck „$\infty - \infty$" unbestimmt, kann also in verschiedenen Situationen verschiedene Werte annehmen.

6. Bestimmen Sie die folgenden Grenzwerte, falls diese existieren:
   (a) $\lim\limits_{x\to 0} \frac{2x}{x+\cos(x)}$
   (b) $\lim\limits_{x\to -9} \frac{\sqrt{|x|}+3}{x+3}$
   (c) $\lim\limits_{x\to 2} \frac{1}{x-2} \cdot \left(\frac{1}{x+2} - \frac{2}{3x+2}\right)$

7. **Schräge Asymptoten**
   Bestimmen Sie den maximalen Definitionsbereich, alle Nullstellen, alle Polstellen, die einseitigen uneigentlichen Grenzwerte an den Polstellen und die uneigentlichen Grenzwerte für $x \to \pm\infty$ der Funktion
   $$f(x) = \frac{2x^3 + x^2 - 6x}{x^2 - 1}$$
   Finden Sie außerdem Zahlen $m, b \in \mathbb{R}$, so dass $\lim\limits_{x\to\pm\infty}(f(x) - (mx+b)) = 0$ ist und skizzieren Sie mit all diesen Informationen das Schaubild von $f$.

8. Für welchen Wert des Parameters $a \in \mathbb{R}$ ist die Funktion
   $$f(x) = \begin{cases} \cos(\frac{\pi}{2}x) & \text{für } x \leq 1 \\ (x-a)^3 & \text{für } x > 1 \end{cases}$$
   stetig?
   ☐ $a = -\pi$
   ☐ $a = -1$
   ☐ $a = 1$
   ☐ $a = -\frac{\pi}{2}$
   ☐ $a = \frac{\pi}{2}$

9. Mit dem Zwischenwertsatzes kann man nachweisen, dass die Funktion $g(x) = 3^x - 2x^2 + 1 \ldots$
   ☐ eine Nullstelle zwischen $-3$ und $-2$ besitzt.
   ☐ eine Nullstelle zwischen $-2$ und $-1$ besitzt.
   ☐ eine Nullstelle zwischen $-1$ und $0$ besitzt.
   ☐ eine Nullstelle zwischen $0$ und $1$ besitzt.
   ☐ eine Nullstelle zwischen $1$ und $2$ besitzt.

# 11 Elementare Funktionen

## 11.1 Polynome

Viele physikalische Zusammenhänge lassen sich durch Gesetzmäßigkeiten der Form $y = c \cdot x^n$ mit $n \in \mathbb{N}$ beschreiben. Meistens ist sogar $n = 1, 2$ oder $3$, aber hin und wieder kommen auch größere Exponenten vor. Zum Beispiel beträgt das Flächenträgheitsmoment eines Balkens der Breite $b$ und Höhe $h$ mit rechteckigem Querschnitt $\frac{1}{12}bh^3$, bei einem T-Träger kann es jedoch proportional zu $h^4$ sein.

Wenn mehrere derartige Einflüsse eine Rolle spielen, dann addieren sich diese oft. Solche Zusammenhänge werden dann durch *Polynome* beschrieben.

> **Definition (rationale Funktion):**
>
> Eine Funktion $p : \mathbb{R} \to \mathbb{R}$ der Form
>
> $$p(x) = a_0 + a_1 x + a_2 x^2 + \cdots + a_n x^n$$
>
> heißt **Polynom** oder **ganzrationale Funktion**. Die Zahlen $a_0, a_1, \ldots, a_n$ heißen **Koeffizienten**, die größte Zahl $n$, für die $a_n \neq 0$ ist, nennt man den **Grad** des Polynoms.

Mit Hilfe des Summenzeichens kann man ein Polynom auch sehr kompakt als

$$p(x) = \sum_{k=0}^{n} a_k x^k$$

schreiben.

Am häufigsten begegnet man den rationalen Funktionen mit kleinem Grad also

- ▶ den **affin-linearen** Funktionen $p(x) = a_0 + a_1 x$ vom Grad 1,
- ▶ den **quadratischen** Funktionen $p(x) = a_0 + a_1 x + a_2 x^2$ vom Grad 2 und
- ▶ den **kubischen** Funktionen $p(x) = a_0 + a_1 x + a_2 x^2 + a_3 x^3$ vom Grad 3.

Affin-lineare Funktionen hatten wir im Abschnitt über Geraden schon behandelt. Sie sind sehr häufig, aber auch quadratische Funktionen findet man nicht so selten, da man deren Nullstellen explizit berechnen kann.

### Allgemeine Potenzfunktionen

Für $n \in \mathbb{N}$ ist die $n$-te Potenz $x^n$ einer Zahl $x$ eine Kurzschreibweise für das $n$-malige Produkt der Zahl mit sich selbst:

$$x^n = \underbrace{x \cdot x \cdot x \cdots \cdot x}_{n \text{ Faktoren}}$$

Für diese gilt $x^n \cdot x^m = x^{n+m}$, wie man sich durch Abzählen der Faktoren klarmacht. Setzt man $x^0 := 1$ und $x^{-n} := \frac{1}{x^n}$, so gilt diese Regel weiter, und zwar für $m, n \in \mathbb{Z}$.

### Satz 11.1 (Potenzgesetze):

Für $x \neq 0$ und $m, n \in \mathbb{Z}$ ist

(i) $x^n \cdot x^m = x^{n+m}$

(ii) $\dfrac{x^n}{x^m} = x^{n-m}$

(iii) $(x^n)^m = x^{n \cdot m}$

### Beispiel (Dimensionsanalyse):

Potenzgesetze benutzt man unter anderem, wenn es darum geht, die Dimension von physikalischen Größen zu bestimmen.
Das Newtonsche Gravitationsgesetz sagt aus, dass zwei Körper der Massen $m$ und $M$, die den Abstand $r$ voneinander haben sich mit der Kraft

$$F = \gamma \frac{mM}{r^2}$$

gegenseitig anziehen. Um die Dimension der *Gravitationskonstante* $\gamma$ zu bestimmen, betrachtet man die Einheiten

$$\left[\frac{kg\, m}{s^2}\right] = [\gamma] \cdot \left[\frac{kg^2}{m^2}\right]$$

woraus als Einheit von $\gamma$ folgt

$$[\gamma] = \frac{\left[\dfrac{kg\, m}{s^2}\right]}{\left[\dfrac{kg^2}{m^2}\right]} = \left[\frac{kg^{1-2}\, m^{1+2}}{s^2}\right] = \left[\frac{m^3}{kg\, s^2}\right]$$

### Definition ($n$-te Wurzel):

Die $n$-**te Wurzel** $\sqrt[n]{a}$ einer nicht-negativen Zahl $a \geq 0$ ist definiert als die eindeutige nicht-negative Lösung $y$ der Gleichung $y^n = a$.

Die $n$-te Wurzel kann man also nur aus nicht-negativen Zahlen ziehen. Indem man sich auf die nicht-negative Lösung festlegt, vermeidet man Probleme, die sich daraus ergeben, dass die Gleichung $y^n = a$ für gerades $n$ und $a > 0$ zwei Lösungen besitzt.
Die Potenzgesetze bleiben weiter gültig für rationale Exponenten, wenn man

$$x^{\frac{m}{n}} := \sqrt[n]{x^m}$$

setzt, also insbesondere

$$x^{1/2} = \sqrt{x} \text{ und } x^{1/n} = \sqrt[n]{x}.$$

Später werden wir $x^\alpha$ auch für irrationale $\alpha$ betrachten, dazu muss man jedoch Grenzwerte betrachten, im Moment beschränken wir uns daher auf rationale $\alpha \in \mathbb{Q}$.

Das folgende Diagramm zeigt die Schaubilder von Potenzfunktionen $x^{m/n}$ für verschiedene Exponenten:

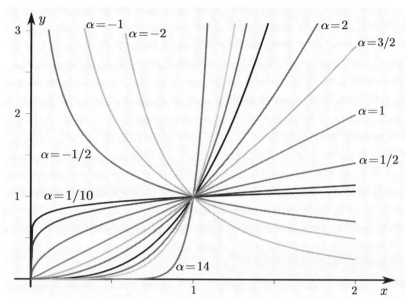

Die folgenden Eigenschaften der Schaubilder von Potenzfunktionen $x^\alpha$ mit $\alpha \neq 0$ sollte man immer im Hinterkopf haben:

▶ alle Schaubilder sind monoton: wachsend für $\alpha > 0$ und fallend für $\alpha < 0$

▶ alle Schaubilder verlaufen durch den Punkt $(1,1)$

▶ Für $\alpha > 0$ streben die Funktionswerte für $x \to \infty$ gegen $+\infty$

▶ Für $\alpha < 0$ streben die Funktionswerte für $x \to 0$ gegen $+\infty$ und konvergieren für $x \to \infty$ gegen $0$

## Rationale Funktionen

### Definition (Rationale Funktion):

Eine **rationale Funktion** (oder manchmal auch **gebrochen-rationale Funktion**) ist eine Funktion $f$ der Form
$$f(x) = \frac{p(x)}{q(x)},$$
wobei $p$ und $q$ Polynome sind.

Der Definitionsbereich von $f$ ist $\mathbb{R}\setminus N_q$, wobei $N_q$ die Nullstellenmenge von $q$ ist. Eine rationale Funktion ist auf ihrem ganzen Definitionsbereich stetig. Was das Verhalten in der Nähe der Definitionslücken angeht, so handelt es sich typischerweise um Polstellen.
Sei $x_0 \in N_q$ eine Nullstelle von $q$. Wir bezeichnen mit $r > 0$ die Vielfachheit der Nullstelle $x_0$ als Nullstelle von $q$ und mit $s \geq 0$ die Vielfachheit von $x_0$ als Nullstelle von $p$, wobei $s = 0$, falls $p(x_0) \neq 0$ ist.

Dann gilt:

- im Fall $r > s$ hat $f$ in $x_0$ eine **Polstelle** der Ordnung $(r - s)$. Das heißt, wenn man Terme $(x - x_0)$ soweit möglich kürzt, hat $f$ die Form

$$f(x) = \frac{\tilde{p}(x)}{(x - x_0)^{r-s}\tilde{q}(x)}$$

  wobei $\tilde{p}(x_0), \tilde{q}(x_0) \neq 0$ sind.
  Eine ungerade Ordnung bedeutet dabei, dass $f$ auf beiden Seiten der Polstelle verschiedene Vorzeichen hat, bei einer geraden Ordnung stimmen die Vorzeichen überein.

- im Fall $r \leq s$ ist $x_0$ eine **hebbare Singularität**, das heißt, man könnte im Zähler und Nenner jeweils den Term $(x - x_0)^r$ kürzen und würde auf diese Weise eine in $x_0$ stetige Funktion erhalten. Die Definitionslücke bei $x_0$ ist also künstlich (oder noch deutlicher gesagt, „eigentlich nicht nötig"). Man sagt in diesem Fall, dass $f$ sich stetig nach $x_0$ fortsetzen lässt und nennt $x_0$ eine **hebbare Unstetigkeitsstelle** von $R(x)$. Man kann das Problem, das man mit $f$ an der Stelle $x_0$ hat, „beheben", indem man $f(x_0)$ geeignet definiert.

### Definition (stetige Fortsetzung):

Ist $f: [a, b] \setminus \{x_0\} \to \mathbb{R}$ eine Funktion mit einer Definitionslücke in $x = x_0$ und gibt es ein $y_0$, so dass die Funktion $F: [a, b] \to \mathbb{R}$ mit

$$F(x) = \begin{cases} f(x) & \text{für } x \neq x_0 \\ y_0 & \text{für } x = x_0 \end{cases}$$

überall stetig ist, dann heißt $F$ die **stetige Fortsetzung** von $f$.

---

Rechentipp: Wenn es darum geht, die Nullstellen einer rationalen Funktion zu bestimmen, dann genügt es zunächst, die Nullstellen des Zählers $p(x)$ zu suchen. Man sollte dann allerdings noch überprüfen, ob diese Nullstellen nicht auch gleichzeitig Nullstellen des Nenners sind. In diesem Fall muss man untersuchen, ob es sich um eine Polstelle oder eine hebbare Singularität handelt.

## 11.2 Umkehrfunktionen und Wurzeln

Sei $f: [a, b] \to \mathbb{R}$ eine Funktion, die auf dem Intervall $[a, b]$ definiert ist.
Dann wird jedem $x \in [a, b]$ ein eindeutiges $y = f(x)$ zugeordnet. Oft möchte man aber zu dem Funktionswert $y$ das entsprechende $x$ finden. Dabei hilft die Umkehrfunktion oder inverse Funktion von $f$.

### Definition (Invertierbarkeit):

Sei $f: D \to \mathbb{R}$ eine Funktion mit Definitionsbereich $D$ und Wertebereich $W = f(D)$.
Dann heißt $f$ **invertierbar** (oder **umkehrbar**), falls jedem $y \in W$ genau ein $x \in D$ entspricht mit $f(x) = y$. Die Abbildung $f^{-1}: W \to D$, die jedem $y \in W$ dieses $x$ zuordnet heißt **Umkehrfunktion** oder **inverse Funktion** von $f$.

> **Bemerkung:**
> Die Bezeichnung $f^{-1}$ steht meistens für die Umkehrfunktion von $f$, manchmal aber auch für das Urbild einer Menge unter der Funktion $f$. Was gemeint ist, muss man sich aus dem Zusammenhang klarmachen.

> **Beispiel Umkehrfunktion einer linearen Funktion):**
>
> Bei einer linearen Funktion $f(x) = mx + b$ kann man die Umkehrfunktion durch „Auflösen nach $x$" direkt berechnen:
>
> $$y = mx + b \Leftrightarrow x = \frac{y-b}{m} = \frac{1}{m}y - \frac{b}{m} = f^{-1}(y)$$
>
> In diesem Fall ist $f^{-1}$ nun eine von der Variablen $y$ abhängige Funktion. Allerdings ist es in der Mathematik oft üblich, die unabhängige Variable wieder mit $x$ zu bezeichnen und so werden an dieser Stelle meist die Variablen getauscht bzw. umbenannt und man schreibt
>
> $$f^{-1}(x) = \frac{1}{m}x - \frac{b}{m}.$$
>
> Insbesondere ist die Umkehrfunktion einer linearen Funktion wieder eine lineare Funktion.

Dies ist auch geometrisch sehr schön einzusehen, wenn man berücksichtigt, dass das Schaubild der Umkehrfunktion $f^{-1}$ aus dem Schaubild von $f$ durch Spiegelung an der Diagonalen hervorgeht.

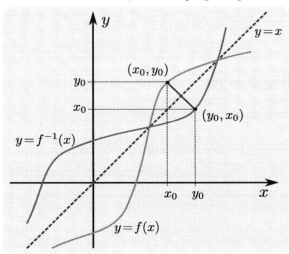

Zur Begründung betrachten wir irgendein $x_0$ und setzen $y_0 = f(x_0)$. Dann liegt der Punkt $(x_0, y_0)$ auf dem Schaubild von $f$. Dieser Punkt geht durch Spiegelung an der Winkelhalbierenden $x = y$ in den Punkt $(y_0, x_0)$ über. Andererseits ist $x_0 = f^{-1}(y_0)$, falls $f$ eine invertierbare Funktion ist, d.h. $x_0$ ist der Funktionswert von $f^{-1}$ an der Stelle $y_0$ und $(y_0, x_0)$ liegt damit auf dem Schaubild von $f^{-1}$.

## Wurzelfunktionen

Zu einer natürlichen Zahl $n \in \mathbb{N}$ betrachten wir die Potenzfunktion $f(x) = x^n$. Diese ist nicht unbedingt eine monotone Funktion, daher unterscheiden wir zwei Fälle.

**1. Fall:** $n$ ist ungerade
In diesem Fall ist $f$ auf ganz $\mathbb{R}$ streng monoton wachsend und es gilt

$$\lim_{x \to -\infty} f(x) = -\infty \quad \text{und} \quad \lim_{x \to +\infty} f(x) = +\infty.$$

Der Wertebereich von $f$ ist also ganz $\mathbb{R}$. Daher besitzt $f$ eine auf ganz $\mathbb{R}$ definierte Umkehrfunktion $f^{-1}$. Allerdings ist nur für positive $x$ die $n$-te Wurzel von $x$ überhaupt definiert, daher ist

$$f^{-1}(x) = \begin{cases} \sqrt[n]{x} & \text{für } x \geq 0 \\ -\sqrt[n]{-x} & \text{für } x < 0. \end{cases}$$

**2. Fall:** $n$ ist gerade
In diesem Fall ist $f(-x) = f(x)$ und $f$ ist nur auf $(-\infty, 0]$ bzw. auf $[0, \infty)$ streng monoton. Wenn wir $f$ nur noch mit dem Definitionsbereich $[0, \infty)$ betrachten, ist der Wertebereich ebenfalls $[0, \infty)$ und die Umkehrfunktion von $f$ ist $f^{-1}: [0, \infty) \to [0, \infty)$ mit $f^{-1}(x) = \sqrt[n]{x}$.

> **Bemerkung:**
>
> Es kann durchaus vorkommen, dass eine Funktion zwar umkehrbar ist, man die Umkehrfunktion aber nicht durch Wurzeln oder andere bekannte Funktionen ausdrücken kann. Zum Beispiel ist die Funktion $f(x) = x^5 + x + 1$ sicher auf ganz $\mathbb{R}$ monoton wachsend und damit invertierbar, aber die Gleichung $x^5 + x + 1 = y$ lässt sich nicht explizit nach $x$ auflösen. Es gibt also eine Umkehrfunktion, wir können sie aber nicht einfach hinschreiben. Das mag einem zwar unsympathisch sein, dennoch ist es hin und wieder nötig, auch mit solchen Funktionen zu rechnen.

## 11.3 Exponentialfunktion

Es gibt verschiedene Möglichkeiten, die Exponentialfunktion mathematisch sauber zu definieren. Leider ist es gar nicht so einfach nachzurechnen, dass diese verschiedenen Varianten am Ende genau dieselbe Funktion ergeben. Wer also in der Schule gelernt hat, dass

$$e^x = \lim_{n \to \infty} \left(1 + \frac{x}{n}\right)^n$$

ist, der wird sich hier noch eine Weile gedulden müssen, bevor wir diese Charakterisierung ebenfalls zur Verfügung haben. Eine weitere Charakterisierung ist möglich mittels der Differentialgleichung

$$\dot{x}(t) = x(t) \quad \text{mit} \quad x(0) = 1,$$

deren eindeutige Lösung $x(t) = e^x$ ist. Die Exponentialfunktion stimmt also mit ihrer Ableitung überein. Auch diese praktische Tatsache wird uns noch begegnen, aber sie wird nicht unserer Definition der Exponentialfunktion zugrundeliegen, obwohl dies manche Bücher mit gutem Grund so machen.

Der Weg, der in diesem Buch beschritten wird, hat den Vorteil, dass er sich ohne große Probleme später benutzen lässt, um die Exponentialfunktion auch für komplexe Exponenten zu definieren.

## 11.3 Exponentialfunktion

> **Definition (Exponentialfunktion):**
>
> Die **Exponentialfunktion** $\exp : \mathbb{R} \to (0, \infty)$ wird definiert durch
> $$\exp(x) := e^x = \lim_{n \to \infty} S_n(x)$$
> wobei
> $$S_n(x) := \sum_{k=0}^{n} \frac{x^k}{k!} = \frac{x^0}{0!} + \frac{x^1}{1!} + \frac{x^2}{2!} + \cdots + \frac{x^k}{k!}$$
> $$= 1 + x + \frac{x^2}{2!} + \frac{x^3}{3!} + \cdots + \frac{x^k}{k!}$$
> ist. Man könnte also auch schreiben
> $$\exp(x) := e^x = 1 + x + \frac{x^2}{2!} + \frac{x^3}{3!} + \frac{x^4}{4!} + \cdots + \frac{x^n}{n!} + \ldots = 1 + x + \frac{x^2}{2} + \frac{x^3}{6} + \frac{x^4}{24} + \ldots$$

Wir müssen uns zunächst vergewissern, dass die Folge $(S_n(x))_{n \in \mathbb{N}}$ überhaupt für jedes feste $x \in \mathbb{R}$ konvergiert.

Für $x = 0$ ist das klar, da unabhängig von $n$ immer $S_n(0) = 1$ ist.

Für eine feste Zahl $x > 0$ wollen wir den Satz über die monotone Konvergenz anwenden und zeigen, dass die Folge $(S_n(x))_{n \in \mathbb{N}}$ eine monoton wachsende Folge ist, die durch eine feste Zahl von oben beschränkt ist. Die Monotonie sieht man leicht ein, da man $S_{n+1}(x)$ erhält, indem man etwas Positives zu $S_n(x)$ addiert.

Um zu zeigen, dass die Folge auch beschränkt ist, wählt man zunächst eine natürliche Zahl $N \in \mathbb{N}$ mit $N > 2|x|$ bzw. mit $\frac{|x|}{N} < \frac{1}{2}$. Dann ist für jede beliebige Zahl $n \geq N$

$$\frac{x^n}{n!} = \frac{x^N}{N!} \cdot \underbrace{\frac{x}{N+1}}_{<\frac{1}{2}} \cdot \underbrace{\frac{x}{N+2}}_{<\frac{1}{2}} \cdots \underbrace{\frac{x}{n}}_{<\frac{1}{2}} < \frac{x^N}{N!} 2^{n-N}$$

Summiert man diese Ungleichungen nun auf, so erhält man

$$S_n(x) = \sum_{k=0}^{n} \frac{x^k}{k!} = \sum_{k=0}^{N-1} \frac{x^k}{k!} + \sum_{k=N}^{n} \frac{x^k}{k!} < \sum_{k=0}^{N-1} \frac{x^k}{k!} + \sum_{k=N}^{n} \frac{x^N}{N!} 2^{k-N} < \sum_{k=0}^{N-1} \frac{x^k}{k!} + 2\frac{x^N}{N!}$$

denn

$$\sum_{k=N}^{n} \frac{x^N}{N!} 2^{k-N} = \frac{x^N}{N!} \left(1 + \frac{1}{2} + \frac{1}{4} + \frac{1}{8} + \ldots \right) = 2\frac{x^N}{N!}.$$

Insgesamt haben wir nun nachgerechnet, dass die Folge $(S_n(x))_{n \in \mathbb{N}}$ für jede feste Zahl $x > 0$ eine monoton wachsende und nach oben beschränkte Folge bildet. Die Konvergenz folgt damit aus Satz 10.2. Für $x < 0$ ist die Argumentation etwas komplizierter, in Band 2 werden in Kapitel 18 über unendliche Reihen Methoden entwickelt, mit denen die Konvergenz auch in diesem Fall gezeigt werden kann. □

Streng genommen muss man sich noch vergewissern, dass für die so definierte Exponentialfunktion tatsächlich auch die Potenzgesetze gelten. Das ist der Inhalt des folgenden Satzes.

> **Satz 11.2 (Funktionalgleichung der Exponentialfunktion):**
>
> Für alle $x, y \in \mathbb{R}$ gilt
> $$\exp(x + y) = \exp(x) \cdot \exp(y).$$

**Beweisidee:** Wenn man statt $e^x$ und $e^y$ jeweils nur zwei Summen $S_n(x)$ und $S_m(y)$ „mitnimmt", ohne den Grenzübergang durchzuführen, dann kann man diese (endlichen!) Summen problemlos miteinander multiplizieren. Zum Beispiel ist bis zu Termen 3. Ordnung

$$S_3(x) \cdot S_3(y) = (1 + x + \frac{x^2}{2} + \frac{x^3}{6}) \cdot (1 + y + \frac{y^2}{2} + \frac{y^3}{6})$$
$$= 1 + x + y + \frac{x^2}{2} + \frac{y^2}{2} + xy + \frac{x^3}{6} + \frac{x^2 y}{2} + \frac{xy^2}{2} + \frac{y^3}{6} + \ldots$$

wobei die noch folgenden Terme alle mindestens von 4. Ordnung sind. Auch wenn man von der Exponentialsumme weitere Terme hinzunimmt, also $S_4(x)$ statt $S_3(x)$ etc., liefern diese Terme beim Ausmultiplizieren nur Terme von 4. und höherer Ordnung.

Aus dem obigen Ergebnis machen wir unter Benutzung des Binomischen Satzes

$$S_3(x) \cdot S_3(y) = (1 + x + \frac{x^2}{2} + \frac{x^3}{6})(1 + y + \frac{y^2}{2} + \frac{y^3}{6}) = \underbrace{1 + (x+y) + \frac{(x+y)^2}{2!} + \frac{(x+y)^3}{3!}}_{S_3(x+y)} + \ldots$$

d.h. die ersten Terme der Summe liefern genau $S_3(x+y)$.
Man kann mit etwas Aufwand ganz allgemein zeigen, dass dies immer noch so ist, d.h. dass

$$S_n(x) \cdot S_n(y) = S_n(x+y) + \ldots$$

ist und dass die mit „..." dargestellten restlichen Terme mit wachsendem $n$ immer kleiner werden. Dies zeigt, dass die Exponentialfunktion die Potenzgesetze erfüllt. □

### Satz 11.3 (Eigenschaften der Exponentialfunktion):

Die Exponentialfunktion ist streng monoton wachsend und ihr Wertebereich ist das Intervall $(0, \infty)$.

Das Schaubild der Exponentialfunktion zeigt ihr starkes Wachstum, das stärker ist als jedes polynomiale Wachstum.

### Satz 11.4 (Wachstum der Exponentialfunktion):

Die Exponentialfunktion wächst für $x \to +\infty$ schneller an als jede Potenzfunktion:

$$\lim_{x \to \infty} \frac{e^x}{x^n} = +\infty \quad \text{für jedes } n \in \mathbb{N}.$$

Für $x \to -\infty$ klingt sie schneller ab als jede Potenzfunktion wächst:

$$\lim_{x \to -\infty} x^n e^x = 0 \quad \text{für jedes } n \in \mathbb{N}.$$

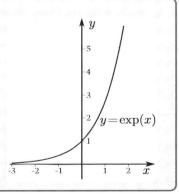

**Begründung:** Für $x > 0$ ist

$$e^x = 1 + x + \frac{x^2}{2!} + \cdots + \frac{x^{n+1}}{(n+1)!} + \cdots > \frac{x^{n+1}}{(n+1)!} \Rightarrow \frac{e^x}{x^n} \geq \frac{x}{(n+1)!} \to +\infty \text{ für } x \to +\infty$$

Für $x < 0$ ist

$$|x^n e^x| = (-x)^n e^{-(-x)} = \frac{(-x)^n}{e^{-x}} = \frac{1}{\frac{e^{-x}}{(-x)^n}}$$

Setzt man $u = -x$, dann ist $u > 0$ und wegen dem bereits gezeigten Verhalten $\frac{e^u}{u^n} \to +\infty$

$$\lim_{x \to -\infty} |x^n e^x| = \lim_{x \to -\infty} \frac{1}{\frac{e^{-x}}{(-x)^n}} = \lim_{u \to +\infty} \frac{1}{\frac{e^u}{u^n}} = 0.$$

Wenn $|x^n e^x|$ gegen 0 strebt, dann muss auch $x^n e^x$ gegen 0 konvergieren. $\square$

### Bemerkung („Die Exponentialfunktion gewinnt immer"):

Man kann sich als Merkregel einprägen, dass bei einem Grenzwert

$$\lim_{x \to \pm\infty} p(x) \cdot e^{ax}$$

mit einem Polynom $p$ und $a \neq 0$ immer das Verhalten der Exponentialfunktion ausschlaggebend ist.

### Beispiel (Euler-Eytelwein-Formel):

Schon mal darüber nachgedacht, warum sich ein tonnenschweres Schiff mit einem Seil festhalten lässt, das einen Poller zwei- oder dreimal umschlingt?

Die *Seilreibungsformel* (Euler-Eytelwein-Formel) beschreibt den Zusammenhang zwischen der ziehenden Kraft $\vec{F}_z$ des Schiffs und der haltenden Kraft $\vec{F}_h$ bei einem Haftreibungskoeffizienten $\mu_H$ zwischen Seil und Poller. Dabei gilt

$$|\vec{F}_z| = |\vec{F}_h| \cdot e^{\mu_H \cdot \alpha}$$

wobei $\alpha$ der im Bogenmaß gemessene Umschlingungswinkel ist.

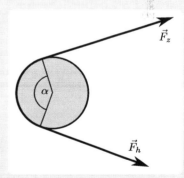

Solange die Biegesteifigkeit des Seils keine Rolle spielt, ist die Abnahme der Kraft dabei unabhängig vom Radius des Pollers!

Das schnelle Wachstum der Exponentialfunktion, bzw. das schnelle Abklingen für negative Exponenten bewirkt, dass $|\vec{F}_z|$ und $|\vec{F}_h|$ auch für moderate $\alpha$ sehr unterschiedlich sein können.

Wenn beispielsweise das Seil zweieinhalbmal um den Poller läuft, ist $\alpha \approx 5\pi \approx 16$, d.h. bei einem Haftreibungskoeffizient von $\mu_H = 0.15$ für die Reibung zwischen Stahlpoller und Stahlseil ist

$$|\vec{F}_z| = |\vec{F}_h| \cdot e^{0.15 \cdot 16} \Rightarrow |\vec{F}_h| \approx 0.09 |\vec{F}_h|$$

d.h. die Haltekraft muss weniger als ein Zehntel der Zugkraft betragen.

Die Euler-Eytelwein-Formel wird ebenfalls dazu benutzt, bei einem langsam laufenden Riemenantrieb abzuschätzen, welches Drehmoment bei vorgegebener Vorspannung übertragen werden kann.

## 11.4 Die Logarithmusfunktion

Wir haben gesehen, dass die Exponentialfunktion $\exp : \mathbb{R} \to (0, \infty)$ streng monoton wachsend ist. Daher besitzt sie eine Umkehrfunktion.

> **Definition (Natürlicher Logarithmus):**
>
> Die **natürliche Logarithmusfunktion** $\ln : (0, \infty) \to \mathbb{R}$ ist definiert als die Umkehrfunktion der Exponentialfunktion. Es gilt also $y = \ln(x) \Leftrightarrow x = e^y$.

Die Logarithmusfunktion ist ebenfalls streng monoton wachsend und aus den speziellen Werten der Exponentialfunktion ergeben sich die speziellen Werte

$$\ln(1) = 0, \qquad \ln(e) = 1.$$

Die Tatsache, dass der natürliche Logarithmus die Umkehrfunktion der Exponentialfunktion ist, bedeutet, dass

$$e^{\ln(x)} = x \quad \text{und} \quad \ln(e^x) = x$$

ist.

> **Beispiel:**
>
> Kleinere Flugzeug haben üblicherweise keine Messgeräte, die die Flughöhe direkt messen, sondern verwenden dafür die *barometrische Höhenmessung*. Weil man weiß, wie der Luftdruck als Funktion der Höhe über dem Boden abnimmt, kann man umgekehrt aus dem gemessenen Luftdruck die Flughöhe bestimmen. Die *barometrische Höhenformel* besagt, dass bei einem Luftdruck $p_0$ auf der Höhe $h_0 = 0$ der Druck auf der Höhe $h$ durch
>
> $$p(h) = p_0 e^{-\frac{\rho_0}{p_0} g h}$$
>
> gegeben ist, wobei $\rho_0$ die Dichte auf der Höhe 0 und $g \approx 10 \frac{m}{s^2}$ die Erdbeschleunigung ist. Die Umkehrfunktion kann mit Hilfe der Logarithmusfunktion explizit bestimmt werden und ergibt als Höhe
>
> $$h(p) = \frac{p_0}{\rho_0 g} \cdot \ln\left(\frac{p_0}{p}\right)$$
>
> in Abhängigkeit des gemessenen Drucks $p$.

Aus den Rechenregeln für Potenzen (den *Potenzgesetzen*) kann man entsprechende Regeln für das Rechnen mit Logarithmen herleiten.

> **Satz 11.5 (Logarithmengesetze):**
>
> Für alle $x, y > 0$ gilt:
> $$\ln(x) + \ln(y) = \ln(x \cdot y)$$
> $$\ln(x) - \ln(y) = \ln(\frac{x}{y})$$
> $$\beta \ln(x) = \ln(x^\beta)$$
> $$\frac{1}{n} \ln(x) = \ln(\sqrt[n]{x})$$

**Begründung:** Ausgangspunkt ist das Potenzgesetz $e^a \cdot e^b = e^{a+b}$. Setzt man nun $e^a = x$ und $e^b = y$, dann ist nach dieser Gleichung $e^{a+b} = x \cdot y$. Nach der Definition des Logarithmus ist aber $a = \ln(x)$, $b = \ln(y)$ und $a + b = \ln(x \cdot y)$, das heißt man erhält nun das Logarithmengesetz

$$\ln(x) + \ln(y) = \ln(x \cdot y).$$

Die zweite Gleichung lässt sich ganz analog nachrechnen, indem man von $\frac{e^a}{e^b} = e^{a-b}$ ausgeht. Für die dritte Identität beginnen wir mit dem Potenzgesetz

$$\left( \underbrace{e^a}_{=x} \right)^n = \underbrace{e^{n \cdot a}}_{=y}$$

Nach der Definition des Logarithmus ist dann $a = \ln(x)$ und $n \cdot a = \ln(y)$. Aus der Gleichung $y = x^n$ erhält man damit

$$n \cdot \ln(x) = \ln(y) = \ln(x^n).$$

Die vierte Identität wiederum ist nur ein Spezialfall der dritten Gleichung. □

> **Satz 11.6 (Wachstumsverhalten der Logarithmusfunktion):**
>
> Die Logarithmusfunktion wächst für $x \to \infty$ langsamer als jede Potenzfunktion:
>
> $$\lim_{x \to \infty} \frac{\ln(x)}{x^n} = 0 \text{ für jedes } n \in \mathbb{N}.$$

**Beweis:** Der Grenzwert lässt sich zurückführen auf den schon bekannten Grenzwert

$$\lim_{w \to -\infty} w e^w = 0,$$

indem man $x = e^t$ setzt. Dann ist

$$\lim_{x \to \infty} \frac{\ln(x)}{x^n} = \lim_{t \to \infty} \frac{\ln(e^t)}{(e^t)^n} = \lim_{t \to \infty} \frac{t}{e^{nt}} = \lim_{t \to \infty} \frac{t}{e^{nt}} = \lim_{t \to \infty} t e^{-nt} = 0$$

□

Mit Hilfe der Logarithmusfunktion lassen sich auch die „normalen" Potenzfunktionen für *alle* Exponenten $x \in \mathbb{R}$ darstellen bzw. definieren.

> **Definition (Allgemeine Exponentialfunktion):**
>
> Für eine beliebige positive reelle Zahl $a > 0$ setzen wir dazu
>
> $$a^x := e^{\ln(a) \cdot x}.$$

Auf diese Weise erhalten wir für $x \in \mathbb{N}$ unsere bereits bekannte Exponentialfunktion wieder, denn es ist

▶ $a^0 = e^{\ln(a) \cdot 0} = e^0 = 1$

▶ $a^1 = e^{\ln(a) \cdot 1} = e^{\ln(a)} = a$

▶ $a^2 = e^{\ln(a) \cdot 2} = e^{\ln(a) + \ln(a)} = e^{\ln(a)} \cdot e^{\ln(a)} = a^2$ usw.

Allerdings kann man jetzt auch beliebige reelle Exponenten $x$ einsetzen (und wer möchte sogar komplexe Exponenten...)
Wir zeigen noch, dass tatsächlich alle Potenzgesetze auch mit dieser Definition gültig sind.

**Satz 11.7:**

Sei $a > 0$. Dann gilt

(a) $a^{x+y} = a^x \cdot a^y$ für alle $x, y \in \mathbb{R}$.

(b) $a^{-x} = \frac{1}{a^x}$ für alle $x \in \mathbb{R}$.

(c) $a^{nx} = (a^x)^n$ für alle $n \in \mathbb{Z}$ und alle $x \in \mathbb{R}$.

(d) $a^{\left(\frac{p}{q}\right)} = \sqrt[q]{a^p}$ für alle $p, q \in \mathbb{N}$.

**Beweisskizze:**

(a) $a^{x+y} = e^{(x+y) \cdot \ln a} = e^{x \cdot \ln a + y \cdot \ln a} = e^{x \cdot \ln a} \cdot e^{y \cdot \ln a} = a^x \cdot a^y$

(b) $a^{-x} = e^{-x \cdot \ln a} = \frac{1}{e^{x \cdot \ln a}} = \frac{1}{a^x}$

(c) $a^{nx} = e^{nx \cdot \ln a} = \left(e^{x \cdot \ln a}\right)^n = (a^x)^n$

(d) $a^{\left(\frac{p}{q}\right)} = e^{\frac{p}{q} \cdot \ln a} = \left(e^{\ln a}\right)^{p/q} = \sqrt[q]{a^p}$

$\square$

**Bemerkung:**

Die Definition $a^x = e^{\ln(a)x}$ erscheint vielleicht zunächst unnötig kompliziert. Wenn man aber die Funktion $f(x) = a^x$ später ableiten möchte (oder muss), führt an dieser Form fast kein Weg vorbei!

Auch die allgemeinen Exponentialfunktionen $f(x) = a^x$ mit beliebigem $a > 0$ und $a \neq 1$ sind monoton.

**Satz 11.8 (Monotonie der allgemeinen Exponentialfunktionen):**

Die Exponentialfunktion $f(x) = a^x$ ist für $a > 1$ streng monoton wachsend und für $0 < a < 1$ streng monoton fallend.

**Beweis:** Wir betrachten für zwei beliebige Zahlen $x_1 < x_2$

$$a^{x_2} - a^{x_1} = e^{\ln(a) \cdot x_2} - e^{\ln(a) \cdot x_1}$$

Falls $a > 1$ ist, dann ist $\ln(a) > 0$, also $\ln(a)x_2 > \ln(a)x_1$ und wegen der Monotonie der e-Funktion ergibt sich daraus $a^{x_2} > a^{x_1}$.
Umgekehrt ist für $0 < a < 1$ immer $\ln(a) < 0$, also $\ln(a)x_2 < \ln(a)x_1$ und wieder wegen der Monotonie der Exponentialfunktion liefert dies $a^{x_2} < a^{x_1}$.

$\square$

> **Definition (Logarithmus zur Basis $a$):**
>
> Die Umkehrfunktion der monoton wachsenden Funktion $f(x) = a^x$ ist der **Logarithmus zur Basis $a$**, d.h.
> $$\log_a(x) = y \iff a^y = x.$$

> **Satz 11.9:**
>
> Es gilt
> $$\log_a(x) = \frac{\ln(x)}{\ln(a)}.$$

**Begründung:** Diese folgenden beiden Rechnungen zeigen, dass $\frac{\ln(x)}{\ln(a)}$ die Umkehrfunktion von $a^x$ ist. Zum einen ist
$$\frac{\ln(a^x)}{\ln(a)} = \frac{x \ln(a)}{\ln(a)} = x.$$

Umgekehrt ist auch
$$a^{\frac{\ln(x)}{\ln(a)}} = e^{\ln(a)\frac{\ln(x)}{\ln(a)}} = e^{\ln(x)} = x.$$

□

> **Bemerkung:**
>
> In der Praxis werden neben dem natürlichen Logarithmus zur Basis $e$ hauptsächlich Logarithmen zur Basis 2 (in der Informatik) und zur Basis 10 (Lautstärkenmessung in Dezibel, pH-Wert, Richter-Skala für Erdbeben) verwendet.

## 11.5 Trigonometrische Funktionen und ihre Umkehrfunktionen

Für die Definition der trigonometrischen Funktionen Sinus und Cosinus gibt es verschiedene Möglichkeiten - geometrische am Dreieck oder Einheitskreis, aber auch rein analytische über Reihen (die wir erst im zweiten Semester behandeln). Sie liefern am Ende alle dasselbe, wir wählen mit Blick auf Anwendungen die geometrische Definition am Einheitskreis.

> **Definition (Sinus und Cosinus):**
>
> Sei $P$ ein Punkt auf dem Einheitskreis, so dass die $x$-Achse und die Verbindungsstrecke von $0$ nach $P$ den Winkel $\varphi$ einschließen, wobei $\varphi$ im Bogenmaß gemessen wird. Dann hat $P$ die Koordinaten
> $$P = (\cos(\varphi), \sin(\varphi)).$$
>
>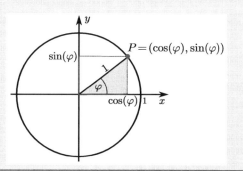

### Definition (Tangens):

Für alle $\varphi$ mit $\cos(\varphi) \neq 0$, d.h. für definiert man den **Tangens** durch $\tan(\varphi) = \dfrac{\sin(\varphi)}{\cos(\varphi)}$.

### Bemerkung :

Wer aus der Schule die Definition über die Seitenlängen eines rechtwinkligen Dreiecks, also

$$\text{Sinus} = \frac{\text{Gegenkathete}}{\text{Hypotenuse}} \quad \text{und Cosinus} = \frac{\text{Ankathete}}{\text{Hypotenuse}}$$

kennt, kann diese in der folgenden Skizze wiederfinden:

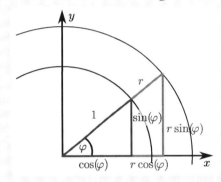

Die Hypotenuse des größeren Dreiecks hat die Länge $r$. Das kleinere Dreieck ist dazu ähnlich, hat aber die Hypotenusenlänge 1. Daher sind nach „unserer Definition" von Sinus und Cosinus die Längen der beiden Katheten im kleinen Dreieck $\cos(\varphi)$ und $\sin(\varphi)$. Wegen der Ähnlichkeit der Dreiecke sind die Längen der Katheten im großen Dreieck also $r\cos(\varphi)$ und $r\sin(\varphi)$, man erhält daher:

$$\frac{\text{Gegenkathete}}{\text{Hypotenuse}} = \frac{r\sin(\varphi)}{r} = \sin(\varphi) \quad \text{und} \quad \frac{\text{Ankathete}}{\text{Hypotenuse}} = \frac{r\cos(\varphi)}{r} = \cos(\varphi)$$

Direkt aus der Definition ergeben sich sofort einige wichtige Eigenschaften von Sinus und Cosinus:

- ▶ für beliebige $\varphi \in \mathbb{R}$ ist immer $-1 \leq \cos(\varphi) \leq 1$ und $-1 \leq \sin(\varphi) \leq 1$
- ▶ es ist $\cos(-\varphi) = \cos(\varphi)$, d.h. der Cosinus ist eine gerade Funktion von $\varphi$
- ▶ es ist $\sin(-\varphi) = -\sin(\varphi)$, d.h. der Sinus ist eine ungerade Funktion von $\varphi$
- ▶ Der Satz des Pythagoras angewandt im grau unterlegten Dreieck ergibt für beliebige $\varphi \in \mathbb{R}$ die Identität
$$\cos^2(\varphi) + \sin^2(\varphi) = 1.$$
Man beachte die Schreibweise $\cos^2(\varphi) = (\cos(\varphi))^2$, um ein paar Klammern zu sparen und etwas Übersichtlichkeit zu gewinnen.
- ▶ da eine Änderung des Winkels $\varphi$ um einen vollen Umlauf $2\pi$ an der Geometrie nichts ändert ist $\cos(\varphi + 2\pi) = \cos(\varphi)$ und $\sin(\varphi + 2\pi) = \sin(\varphi)$
- ▶ wiederholte Anwendung dieses Arguments zeigt, dass sogar
$$\cos(\varphi + 2k\pi) = \cos(\varphi) \quad \text{und} \quad \sin(\varphi + 2k\pi) = \sin(\varphi) \quad \text{für alle} \ k \in \mathbb{Z}.$$

## Bemerkungen:

1. Oft wird das Argument bei Sinus und Cosinus nicht in Klammern gesetzt, wenn halbwegs klar ist, welches Argument gemeint ist, also $\cos \varphi$ statt $\cos(\varphi)$ oder auch $\sin 2\alpha$ statt $\sin(2\alpha)$, da $\sin(2)\alpha$ meistens nicht so viel Sinn ergibt. In diesem Buch werden aber die Argumente konsequent in Klammern geschrieben.

2. Wenn es einen Titel für die im ersten Studienjahr am häufigsten benutzte Formel oder Gleichung gäbe, dann wäre
$$\cos^2(\varphi) + \sin^2(\varphi) = 1$$
ein heißer Favorit für diesen Titel. Also unbedingt merken!

Mit Hilfe von elementargeometrischen Überlegungen kann man sich die Werte von Sinus und Cosinus für einige spezielle Winkel $\varphi$ überlegen.

| Grad | rad | $\sin(\varphi)$ | $\cos(\varphi)$ | $\tan(\varphi)$ |
|---|---|---|---|---|
| 0° | 0 | 0 | 1 | 0 |
| 30° | $\frac{\pi}{6}$ | $\frac{1}{2}$ | $\frac{1}{2} \cdot \sqrt{3}$ | $\frac{1}{\sqrt{3}}$ |
| 45° | $\frac{\pi}{4}$ | $\frac{1}{2} \cdot \sqrt{2}$ | $\frac{1}{2} \cdot \sqrt{2}$ | 1 |
| 60° | $\frac{\pi}{3}$ | $\frac{1}{2} \cdot \sqrt{3}$ | $\frac{1}{2}$ | $\sqrt{3}$ |
| 90° | $\frac{\pi}{2}$ | 1 | 0 | — |

**Achtung!** Für praktisch alle anderen $\varphi$ kann man $\sin(\varphi)$ und $\cos(\varphi)$ nur näherungsweise bwz. mit dem Taschenrechner bestimmen. Da wir üblicherweise Winkel im Bogenmaß messen, müssen Sie Ihren Taschenrechner auf **RAD** und nicht auf **DEG** oder **GRAD** einstellen. Da $\cos(\pi) = -1$ ist, ist Ihr Taschenrechner richtig eingestellt, wenn sich bei $\cos(\pi)$ oder $\cos(3,14)$ ungefähr $-1$ ergibt. Ist Ihr Taschenrechner auf DEG eingestellt, so erhalten Sie den falschen Wert $\cos(\pi°) \approx 0,998497159$.

## Die Sinus- und Cosinusfunktion

Im Studium wird es auch wichtig sein, Sinus und Cosinus nicht nur als eine Beziehung zwischen geometrischen Objekten zu betrachten, sondern als *Funktionen*.

Mit den obigen Überlegungen am Einheitskreis kann man die Nullstellen des Sinus und des Cosinus bestimmen. Der Sinus als $y$-Koordinate eines Punktes auf dem Einheitskreis verschwindet genau dann, wenn der Winkel $\varphi$ ein Vielfaches eines halben Umlaufs ist:

$$\sin(\varphi) = 0 \Leftrightarrow \varphi \in \{0, \pm\pi, \pm 2\pi, \pm 3\pi, \dots\} = \{k\pi;\ k \in \mathbb{Z}\}$$

Zusammen mit der Periodizität und den oben berechneten speziellen Werten kann man nun schon (fast) das Schaubild der Sinusfunktion zeichnen:

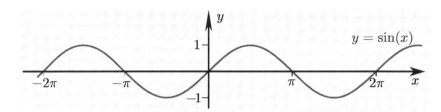

Beim Cosinus betrachtet man die $x$-Koordinate eines Punktes auf dem Einheitskreis. Diese ist genau dann Null, wenn der Winkel $\varphi$ entweder $\frac{\pi}{2}$ oder $\frac{\pi}{2}$ plus ein Vielfaches eines halben Umlaufs ist:

$$\cos(\varphi) = 0 \Leftrightarrow \varphi \in \left\{\pm\frac{\pi}{2}, \pm\frac{3\pi}{2}, \pm\frac{5\pi}{2}, \ldots\right\} = \left\{\frac{\pi}{2} + k\pi;\ k \in \mathbb{Z}\right\}$$

Als Schaubild erhalten wir dann:

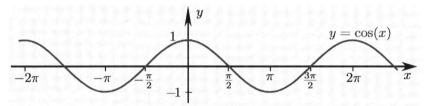

Dieses sieht genauso aus wie das Schaubild der Sinusfunktion, nur um etwas nach rechts (oder links, wie man möchte) verschoben. Um diese Beobachtung ganz streng zu verifizieren, benötigen wir die Additionstheoreme, mit denen man um eine festen Betrag $\psi$ verschobene Sinusfunktionen $\sin(\varphi + \psi)$ umformen kann.

## Additionstheoreme für Sinus- und Cosinusfunktion

In Formelsammlungen finden sich viele Additionstheorem, Halbwinkelformeln, etc. für Sinus und Cosinus. Mit etwas Geschick kann man die allermeisten auf zwei grundlegende Additionsformeln zurückführen.

### Satz 11.10 (Additionstheoreme):

Für beliebige Winkel $\alpha, \beta \in \mathbb{R}$ gilt

$$\sin(\alpha + \beta) = \sin(\alpha)\cos(\beta) + \cos(\alpha)\sin(\beta)$$
$$\cos(\alpha + \beta) = \cos(\alpha)\cos(\beta) - \sin(\alpha)\sin(\beta)$$

Einen rein geometrischer Beweis zumindest für den Fall, dass $\alpha + \beta < \frac{\pi}{2}$ sind, enthält die folgende Graphik:

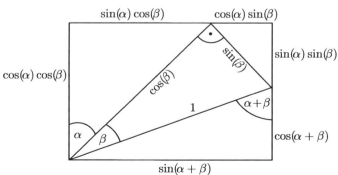

Aus diesen beiden Additionstheoremen lassen sich viele weitere trigonometrische Identitäten herleiten, z.B.

$$\sin(2\alpha) = \sin(\alpha + \alpha) = 2\sin(\alpha)\cos(\alpha)$$
$$\cos(2\alpha) = \cos(\alpha + \alpha) = \cos^2(\alpha) - \sin^2(\alpha)$$
$$\sin(\alpha - \beta) = \sin(\alpha + (-\beta)) = \sin(\alpha)\cos(-\beta) + \cos(\alpha)\sin(-\beta)$$
$$= \sin(\alpha)\cos(\beta) - \cos(\alpha)\sin(\beta)$$
$$\cos(\alpha - \beta) = \cos(\alpha + (-\beta)) = \cos(\alpha)\cos(-\beta) - \sin(\alpha)\sin(-\beta)$$
$$= \cos(\alpha)\cos(\beta) + \sin(\alpha)\sin(\beta)$$
$$\sin(\alpha + \frac{\pi}{2}) = \sin(\alpha)\cos(\frac{\pi}{2}) + \cos(\alpha)\sin(\frac{\pi}{2}) = \cos(\alpha)$$

## Die Tangensfunktion

Auch für den Tangens wollen wir uns das Schaubild und die Additionstheoreme noch überlegen. Da $\tan(\varphi) = \dfrac{\sin(\varphi)}{\cos(\varphi)}$ sind die Nullstellen der Tangensfunktion genau dieselben wie bei der Sinusfunktion:

$$\tan(\varphi) = 0 \Leftrightarrow \varphi \in \{0, \pm\pi, \pm 2\pi, \pm 3\pi, \ldots\} = \{k\pi;\ k \in \mathbb{Z}\}$$

Andererseits müssen alle Punkte aus dem Definitionsbereich ausgeschlossen werden, in denen $\cos(\varphi) = 0$ ist. Der Definitionsbereich der Tangensfunktion ist daher

$$D = \mathbb{R} \setminus \left\{\frac{\pi}{2} + k\pi;\ k \in \mathbb{Z}\right\} = \cdots \cup \left(-\frac{3\pi}{2}, -\frac{\pi}{2}\right) \cup \left(-\frac{\pi}{2}, \frac{\pi}{2}\right) \cup \left(\frac{\pi}{2}, \frac{3\pi}{2}\right) \cup \cdots$$

und das Schaubild ist periodisch mit Periode $\pi$:

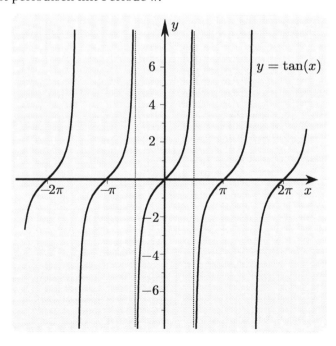

Die Additionstheorem für den Tangens lassen sich aus den Additionstheoremen für Sinus und Cosinus herleiten:

$$\tan(\alpha + \beta) = \frac{\sin(\alpha+\beta)}{\cos(\alpha+\beta)} = \frac{\sin(\alpha)\cos(\beta) + \cos(\alpha)\sin(\beta)}{\cos(\alpha)\cos(\beta) - \sin(\alpha)\sin(\beta)}$$

$$= \frac{\frac{\sin(\alpha)\cos(\beta)}{\cos(\alpha)\cos(\beta)} + \frac{\cos(\alpha)\sin(\beta)}{\cos(\alpha)\cos(\beta)}}{\frac{\cos(\alpha)\cos(\beta)}{\cos(\alpha)\cos(\beta)} - \frac{\sin(\alpha)\sin(\beta)}{\cos(\alpha)\cos(\beta)}} = \frac{\tan(\alpha) + \tan(\beta)}{1 - \tan(\alpha)\tan(\beta)}.$$

Auf dieselbe Weise erhält man

$$\tan(\alpha - \beta) = \frac{\tan(\alpha) - \tan(\beta)}{1 + \tan(\alpha)\tan(\beta)}$$

und wenn man in der Formel für $\tan(\alpha + \beta)$ speziell $\alpha = \beta$ wählt,

$$\tan(2\alpha) = \frac{2\tan(\alpha)}{1 - \tan^2(\alpha)}.$$

In der Angewandten Mathematik ist eine weitere wichtige Eigenschaft der Sinusfunktion, dass sich $\sin(x)$ und $x$ für kleine $x$ nur sehr wenig unterscheiden. Hierbei ist es wichtig, dass $x$ im Bogenmaß angegeben ist. Um dies quantitativ zu erfassen, betrachtet man das Verhältnis zwischen den beiden Größen Die auf diese Weise definierte Funktion $f(x) = \frac{\sin(x)}{x}$ ist zunächst nur für $x \neq 0$ erklärt. Wir wollen zeigen, dass

$$\lim_{x \to 0} \frac{\sin(x)}{x} = 1$$

ist und dass man daher $f$ zu einer auf ganz $\mathbb{R}$ stetigen Funktion machen kann, wenn man an der Definitionslücke zusätzlich $f(0) = 1$ definiert. Diese Definitionslücke ist also „hebbar", das heißt man kann sie beseitigen, indem man „von Hand" einen geeigneten Funktionswert definiert. Außerdem werden wir diesen Grenzwert noch benötigen, wenn wir in Kapitel 12 die Ableitung der Sinusfunktion herleiten.

**Beispiel** $\left(\lim\limits_{x\to 0} \dfrac{\sin(x)}{x} = 1\right)$:

Eine geometrische Überlegung liefert uns den gewünschten Grenzwert:

Wenn man die Länge $\sin(x)$ der Strecke $CF$, die Länge $x$ des Kreisbogens $AC$ und die Länge $\tan(x)$ der Strecke $BA$ miteinander vergleicht, dann ist

$$\sin(x) \leq x \leq \tan(x).$$

Dabei folgt die erste Ungleichung aus der Tatsache, dass die kürzeste Verbindung vom Punkt $C$ zur Linie $MA$ eine senkrechte Gerade ist. Die zweite Gleichung ergibt sich daraus, dass der Bogen $AC$ kürzer ist als $CD + DA$ und da $CD < DB$ gilt, ist $BA = BD + DA = CD + DA \geq x$ und damit

$$\sin(x) \leq x \leq \tan(x) \Leftrightarrow \cos(x) \leq \frac{\sin(x)}{x} \leq 1.$$

Weil aus der Stetigkeit der Cosinusfunktion $\lim\limits_{x \to 0} \cos(x) = \cos(0) = 1$ folgt, strebt in der letzten Ungleichung sowohl die linke als auch die rechte Seite gegen 1.
Damit muss nach dem Sandwichprinzip auch der mittlere Ausdruck gegen 1 konvergieren.

> **Bemerkung ($\sin(x) \approx x$):**
>
> Der Grenzwert
> $$\lim_{x \to 0} \frac{\sin(x)}{x} = 1$$
> bedeutet anschaulich, dass $\sin(x) \approx x$ ist, wenn $x$ im Bogenmaß gemessen wird und $|x|$ klein genug ist.
> Das ist auch der Grund, warum man in vielen Situationen, in denen der Winkel $x$ (einigermaßen) klein ist, $\sin(x)$ zur Vereinfachung durch $x$ ersetzt.
> So wird zum Beispiel aus der Differentialgleichung $\ddot{x}(t) + \frac{g}{\ell} \sin(x(t)) = 0$ für die Bewegung eines Fadenpendels der Länge $\ell$, die sich nicht exakt explizit lösen lässt, durch diese Vereinfachung der harmonische Oszillator $\ddot{x}(t) + \frac{g}{\ell} x(t) = 0$, dessen Lösungen sich exakt berechnen lassen.

## Inverse trigonometrische Funktionen

Weder die Sinus-, noch die Cosinus- noch Tangensfunktion sind bijektiv, d.h. Gleichungen wie

$$\sin(x) = 0.5, \quad \cos(y) = -\frac{\sqrt{2}}{2} \quad \text{oder} \quad \tan(w) = 2018$$

haben *keine eindeutige* Lösung.
Trotzdem möchte man Umkehrfunktionen definieren.
Der Ausweg besteht darin, wie bei den Wurzelfunktionen vorzugehen und den Definitionsbereich geeignet einzuschränken.

▶ Der **Arcussinus**

Schränkt man die Sinusfunktion auf das Intervall $\left[-\frac{\pi}{2}, \frac{\pi}{2}\right]$ ein, so ist sie dort streng monoton wachsend und damit umkehrbar.

Ihre Umkehrfunktion ist auf dem Intervall $[-1, 1]$ definiert, ebenfalls streng monoton wachsend und heißt **Arcussinus**. Geometrisch erhält man das Schaubild der Arcussinusfunktion, indem man den Abschnitt der Sinuskurve zwischen $x = -\frac{\pi}{2}$ und $x = \frac{\pi}{2}$ an der Geraden $x = y$ spiegelt.

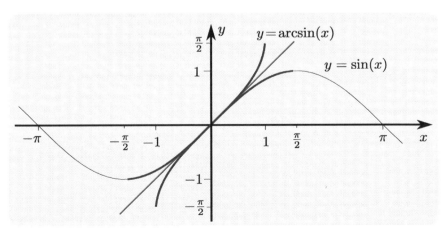

▶ Der **Arcuscosinus**

Schränkt man die Cosinusfunktion auf das Intervall $[0, \pi]$ ein, so ist sie streng monoton fallend und damit umkehrbar.

Ihre Umkehrfunktion ist auf dem Intervall $[-1, 1]$ definiert und heißt **Arcuscosinus**.

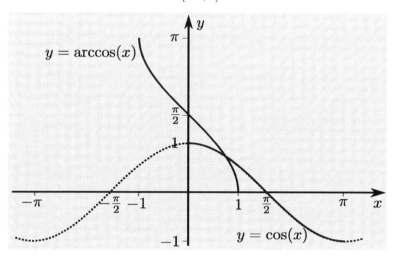

▶ Der **Arcustangens**

Schränkt man die Tangensfunktion auf das Intervall $\left(-\frac{\pi}{2}, \frac{\pi}{2}\right)$ ein, so ist sie streng monoton wachsend und damit umkehrbar.

Ihre Umkehrfunktion ist auf ganz $\mathbb{R}$ definiert und heißt **Arcustangens**.

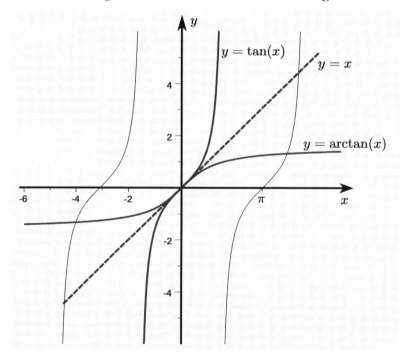

Die Arcustangensfunktion ist eine ungerade, streng monoton wachsende Funktion und strebt für $x \to \infty$ gegen den Wert $\frac{\pi}{2}$.

## 11.6 Die komplexe Exponentialfunktion

Die Exponentialfunktion lässt sich auch für komplexe Exponenten definieren. Zunächst betrachten wir dabei nur rein imaginäre Exponenten.

> **Definition (Eulersche Formel):**
>
> Für alle $\varphi \in \mathbb{R}$ ist
> $$e^{i\varphi} = \cos(\varphi) + i\sin(\varphi).$$

Da auch für komplexe Exponenten weiter die bekannten Rechenregeln gelten sollen, ist
$$e^{a+ib} = e^a \cdot e^{ib} = e^a \left(\cos(b) + i\sin(b)\right).$$

> Besonders wichtig sind die speziellen Werte der Eulerschen Formel
> $$e^{i\pi} = -1, \qquad e^{2\pi i} = 1 \quad \text{und} \quad e^{i\frac{\pi}{2}} = i.$$

Die konjugiert-komplexe Zahl zu $e^{i\varphi}$ ist
$$\overline{e^{i\varphi}} = \overline{\cos(\varphi) + i\sin(\varphi)} = \cos(\varphi) - i\sin(\varphi) = \cos(-\varphi) + i\sin(-\varphi) = e^{-i\varphi}.$$

Der Betrag einer komplexen Zahl $e^{i\varphi}$ ist
$$\left|e^{i\varphi}\right|^2 = e^{i\varphi} \cdot \overline{e^{i\varphi}} = e^{i\varphi} \cdot e^{-i\varphi} = e^{i\varphi - i\varphi} = e^0 = 1.$$

Die Zahlen $e^{i\varphi}$ mit $\varphi \in \mathbb{R}$ liegen also alle auf dem Einheitskreis in der komplexen Ebene. Der Winkel $\varphi$ gibt dabei den Winkel zwischen der reellen Achse und der Verbindung vom Ursprung zur Zahl $e^{i\varphi}$ an.

Die Eulersche Formel liefert uns auch einen (neuen) rein rechnerischen Beweis der Additionstheoreme für Sinus und Cosinus.
Einerseits ist
$$e^{i(\alpha+\beta)} = \cos(\alpha+\beta) + i\sin(\alpha+\beta).$$

Andererseits ist aber auch durch Anwendung der Potenzgesetze und Ausmultiplizieren
$$\begin{aligned}
e^{i(\alpha+\beta)} &= e^{i\alpha} \cdot e^{i\beta} \\
&= (\cos(\alpha) + i\sin(\alpha))(\cos(\beta) + i\sin(\beta)) \\
&= \cos(\alpha)\cos(\beta) - \sin(\alpha)\sin(\beta) + i(\cos(\alpha)\sin(\beta) + \sin(\alpha)\cos(\beta))
\end{aligned}$$

Vergleicht man nun die Realteile beider Darstellungen, dann erhält man das Additionstheorem
$$\cos(\alpha+\beta) = \cos(\alpha)\cos(\beta) - \sin(\alpha)\sin(\beta)$$
für den Cosinus.
Genauso ergibt sich das Additionstheorem
$$\sin(\alpha+\beta) = \sin(\alpha)\cos(\beta) + \cos(\alpha)\sin(\beta)$$
für den Sinus aus dem Vergleich der Imaginärteile.

## Polarkoordinatendarstellung komplexer Zahlen

Jede komplexe Zahl mit Betrag 1 ist also von der Form $e^{i\varphi}$ mit einem geeigneten $\varphi \in [0, 2\pi)$. Man kann aber auch komplexe Zahlen mit Betrag $\neq 1$ mit Hilfe der komplexen Exponentialfunktion darstellen.

> **Definition (Polardarstellung):**
>
> Jede komplexe Zahl $z = x+iy$ kann man in der Form
> $$z = re^{i\varphi}$$
> mit
> $$r = |z| = \sqrt{z\bar{z}} = \sqrt{x^2 + y^2}$$
> und einem Winkel $\varphi \in [0, 2\pi)$ darstellen. Den Winkel $\varphi$ nennt man **Argument**.

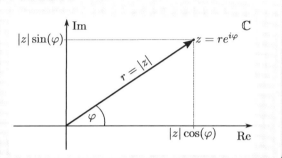

Für die Umrechnung von der kartesischen Darstellung $z = x + iy$ in die Polarkoordinatendarstellung geht man wie folgt vor: Es ist $x = r\cos(\varphi)$ und $y = r\sin(\varphi)$. Daraus folgt:

$$r^2 = r^2(\cos^2(\varphi) + \sin^2(\varphi)) = x^2 + y^2 \Rightarrow r = \sqrt{x^2 + y^2}$$

$$\tan(\varphi) = \frac{r\sin(\varphi)}{r\cos(\varphi)} = \frac{y}{x}$$

Hierbei ist es wichtig, dass man daraus nicht einfach

$$\varphi = \arctan\left(\frac{y}{x}\right)$$

schließen darf, denn dieser Zusammenhang gilt nur, wenn $x + iy$ im ersten Quadranten ($x, y > 0$) liegt. Im 2. und 3. Quadranten gilt dagegen

$$\varphi = \pi + \arctan\left(\frac{y}{x}\right)$$

und im 4. Quadranten

$$\varphi = 2\pi + \arctan\left(\frac{y}{x}\right).$$

> **Tipp!**
> Wer diese Fallunterscheidung nicht auswendig lernen möchte, kann auch zuerst $\arctan(\frac{y}{x})$ berechnen und sich dann überlegen, welches Vielfache von $\pi$ man gegebenenfalls addieren muss, damit der Winkel $\varphi$ im richtigen Intervall liegt.

**Beispiele:**

1. $1 + i = \sqrt{2}\, e^{\frac{\pi}{4}i}$, denn $|1 + i| = \sqrt{1^2 + 1^2}$ und $\varphi = \arctan(\frac{1}{1}) = \frac{\pi}{4}$

2. $\frac{1}{2} - \frac{\sqrt{3}}{2}i = 1 \cdot e^{\frac{5\pi}{3}i}$, denn $\left|\frac{1}{2} - \frac{\sqrt{3}}{2}i\right| = \sqrt{\frac{1}{4} + \frac{3}{4}} = 1$ und $\varphi \in [\frac{3\pi}{2}, 2\pi)$ mit $\tan(\varphi) = -\sqrt{3}$.

Ein großer Vorteil der Polarkoordinatendarstellung besteht darin, dass sich dort zwei komplexe Zahlen besonders leicht multiplizieren:

$$\left(r_1 \cdot e^{i\varphi_1}\right) \cdot \left(r_2 \cdot e^{i\varphi_2}\right) = r_1 r_2 \, e^{i\varphi_1} e^{i\varphi_2} = r_1 r_2 \, e^{i(\varphi_1 + \varphi_2)}$$

Kurz: Komplexe Zahlen in Polarkoordinatendarstellung werden multipliziert, indem man

▶ die Beträge miteinander multipliziert und

▶ die Argumente addiert.

Beispiel:

$$1 + i = \sqrt{2} e^{i\frac{\pi}{4}}$$
$$\Rightarrow (1+i)^2 = \left(\sqrt{2}\right)^2 e^{2i\frac{\pi}{4}} = 2i$$
$$\text{und } (1+i)^8 = \left((1+i)^2\right)^4 = (2i)^4 = 2^4 \cdot i^4 = 16.$$

Geometrisch entspricht die Multiplikation mit $i$ einer Drehung um $\frac{\pi}{2}$ gegen den Uhrzeigersinn, denn die Multiplikation mit $i$ ist ja gerade die Multiplikation mit der Zahl $1 \cdot e^{i\frac{\pi}{2}}$.

Aus der komplexen Zahl $z = r \, e^{i\varphi}$ wird dann die Zahl $r e^{i(\varphi + \frac{\pi}{2})}$ Diese hat denselben Betrag, aber ein um $\frac{\pi}{2}$ größeres Argument, was genau einer Drehung entspricht.

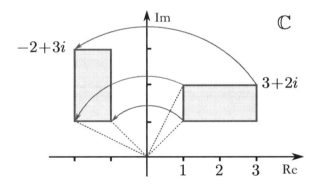

Analog kann man auch die Multiplikation mit der Zahl $-1 + i$ geometrisch betrachten

Die Multiplikation mit $-1 + i$ ist in Polardarstellung die Multiplikation mit $\sqrt{2} e^{i\frac{5\pi}{4}}$. Aus $z = r e^{i\varphi}$ wird $\sqrt{2} r e^{i(\varphi + \frac{5\pi}{4})}$, der Betrag wird mit dem Faktor $\sqrt{2}$ multipliziert, das Argument um $\frac{5\pi}{4}$ alias 225° vergrößert. Geometrisch führt das zu einer *Drehstreckung*, also einer Kombination aus einer Drehung um $\frac{5\pi}{4}$ gegen den Uhrzeigersinn mit einer Streckung um den Dehnungsfaktor $\sqrt{2}$.

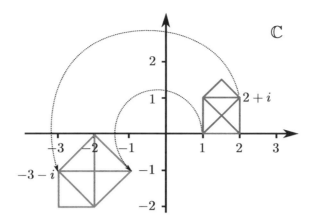

**De Moivresche Formel**

Schreibt man die Identität

$$\left(e^{i\varphi}\right)^n = e^{i(n\varphi)}$$

mit Hilfe der Eulerschen Formel um, dann erhält man die **De Moivresche Formel**:

### Satz 11.11 (De Moivresche Formel):

Für alle $\varphi \in \mathbb{R}$ und alle $n \in \mathbb{N}$ gilt:

$$(\cos(\varphi) + i\sin(\varphi))^n = \cos(n\varphi) + i\sin(n\varphi).$$

### Bemerkung :

Für eine komplexe Zahl $z = r(\cos(\varphi) + i\,\sin(\varphi))$ und $n = 1, 2, 3, \ldots$ ist also

$$z^n = r^n(\cos(n\varphi) + i\,\sin(n\varphi)).$$

### Beispiel (Dreifachwinkelsatz):

Speziell für $n = 3$ erhält man mit Hilfe des Binomischen Satzes

$$\begin{aligned}\cos(3\varphi) + i\sin(3\varphi) &= (\cos(\varphi) + i\sin(\varphi))^3 \\ &= \cos^3(\varphi) + 3\cos^2(\varphi) \cdot i\sin(\varphi) + 3\cos(\varphi) \cdot i^2 \sin^2(\varphi) + i^3 \sin^3(\varphi) \\ &= \cos^3(\varphi) - 3\cos(\varphi)\sin^2(\varphi) + i\left(3\cos^2(\varphi)\sin(\varphi) - \sin^3(\varphi)\right).\end{aligned}$$

Spaltet man die Terme in Real und Imaginärteil auf, ergeben sich daraus die Additionstheorem für den dreifachen Winkel:

$$\begin{aligned}\cos(3\varphi) &= \cos^3(\varphi) - 3\cos(\varphi)\sin^2(\varphi) = \cos^3(\varphi) - 3\cos(\varphi)(1 - \cos^2(\varphi)) \\ &= 4\cos^3(\varphi) - 3\cos(\varphi) \\ \text{und }\sin(3\varphi) &= 3\cos^2(\varphi)\sin(\varphi) - \sin^3(\varphi) = 3(1 - \sin^2(\varphi))\sin(\varphi) - \sin^3(\varphi) \\ &= 3\sin(\varphi) - 4\sin^3(\varphi).\end{aligned}$$

## Komplexe Einheitswurzeln

Eine Aufgabe, die sich ebenfalls sehr gut mit der Polardarstellung komplexer Zahlen lösen lässt, ist die Suche nach *allen* komplexen Lösungen der Gleichung $z^n = 1$. Für $z = r\, e^{i\varphi}$ ist

$$z^n = r^n e^{in\varphi} = 1 = 1 \cdot e^{i \cdot 0} = 1 \cdot e^{2\pi i} = 1 \cdot e^{4\pi i} = 1 \cdot e^{6\pi i} = \ldots$$

Betrachtet man nur den Betrag $|z^n| = |r^n e^{in\varphi}| = |r^n| \cdot |e^{in\varphi}|$, so erkennt man, dass $r^n = 1$ sein muss, also $r = 1$.
Außerdem muss eine der Gleichungen

$$n\varphi = 0 \quad \text{oder} \quad n\varphi = 2\pi \quad \text{oder} \quad n\varphi = 4\pi \quad \text{oder} \quad n\varphi = 6\pi \ldots$$

erfüllt sein. Diese führen auf verschiedene Winkel $\varphi = e^{2\frac{\pi}{n}i}, e^{4\frac{\pi}{n}i}, e^{6\frac{\pi}{n}i}, \ldots$, von denen aber nur $n$ wirklich verschieden sind. Daher gilt

### Satz 11.12 (Einheitswurzeln):

Die Gleichung $z^n = 1$ besitzt genau $n$ komplexe Lösungen

$$\begin{aligned} z_1 &= 1, \\ z_2 &= e^{2\frac{\pi}{n}i}, \\ z_3 &= e^{4\frac{\pi}{n}i}, \\ z_4 &= e^{6\frac{\pi}{n}i}, \\ &\vdots \\ z_n &= e^{2(n-1)\frac{\pi}{n}i}. \end{aligned}$$

Diese heißen $n$-**te Einheitswurzeln**.

Die $n$-ten Einheitswurzeln haben auch eine geometrische Interpretation. Die Gleichung

$$z^3 = 1$$

hat **drei** Lösungen:

$$z_1 = 1, \quad z_2 = e^{\frac{2\pi}{3}i}, \quad z_3 = e^{\frac{4\pi}{3}i}$$

die auf den Ecken eines gleichseitigen Dreiecks liegen.

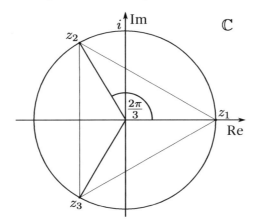

Auf ähnliche Weise kann man zu einer gegebenen komplexen Zahl $w$ auch *alle* komplexen Lösungen der Gleichung $z^n = w$ konstruieren. Dazu schreibt man $w = \varrho e^{i\alpha}$ in Polardarstellung genau wie die gesuchte Zahl $z = re^{i\varphi}$. Dann ist

$$z^n = r^n e^{in\varphi} = w = \varrho e^{i\alpha} = \varrho e^{i(\alpha+2\pi)} = \varrho e^{i(\alpha+4\pi)} = \ldots$$

Wie oben vergleicht man zunächst die Beträge und erhält $r^n = \varrho$, also $r = \sqrt[n]{\varrho}$. Der Vergleich der Winkel ergibt sie Möglichkeiten $n\varphi = \alpha$ oder $n\varphi = \alpha + 2\pi$ oder $n\varphi = \alpha + 4\pi$ ...Auch hier sind nur $n$ echt verschiedene Winkel dabei, die übrigen unterscheiden sich von diesen nur um Vielfache von $2\pi$.

Die Gleichung $z^n = w$ mit $w = \varrho e^{i\alpha}$ besitzt genau $n$ komplexe Lösungen

$$\begin{aligned} z_1 &= \sqrt[n]{\varrho}\, e^{\frac{\alpha}{n}i}, \\ z_2 &= \sqrt[n]{\varrho}\, e^{\frac{\alpha+2\pi}{n}i}, \\ z_3 &= \sqrt[n]{\varrho}\, e^{\frac{\alpha+4\pi}{n}i}, \\ z_4 &= \sqrt[n]{\varrho}\, e^{\frac{\alpha+6\pi}{n}i}, \\ &\vdots \\ z_n &= \sqrt[n]{\varrho}\, e^{\frac{\alpha+2(n-1)\pi}{n}i} \end{aligned}$$

**Anwendung und Verwendung komplexer Zahlen**

▶ physikalische Größen sind im strengen Sinne nie imaginär, aber:

▶ komplexe Zahlen erleichtern die Rechnung, insbesondere bei periodischen Vorgängen

Sie werden benutzt bei der

▶ Überlagerung von Schwingungen

▶ Beschreibung von Wechselstromschaltungen (komplexer Widerstand, Phasenverschiebung,...)

## 11.7 Die Hyperbelfunktionen

> **Definition (Hyperbelfunktionen):**
>
> Für $x \in \mathbb{R}$ definiert man die **Hyperbelfunktionen Cosinus hyperbolicus, Sinus hyperbolicus** und **Tangens hyperbolicus** durch
>
> $$\cosh(x) = \frac{e^x + e^{-x}}{2},$$
>
> $$\sinh(x) = \frac{e^x - e^{-x}}{2} \quad \text{und}$$
>
> $$\tanh(x) = \frac{\sinh(x)}{\cosh(x)} = \frac{e^x - e^{-x}}{e^x + e^{-x}} = 1 - \frac{2e^{-2x}}{1 + e^{-2x}}.$$

Die Schreibweise und viele Identitäten der Hyperbelfunktionen erinnern an die trigonometrischen Funktionen Sinus und Cosinus. Allerdings sehen die Schaubilder der Hyperbelfunktionen anders aus als diejenigen der trigonometrischen Funktionen:

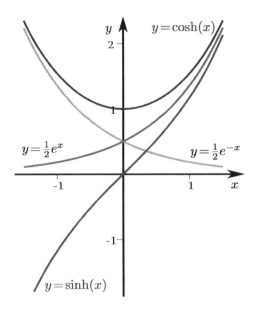

### Beispiel (Kettenlinie):

Auch wenn wir dies hier noch nicht begründen können, sei trotzdem schon auf das Vorkommen des Cosinus hyperbolicus als *Kettenlinie* hingewiesen: Die Kurve, die eine zwischen zwei Pfosten frei hängende Kette beschreibt, ist gerade das Schaubild des Cosinus Hyperbolicus.

### Bemerkung:

Die Hyperbelfunktionen heißen Hyperbelfunktionen weil die Punkte $(\cosh(t), \sinh(t))$ auf der *Hyperbel* $x^2 - y^2 = 1$ liegen, ähnlich wie man auch Sinus und Cosinus *Kreisfunktionen* nennt, weil alle Punkte $(\cos(t), \sin(t))$ auf dem Einheitskreis liegen

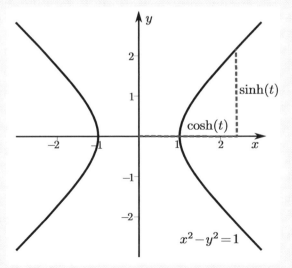

Diese Eigenschaft folgt direkt aus der letzten Formel im folgenden Satz.

## Satz 11.13 (Additionstheoreme für Hyperbelfunktionen):

Die Hyperbelfunktionen erfüllen für alle $x, y \in \mathbb{R}$

$$\cosh(x+y) = \cosh(x) \cdot \cosh(y) + \sinh(x) \cdot \sinh(y)$$
$$\sinh(x+y) = \sinh(x) \cdot \cosh(y) + \cosh(x) \cdot \sinh(y)$$
$$\cosh^2(x) - \sinh^2(x) = 1.$$

**Herleitung:** Direkt aus der Definition erhält man

$$\cosh(x) \cdot \cosh(y) + \sinh(x) \cdot \sinh(y) = \frac{e^x + e^{-x}}{2} \cdot \frac{e^y + e^{-y}}{2} + \frac{e^x - e^{-x}}{2} \cdot \frac{e^y - e^{-y}}{2}$$
$$= \frac{2e^x e^y + 2e^{-x} e^{-y}}{4}$$
$$= \cosh(x+y)$$

und

$$\sinh(x) \cdot \cosh(y) + \cosh(x) \cdot \sinh(y) = \frac{e^x - e^{-x}}{2} \cdot \frac{e^y + e^{-y}}{2} + \frac{e^x + e^{-x}}{2} \cdot \frac{e^y - e^{-y}}{2}$$
$$= \frac{2e^x e^y - 2e^{-x} e^{-y}}{4}$$
$$= \sinh(x+y)$$

und

$$\cosh^2(x) - \sinh^2(x) = \frac{e^x + e^{-x}}{2} \cdot \frac{e^x + e^{-x}}{2} - \frac{e^x - e^{-x}}{2} \cdot \frac{e^x - e^{-x}}{2}$$
$$= \frac{2e^x e^{-x} + 2e^x e^{-x}}{4} = 1.$$

□

## Umkehrfunktionen der Hyperbelfunktionen

Die Umkehrfunktionen der Hyperbelfunktionen sind die **Areafunktione**.
Die monotone Funktion $f(x) = \sinh(x)$ besitzt eine ebenfalls monotone Umkehrfunktion, die **Areasinus hyperbolicus** $\operatorname{Arsinh}(x)$ heißt. Es ist also

$$y = \operatorname{Arsinh}(x) \iff \sinh(y) = x$$

Wegen der Definition des Sinus hyperbolicus über die Exponentialfunktion kann man die letzte Gleichung auch umschreiben als

$$\frac{e^y - e^{-y}}{2} = x$$

Durch Multiplikation mit $e^y$ führt dies auf

$$\frac{e^{2y} - 1}{2} = xe^y$$

und nach der Substitution $e^y = t > 0$ erhält man eine quadratische Gleichung

$$t^2 - 1 = 2tx,$$

deren Lösung man in Abhängigkeit von $x$ bestimmen kann als

$$t = \frac{-2x \pm \sqrt{4x^2 + 4}}{2} = -x \pm \sqrt{x^2 + 1}$$

Da nur die Lösung mit + positiv ist, muss $e^y = \sqrt{x^2 + 1} - x$ sein, beziehungsweise

$$y = \operatorname{Arsinh}(x) = \ln\left(\sqrt{x^2 + 1} - x\right).$$

Da der Cosinus hyperbolicus keine monotone Funktion ist, benutzt man für die Umkehrfunktion nur das Intervall $[0, \infty)$, wo $\cosh(x)$ streng monoton wachsend ist und erhält als Umkehrfunktion $\operatorname{Arcosh} : [1, \infty) \to [0, \infty)$ eine Funktion, die sich mit einer Rechnung wie oben auch als

$$\operatorname{Arcosh}(x) = \ln\left(x + \sqrt{x^2 - 1}\right)$$

schreiben lässt.

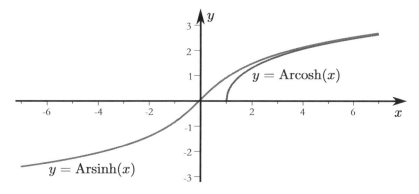

## Nach diesem Kapitel sollten Sie ...

- ... die Schaubilder von Potenzfunktionen, Exponentialfunktionen, trigonometrischen und Hyperbelfunktionen zeichnen können

- ... die wichtigsten Eigenschaften der elementaren Funktionen kennen

- ... die Definition der allgemeinen Exponentialfunktion $f(x) = a^x$ mit $a > 0$ kennen

- ... Potenz- und Logarithmengesetze anwenden können

- ... wissen, wo die Nullstellen der trigonometrischen Funktionen liegen

- ... die wichtigsten Additionstheoreme wiedergeben können und erkennen

- ... wissen, wie man die Umkehrfunktionen der trigonometrischen Funktionen erhält

- ... die Eulersche Formel $e^{ix} = \cos(x) + i\sin(x)$ wiedergeben können und wissen, wie man $e^z$ für $z \in \mathbb{C}$ berechnet

- ... die Polardarstellung komplexer Zahlen mit Hilfe der komplexen Exponentialfunktion kennen und damit Potenzen und Wurzeln komplexer Zahlen berechnen können

- ... zumindest das wichtigste Additionstheorem $\cosh^2(x) - \sinh^2(x) = 1$ der Hyperbelfunktionen kennen

# Aufgaben zu Kapitel 11

1. Leiten Sie, aus dem Potenzgesetz
$$\frac{e^a}{e^b} = e^{a-b}$$
das Logarithmengesetz
$$\ln(x) - \ln(y) = \ln\left(\frac{x}{y}\right)$$
her.

2. **Schallschutz**
Da der Schalldruck sich von der Hörschwelle bis zur Schmerzschwelle um mehrere Größenordnungen ändert, verwendet man eine logarithmische Skala. Dabei entspricht ein Schalldruck $p$ einem *Schalldruckpegel*
$$L = 20 \log_{10} \frac{p}{p_0} \text{ in [dB]}$$
mit dem Bezugs-Schalldruck $p_0 = 2 \cdot 10^{-5} Pa$.

   (a) In einem Raum arbeiten drei identische Maschinen, von denen jede für sich einen Schalldruckpegel von 70 dB erzeugt. Wie ist der Schalldruckpegel, wenn alle drei Maschinen gleichzeitig arbeiten?

   (b) Der Schalldruckpegel eines Flugzeugs, das sich in einer Entfernung $d$ befindet, betrage 60 Dezibel. Wie groß ist der Schalldruckpegel in der doppelten Entfernung $2d$?

   Sie dürfen bei dieser Rechnung ausnahmsweise den Taschenrechner benutzen...

3. Bestimmen Sie für die Funktionen
$$f(x) = \frac{1}{\cos(x)}, \quad g(x) = e^{\cos(x)} \quad \text{und} \quad h(x) = \ln(\cos(x))$$
jeweils den maximalen Definitionsbereich und den Wertebereich. Untersuchen Sie die Funktionen außerdem auf Symmetrie und auf Periodizität.

4. Bestimmen Sie den maximalen Definitionsbereich folgender Funktionen.

   (a) $f(x) = \arccos(\sqrt{x} - 1)$  (b) $g(x) = \left(\ln|x^2 - 9|\right)^{1/3}$
   (c) $h(x) = \ln(e^{2x} - 1)$  (d) $k(x) = \arcsin\left(\frac{1}{x}\right)$

5. Wir betrachten die beiden Zahlenfolgen $(a_n)_{n \in \mathbb{N}}$ und $(b_n)_{n \in \mathbb{N}}$ mit
$$a_n = \left(1 + \frac{1}{n}\right)^n \quad \text{und} \quad b_n = \left(1 + \frac{1}{n}\right)^{n+1}.$$

   Zeigen Sie:

   (a) Die Folge $(a_n)$ ist monoton wachsend, die Folge $(b_n)$ ist monoton fallend
   (b) $b_n > a_n$ für alle $n \in \mathbb{N}$
   (c) Beide Folgen sind konvergent.
   (d) Beide Folgen haben denselben Grenzwert.

   *Hinweis:* Man muss einigen Aufwand treiben, um einzusehen, dass dieser Grenzwert gerade die eulersche Zahl $e$ ist. Dies ist hier *nicht* verlangt.

6. Größenordnung von $n!$
   Zeigen Sie, dass für alle $n \geq 2$ gilt:
   $$e \cdot \left(\frac{n}{e}\right)^n < n! < n \cdot e \cdot \left(\frac{n}{e}\right)^n.$$
   Multiplizieren Sie dazu jeweils die folgenden Ungleichungen
   $$\left(1 + \frac{1}{k}\right)^k < e \quad (k = 1, \ldots, n-1) \quad \text{und} \quad e < \left(1 - \frac{1}{k}\right)^{-k} \quad (k = 2, \ldots, n)$$
   miteinander.
   Diese Ungleichungen lassen sich wiederum aus der vorhergehenden Aufgabe herleiten.
   *Bemerkung:* Eine bessere Näherung liefert die *Stirlingsche Formel* $n! \sim \sqrt{2\pi n} \cdot \left(\frac{n}{e}\right)^n$ bzw. die entsprechenden Abschätzungen
   $$\sqrt{2\pi n} \cdot \left(\frac{n}{e}\right)^n e^{1/(12n+1)} \leq n! \leq \sqrt{2\pi n} \cdot \left(\frac{n}{e}\right)^n e^{1/(12n)}.$$

7. Bestimmen Sie alle komplexen Zahlen $z \in \mathbb{C}$, die die Gleichung $z^4 = i$ lösen und skizzieren Sie ihre Lage in der komplexen Zahlenebene.

8. Bestimmen Sie die kartesische Darstellung $z = a + ib$ der komplexen Zahlen
   $$2e^{i\frac{3\pi}{4}} \quad \text{und} \quad 3e^{i\frac{\pi}{6}}$$
   sowie die Polarkoordinatendarstellung $z = re^{i\varphi}$ für die komplexen Zahlen
   $$4 + 4i, \; -16i \quad \text{und} \quad 1 + \sqrt{3}i.$$
   Nutzen Sie die Polarkoordinatendarstellung von $-16i$, um zwei komplexe Zahlen $z_1$ und $z_2$ zu finden mit $z_1^2 = z_2^2 = -16i$. Dabei gilt beispielsweise für $z_1 = r_1 e^{i\varphi_1}$, dass $z_1^2 = r_1^2 e^{2i\varphi_1}$.

9. Zeigen Sie, dass für alle $x \in \mathbb{R}$ und alle $n \in \mathbb{N}$ die Identität
   $$(\cosh(x) + \sinh(x))^n = \cosh(nx) + \sinh(nx)$$
   gilt.

10. Zeigen Sie, dass der Tangens hyperbolicus streng monoton wachsend ist und eine Umkehrfunktion Artanh : $(-1, 1) \to \mathbb{R}$ besitzt, den "Areatangens hyperbolicus". Diese lässt sich darstellen als
    $$\operatorname{Artanh}(x) = \frac{1}{2} \ln\left(\frac{1+x}{1-x}\right)$$
    für alle $x$ mit $|x| < 1$.
    *Hinweis:* Zeigen Sie zunächst, dass $\tanh(x) = 1 - \dfrac{2}{1 + e^{2x}}$ ist.

11. Welche der folgenden Gleichungen ist für die Funktion $f(x) = \cos(\frac{3}{2}\pi - x)$ erfüllt?
    - ☐ $f(x) = -\sin(x)$
    - ☐ $f(x) = \sin(x)$
    - ☐ $f(x) = -\cos(x)$
    - ☐ $f(x) = \cos(x)$

# 12 Differentiation

## 12.1 Die Ableitung einer Funktion

**Definition (differenzierbar):**

Sei $(a,b) \subset \mathbb{R}$ ein offenes Intervall und $x_0 \in (a,b)$. Dann heißt die Funktion $f : (a,b) \to \mathbb{R}$ **differenzierbar im Punkt** $x_0$, falls der Grenzwert

$$\lim_{h \to 0} \frac{f(x_0 + h) - f(x_0)}{h}$$

existiert. Wir nennen diesen Grenzwert $f'(x_0)$ die **Ableitung** von $f$ an der Stelle $x_0$.
Die Funktion $f$ heißt **differenzierbar auf** $(a,b)$, falls sie in jedem Punkt $x_0 \in (a,b)$ differenzierbar ist.

Die Ableitung hat eine einfache geometrische Interpretation:
Für jedes $h$ gibt der **Differenzenquotient** $\dfrac{f(x_0 + h) - f(x_0)}{h}$ die Steigung der Sehne durch zwei Punkte auf dem Graphen von $f$ an. Für $h \to 0$ geht die Sehne in die Tangente an den Graphen im Punkt $(x_0, f(x_0))$ über. Die Ableitung im Punkt $x_0$ entspricht also gerade der Steigung der Tangente an den Graphen von $f$ im Punkt $(x_0, f(x_0))$.

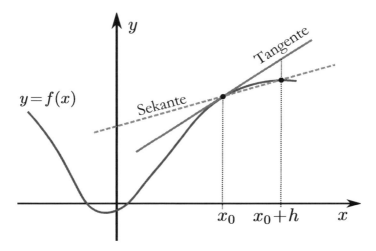

Andere Schreibweisen für die Ableitung sind $\dfrac{d}{dx}f$, $\dfrac{df}{dx}$ oder $\dot{f}$. Die letzte Variante wird insbesondere in der Kinematik benutzt, wenn $f = f(t)$ als eine von der Zeit $t$ abhängige Funktion aufgefasst wird und $\dot{f}$ dann als Geschwindigkeit interpretiert werden kann.
Achtung! Diese Definition der Differenzierbarkeit wird sich im nächsten Semester nicht einfach auf Funktionen übertragen lassen, die von mehreren Variablen $x_1, x_2, \ldots, x_n$ abhängen, weil man durch Vektoren nicht teilen kann.

Dort wird eine andere Betrachtungsweise hilfreich sein: Die Gerade mit der Steigung $f'(x_0)$ durch den Punkt $(x_0, f(x_0))$ ist die bestmögliche *lineare Approximation* an die Funktion $f$ in der Nähe des Punktes $x_0$.

**Beispiele:**

1. Die Funktion $f : \mathbb{R} \to \mathbb{R}$ mit $f(x) = x^2$ ist differenzierbar in $x_0$ mit Ableitung $f'(x_0) = 2x_0$, denn für den Differenzenquotienten an der Stelle $x_0$ gilt

$$\lim_{h \to 0} \frac{(x_0 + h)^2 - x_0^2}{h} = \lim_{h \to 0} \frac{x_0^2 + 2x_0 h + h^2 - x_0^2}{h}$$
$$= \lim_{h \to 0} (2x_0 + h) = 2x_0$$

2. Etwas allgemeiner zeigt man auf ähnliche Weise: Die Funktion $f : \mathbb{R} \to \mathbb{R}$ mit $f(x) = x^n$ ist differenzierbar in $x_0$ mit Ableitung $f'(x_0) = nx_0^{n-1}$, denn mit Hilfe des Binomischen Satzes 1.7 erhält man für den Differenzenquotienten an der Stelle $x_0$

$$\lim_{h \to 0} \frac{(x_0 + h)^n - x_0^n}{h} = \lim_{h \to 0} \frac{\binom{n}{0} x_0^n + \binom{n}{1} x_0^{n-1} h + \binom{n}{2} x_0^{n-2} h^2 + \ldots \binom{n}{n} h^n - x_0^n}{h}$$
$$= \lim_{h \to 0} \left( n x_0^{n-1} + \binom{n}{2} x_0^{n-2} h + \ldots \binom{n}{n} h^{n-1} \right) = n x_0^{n-1}.$$

3. Die Betragsfunktion $b(x) = |x|$ ist nicht differenzierbar in $x_0 = 0$, denn

$$\frac{|h| - |0|}{h} = \frac{|h|}{h} = \begin{cases} +1 & \text{für } h > 0 \\ -1 & \text{für } h < 0 \end{cases}$$

Der Grenzwert für $h \to 0$ existiert daher nicht.

4. Die Exponentialfunktion ist differenzierbar in $x_0 = 0$, denn

$$\lim_{h \to 0} \frac{e^h - e^0}{h} = \lim_{h \to 0} \frac{e^h - 1}{h} = 1$$

was man mit Hilfe der Definition der Exponentialfunktion als unendliche Summe sieht:

$$\left| \frac{e^h - 1}{h} - 1 \right| = \left| \frac{1 + h + \frac{h^2}{2!} + \frac{h^3}{3!} + \ldots - 1}{h} - 1 \right|$$
$$= \left| \frac{h}{2!} + \frac{h^2}{3!} + \frac{h^3}{4!} + \ldots \right|$$
$$\leq |h| \cdot \left( \frac{1}{2!} + \frac{1}{3!} + \frac{1}{4!} + \ldots \right)$$
$$= |h| \cdot (e - 2)$$

falls $|h| < 1$ ist. Da die rechte Seite für $h \to 0$ gegen 0 strebt, muss auch die linke Seite gegen 0 konvergieren.

In einem beliebigen $x_0 \in \mathbb{R}$ ist die Ableitung dann

$$\lim_{h \to 0} \frac{e^{x_0 + h} - e^{x_0}}{h} = \lim_{h \to 0} e^{x_0} \frac{e^h - 1}{h} = e^{x_0}.$$

Differenzierbarkeit ist eine Eigenschaft, die stärker als Stetigkeit ist:

**Satz 12.1 (Differenzierbarkeit ⇒ Stetigkeit):**

Sei $f : (a, b) \to \mathbb{R}$ eine differenzierbare Funktion und $x_0 \in (a, b)$. Dann ist $f$ in $x_0$ stetig.

**Begründung:** Um nachzuprüfen, dass $f$ an der Stelle $x_0$ stetig ist, betrachten wir eine Folge $(x_n)_{n\in\mathbb{N}}$, die gegen $x_0$ konvergiert. Wir müssen dann zeigen, dass $f(x_n)$ gegen $f(x_0)$ konvergiert. Weil $f$ in $x_0$ differenzierbar ist, kennen wir den Grenzwert

$$\lim_{n\to\infty} \frac{f(x_n) - f(x_0)}{x_n - x_0} = f'(x_0).$$

Aus den Rechenregeln für Grenzwerte erhält man damit dann

$$\lim_{n\to\infty} (f(x_n) - f(x_0)) = \lim_{n\to\infty} \underbrace{\frac{f(x_n) - f(x_0)}{x_n - x_0}}_{\to f'(x_0)} \cdot \underbrace{(x_n - x_0)}_{\to 0} = f'(x_0) \cdot 0 = 0.$$

Also ist $\lim_{n\to\infty} f(x_n) = f(x_0)$ und $f$ ist stetig in $x_0$.

□

## 12.2 Ableitungsregeln

Zum Glück muss man nur von sehr wenigen Funktionen die Ableitung mühsam mit Hilfe der ursprünglichen Definition herleiten. Für die meisten Funktionen erhält man die Ableitung, indem man das Differenzieren mit Hilfe von einigen Regeln auf die Ableitung von einfacheren Funktionen zurückführt.

**Satz 12.2 (Ableitungsregeln):**

Sei $(a, b) \subset \mathbb{R}$ ein Intervall und $f, g : (a, b) \to \mathbb{R}$ im Punkt $x_0$ differenzierbare Funktionen. Dann sind auch $f + g$ und $f \cdot g$ differenzierbar in $x_0$ und es ist

$$(f + g)'(x_0) = f'(x_0) + g'(x_0)$$
$$(f \cdot g)'(x_0) = f'(x_0) \cdot g(x_0) + f(x_0) \cdot g'(x_0) \quad \textbf{(Produktregel)}$$

Ist $g(x_0) \neq 0$, dann ist auch $f/g$ in $x_0$ differenzierbar und es gilt die **Quotientenregel**

$$\left(\frac{f}{g}\right)'(x_0) = \frac{f'(x_0) \cdot g(x_0) - f(x_0) \cdot g'(x_0)}{g^2(x_0)}$$

**Beweis:** Dass man eine Summe zweier Funktionen einzeln ableiten darf, ergibt sich direkt aus der Definition:

$$\frac{(f+g)(x_0+h) - (f+g)(x_0)}{h} = \frac{f(x_0+h) - f(x_0)}{h} + \frac{g(x_0+h) - g(x_0)}{h}$$
$$\to f'(x_0) + g'(x_0)$$

Wir zeigen nur noch, warum die Produktregel gültig ist, eine Begründung der Quotientenregel könnte man aber auf ähnliche Weise geben.

$$\frac{(fg)(x_0 + h) - (fg)(x_0)}{h} = f(x_0 + h)\frac{g(x_0 + h) - g(x_0)}{h} + \frac{f(x_0 + h) - f(x_0)}{h} g(x_0)$$
$$\to f(x_0)g'(x_0) + f'(x_0)g(x_0)$$

□

**Beispiel:** Die Ableitung eines Polynoms
$$p(x) = a_n x^n + a_{n-1} x^{n-1} + \ldots a_2 x^2 + a_1 x + a_0$$
ist
$$p'(x) = n a_n x^{n-1} + (n-1) a_{n-1} x^{n-2} + \ldots 2 a_2 x + a_1$$
Polynome werden also gliedweise differenziert.

> **Satz 12.3 (Ableitung der trigonometrischen Funktionen):**
>
> Die trigonometrischen Funktionen sin, cos und tan sind auf ihrem Definitionsbereich differenzierbar und es gilt:
>
> $$(\sin(x))' = \cos(x), \quad (\cos(x))' = -\sin(x) \quad \text{und} \quad (\tan(x))' = \frac{1}{\cos^2(x)} = 1 + \tan^2(x).$$

**Begründung:**
Hier können wir die beiden Grenzwerte
$$\lim_{x \to 0} \frac{\sin(x)}{x} = 1 \quad \text{und} \quad \lim_{x \to 0} \frac{\cos(x) - 1}{x} = 0$$
aus Kapitel 11.5 gut gebrauchen. Die Ableitung der Sinusfunktion in $x_0 = 0$ ist
$$\sin'(0) = \lim_{h \to 0} \frac{\sin(h) - \sin(0)}{h - 0} = \lim_{h \to 0} \frac{\sin(h)}{h} = 1.$$
Daraus folgt dann mit Hilfe der Additionstheoreme für ein beliebiges $x_0$
$$\begin{aligned}
\lim_{h \to 0} \frac{\sin(x_0 + h) - \sin(x_0)}{h} &= \lim_{h \to 0} \frac{\cos(x_0)\sin(h) + \sin(x_0)(\cos(h) - 1)}{h} \\
&= \cos(x_0) \lim_{h \to 0} \frac{\sin(h)}{h} + \sin(x_0) \lim_{h \to 0} \frac{(\cos(h) - 1)}{h} \\
&= \cos(x_0)
\end{aligned}$$
Ganz ähnlich berechnet man für die Cosinusfunktion zunächst in $x_0 = 0$
$$\cos'(0) = \lim_{h \to 0} \frac{\cos(h) - \cos(0)}{h - 0} = \lim_{h \to 0} \frac{\cos(h) - 1}{h} = 0$$
und dann für beliebige $x_0$
$$\begin{aligned}
\lim_{h \to 0} \frac{\cos(x_0 + h) - \cos(x_0)}{h} &= \lim_{h \to 0} \frac{\cos(x_0)(\cos(h) - 1) - \sin(x_0)\sin(h)}{h} \\
&= \cos(x_0) \lim_{h \to 0} \frac{(\cos(h) - 1)}{h} - \sin(x_0) \lim_{h \to 0} \frac{\sin(h)}{h} \\
&= -\sin(x_0)
\end{aligned}$$
Für die Ableitung der Tangensfunktion benutzt man dann die Quotientenregel:
$$\begin{aligned}
(\tan(x))' = \left(\frac{\sin(x)}{\cos(x)}\right)' &= \frac{(\sin(x))' \cos(x) - \sin(x)(\cos(x))'}{\cos^2(x)} \\
&= \frac{\cos^2(x) + \sin^2(x)}{\cos^2(x)} \\
&= \frac{1}{\cos^2(x)}
\end{aligned}$$

Im letzten Schritt könnte man alternativ auch etwas anders umformen:
$$\frac{\cos^2(x) + \sin^2(x)}{\cos^2(x)} = \frac{\cos^2(x)}{\cos^2(x)} + \frac{\sin^2(x)}{\cos^2(x)} = 1 + \tan^2(x)$$
und erhält so die andere Darstellung. □

Besonders wichtig ist die Regel für die Ableitung verketteter Funktionen.

**Satz 12.4 (Kettenregel):**

Seien $I, J \subset \mathbb{R}$ offene Intervalle, $f : I \to J$ differenzierbar an der Stelle $x_0 \in I$ und $g : J \to \mathbb{R}$ differenzierbar an der Stelle $y_0 = f(x_0) \in J$. Dann ist auch die Hintereinanderausführung $g \circ f : I \to \mathbb{R}$ an der Stelle $x_0$ differenzierbar mit der Ableitung

$$(g \circ f)'(x_0) = g'(f(x_0)) \cdot f'(x_0).$$

Eine mathematisch nicht ganz saubere Begründung für die Kettenregel liefert die folgende Rechnung:

$$\lim_{h \to 0} \frac{g(f(x_0 + h)) - g(f(x_0))}{h} = \lim_{h \to 0} \frac{g(f(x_0 + h)) - g(f(x_0))}{f(x_0 + h) - f(x_0)} \frac{f(x_0 + h) - f(x_0)}{h}$$
$$\to g'(f(x_0)) \; f'(x_0)$$

Das Problem daran ist, dass für viele Werte von $h$ eventuell $f(x_0 + h) - f(x_0) = 0$ sein könnte. Dann wäre die Umformung gar nicht erlaubt.
Die Grundidee, die dahinter steckt, lässt sich aber retten, und auf etwas kompliziertere Weise kann man dann doch einen mathematisch einwandfreien Beweis der Kettenregel geben. Diesen finden Sie bei Interesse in vielen Büchern.

**Beispiele:**

1. Die Funktion $f(x) = (5x+3)^{100}$ ist die Verkettung $f = g \circ h$ der Funktion $h(x) = 5x + 3$ mit $g(w) = w^{100}$. Wegen $h'(x) = 5$ und $g'(w) = 100w^{99}$ ist nach der Kettenregel
$$f'(x) = g'(h(x)) \cdot h'(x) = 5 \cdot (5x+3)^{99}.$$

2. Die Funktion $f(x) = \cos(x^2 + x^3)$ ist die Verkettung $f = g \circ h$ der Funktionen $h(x) = x^2 + x^3$ und $g(w) = \cos(w)$. Wegen $h'(x) = 2x + 3x^2$ und $g'(w) = -\sin(w)$ ist nach der Kettenregel
$$f'(x) = g'(h(x)) \cdot h'(x) = -\sin(x^2 + x^3) \cdot (2x + 3x^2)$$

3. In der Wahrscheinlichkeitsrechnung tritt die Funktion $f(x) = e^{-\frac{x^2}{2}}$ auf. Ihr Schaubild ist als *Gaußsche Glockenkurve* bekannt und war vor 2002 auf dem Zehnmarkschein abgebildet. Da $f$ die Verkettung $g \circ h$ der beiden Funktionen $g(y) = e^y$ und $h(x) = -\frac{x^2}{2}$ ist berechnet sich die Ableitung von $f$ als
$$f'(x) = g'(h(x)) \cdot h'(x) = e^{-\frac{x^2}{2}} \cdot (-x).$$

4. Die Ableitung der allgemeinen Potenzfunktion $p(x) = a^x$ mit $a > 0$ lässt sich mit Hilfe der Kettenregel bestimmen, wenn man sich an die Definition $p(x) = a^x = e^{x \cdot \ln(a)}$ erinnert. Dann kann man $p$ als Verkettung $p(x) = q(r(x))$ schreiben mit $q(y) = e^y$ und $r(x) = x \cdot \ln(a)$. Die beiden Ableitungen $q'(y) = e^y$ und $r'(x) = \ln(a)$ sind schnell berechnet, also ist
$$(a^x)' = p'(x) = q'(r(x)) \cdot r'(x) = e^{x \cdot \ln(a)} \cdot \ln(a) = a^x \cdot \ln(a).$$

## Beispiel (Luftballon):

Wir pumpen einen Luftballon auf, den wir uns idealisiert als einen Ball vom Radius $r$ vorstellen. Wenn wir eine Pumpe benutzen, die mit einer konstanten Rate Luft in den Ballon pumpt, dann gilt für das Volumen (gemessen in Litern)

$$V(t) = C \cdot t$$

wobei $\dot{V}(t) = C$ die Rate in Litern pro Sekunde angibt. Andererseits gilt für das Kugelvolumen $V(t) = \frac{4}{3}\pi(r(t))^3$ mit einem Radius $r(t)$, der mit der Zeit anwächst.
Die Änderungsrate für diesen Radius erhält man mit Hilfe der Kettenregel, denn

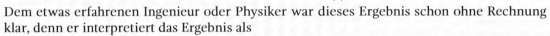

$$C = \dot{V}(t) = \frac{4}{3}\pi \cdot 3(r(t))^2 \cdot \dot{r}(t) \quad \Rightarrow \quad \dot{r}(t) = \frac{C}{4\pi r(t)^2}$$

Dem etwas erfahrenen Ingenieur oder Physiker war dieses Ergebnis schon ohne Rechnung klar, denn er interpretiert das Ergebnis als

„infinitesimale Volumenänderung = Oberfläche der Kugel mal infinitesimale Radiusänderung"

---

Wenn man die Ableitung einer komplizierten Funktion bestimmen möchte, sollte man zuerst überlegen, welche Struktur die Funktion hat, d.h. wie sie sich aus kleineren Teilen durch Summation, Mulitplikation, Verkettung etc. zusammensetzen lässt.
Daraus ergibt sich dann, welche Regeln angewandt werden müssen und wie diese Regeln miteinander kombiniert werden.

---

**Beispiel:** Um die Ableitung der Funktion $f(x) = x \cos\left(\frac{1}{1+x^2}\right)$ zu erhalten, macht man sich klar, dass $f(x) = x \cdot g(x)$ ist mit einer neuen Funktion $g(x) = \cos\left(\frac{1}{1+x^2}\right)$.
Also ist nach der Produktregel

$$f'(x) = g(x) + x \cdot g'(x)$$

und $g'(x)$ lässt sich mit Hilfe der Kettenregel differenzieren, wenn man $g(x) = h(k(x))$ als Verkettung von $h(x) = \cos(x)$ und $k(x) = \frac{1}{1+x^2}$ schreibt.
Damit ist

$$g'(x) = h'(k(x))k'(x) = -\sin\left(\frac{1}{1+x^2}\right) \cdot \frac{-2x}{(1+x^2)^2}$$

wobei für die Berechnung von $k'$ noch die Quotientenregel benutzt wurde. Setzt man alles zusammen, erhält man also

$$f'(x) = \cos\left(\frac{1}{1+x^2}\right) + 2\sin\left(\frac{1}{1+x^2}\right) \cdot \frac{x^2}{(1+x^2)^2}.$$

## Beispiel (Härteprüfung):

Beim Härteprüfverfahren nach Brinell wird eine Hartmetallkugel vom Durchmesser $D$ mit einer festgelegten Prüfkraft $F$ in die Oberfläche des zu prüfenden Werkstückes gedrückt. Anschließend wird der Durchmesser $d$ des Eindruckes gemessen und die *Brinellhärte* nach der Formel

$$HBW = \frac{0.102 \cdot 2 \cdot F}{\pi \cdot D \cdot \left(D - \sqrt{D^2 - d^2}\right)}$$

bestimmt. Fasst man $D$ und $F$ als feste Größen auf, dann ist die Härte $HBW(d)$ eine Funktion von $d$, die man als Verkettung der beiden Funktionen

$$h(d) = \sqrt{D^2 - d^2}$$

und

$$g(w) = \frac{0.102 \cdot 2 \cdot F}{\pi \cdot D \cdot (D - w)}$$

betrachten kann.

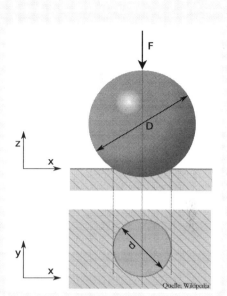

Quelle: Wikipedia

Wegen $h = u \circ v$ mit $v(d) = D^2 - d^2$ und $u(y) = \sqrt{y}$ braucht man schon für die Ableitung $h$ die Kettenregel und erhält

$$h'(d) = u'(v(d))v'(d) = \frac{1}{2\sqrt{D^2 - d^2}}(-2d) = -\frac{d}{\sqrt{D^2 - d^2}}.$$

Daraus ergibt sich unter erneuter Anwendung der Kettenregel

$$HBW'(d) = g'(h(d)) \cdot h'(d) = \frac{0.102 \cdot 2 \cdot F}{\pi \cdot D \cdot \left(D - \sqrt{D^2 - d^2}\right)^2} \left(-\frac{d}{\sqrt{D^2 - d^2}}\right)$$

## Beispiel Potenzfunktionen $f(x) = x^a$ mit allgemeinem Exponenten:

Die Funktion $f : (0, \infty) \to (0, \infty)$ mit $f(x) := x^a := e^{a \ln x}$, $a \in \mathbb{R}$ lässt sich mit Hilfe der Kettenregel differenzieren, denn es ist $f := g \circ h \circ k$, wobei

$$k(x) := \ln(x), \quad h(y) := ay \text{ und } g(z) := e^z.$$

Daher ist nach zweimaliger Anwendung der Kettenregel

$$\begin{aligned} f'(x) &= g'((h \circ k)(x))h'(k(x))k'(x) \\ &= g((h \circ k)(x))\frac{a}{x} = x^a \frac{a}{x} \\ \Rightarrow f'(x) &= ax^{a-1} \end{aligned}$$

Die aus der Schule bekannte Regel „*Schreibe den Exponenten vor den Term und vermindere den Exponenten dann um Eins*" gilt also für beliebige reelle Exponenten.

## 12.3 Die Ableitung von Umkehrfunktionen

Eine Funktion ist umkehrbar, wenn sie nie zweimal denselben Wert annimmt. Bei stetigen Funktionen auf einem Intervall ist das genau dann der Fall, wenn sie streng monoton sind. Jetzt stellt sich logischerweise die Frage, ob für eine umkehrbare, differenzierbare Funktion auch die Umkehrabbildung differenzierbar ist. Man findet leider leicht Beispiele, dass dies nicht so sein muss. Die Funktion $f : \mathbb{R} \to \mathbb{R}$ mit $f(x) = x^3$ ist streng monoton wachsend und differenzierbar. Man kann auch die Umkehrfunktion explizit hinschreiben. Es ist die Funktion

$$g(x) = \begin{cases} -\sqrt[3]{-x} & \text{für } x < 0 \\ \sqrt[3]{x} & \text{für } x \geq 0 \end{cases}$$

und diese ist in $x = 0$ nicht differenzierbar, sondern hat dort eine vertikale Tangente. Das liegt daran, dass $f'(0) = 0$ ist. Zum Glück ist dies jedoch das einzige Problem, das bei der Differenzierbarkeit von Umkehrfunktionen auftritt. Solange $f' \neq 0$ ist, gibt es keine Hindernisse.

**Satz 12.5 (Ableitung der Umkehrfunktion):**

Sei $f : (a,b) \to (c,d)$ eine stetige, streng monotone Funktion und $g = f^{-1} : (c,d) \to (a,b)$ die zugehörige Umkehrfunktion. Sei nun $x_0 \in (a,b)$. Falls $f'(x_0) \neq 0$, dann ist $f^{-1}$ im Punkt $y_0 = f(x_0)$ differenzierbar mit Ableitung

$$g'(y_0) = (f^{-1})'(f(x_0)) = \frac{1}{f'(x_0)} = \frac{1}{f'(g(y_0))}.$$

**Bemerkung (Rechentipp):**

Differenziert man beide Seiten der Gleichung $g(f(x)) = x$ mit der Kettenregel, erhält man

$$g'(f(x_0)) \cdot f'(x_0) = 1$$

und daraus $g'(y_0) = \dfrac{1}{f'(x_0)}$. So kann man oft die Ableitung der Umkehrfunktion bestimmen. Ein Beweis des Satzes ist dies allerdings noch nicht, denn wir haben hier schon vorausgesetzt, dass die Umkehrfunktion differenzierbar ist.

**Beweis:** Um zu zeigen, dass $g$ differenzierbar an der Stelle $y_0 = f(x_0)$ ist, falls $f'(x_0) \neq 0$, bildet man für $y \neq y_0 = f(x_0)$ den Differenzenquotienten

$$\frac{g(y) - g(y_0)}{y - y_0} = \frac{g(f(x)) - g(f(x_0))}{f(x) - f(x_0)} = \frac{x - x_0}{f(x) - f(x_0)}.$$

Da $f$ in $x_0$ differenzierbar ist, existiert der Grenzwert

$$\lim_{x \to x_0} \frac{x - x_0}{f(x) - f(x_0)} = \frac{1}{f'(x_0)}.$$

Wegen der Stetigkeit von $f$ bedeutet $y \to y_0$, dass auch $x \to x_0$ konvergiert. Also ist

$$\lim_{y \to y_0} \frac{g(y) - g(y_0)}{y - y_0} = \lim_{x \to x_0} \frac{x - x_0}{f(x) - f(x_0)} = \frac{1}{f'(x_0)} = \frac{1}{f'(f^{-1}(y_0))}$$

die gesuchte Ableitung von $g$ in $y_0$. □

Die Logarithmusfunktion war definiert worden als die Umkehrfunktion der Exponentialfunktion $f(x) = e^x$. Sie ist für alle positiven Zahlen definiert und ihre Ableitung lässt sich jetzt mit dem Satz über die Ableitung der Umkehrfunktion berechnen.

> **Beispiel (Ableitung der Logarithmusfunktion):**
>
> Die Umkehrfunktion zu $f(x) = e^x$ ist die Logarithmusfunktion $g(y) = \ln y$. Die Ableitung der Logarithmusfunktion ist also
>
> $$g'(y) = \frac{1}{f'(g(y))} = \frac{1}{f(g(y))} = \frac{1}{y}.$$
>
> oder kurz $\frac{d}{dy} \ln y = (\ln)'(y) = \frac{1}{y}$.

**Beispiel:** Die Ableitung der Arcustangensfunktion

Wir hatten oben schon die Tangensfunktion $\tan(x) = \frac{\sin(x)}{\cos(x)}$ mit der Quotientenregel abgeleitet und als Ergebnis

$$\tan'(x) = \frac{1}{\cos^2(x)} = 1 + \tan^2(x)$$

erhalten. Durch Differenzieren der Gleichung $\tan(\arctan y) = y$ mit der Kettenregel bestimmt man die Ableitung der Arcustangensfunktion:

$$\begin{aligned}
\tan'(\arctan(y)) \arctan'(y) &= 1 \\
\Leftrightarrow (1 + \tan^2(\arctan(y))) \arctan'(y) &= 1 \\
\Leftrightarrow (1 + y^2) \arctan'(y) &= 1 \\
\Leftrightarrow \arctan'(y) &= \frac{1}{1+y^2}
\end{aligned}$$

Diese Ableitung ist vor allem wichtig, weil man umgekehrt später die Stammfunktion von $\frac{1}{1+y^2}$ benötigt.

## 12.4 Höhere Ableitungen

> **Definition (Höhere Differenzierbarkeit):**
>
> Sei $(a, b) \subset \mathbb{R}$ ein Intervall. Die Funktion $f : (a, b) \to \mathbb{R}$ heißt **zweimal differenzierbar**, wenn die Ableitung $f'$ von $f$ ebenfalls eine differenzierbare Funktion ist. Wir schreiben dann $f''$ für $(f')'$ und nennen $f''$ die **zweite Ableitung** von $f$.
> Analog ist $(f'')' = f'''$ die dritte Ableitung von $f$ erklärt, wenn $f''$ differenzierbar ist, usw. Weil es irgendwann unpraktisch wird, die $k$-te Ableitung durch $k$ Striche zu notieren, schreibt man bei höheren Ableitungen auch oft $f^{(k)}$ für die $k$-te Ableitung.

Die Rechenregeln für Ableitungen übertragen sich direkt auf die höheren Ableitungen, zum Beispiel gilt für zweimal differenzierbare Funktionen $f, g : (a, b) \to \mathbb{R}$ nach der Produktregel:

$$(f \cdot g)''(x) = (f'(x) \cdot g(x) + f(x) \cdot g'(x))' = f''(x) \cdot g(x) + 2f'(x) \cdot g'(x) + f(x) \cdot g''(x).$$

Die zweite Ableitung hat auch eine konkrete geometrische Bedeutung. Dafür brauchen wir aber noch eine Definition.

### Definition (konkav, konvex):

Sei $f : (a, b) \to \mathbb{R}$ eine differenzierbare Funktion.

(a) $f$ heißt **konkav (rechtsgekrümmt)** auf $(a, b)$ genau dann, wenn $f'$ auf $(a, b)$ monoton fallend ist.

(b) $f$ heißt **konvex (linksgekrümmt)** auf $(a, b)$ genau dann, wenn $f'$ auf $(a, b)$ monoton wachsend ist.

„Rechtsgekrümmt" bzw. „linksgekrümmt" beschreibt die Gestalt des Graphen. Man stelle sich dazu vor, dass man mit einem (punktförmigen) Auto in Richtung der $x$-Achse auf dem Schaubild entlangbraust. *Rechts* bzw. *links* bezieht sich dann darauf, in welche Richtung man das Lenkrad einschlagen muss.

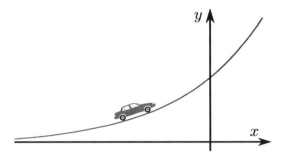

### Satz 12.6:

Es sei $f : (a, b) \to \mathbb{R}$ differenzierbar. Dann gilt:

(i) $f$ ist konkav auf $(a, b) \Leftrightarrow f(y) \leq f(x) + (y - x) \cdot f'(x)$ für alle $x, y \in (a, b)$.

(ii) $f$ ist konvex auf $(a, b) \Leftrightarrow f(y) \geq f(x) + (y - x) \cdot f'(x)$ für alle $x, y \in (a, b)$.

Beide Ungleichungen haben eine sehr anschauliche geometrische Bedeutung: Wenn $f$ konkav ist, also $f(y) \leq f(x) + (y - x) \cdot f'(x)$ ist, dann liegen alle Punkte $(y, f(y))$ auf dem Schaubild von $f$ unterhalb der Tangente an $f$ im Punkt $x$.

Analog liegen bei einer konvexen Funktion alle Punkte des Schaubilds oberhalb von den Tangenten an das Schaubild.

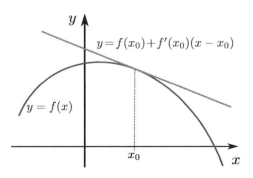

## Satz 12.7 (Konvexität und 2. Ableitung):

Ist $f : (a,b) \to \mathbb{R}$ zweimal differenzierbar, dann gilt:

(i) $f$ ist konkav auf $(a,b) \Leftrightarrow f''(x) \leq 0$ für alle $x \in (a,b)$.

(ii) $f$ ist konvex auf $(a,b) \Leftrightarrow f''(x) \geq 0$ für alle $x \in (a,b)$.

Die Begründung hierfür wird im nächsten Kapitel nachgeliefert. Dort wird gezeigt, dass $f'$ genau dann monoton wachsend (bzw. fallend) ist, wenn die Ableitung von $f'$, also die zweite Ableitung $f''$ nirgends negativ (bzw. nirgends positiv) ist.

Für den Zusammenhang zwischen der zweiten Ableitung und der Konvexität gibt es eine Eselsbrücke:

$f''$ positiv $\qquad\qquad$ $f''$ negativ

## Beispiele :

1. Die Funktionen $f$ und $g$ mit $f(x) = \ln(x)$ und $g(x) = -x^2$ sind konkav.
2. Die Funktionen $f$ und $g$ mit $f(x) = \exp(x)$ und $g(x) = x^2$ sind konvex.

## Definition (Wendepunkt):

Es sei $f : (a,b) \to \mathbb{R}$ differenzierbar und $x_0 \in (a,b)$. Dann hat $f$ in $x_0$ einen **Wendepunkt** (oder: $x_0$ ist eine **Wendestelle** von $f$) genau dann, wenn ein $\varepsilon > 0$ existiert mit einer der beiden folgenden Eigenschaften:

(i) $f$ ist auf $(x_0 - \varepsilon, x_0)$ konvex und $f$ ist auf $(x_0, x_0 + \varepsilon)$ konkav

(ii) $f$ ist auf $(x_0 - \varepsilon, x_0)$ konkav und $f$ ist auf $(x_0, x_0 + \varepsilon)$ konvex.

## Satz 12.8 :

Ist $f : (a,b) \to \mathbb{R}$ genügend oft differenzierbar, $x_0 \in (a,b)$, so hat $f$ in $x_0$ einen Wendepunkt wenn

(i) $f''(x_0) = 0$ ist, und $f''$ in $x_0$ das Vorzeichen wechelt.

(ii) $f''(x_0) = 0$ und $f^{(3)}(x_0) \neq 0$ ist.

# Nach diesem Kapitel sollten Sie ...

... erklären können, wie man die Ableitung einer Funktion als Steigung der Tangente erhält

... wissen, dass differenzierbare Funktionen automatisch stetig sind

... die Produktregel, Quotientenregel und Kettenregel beherrschen

... die Ableitung der elementaren Funktionen aus dem vorigen Kapitel kennen

... Funktionen mit einer Kombination der verschiedenen Ableitungsregeln differenzieren können

... wissen, wie man die Ableitung einer Umkehrfunktion berechnen kann

... anschaulich erklären können, was die zweite Ableitung einer Funktion mit ihrer Krümmung zu tun hat

## Aufgaben zu Kapitel 12

1. Berechnen Sie die Grenzwerte $\lim\limits_{h \to 0} \dfrac{\sqrt{1+h}-1}{h}$, $\lim\limits_{h \to 0} \dfrac{\sqrt{a+h}-\sqrt{a}}{h}$ für beliebiges $a > 0$ und $\lim\limits_{h \to 0} \dfrac{\sqrt[3]{a+h}-\sqrt[3]{a}}{h}$.
   Was bedeuten diese Grenzwerte, wenn man sie als Differenzenquotienten interpretiert?

   *Hinweis:* Eine Verallgemeinerung der dritten binomischen Formel $p^2 - q^2 = (p+q)(p-q)$ lautet $p^3 - q^3 = (p-q)(p^2 + pq + q^2)$.

2. Bestimmen Sie zu den folgenden Funktionen jeweils den maximalen Definitionsbereich und die Ableitung:

$$f_1(x) = x^5 - \sqrt{x} + x^{-5}, \quad f_2(x) = \sqrt{-x^2 + x + 6},$$

$$f_3(x) = \ln(\ln(\sqrt{x})), \quad f_4(x) = \sinh(x) = \frac{e^x - e^{-x}}{2},$$

$$f_5(x) = \frac{1}{(\sin(x)+1)^2}, \quad f_6(x) = \frac{x+2}{2x-3},$$

$$f_7(x) = \frac{x \cos(2x)}{x^2 + 3}, \quad f_8(x) = \operatorname{Artanh}(x) = \tfrac{1}{2} \ln\left(\frac{1+x}{1-x}\right),$$

$$f_9(x) = \sqrt[3]{\sqrt{x} + x}, \quad f_{10}(x) = x^x.$$

3. Geben Sie die Gleichung der Tangente an das Schaubild von $f(x) = \ln(x)$ an der Stelle $x = a$ an. Wo schneidet die Tangente die $x$-Achse? Für welches $a$ ist dieser Schnittpunkt gerade der Punkt $(3a, 0)$?

4. Die Spannungs-Dehnungs-Beziehung von Stählen lässt sich nach dem Gesetz von Ramberg und Osgood durch die Formel

$$\varepsilon(\sigma) = \frac{\sigma}{E} + \left(\frac{\sigma}{C}\right)^n$$

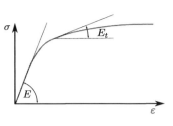

beschreiben, wobei $\sigma$ die Spannung, $\varepsilon$ die Dehnung, $E$ der Elastizitätsmodul des Stahls und $C, n \in \mathbb{R}$ Materialkonstanten sind.

Bestimmen Sie eine Formel für das *Tangentenmodul* $T_S(\sigma) = \dfrac{\mathrm{d}\sigma}{\mathrm{d}\varepsilon}(\varepsilon(\sigma))$, d.h. bestimmen Sie die Ableitung der Umkehrfunktion von $\varepsilon$ an der Stelle $\varepsilon(\sigma)$.

5. (a) Bestimmen Sie mit Hilfe des Satzes über die Ableitung der Umkehrfunktion die Ableitung der Arcussinusfunktion.

   (b) Für die (monoton wachsende) Funktion $F : \mathbb{R} \to \mathbb{R}$ mit $F(x) = 2x + e^x$ lässt sich die Umkehrfunktion $F^{-1}$ nicht in geschlossener Form angeben. Bestimmen Sie trotzdem die Ableitung $(F^{-1})'(1)$ an der Stelle $x_0 = 1$.

6. Das Volumen eines Kreiskegels mit Radius $r$ und Höhe $h$ berechnet sich nach der Formel $V = \frac{1}{3}\pi r^2 h$. Wenn der Radius sich mit einer Rate von $1\,\mathrm{cm/s}$ ändert und die Höhe $h = 10\,\mathrm{cm}$ konstant bleibt, mit welcher Rate ändert sich dann das Kegelvolumen in dem Moment, indem der Radius den Wert $r = 6\,\mathrm{cm}$ hat?

   ☐ die Änderungsrate beträgt $120\pi\,\mathrm{cm^3/s}$.

   ☐ die Änderungsrate beträgt $40\pi\,\mathrm{cm^3/s}$.

   ☐ die Änderungsrate beträgt $20\pi\,\mathrm{cm^3/s}$.

   ☐ die Änderungsrate beträgt $4\pi\,\mathrm{cm^3/s}$.

   ☐ die Änderungsrate beträgt $2\pi\,\mathrm{cm^3/s}$.

# 13 Anwendungen der Differentiation

## 13.1 Der Mittelwertsatz

Der folgende Satz besagt, dass eine differenzierbare Funktion, die an zwei Stellen $a$ und $b$ denselben Funktionswert annimmt, irgendwo zwischen $a$ und $b$ eine horizontale Tangente haben muss.

**Satz 13.1 (Satz von Rolle):**

Sei $f : [a,b] \to \mathbb{R}$ differenzierbar auf $(a,b)$, stetig auf $[a,b]$ und sei $f(a) = f(b)$.
Dann existiert ein $\xi \in (a,b)$ mit $f'(\xi) = 0$.

**Beweis:** Wir betrachten drei mögliche Fälle.

- 1. Möglichkeit: $f$ ist eine konstante Funktion auf dem Intervall $[a,b]$.
  Dann ist $f'(\xi) = 0$ sogar für alle Punkte $\xi \in (a,b)$ und die Behauptung gilt.

- 2. Möglichkeit: Es gibt ein $x_0 \in (a,b)$ mit $f(x_0) > f(a) = f(b)$.
  Nach dem Satz vom Maximum 10.7 nimmt die stetige Funktion $f$ auf dem kompakten Intervall $[a,b]$ ihr Maximum an, es existiert also ein $\xi \in [a,b]$ mit $f(\xi) \geq f(x) \,\forall x \in [a,b]$. Da $\xi \in (a,b)$ und nicht am Rand des Intervalls $[a,b]$ liegt, ist $\xi$ ein lokales Maximum. Nach Satz 13.5 ist dann $f'(\xi) = 0$.

- 3. Möglichkeit: Für alle $x \in (a,b)$ ist $f(x) \leq f(a) = f(b)$.
  Dann argumentiert man ähnlich wie im vorigen Fall, denn die stetige Funktion $f$ nimmt auf dem kompakten Intervall $[a,b]$ ihr Minimum in einem Punkt $\xi$ an. Dieser muss im offenen Intervall $(a,b)$ liegen und ist daher ein lokales Minimum mit $f'(\xi) = 0$. □

Aus dem Satz von Rolle folgt direkt ein wichtiger Satz der Analysis.

**Satz 13.2 (Mittelwertsatz):**

Sei $f : [a,b] \to \mathbb{R}$ stetig und differenzierbar an der Stelle $x \in (a,b)$. Dann gibt es ein $\xi \in (a,b)$ mit der Eigenschaft

$$f'(\xi) = \frac{f(b) - f(a)}{b - a}.$$

Graphisch lässt sich die Aussage des Mittelwertsatzes so darstellen:

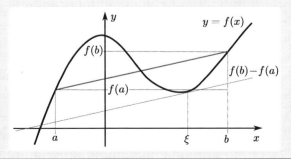

Die Tangentensteigung an der Stelle $\xi$ ist genau die Steigung der Sehne, die die Punkte $(a, f(a))$ und $(b, f(b))$ miteinander verbindet.

Wenn man sich die $x$-Variable als eine Zeit und die Funktion $f$ als die zurückgelegte Strecke vorstellt, dann ist $\dfrac{f(b) - f(a)}{b - a}$ die Durchschnittsgeschwindigkeit zwischen den Zeitpunkten $a$ und $b$ und der Mittelwertsatz besagt, dass irgendwann zwischen diesen beiden Zeitpunkten die Momentangeschwindigkeit genau gleich der Durchschnittsgeschwindigkeit ist. Anschaulich ist das relativ klar, denn es kann ja nicht sein, dass die Momentangeschwindigkeit *immer* kleiner als die Durchschnittsgeschwindigkeit oder *immer* größer als die Durchschnittsgeschwindigkeit ist. Wir geben aber für den Mittelwertsatz auch einen formalen

**Beweis:**

Zunächst definieren wir eine Hilfsfunktion $g : [a,b] \to \mathbb{R}$, die die Funktion $f$ so „verbiegt", dass wir den Satz von Rolle anwenden können, und zwar durch

$$g(x) = f(x) - (x - a) \cdot \frac{f(b) - f(a)}{b - a}.$$

anschaulich entspricht das einer Scherung in $y$-Richtung, die dafür sorgt, dass die Sehne, die oben angesprochen wurde, zu einer horizontalen Geraden wird.

Die Funktion $g$ ist stetig auf $[a, b]$ und differenzierbar auf $(a, b)$ mit den Werten

$$\begin{aligned} g(a) &= f(a) \text{ und} \\ g(b) &= f(b) - \frac{f(b) - f(a)}{b - a}(b - a) = f(a). \end{aligned}$$

Wir können also tatsächlich den Satz von Rolle anwenden. Nach diesem Satz existiert ein $\xi \in (a, b)$ mit $g'(\xi) = 0$. An dieser Stelle $\xi$ ist dann $f'(\xi) - \dfrac{f(b) - f(a)}{b - a} = 0$. □

> **Bemerkung :**
>
> Wenn man diesem Satz zum ersten Mal begegnet, bereitet es häufig Schwierigkeiten, dass über die „Zwischenstelle" $\xi$ nichts näheres bekannt ist.
>
> Man kann damit auf verschiedene Arten umgehen: eine Möglichkeit besteht darin, *alle möglichen* Werte von $f'(\xi)$ zu betrachten. Für $f(x) = \sin(x)$ und $[a, b] = [1, \frac{\pi}{2}]$ ist $f'(x) = \cos(x)$ und für $\xi \in (1, \frac{\pi}{2})$ liegt $f'(\xi)$ damit im Intervall $(0, \cos(1))$. Man kann also aus dem Mittelwertsatz schließen, dass
>
> $$\frac{\sin(1) - 1}{1 - \frac{\pi}{2}} \in (0, \cos(1)).$$
>
> Man kann aber auch den „schlimmstmöglichen" Fall betrachten. Zum Beispiel ist für beliebige Zahlen $x, y \in \mathbb{R}$
>
> $$\left| \frac{\cos(x) - \cos(y)}{x - y} \right| = |\sin(\xi)| \leq 1$$
>
> völlig unabhängig davon, was $\xi$ genau ist. Damit erhält man die Ungleichung
>
> $$|\cos(x) - \cos(y)| \leq |x - y|$$
>
> die für alle $x, y \in \mathbb{R}$ gültig ist.

## Satz 13.3:

Sei $I$ ein Intervall und $f : I \to \mathbb{R}$ eine differenzierbare Funktion. Falls $f'(x) = 0$ für alle $x \in I$, dann ist $f$ konstant auf dem Intervall $I$.

Die **Begründung** ist eine elegante Anwendung des Mittelwertsatzes. Wir nehmen uns zwei beliebige Punkte $a, b \in I$ und zeigen, dass $f(a) = f(b)$ ist. Das folgt aber ganz direkt aus dem Mittelwertsatz, denn

$$f(a) - f(b) = \underbrace{f'(\xi)}_{=0} \cdot (a - b) = 0$$

wobei man eben nicht wissen muss, wo genau $\xi$ liegt, da die Ableitung überall verschwindet. □

## Beispiel (Eine Differentialgleichung):

Sei $f : \mathbb{R} \to \mathbb{R}$ eine differenzierbare Funktion, die die Differentialgleichung $f'(x) = f(x)$ erfüllt und den Funktionswert $f(0) = 1$ hat.
Dann ist $f(x) = e^x$ für alle $x \in \mathbb{R}$.
**Begründung:** Definiert man $g(x) := f(x)e^{-x}$, dann ist $g'(x) = f'(x)e^{-x} - f(x)e^{-x} = 0$. Also muss $g$ konstant sein, d.h. $g(x) \equiv \text{const} = g(0) = 1$ für alle $x \in \mathbb{R}$. Daraus folgt wiederum $f(x)e^{-x} = 1$ für alle $x$ und daher $f(x) = e^x$.

## Satz 13.4 (Ableitung und Monotonie):

Sei $I \subset \mathbb{R}$ ein Intervall und $f : I \to \mathbb{R}$ eine differenzierbare Funktion. Dann gilt:

(i) $f'(x) \geq 0$ für alle $x \in I \Leftrightarrow f$ ist monoton wachsend, d.h. $x < y \Rightarrow f(x) \leq f(y)$

(ii) $f'(x) > 0$ für alle $x \in I \Rightarrow f$ ist streng monoton wachsend, d.h. $x < y \Rightarrow f(x) < f(y)$

(i) $f'(x) \leq 0$ für alle $x \in I \Leftrightarrow f$ ist monoton fallend, d.h. $x < y \Rightarrow f(x) \geq f(y)$

(ii) $f'(x) < 0$ für alle $x \in I \Rightarrow f$ ist streng monoton fallend, d.h. $x < y \Rightarrow f(x) > f(y)$

**Begründung:** Wir zeigen nur die erste Behauptung (i), alle anderen kann man sich ganz analog überlegen. Die Äquivalenz „⇔" zerlegen wir dazu in zwei einzelne Behauptungen.
„⇒": Seien $x, y \in I$ mit $x < y$. Dann gilt nach dem Mittelwertsatz für ein $\xi \in (x, y)$

$$f'(\xi) = \frac{f(y) - f(x)}{y - x}$$

Da $f'(\xi) \geq 0$ und $y - x > 0$, muss $f(y) - f(x) \geq 0$ sein.
„⇐": Sei $x_0 \in I$ beliebig. Nun wählt man eine Folge $(h_n)_{n \in \mathbb{N}}$ mit $h_n > 0$ und $\lim_{n \to \infty} h_n = 0$. Dann ist $f(x_0 + h_n) - f(x_0) \geq 0$. Da $f$ in $x_0$ differenzierbar ist, existiert der Grenzwert

$$f'(x) = \lim_{n \to \infty} \underbrace{\frac{f(x_0 + h_n) - f(x_0)}{h}}_{\geq 0} \geq 0$$

falls $x_0$ nicht der rechte Randpunkt ist.

□

**Beispiele:**

1. Die Exponentialfunktion $f(x) = e^x$ hat die Ableitung $f'(x) = e^x > 0$ und ist daher streng monoton wachsend. (Ok, das wussten wir schon, aber zumindest lässt es sich auf diese Weise noch einmal bestätigen.)

2. Die Funktion $h(x) = \dfrac{1}{1+x^2}$ hat die Ableitung $h'(x) = \dfrac{-2x}{(1+x^2)^2}$. Daher ist $h'(x) < 0$ auf $(0, \infty)$, d.h. die Funktion ist dort streng monoton fallend.

3. Die Sinusfunktion $f(x) = \sin x$ hat die Ableitung $f'(x) = \cos x$, die auf dem Intervall $(-\frac{\pi}{2}, \frac{\pi}{2})$ positiv ist und ist daher auf diesem Intervall streng monoton wachsend.

4. Die Gleichung $\tan(x) = \frac{2}{3}x$ hat wegen $\tan(0) = \frac{\sin(0)}{\cos(0)} = \frac{0}{1} = 0$ die Lösung $x_0 = 0$. Dies ist auch die einzige Lösung im Intervall $(-\frac{\pi}{2}, \frac{\pi}{2})$, denn die Funktion $g(x) = \tan(x) - \frac{2}{3}x$ ist monoton wachsend. Um das nachzuweisen, berechnet man zunächst die Ableitung

$$g'(x) = \frac{1}{\cos^2(x)} - \frac{2}{3}.$$

Da $|\cos(x)| \leq 1$ ist, ist $\cos^2(x) \leq 1$ und $\frac{1}{\cos^2(x)} \geq 1$. Damit ist $g'(x) \geq 1 - \frac{2}{3} > 0$ woraus die Monotonie von $g$ folgt.

## 13.2 Lokale Extrema

Eine der wichtigsten Anwendungen der Ableitung ist die Bestimmung von Maxima und Minima einer Funktion, genauer gesagt, die Bestimmung von sogenannten lokalen Maxima und Minima. Das sind Punkte, deren Funktionswert größer ist als alle Funktionswerte in der Nähe. Mathematisch präzise lässt sich das so definieren:

> **Definition (lokales/globales Maximum/Minimum):**
>
> Sei $I \subset \mathbb{R}$ ein Intervall und $f : I \to \mathbb{R}$ eine stetige Funktion.
> Ein Punkt $x_0 \in I$ heißt **lokales Maximum** von $f$, wenn es eine Zahl $\delta > 0$ gibt, so dass für alle $x \in I$ gilt:
> $$|x - x_0| < \delta \Rightarrow f(x) \leq f(x_0)$$
> Analog heißt ein Punkt $x_0 \in I$ **lokales Minimum** von $f$, wenn es eine Zahl $\delta > 0$ gibt, so dass für alle $x \in I$ gilt:
> $$|x - x_0| < \delta \Rightarrow f(x) \geq f(x_0)$$
> Ein Punkt $x_0 \in I$ heißt **lokales Extremum** von $f$, wenn $x_0$ entweder ein lokales Maximum oder ein lokales Minimum ist.
> Ein Punkt $x_0 \in I$ heißt **globales Maximum** von $f$, wenn $f(x_0) \geq f(x)$ für alle $x \in I$ ist und **globales Minimum** von $f$, wenn $f(x_0) \leq f(x)$ für alle $x \in I$ ist.

> **Beispiel:**
>
> Für die Funktion $f : \mathbb{R} \to \mathbb{R}$ mit $f(x) = x^4 - x^2$ ist $x_0 = 0$ ein lokales Maximum, weil $f(0) = 0$ und $f(x) < 0$ für alle $x \in (-1, 1)$. Man könnte in der Definition oben also $\delta = 1$ (oder jede andere Zahl zwischen 0 und 1) wählen.
>
>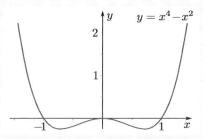
>
> Trotzdem gibt es hier Funktionswerte, die größer als $f(0)$ sind. Deshalb ist $x_0 = 0$ kein *globales Maximum*, sondern nur ein lokales Maximum.

Mit Hilfe der Ableitung kann man feststellen, an welcher Stelle ein lokales Maximum oder Minimum liegen könnte.

> **Satz 13.5 (Bedingung für lokale Extrema):**
>
> Sei $I \subset \mathbb{R}$ ein Intervall, $f : I \to \mathbb{R}$ stetig, $x_0 \in I$ ein lokales Extremum. Falls $f$ an der Stelle $x_0$ differenzierbar ist, dann ist $f'(x_0) = 0$.

> **Achtung!** Die Umkehrung gilt nicht: Wenn $f'(x_0) = 0$ ist, muss die Funktion an der Stelle $x_0$ weder ein lokales Minimum noch ein lokales Maximum besitzen.

**Beweis des Satzes:** Wir nehmen an, dass $f$ bei $x_0$ ein lokales Minimum hat. Am Ende wird noch gezeigt, wie man die Argumentation modifizieren muss, wenn $x_0$ kein lokales Minimum, sondern ein lokales Maximum von $f$ ist.
Zunächst wählen wir die reelle Zahl $\delta > 0$ so klein, dass $f(x) \geq f(x_0)$ für alle $x$ im Intervall $(x_0 - \delta, x_0 + \delta)$, also genau wie in der Definition des lokalen Minimums. Wenn wir nun $n$ sehr groß wählen, also $\frac{1}{n}$ sehr klein, dann liegt $x_0 - \frac{1}{n}$ und $x_0 + \frac{1}{n}$ in diesem Intervall $(x_0 - \delta, x_0 + \delta)$. Nun berechnen wir die Ableitung der Funktion $f$ in $x_0$ auf zwei Arten. Einerseits ist

$$f'(x_0) = \lim_{n \to \infty} \frac{f(x_0 + \frac{1}{n}) - f(x_0)}{\frac{1}{n}} \geq 0,$$

da sowohl Zähler als auch Nenner des Bruches nicht-negativ sind. Andererseits ist

$$f'(x_0) = \lim_{n \to \infty} \frac{f(x_0 - \frac{1}{n}) - f(x_0)}{-\frac{1}{n}} \leq 0,$$

da hier der Zähler nicht-negativ, der Nenner aber immer negativ ist. Beide Ungleichungen zusammen können nur erfüllt sein, wenn $f'(x_0) = 0$ ist.
Wenn $x_0$ kein lokales Minimum, sondern ein lokales Maximum von $f$ ist, dann betrachtet man statt $f$ die (an der x-Achse gespiegelte) Funktion $g(x) = -f(x)$, die dann in $x_0$ ein lokales Minimum

hat. Wie gerade eben gezeigt, ist dann $g'(x_0) = 0$, also auch $f'(x_0) = -g'(x_0) = 0$.

□

> **Beispiel:**
>
> Wenn man bei der $n$-maligen Messung einer bestimmten Größe die Messwerte $x_1, x_2, \ldots, x_n$ erhält, dann kann man als Näherung $\bar{x}$ für den exakten Wert der Größe das Minimum der Funktion
>
> $$f(x) = \sum_{j=1}^{n} (x - x_j)^2$$
>
> bestimmen. Hier werden einerseits Abweichungen in beide Richtungen immer mit positivem Vorzeichen gezählt, andererseits gehen größere Abweichungen mit stärkerem Gewicht in die Summe ein. Die Ableitung ist
>
> $$f'(x) = 2 \sum_{j=1}^{n} (x - x_j)$$
>
> und verschwindet genau für
>
> $$\bar{x} = \frac{x_1 + x_2 + \cdots + x_n}{n}$$
>
> also für den Mittelwert (genauer: das *arithmetische Mittel*) der Messwerte. Man kann sich überlegen, dass für $x \to \pm\infty$ immer $f(x) \to +\infty$ gilt, da die Messwerte $x_1, x_2, \ldots, x_n$ ja feste Zahlen sind. Da es nur einen Kandidaten für ein Extremum gibt, muss in $\bar{x}$ ein Minimum vorliegen.

> **Definition (kritischer Punkt):**
>
> Sei $f : I \to \mathbb{R}$ differenzierbar.
> $x_0 \in I$ heißt **kritischer Punkt** von $f$, wenn $f'(x_0) = 0$.

**Beispiele:**

1. Wir betrachten die Funktion $f(x) = x^4 - x^2$ von oben.
   Ihre Ableitung ist $f'(x) = 4x^3 - 2x$ und die Bedingung $f'(x) = 0 \Leftrightarrow 2x(2x^2 - 1)$ führt auf die drei kritischen Punkte

   $$x_1 = 0, \quad x_{2,3} = \pm \frac{1}{\sqrt{2}},$$

   die wir ja bereits aus unserer Skizze kennen. Aus dieser Skizze wissen wir, dass bei $x_1 = 0$ ein lokales Maximum und an den anderen beiden kritischen Punkten lokale Minima sind. Streng rechnerisch haben wir das bis jetzt aber noch nicht nachgewiesen.

2. $f(x) = x^3$
   Hier ist $f'(0) = 0$, d.h. $x_0 = 0$ ist ein kritischer Punkt. Dort ist aber kein lokales Extremum, die Bedingung $f'(x_0) = 0$ ist nur *notwendig*, aber nicht *hinreichend*!

Um bei einem kritischen Punkt zu entscheiden, ob es sich um ein lokales Maximum, Minimum oder keines von beiden handelt, benötigen wir noch weitere Informationen. Dabei erweist sich die zweite Ableitung als nützlich.

## Satz 13.6 (Lokale Extrema):

Sei $f : (a,b) \to \mathbb{R}$ zweimal differenzierbar und $f''$ stetig. Falls für ein $x_0 \in (a,b)$

$$f'(x_0) = 0 \quad \text{und} \quad f''(x_0) < 0,$$

dann hat $f$ in $x_0$ ein striktes lokales Maximum, d.h. es gibt ein $\varepsilon > 0$, so dass gilt:

$$|x - x_0| \leq \varepsilon \;\Rightarrow\; f(x) < f(x_0).$$

Analog hat $f$ ein striktes lokales Minimum in $x_0$, falls $f'(x_0) = 0$ und $f''(x_0) > 0$.

**Beweis:** Wir betrachten nur den Fall eines Maximums. Da $f''(x_0) < 0$ gibt es eine Umgebung $(x_0 - \varepsilon, x_0 + \varepsilon)$ in der $f''$ negativ ist. Also ist $f'$ in dieser Umgebung streng monoton fallend. Da $f'(x_0) = 0$ ist also $f'(x) > 0$ für $x \in (x_0 - \varepsilon, x_0)$ und $f'(x) < 0$ für $x \in (x_0, x_0 + \varepsilon)$. Also ist $f$ links von $x_0$ streng monoton wachsend und rechts von $x_0$ streng monoton fallend. □

## Beispiel (Blechkiste):

Aus einem rechteckigen Blech der Seitenlängen $a \leq b$ soll ein Kasten von möglichst großem Volumen $V$ in den RUB-Farben hergestellt werden.

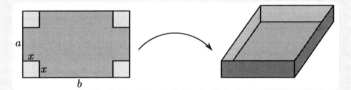

Wie muss die Länge $x$ gewählt werden, damit $V$ maximal wird?

Das Volumen lässt sich als Funktion von $x$ berechnen als

$$V(x) = (a - 2x)(b - 2x)x = abx - 2(a+b)x^2 + 4x^3$$

mit der Ableitung

$$V'(x) = ab - 4(a+b)x + 12x^2$$

Die kritischen Punkte sind also bei

$$x_{1,2} = \frac{4(a+b) \pm \sqrt{16(a+b)^2 - 48ab}}{24} = \frac{(a+b) \pm \sqrt{a^2 + b^2 - ab}}{6}$$

Dass das Volumen

$$x_1 = \frac{(a+b) - \sqrt{a^2 + b^2 - ab}}{6}$$

ein Maximum annimmt, kann man auf zwei Arten nachprüfen. Zum einen kann man den Verlauf einer kubischen Parabel skizzieren und daraus schließen, dass von den beiden kritischen Punkten der kleinere ein Maximum und der größere ein Minimum sein muss, man könnte aber auch die zweite Ableitung berechnen und nachprüfen, dass $V''(x_1) < 0$ ist.

## Kurvendiskussionen

Aus der Schule ist jedem das Thema *Kurvendiskussion* schon bekannt. Es geht darum, für eine Funktion $f$ durch eine Gleichung gegeben. Eine *Kurvendiskussion* dient dazu, wichtige Eigenschaften der Funktion herauszufinden. Typischerweise gehören dazu die folgenden Schritte: notwendig:

(i) Bestimme den (maximalen) Definitionsbereich von $f$.

(ii) Untersuche $f$ auf Symmetrie.

(iii) Berechne die Ableitung $f'$ und (falls ohne allzu großen Aufwand möglich) die zweite Ableitung $f''$

(iv) Bestimme die Nullstellen von $f$ und überlege, zwischen welchen Nullstellen $f$ positive bzw. negative Werte annimmt.

(v) Bestimme die Nullstellen von $f'$ und überlege, ob es sich um lokale und globale Extremwerte von $f$ handelt.

(vi) Bestimme die Monotoniebereiche von $f$

(vii) Bestimme evtl. Wendepunkte von $f$ und die Bereiche, in denen $f$ konkav bzw. konvex ist.

(viii) Betrachte das Verhalten von $f(x)$ am Rand des Definitionsbereichs, d.h. in der Nähe von Definitionslücken oder für $x \to \pm\infty$.

(ix) Skizziere mit den so gesammelten Informationen das Schaubild der Funktion.

> **Beispiel :**
>
> Es sei $f(x) = e^{2x} - 2e^x - 3$.
>
> (i) Der Definitionsbereich ist ganz $\mathbb{R}$.
>
> (ii) $f$ ist weder gerade noch ungerade
>
> (iii) $f'(x) = 2 \cdot e^{2x} - 2 \cdot e^x$, $f''(x) = 4 \cdot e^{2x} - 2 \cdot e^x$
>
> (iv) Mit $y = e^x$ ist $f(x) = 0 \Leftrightarrow y^2 - 2y - 3 = 0 \Rightarrow y_{1,2} = 1 \pm \sqrt{1+3} = 1 \pm 2$. Also ist $x_1 = \ln(3)$ einzige Nullstelle.
>
> (v) $2 \cdot y^2 - 2y = 0 \Rightarrow y = 0$ oder $y = 1$. Also: $x_2 = \ln(1) = 0$ einzige Nullstelle von $f'(x)$. $f''(0) = 4 - 2 = 2 > 0 \Rightarrow$ lokales Minimum.
>
> (vi) Durch Einsetzen von z.B. $x = 1$ und $x = -1$ stellt man fest, dass $f'(x) > 0$ ist für $x > 0$, und $f'(x) < 0$ ist für $x < 0$. Also ist $f$ monoton fallend auf $(-\infty, 0)$ und monoton steigend auf $(0, \infty)$.
>
> (vii) $4y^2 - 2y = 0 \Rightarrow y = 0$ oder $y = \frac{1}{2} \Rightarrow x_3 = \ln(\frac{1}{2})$ einzige Nullstelle von $f''(x)$. Da $f'''(x_3) = 8 \cdot e^{2x_3} - 2e^{x_3} = 8 \cdot \left(\frac{1}{2}\right)^2 - 2 \cdot \frac{1}{2} \neq 0$ ist bei $x = x_3$ ein Wendepunkt. Da $f''(x) = 4 \cdot e^{2x} - 2 \cdot e^x < 0$ auf $(-\infty, \ln(\frac{1}{2}))$ und $> 0$ auf $(\ln(\frac{1}{2}), \infty)$, ist $f$ konkav auf $(-\infty, x_3)$ und konvex auf $(x_3, \infty)$.
>
> (viii) $\lim_{x \to \infty} f(x) = \lim_{x \to \infty} e^x(e^x - 2) - 3 = \infty$ und $\lim_{x \to -\infty} f(x) = \lim_{x \to -\infty} e^x(e^x - 2) - 3 = -3$.

Das zugehörige Schaubild lässt sich mit diesen Informationen dann gut zeichnen:

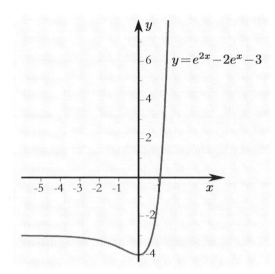

## 13.3 Die Regel von L'Hospital

Mit Hilfe der Differenzierbarkeit und des Mittelwertsatzes lassen sich auch Grenzwerte berechnen, die sonst schwierig oder gar nicht zugänglich sind. Dazu gehören insbesondere Grenzwerte der Typen „$\frac{0}{0}$", „$\frac{\infty}{\infty}$", „$0 \cdot \infty$" und „$1^\infty$". Sie lassen sich mit Hilfe der Regel von L'Hospital auf andere Grenzwerte zurückführen, die in vielen Fällen leichter zu berechnen sind (wenn man sich geschickt anstellt...). Die Regel von L'Hospital stammen interessanterweise nicht von jenem Marquis de L'Hospital (1661-1704), nach dem sie benannt sind, sondern von Johann Bernoulli. L'Hospital kaufte sie von Bernoulli und veröffentlichte sie dann unter seinem Namen.

> **Satz 13.7 (Regel von l'Hospital):**
>
> Seien $f, g : (a, b) \to \mathbb{R}$ differenzierbare Funktionen, $g(x) \neq 0$ für alle $x \in (a, b)$ und
>
> $$\lim_{x \to b-} f(x) = 0 = \lim_{x \to b-} g(x).$$
>
> Falls $g'(x) \neq 0$ für alle $x \in (a, b)$ und falls der linksseitige Limes von $\frac{f'}{g'}$ für $x \to b$ existiert, dann konvergiert auch $\frac{f}{g}$ für $x \to b$ und es ist
>
> $$\lim_{x \to b-} \frac{f(x)}{g(x)} = \lim_{x \to b-} \frac{f'(x)}{g'(x)}.$$

Anschaulich kann man die Regel von L'Hospital folgendermaßen plausibel machen: Wenn $\lim_{x \to b} f(x) = \lim_{x \to b} g(x) = 0$ ist, dann ist die Gleichungen der Tangenten an das Schaubild von $f$ im Punkt $b$ gegeben durch $y = f'(b) \cdot (x-b)$. Analog ist die Gleichung der Tangente an das Schaubild von $g$ beschrieben durch die Gleichung $y = g'(b) \cdot (x-b)$. Der Quotient $\frac{f'(x_0) \cdot (x-x_0)}{g'(x_0) \cdot (x-x_0)} = \frac{f'(x_0)}{g'(x_0)}$ ist also eine Näherung für $\frac{f(x_0)}{g(x_0)}$.

**Beweis:**
Die Tatsache, dass $c := \lim_{x \to b-} \frac{f'(x)}{g'(x)}$ existiert bedeutet, dass es zu jedem $\varepsilon > 0$ ein $\delta > 0$ gibt mit der Eigenschaft, dass

$$b - \delta < x < b \Rightarrow \left| \frac{f'(x)}{g'(x)} - c \right| < \varepsilon$$

Wir wollen zeigen, dass für dasselbe $\delta$ gilt:

$$b - \delta < x < b \Rightarrow \left| \frac{f(x)}{g(x)} - c \right| < \varepsilon.$$

Wähle dazu $x \in \mathbb{R}$, so dass $b - \delta < x < b$.
Definiere eine Funktion $h : (x, b) \to \mathbb{R}$ durch

$$h(y) := f(x)g(y) - f(y)g(x)$$

Diese Funktion kann man stetig fortsetzen, indem man $h(b) = 0$ setzt, da $\lim_{y \to b-} f(y) = \lim_{y \to b-} g(y) = 0$ ist. Also ist $h(x) = 0 = h(b)$. Da $h$ auf dem Intervall $(x, b)$ als Funktion von $y(!)$ differenzierbar (nach $y$) ist, kann man den Satz von Rolle anwenden. Es existiert also ein $\xi \in (x, b)$ mit $h'(\xi) = 0$

$$\Rightarrow f(x)g'(\xi) = f'(\xi)g(x)$$
$$\Rightarrow \left| \frac{f(x)}{g(x)} - c \right| = \left| \frac{f'(\xi)}{g'(\xi)} - c \right| < \varepsilon$$

da $|\xi - b| < \delta$. Da dieses Argument für beliebige $x \in (b - \delta, b)$ gilt, ist demnach

$$\left| \frac{f(x)}{g(x)} - c \right| < \varepsilon$$

für alle $x \in (b - \delta, b)$. □

**Beispiele:**

1. Verhalten der Sinusfunktion nahe 0:

$$\lim_{x \to 0} \frac{\sin(x)}{x} = \lim_{x \to 0} \frac{\cos(x)}{1} = 1$$

2. Gebrochen-rationale Funktionen

$$\lim_{x \to 1+} \frac{4x^2 + 5x - 9}{3x^3 - 7x + 4} = \lim_{x \to 1+} \frac{8x + 5}{9x^2 - 7} = \frac{13}{2}$$

3. Die Hyperbelfunktionen sind definiert als

$$\sinh(x) = \frac{e^x - e^{-x}}{2}, \quad \cosh(x) = \frac{e^x + e^{-x}}{2}, \quad \text{und} \quad \tanh(x) = \frac{\sinh(x)}{\cosh(x)}.$$

Man rechnet leicht nach, dass $(\sinh x)' = \cosh$ und $(\cosh x)' = \sinh x$. Daher ist

$$(\tanh(x))' = \frac{(\sinh(x))' \cosh(x) - \sinh(x) (\cosh(x))'}{\cosh^2(x)} = 1 - \tanh^2(x)$$

$$\lim_{x \to 0} \frac{\ln(\cosh(\alpha x))}{\ln(\cosh(\beta x))} = \lim_{x \to 0} \frac{\alpha \tanh(\alpha x)}{\beta \tanh(\beta x)} = \lim_{x \to 0} \frac{\alpha^2 (1 - \tanh^2(\alpha x))}{\beta^2 (1 - \tanh^2(\beta x))} = \frac{\alpha^2}{\beta^2}$$

### 13.4 Die Regel von L'Hospital

> **Bemerkung:**
>
> Es gibt einige weitere Varianten dieses Satzes, die man ganz analog beweisen kann: Er gilt auch für einen rechtsseitigen Grenzwert $\lim\limits_{x \to a+0} \dfrac{f(x)}{g(x)}$ oder falls $\lim\limits_{x \to b-} f(x) = \lim\limits_{x \to b-} g(x) = \infty$ beide uneigentlich gegen $+\infty$ konvergieren.

Mit etwas Geschick kann man die Regel von l'Hospital auch auf unbestimmte Ausdrücke der Form $0 \cdot \infty, \infty - \infty$ oder $1^\infty$ anwenden:

(i) Im Fall $0 \cdot \infty$, d.h. für $\lim\limits_{x \to a} \varphi(x) \cdot \psi(x)$ mit $\lim\limits_{x \to a} \varphi(x) = 0$ und $\lim\limits_{x \to a} \psi(x) = \infty$ formt man beispielsweise um zu $\lim\limits_{x \to a} \dfrac{\varphi(x)}{\frac{1}{\psi(x)}}$ und wendet die „normale" Regel von l'Hospital" an.

(ii) Für einen Grenzwert $\lim\limits_{x \to a} (\varphi(x) - \psi(x))$ mit $\lim\limits_{x \to a} \varphi(x) = \lim\limits_{x \to a} \psi(x) = \infty$ formt man wie folgt um: $\varphi - \psi = \dfrac{\frac{1}{\psi} - \frac{1}{\varphi}}{\frac{1}{\psi \varphi}}$ und kann wieder die übliche Regel von l'Hospital" verwenden.

(iii) Im Fall $1^\infty$, d.h. beispielsweise für $f(x) = \varphi(x)^{\psi(x)}$ mit $\lim\limits_{x \to \infty} \varphi(x) = 1$ und $\lim\limits_{x \to \infty} \psi(x) = \infty$ betrachtet man die Hilfsfunktion $\ln(f(x)) = \psi(x) \ln(\varphi(x))$, deren Verhalten von der Form $\infty \cdot 0$ ist. Wendet man darauf die Methode aus (i) an und berechnet damit $\lim\limits_{x \to \infty} \ln(f(x)) = c$, dann gilt für den Grenzwert der ursprünglichen Funktion $\lim\limits_{x \to \infty} f(x) = e^c$.

**Beispiele:**

1. Als Anwendung auf einen Grenzwerte des Typs „$0 \cdot \infty$" zeigen wir

$$\lim_{x \to 0} (x \cdot \ln(x)) = \lim_{x \to 0} \frac{\ln(x)}{1/x} = \lim_{x \to 0} \frac{1/x}{-1/x^2} = \lim_{x \to 0} (-x) = 0.$$

2. Für Grenzwerte des Typs $1^\infty$ kann es hilfreich sein, den Logarithmus des betrachteten Ausdrucks zu bilden. Um $\lim\limits_{x \to 0} (\cos(x))^{1/x^2}$ zu berechnen, betrachtet man zunächst

$$\begin{aligned}
\lim_{x \to 0} \ln\left((\cos x)^{1/x^2}\right) &= \lim_{x \to 0} \frac{1}{x^2} \ln(\cos(x)) \\
&= \lim_{x \to 0} \frac{\ln(\cos(x))}{x^2} \\
&= \lim_{x \to 0} \frac{-\sin(x)}{2x \cos(x)} \\
&= \lim_{x \to 0} \frac{-\cos(x)}{2\cos(x) - 2x\sin(x)} = -\frac{1}{2}
\end{aligned}$$

Wegen der Stetigkeit der Exponentialfunktion folgt daraus

$$\lim_{x \to 0} (\cos(x))^{1/x^2} = e^{-1/2} = \frac{1}{\sqrt{e}}.$$

## 13.4 Das Newton-Verfahren

Viele Gleichungen lassen sich nicht exakt lösen und man ist für praktische Zwecke darauf angewiesen, die Lösungen näherungsweise so genau wie nötig und so effektiv wie möglich zu bestimmen. Wir werden im Verlauf der Vorlesung gelegentlich über solche Verfahren sprechen, zum Beispiel zur Lösung von Differentialgleichungen oder zur näherungsweisen Berechung von Integralen.
Das erste Näherungsverfahren, mit dem wir uns beschäftigen wollen, geht auf Isaac Newton zurück und dient der Bestimmung von Nullstellen einer differenzierbaren Funktion. In vielen Varianten spielt dieses Verfahren auch heute noch eine extrem wichtige Rolle in der Numerik. Es handelt sich um ein sogenanntes **Iterationsverfahren**. Man beginnt mit einem (meist geratenen) Näherungswert $x_0$ für die gesuchte Lösung der Gleichung

$$f(x) = 0$$

und berechnet daraus eine weitere, hoffentlich bessere Näherung $x_1$. Aus dieser Zahl $x_1$ berechnet man weitere Näherungen $x_2, x_3, \ldots$ und hofft, dass sich diese Werte der Lösung immer mehr annähern.
Für reelle Funktionen $f \colon \mathbb{R} \to \mathbb{R}$ lässt sich das Newton-Verfahren geometrisch sehr einleuchtend motivieren. Ausgehend von einem Startwert $x_0$ wird eine Folge von Näherungen $x_1, x_2, x_3, \ldots$ rekursiv konstruiert. Dabei erhält man $x_{n+1}$ aus $x_n$, indem man die Funktion $f$ durch ihre Tangente im Punkt $(x_n, f(x_n))$ ersetzt und die Nullstelle der Funktion

$$\tilde{f}(x) = f(x_n) + (x - x_n) f'(x_n)$$

berechnet.

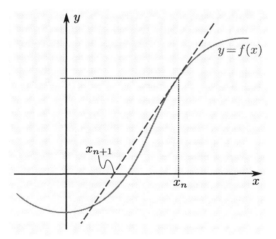

Diese liefert dann den nächsten Näherungswert $x_{n+1}$.

> **Definition (Newton-Verfahren):**
>
> Sei $f \colon \mathbb{R} \to \mathbb{R}$ stetig differenzierbar. Dann bezeichnet man als **Newton-Verfahren** zum Startwert $x_0$ die Rekursionsvorschrift
>
> $$x_{n+1} = x_n - \frac{f(x_n)}{f'(x_n)}.$$
>
> Man berechnet so viele Glieder dieser rekursiven Folge, bis man eine ausreichende Genauigkeit erreicht hat.

## 13.4 Das Newton-Verfahren

**Beispiel:** Die Gleichung $\sin x = x-1$ besitzt nach dem Zwischenwertsatz mindestens eine Lösung im Intervall $[0, \pi]$, denn betrachtet man die Funktion $f(x) := \sin x - x + 1$, so ist $f(0) = 1 > 0$ und $f(\pi) = 0 - \pi + 1 < 0$. Die Funktion $f$ besitzt also eine Nullstelle zwischen $0$ und $\pi$. Um diese näherungsweise zu berechnen kann man das Newton-Verfahren verwenden, beispielsweise mit Startwert $x_0 = 2$. Die Iterationsvorschrift

$$x_{n+1} = x_n - \frac{\sin x_n - x_n + 1}{\cos x_n - 1}$$

führt ausgehend von $x_0 = 2$ auf

$$\begin{aligned}
x_1 &= 1 - \frac{\sin(1)}{\cos(1) - 1} \approx 2{,}8304877 \\
x_2 &\approx 2{,}04955524 \\
x_3 &\approx 1{,}93865612 \\
x_4 &\approx 1{,}9345689621 \\
x_5 &\approx 1{,}934563210763
\end{aligned}$$

Die Folge scheint also zu konvergieren. Außerdem scheint der Grenzwert tatsächlich eine Nullstelle zu sein, denn

$$\sin(1{,}934563210763) - 1{,}934563210763 + 1 = -1{,}545 \cdot 10^{-11}.$$

Es stellt sich nun die Frage, ob dieses Verfahren immer so gut funktioniert. Dazu gibt es eine positive und eine negative Antwort.

Zunächst die negative: Man kann sich anhand der geometrischen Konstruktion Funktionen $f$ und Startwerte $x_0$ überlegen, bei denen die Folge der Newton-Iterierten keinesfalls konvergiert.

Die gute Nachricht ist aber: Wenn man den Startwert bereits „gut genug" gewählt hat, das heißt nahe genug an der richtigen Lösung, dann kann dies nicht passieren. Mit Hilfe des Mittelwertsatzes können wir diese Aussage präzise machen.

> **Satz 13.8:**
>
> Sei $f : [a, b] \to \mathbb{R}$ zweimal stetig differenzierbar und $f'(x) \neq 0$ für alle $x \in [a, b]$. Außerdem sei $f(a) \cdot f(b) < 0$, so dass $f$ aufgrund des Zwischenwertsatz eine Nullstelle $x_*$ im Intervall $(a, b)$ besitzt.
> Dann existiert eine Zahl $\delta > 0$, so dass das Newton-Verfahren für jeden Startwert $x_0 \in (x_* - \delta, x_* + \delta)$ gegen $x_*$ konvergiert.
> Die Konvergenz ist quadratisch, d.h. es gibt eine Konstante $c > 0$, so dass für den (absoluten) Fehler die Ungleichung
>
> $$|x_{n+1} - x_*| \leq c|x_n - x_*|^2$$
>
> gilt.

**Beweis:** Da $f$ zweimal differenzierbar ist, muss die Ableitung $f'$ von $f$ differenzierbar und damit auch stetig sein. Da $f'(x_*) \neq 0$ ist, gibt es eine kleine Zahl $\varepsilon > 0$, so dass $|f'(x_*)| > 2\varepsilon$ ist. Wenn man $x$ nur wenig ändert, dann ändert sich auch $f'$ nur wenig, man kann daher ein $\delta > 0$ finden, so dass für $|x - x_*| < \delta$ immer noch $|f'(x)| > \varepsilon$ ist.

Unter Anwendung des Mittelwertsatzes ist

$$\begin{aligned}
|x_{n+1} - x_*| &= \left|x_n - x_* - \frac{f(x_n)}{f'(x_n)}\right| = \left|x_n - x_* - \frac{f(x_n) - f(x_*)}{f'(x_n)}\right| \\
&= \left|x_n - x_* - (x_n - x_*)\frac{f'(\eta)}{f'(x_n)}\right| = |x_n - x_*| \cdot \left|1 - \frac{f'(\eta)}{f'(x_n)}\right|
\end{aligned}$$

wobei $\eta$ eine (unbekannte) Zwischenstelle zwischen $x_n$ und $x_*$ ist.
Ebenfalls mit dem Mittelwertsatz erhält man die Gleichung

$$1 - \frac{f'(\eta)}{f'(x_n)} = \frac{f'(x_n) - f'(\eta)}{f'(x_n)} = (x_n - \eta)\frac{f''(\tau)}{f'(x_n)}$$

mit einer weiteren Zwischenstelle $\tau$ zwischen $\eta$ und $x_*$. Insgesamt gilt also

$$|x_{n+1} - x_*| = |x_n - x_*| \cdot \left|1 - \frac{f'(\eta)}{f'(x_n)}\right| = |x_n - x_*| \cdot |x_n - \eta| \cdot \frac{|f''(\tau)|}{|f'(x_n)|} \leq |x_n - x_*|^2 \cdot \frac{|f''(\tau)|}{|f'(x_n)|}$$

Nach dem Satz vom Maximum nimmt die stetige Funktion $|f''|$ ihr Maximum auf dem abgeschlossenen Intervall $[a, b]$ an, es gibt also eine Zahl $M > 0$, so dass $|f''(x)| \leq M$ für alle $x \in [a, b]$. Solange $|x_n - x_*| < \delta$ ist, gilt $|f'(x_n)| > \varepsilon$ und man erhält aus der vorigen Ungleichung die Abschätzung

$$|x_{n+1} - x_*| \leq |x_n - x_*|^2 \frac{M}{\varepsilon}.$$

Wir verkleinern (falls nötig) $\delta$ noch etwas, so dass $\delta\frac{M}{\varepsilon} < \frac{1}{2}$ ist. Dann ist

$$|x_{n+1} - x_*| \leq \delta\frac{M}{\varepsilon}|x_n - x_*| < \frac{1}{2}|x_n - x_*|$$

und der Abstand der Iterierten zum Fixpunkt wird immer kleiner:

$$\begin{aligned}|x_1 - x_*| &< \tfrac{1}{2}|x_0 - x_*| < \tfrac{\delta}{2} \\ |x_2 - x_*| &< \tfrac{1}{2}|x_1 - x_*| < \tfrac{\delta}{4} \\ |x_3 - x_*| &< \tfrac{1}{2}|x_2 - x_*| < \tfrac{\delta}{8} \\ |x_4 - x_*| &< \tfrac{1}{2}|x_3 - x_*| < \tfrac{\delta}{16} \quad \text{usw.}\end{aligned}$$

Auf diese Weise ist sichergestellt, dass das Newton-Verfahren auf jeden Fall gegen $x_*$ konvergiert. □

## Nach diesem Kapitel sollten Sie ...

... den Mittelwertsatz aufschreiben und an einer Zeichnung erklären können

... wissen wie das Monotonieverhalten einer differenzierbaren Funktion mit der Ableitung zusammenhängt

... wissen, dass Funktionen mit verschwindender Ableitung konstant sind

... Extrema von Funktionen bestimmen und entscheiden können, ob es sich um Maxima, Minima oder Sattelpunkte handelt

... viele Extremwertaufgaben lösen können

... wissen, wie man eine Kurvendiskussion durchführt

... die Regel von l'Hospital kennen und auf Grenzwerte der Typen „$\frac{0}{0}$", „$\frac{\infty}{\infty}$", „$0 \cdot \infty$" und „$1^\infty$" anwenden können

... das Newton-Verfahren hinschreiben und geometrisch begründen können

... die Lösung einer gegebenen Gleichung mit Hilfe des Newton-Verfahrens näherungsweise bestimmen können

# Aufgaben zu Kapitel 13

1. Zeigen Sie mit Hilfe des Satzes von Rolle, dass zwischen zwei beliebigen Lösungen der Gleichung $e^x \sin x = 1$ immer mindestens eine Lösung der Gleichung $e^x \cos x = -1$ liegt.

2. Zeigen Sie mit Hilfe des Mittelwertsatzes, dass für alle reellen Zahlen mit $0 < a < b$ die Ungleichungen
$$1 - \frac{a}{b} < \ln \frac{b}{a} < \frac{b}{a} - 1$$
gelten.

3. Symmetrischer Differenzenquotient
   Die Funktion $f : \mathbb{R} \to \mathbb{R}$ sei differenzierbar und ihre Ableitung $f'$ sei stetig. Zeigen Sie, dass
$$\lim_{h \to 0} \frac{f(x+h) - f(x-h)}{2h} = f'(x)$$
   *Tipp*: Benutzen Sie den Mittelwertsatz!

4. Bestimmen Sie die lokalen und globalen Extrema der Funktion $f : [3, 6] \to \mathbb{R}$ mit
$$f(x) = \sqrt{(x-3)^2 + (x-4)^2 + (x-6)^2}.$$

5. Bei der Berechnung von Spannungen in der Festigkeitslehre erhält man für die Schubspannung in einer um den Winkel $\varphi$ gedrehten Schnittkante den Ausdruck
$$\tau(\varphi) = \frac{\sigma_y - \sigma_x}{2} \sin(2\varphi) + \tau_{xy} \cos(2\varphi)$$
   mit den (als bekannt vorausgesetzten) Normalspannungen $\sigma_y, \sigma_x$ und der Schubspannung $\tau_{xy}$. Bringen Sie diesen Ausdruck in die Form
$$\tau(\varphi) = A \sin(2\varphi + \psi).$$
   Was ist der maximale Wert, den $\tau(\varphi)$ annimmt (die *Hauptschubspannung*)? Für welche(n) Winkel $\varphi$ wird dieser Wert erreicht?

6. Die n-malige Messung einer Größe liefert die Messwerte $x_1, x_2, \ldots, x_n$. Bei der „Methode der kleinsten Quadrate" sucht man als Näherung für den exakten Wert der gemessenen Größe eine Zahl $\bar{x}$, für die
$$q(x) = \sum_{k=1}^{n} (x - x_k)^2$$
   minimal wird. Bestimmen Sie diesen Wert und zeigen Sie (i) ohne (ii) mit Verwendung der zweiten Ableitung, dass es sich um ein Minimum handeln muss.

7. Die Belastbarkeit eines Holzbalkens mit rechteckigem Querschnitt ist proportional zu seiner Breite $b$ und dem Quadrat der Höhe $h$. Welche Maße hat der stärkste Balken, der sich aus einem runden Stamm mit Durchmesser $d = 50$ cm anfertigen lässt?

8. Zeigen Sie, dass die Funktion $f : \mathbb{R} \to \mathbb{R}$ mit $f(x) = |x| - \arctan(|x|)$ zweimal differenzierbar ist, indem Sie die ersten beiden Ableitungen von $f$ bestimmen. Weisen Sie außerdem nach, dass $f$ ein globales Minimum besitzt.

9. Die Regel von l'Hospital besagt, dass für differenzierbare Funktionen $f, g : (a, b) \to \mathbb{R}$ mit linksseitigen Grenzwerten $\lim_{x \to b-0} f(x) = \lim_{x \to b-0} g(x) = 0$ gilt:

$$\lim_{x \to b-0} \frac{f(x)}{g(x)} = \lim_{x \to b-0} \frac{f'(x)}{g'(x)},$$

falls der rechte Grenzwert existiert. Eine analoge Aussage gilt auch für rechtsseitige Grenzwerte.

(a) Bestimmen Sie mit dieser Regel die folgenden Grenzwerte:

(i) $\lim_{x \to \pi-0} \dfrac{\sin(nx)}{\sin(mx)}$ (ii) $\lim_{x \to 1} \dfrac{1 + \cos(\pi x)}{x \ln(x) - x + 1}$

(iii) $\lim_{x \to 1} \dfrac{\ln(x)}{x - 1}$ (iv) $\lim_{x \to 0+} \dfrac{5^x - 3^x}{x}$

(b) Jemand berechnet mit der Regel von l'Hospital

$$\lim_{x \to 1} \frac{x^3 - 4x + 3}{x^2 - 1} = \lim_{x \to 1} \frac{3x^2 - 4}{2x} = \lim_{x \to 1} \frac{6x}{2} = 3$$

Warum ist diese Rechnung falsch und wie lautet das richtige Ergebnis?

Sei $f_k(x) = x^2 e^{kx}$ mit einem Parameter $k \in \mathbb{R} \setminus \{0\}$.

(a) Bestimmen Sie alle Extrema der Funktion $f_k$ in Abhängigkeit von $k$ und geben Sie das Verhalten von $f_k(x)$ für $x \to \pm\infty$ an.

(b) Bestimmen Sie das maximale Intervall $(x_1, x_2)$, auf dem die Funktion $f_k$ konkav ist.

(c) Skizzieren Sie das Schaubild von $f_1$, d.h. zeichnen Sie das Schaubild für $k = 1$.

10. Will man die Lösungen der Gleichung $x^2 = e^{-2x}$ bestimmen, indem man mit dem Newton-Verfahren nach Nullstellen der Funktion $f(x) = e^{-2x} - x^2$ sucht, dann berechnet man ausgehend von einem Näherungswert $x_n$ die nächste Näherung als...

☐ $x_{n+1} = \dfrac{(2x_n + 1)e^{-2x_n} + x_n^2}{2(e^{-2x_n} + x_n)}$

☐ $x_{n+1} = \dfrac{(2x_n + 1)e^{-2x_n} + x_n^2}{2e^{-2x_n} + x_n}$

☐ $x_{n+1} = \dfrac{(2x_n + 1)e^{-2x_n} - x_n^2}{2(e^{-2x_n} + x_n)}$

☐ $x_{n+1} = \dfrac{(2x_n + 2)e^{-2x_n} + x_n^2}{2(e^{-2x_n} + x_n)}$

☐ $x_{n+1} = \dfrac{(2x_n + 2)e^{-2x_n} - x_n^2}{2(e^{-2x_n} + x_n)}$

☐ $x_{n+1} = \dfrac{(2x_n + 1)e^{-2x_n} - x_n^2}{2e^{-2x_n} + x_n}$

# 14 Integration

## 14.1 Das bestimmte Integral

Wie viele andere Probleme aus der Analysis ist auch die Integration ursprünglich geometrisch motiviert. Um den Flächeninhalt von durch Kurven begrenzten Flächenstücken zu messen, wurde diese Fläche durch einfachere Gebiete approximiert. Daraus entwickelte sich dann der Integralbegriff.
Wie schon bei der Stetigkeit und der Differenzierbarkeit liegt auch diesem neuen Begriff wieder ein Grenzübergang zugrunde.
Man möchte gerne für möglichst viele Funktionen $f : [a, b] \to \mathbb{R}$ der Fläche zwischen dem Graphen von $f$ und der $x$-Achse einen Wert zuordnen, wobei Flächenstücke unterhalb der $x$-Achse negativ gewichtet werden. Der Wert der Fläche soll mit $\int_a^b f(x)\,\mathrm{d}x$ bezeichnet werden. Aus anschaulichen Gründen sollten dabei die folgenden Regeln gelten:

- $f(x) \equiv c \;\Rightarrow\; \int_a^b f(x)\,\mathrm{d}x = c(b-a)$    (Rechtecksfläche)

- $c \in [a,b] \;\Rightarrow\; \int_a^b f(x)\,\mathrm{d}x = \int_a^c f(x)\,\mathrm{d}x + \int_c^b f(x)\,\mathrm{d}x$

- $f(x) \leq g(x) \;\Rightarrow\; \int_a^b f(x)\,\mathrm{d}x \leq \int_a^b g(x)\,\mathrm{d}x$    („Monotonie")

Betrachten wir nun eine ganz beliebige Funktion $f : [a,b] \to \mathbb{R}$, die auf einem Intervall $[a,b]$ definiert ist.
Um den Flächeninhalt zwischen dem Graph von $f$ und der $x$-Achse zu berechnen, gehen wir in zwei Schritten vor:

- Im ersten Schritt zerlegen wir das Intervall $[a,b]$ in kleine Teilintervalle und nähern $f$ auf den Teilstücken durch konstante Funktionen an. Für diese *Treppenfunktionen* ist das Integral durch Rechtecksflächen darstellbar und erfüllt alle unsere Forderungen von oben.

- Im zweiten Schritt führen wir einen Grenzübergang zu immer schmaleren Rechtecken durch. Dabei wenden wir einen in der Mathematik gelegentlich verwendeten Trick an. Da nicht klar ist, für welche Funktionen der Grenzübergang funktioniert, benutzen wir den Grenzübergang einfach zur Definition: Die Funktionen, für die ein vernünftiger Grenzwert existiert, nennen wir dann (Riemann-)integrierbar.

> **Definition (Partition eines Intervalls):**
>
> Seien $a < b$ reelle Zahlen. Eine **Partition** $P = (x_0, \ldots, x_n)$ des Intervalls $[a,b]$ ist eine Unterteilung $a = x_0 < x_1 < \cdots < x_n = b$ des Intervalls. Die **Feinheit** $\delta_P$ der Partition ist die Länge des größten Teilintervalls, also
>
> $$\delta_P = \max_{k=1,\ldots,n} (x_k - x_{k-1}).$$

Approximiert man die Fläche unter dem Graphen von $f$ mit Hilfe von Rechtecken, so hat man mehrere Möglichkeiten:

- durch Rechtecke „von unten" ($\leadsto$ Höhe = kleinster Funktionswert auf $[x_{j-1}, x_j]$)
- durch Rechtecke „von oben" ($\leadsto$ Höhe = größter Funktionswert auf $[x_{j-1}, x_j]$)
- durch „irgendwelche" Rechtecke ($\leadsto$ Höhe = irgendein Funktionswert aus $[x_{j-1}, x_j]$)

Bei einigermaßen „guten" Funktionen sollten alle drei Möglichkeiten im Grenzwert denselben Wert ergeben.

> **Definition (Riemannsumme):**
>
> Sei $f : [a,b] \to \mathbb{R}$ eine beschränkte Funktion und $a = x_0 < x_1 < \cdots < x_n = b$ eine Partition $P$ des Intervalls $[a,b]$. Zu **Stützstellen** $\xi_j \in [x_{j-1}, x_j]$ definieren wir die **Riemannsumme** von $f$ bezüglich $P$ als
> $$Z_P(f) := \sum_{j=1}^n (x_j - x_{j-1}) f(\xi_j)$$
>
>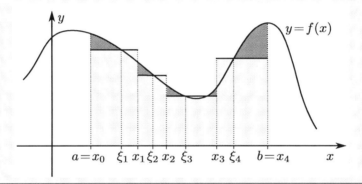

Anschaulich ist klar, dass der Flächeninhalt umso besser approximiert wird, je schmaler die Intervalle $[x_{j-1}, x_j]$ sind, also je kleiner die Feinheit der Partition ist. Dies motiviert die folgende Definition:

> **Definition (Riemann-Integrierbarkeit):**
>
> Eine beschränkte Funktion $f : [a,b] \to \mathbb{R}$ heißt **Riemann-integrierbar**, wenn für jede Folge von Partitionen des Intervalls $[a,b]$ mit Feinheit $\delta_P \to 0$ die Folge der Riemann-Summen $Z_P(f)$ konvergiert
> Dann definiert man das *bestimmte (Riemann-)Integral* von $f$ in $[a,b]$ als
> $$\int_a^b f(x)\,dx := \int_a^b f\,dx := \lim_{\delta_P \to 0} Z_P(f).$$
>
> Für $a < b$ definiert man außerdem
> $$\int_b^a f(x) := -\int_a^b f(x)\,dx \quad \text{sowie} \quad \int_a^a f(x)\,dx = 0\,.$$

Es gibt große Klassen von Funktionen, die Riemann-integrierbar sind:

### Satz 14.1 (Stetige/monotone Funktionen sind integrierbar):

- ▶ Jede auf $[a, b]$ stetige Funktion ist Riemann-integrierbar.
- ▶ Jede auf $[a, b]$ stückweise stetige Funktion mit endlich vielen Sprungstellen ist Riemann-integrierbar.
- ▶ Jede auf $[a, b]$ monotone Funktion ist Riemann-integrierbar.

### Satz 14.2 (Eigenschaften des Integrals):

Seien $f, g\colon [a, b] \to \mathbb{R}$ Riemann-integrierbar und $\alpha, \beta \in \mathbb{R}$. Dann gilt:

(a) $\alpha f + \beta g$ ist Riemann-integrierbar mit

$$\int_a^b \alpha f + \beta g \, \mathrm{d}x = \alpha \int_a^b f \, \mathrm{d}x + \beta \int_a^b g \, \mathrm{d}x$$

(b) Falls $f(x) \le g(x)$ für alle $x \in [a, b]$, dann ist $\int_a^b f(x) \, \mathrm{d}x \le \int_a^b g(x) \, \mathrm{d}x$.
Diese Eigenschaft heißt *Monotonie* des Integrals.

**Beweis:**

(a) Diese Aussage folgt aus den Überlegungen zu Riemann-Summen, denn für eine Partition $P$ mit $a = x_0 < x_1 < \cdots < x_n = b$ und *Stützstellen* $\xi_j \in [x_{j-1}, x_j]$ ist

$$Z_P(\alpha f + \beta g) = \sum_{j=1}^n (x_j - x_{j-1}) \alpha f(\xi_j) + \beta g(\xi_j) = \alpha Z_P(f) + \beta Z_P(g)$$

(b) folgt ebenfalls aus Betrachtungen zu Riemann-Summen durch Grenzübergang, denn es ist

$$Z_P(f) = \sum_{j=1}^n (x_j - x_{j-1}) f(\xi_j) \le \sum_{j=1}^n (x_j - x_{j-1}) g(\xi_j) = Z_P(g)$$

für jede Partition und jede Wahl von Stützstellen. □

Insbesondere folgt aus (b), dass für $f \ge 0$ auch $\int_a^b f(x) \, \mathrm{d}x \ge 0$ ist.

**Bemerkung:** Für die Freunde abstrakter mathematischer Sichtweisen sei noch erwähnt, dass

- ▶ die Riemann-integrierbaren Funktionen auf dem Intervall $[a, b]$ einen *Vektorraum* bilden, da Summen und Vielfache von Riemann-integrierbaren Funktionen ebenfalls integrierbar sind, und

- ▶ man das Riemann-Integral auch als eine *lineare Abbildung* von diesem Vektorraum aller integrierbaren Funktionen in die reellen Zahlen auffassen kann.

Den Übergang von einer Summe zum Integral kann man sich auch anhand eines Beispiels aus der Mechanik veranschaulichen.

### Beispiel (Drehmoment):

Ein an einem Ende eingespannter Balken der Länge $L$ übt ein Drehmoment auf seine Befestigung aus. Wir wählen ein Koordinatensystem mit Ursprung im Befestigungspunkt und zerlegen den Balken durch Punkte $x_1, x_2, \ldots, x_n$ in kleine Abschnitte mit $x_0 = 0$ und $x_n = L$. Der Teil des Balkens zwischen $x_j$ und $x_{j+1}$ übt nach der Formel

$$\text{Drehmoment} = \text{Kraft} \times \text{Hebelarm}$$

das Drehmoment

$$N_j = \underbrace{g\,\varrho\,q(x_j) \cdot (x_{j+1} - x_j)}_{\text{Gewichtskraft}\,F_j} \cdot x_j$$

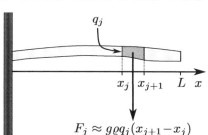

aus, wobei $g$ die Erdbeschleunigung, $\varrho(x)$ die Dichte und $q(x_j)$ die Querschnittsfläche des Balkens bei $x = x_j$ ist.

Das gesamte Drehmoment erhält man durch Summation über alle Teile als

$$N = \sum_{j=1}^{n} g\varrho(x) q(x_j)(x_{j+1} - x_j) \cdot x_j$$

und durch immer feinere Unterteilung geht diese Summe in ein Integral über:

$$N = \int_0^L g\,\varrho(x)\,q(x) \cdot x\,\mathrm{d}x.$$

Speziell für konstanten Querschnitt $q(x) \equiv q$ und konstante Dichte $\varrho(x) \equiv \varrho$ erhält man

$$N = \int_0^L g\varrho q \cdot x\,\mathrm{d}x = \frac{1}{2} g\varrho q L^2 = \frac{1}{2} mgL$$

wobei $m = \varrho q L$ die Masse des Balkens ist.

An dieser Stelle soll noch überprüft werden, dass auch die dritte Eigenschaft, die wir gerne bei Integralen erfüllt haben wollten, tatsächlich gilt:

### Satz 14.3 Eigenschaften: Zusammensetzen von Intervallen:

Sei $f : [a,b] \to \mathbb{R}$ Riemann-integrierbar und $c \in (a,b)$ gegeben. Dann gilt:

$$\int_a^b f(x)\,\mathrm{d}x = \int_a^c f(x)\,\mathrm{d}x + \int_c^b f(x)\,\mathrm{d}x$$

**Beweis:** Jede Partition von $[a,b]$ können wir durch Hinzufügen des Punktes $c$ zu einer Partition $P$

machen, die sich in eine Partition $P'$ von $[a,c]$ und eine Partition $P''$ von $[c,b]$ unterteilen lässt, deren Feinheiten jeweils kleiner oder gleich der Feinheit von $P$ sind und für die

$$Z_P(f) = Z_{P'}(f) + Z_{P''}(f)$$

gilt. Wenn also die Feinheit $\delta_P \to 0$ konvergiert, dann streben auch $\delta_{P'} \to 0$ und $\delta_{P''} \to 0$. Die linke Seite konvergiert dann gegen $\int_a^b f(x)\,dx$, während die rechte Seite gegen $\int_a^c f(x)\,dx + \int_c^b f(x)\,dx$ konvergiert. □

### Satz 14.4 (Erste Rechenregeln):

Seien $f, g : [a,b] \to \mathbb{R}$ Riemann-integrierbar. Dann gilt:

(a) $|f|$ ist Riemann-integrierbar und

$$\left| \int_a^b f(x)\,dx \right| \leq \int_a^b |f|\,dx$$

(b) Sind $f$ und $g$ Riemann-integrierbar, dann sind auch die Funktionen $\min\{f,g\}, \max\{f,g\} : [a,b] \to \mathbb{R}$ Riemann-integrierbar und es gilt

$$\int_a^b \min\{f,g\}\,dx \leq \min\{\int_a^b f(x)\,dx, \int_a^b g(x)\,dx\}$$

sowie

$$\int_a^b \max\{f,g\}\,dx \geq \max\{\int_a^b f\,dx, \int_a^b g\,dx\}.$$

**Beweis:** (a) Für jedes feste $x \in [a,b]$ ist

$$-|f(x)| \leq f(x) \leq |f(x)|$$

Damit folgt dann aus der Monotonie des Integrals (siehe Satz 14.2)

$$-\int_a^b |f(x)|\,dx \leq \int_a^b f\,dx \leq \int_a^b |f(x)|\,dx.$$

(b) Es gilt

$$\min\{f,g\} = \frac{f+g-|f-g|}{2} \quad \text{und} \quad \max\{f,g\} = \frac{f+g+|f-g|}{2}$$

Daher folgt die Behauptung aus (a) und der Linearität des Integrals.
□

> **Beispiel (Berechnung einer Riemannsumme):**
>
> Sei $f\colon [a,b] \to \mathbb{R}$ durch $f(x) = x$ gegeben. Dann gilt:
>
> $$\int_a^b f(x)\,\mathrm{d}x = \frac{b^2 - a^2}{2}$$
>
>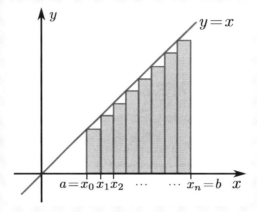
>
> Sei $P_n$ die äquidistante Partition $a = x_0 < x_1 < x_2 < \cdots < x_n = b$ mit $x_j = a + j \cdot \frac{b-a}{n}$ und Stützstellen $\xi_j = x_j = a + j \cdot \frac{b-a}{n}$. Die Feinheit $\delta_{P_n} = \frac{b-a}{n}$ wird für $n \to \infty$ immer kleiner und es gilt
>
> $$\begin{aligned}
Z_{P_n}(f) &= \sum_{j=1}^n \underbrace{\frac{b-a}{n}}_{=x_{j+1}-x_j} \underbrace{f\left(a + j \cdot \frac{b-a}{n}\right)}_{=\xi_j} = \sum_{j=1}^n \frac{b-a}{n}\left(a + j \cdot \frac{b-a}{n}\right) \\
&= \sum_{j=1}^n \left(a + j \cdot \frac{b-a}{n}\right)\frac{b-a}{n} = \frac{b-a}{n}\left(na + \frac{b-a}{n}\sum_{j=1}^n j\right) \\
&= (b-a)a + \frac{b-a}{n} \cdot \frac{b-a}{n} \cdot \frac{n(n+1)}{2} \\
&= ba - a^2 + \frac{b^2 - 2ab + a^2}{2} \cdot \frac{n(n+1)}{n^2} \\
&\stackrel{n\to\infty}{\longrightarrow} ba - a^2 + \frac{b^2}{2} - ab + \frac{a^2}{2} = \frac{b^2}{2} - \frac{a^2}{2}
\end{aligned}$$

Das ist mühsam!

Für stetige Funktionen gibt es zum Glück andere Methoden, das Riemann-Integral zu berechnen. Diese lernen wir im nächsten Abschnitt kennen.

## 14.2 Der Hauptsatz der Differential- und Integralrechnung

Leibniz und Newton erkannten im 17. Jahrhundert, dass die Flächenberechnung und die Bestimmung der Tangente in gewisser Weise zueinander invers sind. Anstatt mühsam Riemannsummen aufzuaddieren, kann man daher versuchen, die Umkehrung der Differentiation zu bilden. In moderner Sprechweise lautet die Aussage dieses fundamentalen Satzes

### Satz 14.5 (Hauptsatz der Differential- und Integralrechnung):

Sei $[a,b] \subset \mathbb{R}$ ein abgeschlossenes Intervall und $f : [a,b] \to \mathbb{R}$ eine stetige Funktion. Dann ist die Funktion $F : [a,b] \to \mathbb{R}$ mit

$$F(x) = \int_a^x f(t)\,dt$$

differenzierbar im Intervall $(a,b)$ und für alle $x \in (a,b)$ gilt $F'(x) = f(x)$.

**Beweis:** Sei $x_0 \in (a,b)$ beliebig. Wir betrachten den Differenzenquotienten

$$\lim_{h \to 0} \frac{F(x_0+h) - F(x_0)}{h} = \lim_{h \to 0} \frac{1}{h}\left(\int_a^{a+x_0} f(t)\,dt - \int_a^{a+x_0+h} f(t)\,dt\right) = \lim_{h \to 0} \frac{1}{h}\int_{x_0}^{x_0+h} f(t)\,dt,$$

wobei $h > 0$ ist. Wir berechnen nun

$$\left|\lim_{h \to 0} \frac{F(x_0+h) - F(x_0)}{h} - f(x_0)\right| = \left|\lim_{h \to 0} \frac{1}{h}\int_{x_0}^{x_0+h} f(t)\,dt - \frac{1}{h}\int_{x_0}^{x_0+h} f(x_0)\,dt\right|$$

$$= \left|\lim_{h \to 0} \int_{x_0}^{x_0+h} \frac{f(t) - f(x_0)}{h}\,dt\right|.$$

Für $t \in [x_0, x_0+h]$ unterscheiden sich $f(t)$ und $f(x_0)$ nur wenig, weil $f$ eine stetige Funktion ist. Insgesamt ist dann

$$\left|\frac{F(x_0+h) - F(x_0)}{h} - f(x_0)\right| \leq \left|\int_{x_0}^{x_0+h} \frac{f(t) - f(x_0)}{h}\,dt\right|$$

$$\leq \int_{x_0}^{x_0+h} \frac{|f(t) - f(x_0)|}{h}\,dt \leq h \cdot \frac{\max\limits_{t \in [x_0, x_0+h]} |f(t) - f(x_0)|}{h}.$$

Damit ist

$$0 \leq \left|\frac{F(x_0+h) - F(x_0)}{h} - f(x_0)\right| \leq \max_{t \in [x_0, x_0+h]} |f(t) - f(x_0)|$$

und wenn man den Grenzwert $h \to 0$ betrachtet, strebt auch die rechte Seite gegen Null. Nach dem Einschließungskriterium, das sich sinngemäß auch auf Funktionengrenzwerte anwenden lässt, muss dann auch der mittlere Ausdruck für $h \to 0$ gegen Null konvergieren. Das bedeutet, dass $F$ im Punkt $x_0$ differenzierbar ist mit

$$F'(x_0) = \lim_{h \to 0} \frac{F(x_0+h) - F(x_0)}{h} = f(x_0).$$

□

### Definition (Stammfunktion):

Sei $f : (a,b) \to \mathbb{R}$ eine stetige Funktion. Eine differenzierbare Funktion $G : (a,b) \to \mathbb{R}$, mit $G'(x) = f(x)$ für alle $x \in (a,b)$ heißt **Stammfunktion** oder **unbestimmtes Integral** von $f$.

**Bemerkung:** Für eine stetige Funktion $f : [a, b] \to \mathbb{R}$ ist also

$$F(x) = \int_a^x f(t)\,\mathrm{d}t$$

*eine* Stammfunktion. Umgekehrt bedeutet das, dass

$$\frac{\mathrm{d}}{\mathrm{d}x} \int_a^x f(t)\,\mathrm{d}t = F'(x) = f(x),$$

in Worten: die Ableitung eines Integrals nach der Obergrenze ist der Integrand.

Wir können damit schon für einige Funktionen eine Stammfunktion angeben. Die Ableitung der Potenzfunktion $x^{n+1}$ ist $(n+1)x^n$, also muss $F(x) = \frac{1}{n+1}x^{n+1}$ eine Stammfunktion zu $f(x) = x^n$ sein.

Da wir die Ableitung der Logarithmusfunktion $(\ln(x))' = \frac{1}{x}$ kennen, wissen wir, dass $F(x) = \ln(x)$ eine Stammfunktion von $f(x) = \ln(x)$ ist.

### Satz 14.6:

Sei $f$ eine stetige Funktion. Dann ist die Differenz von zwei beliebigen Stammfunktionen von $f$ konstant.

**Beweis:** Seien $G_1$ und $G_2$ zwei Stammfunktionen von $f$. Nach Definition der Stammfunktion ist dann $G_1' = f = G_2'$, also $G_1' - G_2' = (G_1 - G_2)' = 0$. Nach dem Mittelwertsatz ist dann $G_1 - G_2$ konstant, konkret $G_1(x) - G_2(x) = C$ für eine Konstante $C \in \mathbb{R}$. □

Wir wissen schon, dass durch $F(x) := \int_a^x f(t)\,\mathrm{d}t$ *eine* Stammfunktion gegeben ist. Also sind alle möglichen Stammfunktionen von der Form $\int_a^x f(t)\,\mathrm{d}t + C$ mit einer beliebigen Konstante $C \in \mathbb{R}$.

### Bemerkung (Integrationskonstante):

Manchmal wird als **unbestimmtes Integral** von $f$ auch die Menge *aller* Stammfunktionen von $f$ bezeichnet. Man schreibt dann

$$\int f(x)\,\mathrm{d}x = F(x) + C,$$

um zu zeigen, dass $F(x) + C$ für jedes $C \in \mathbb{R}$ eine Stammfunktion ist. Die Konstante $C$ nennt man **Integrationskonstante**.

Da wir von manchen Funktionen schon die Ableitungen kennen, können wir einige Stammfunktionen direkt hinschreiben:

$$\int x^n\,\mathrm{d}x = \frac{x^{n+1}}{n+1} + C, \qquad \int e^{\alpha x}\,\mathrm{d}x = \frac{1}{\alpha}e^{\alpha x} + C$$

$$\int \frac{\mathrm{d}x}{1+x^2} = \arctan(x) + C, \qquad \int \frac{\mathrm{d}x}{\sqrt{1-x^2}} = \arcsin(x) + C$$

### Satz 14.7 (Berechnung bestimmter Integrale):

Sei $f : [a,b] \to \mathbb{R}$ stetig und $G$ (irgend-)eine Stammfunktion von $f$. Dann ist
$$\int_a^b f(x)\,\mathrm{d}x = G(b) - G(a).$$

**Beweis:** Wir betrachten zunächst die Stammfunktion $F(x) = \int_a^x f(t)\,\mathrm{d}t$, die wir schon kennen. Für diese gilt $F(a) = 0$ und $F(b) = \int_a^b f(t)\,\mathrm{d}t$. Da $F(x) - G(x) = C$ für alle $x$, ist insbesondere $F(a) - G(a) = C = F(b) - G(b)$ und damit
$$G(b) - G(a) = F(b) - F(a) = \int_a^b f(x)\,\mathrm{d}x.$$
□

### Bemerkung :

Für die Auswertung einer Stammfunktion zwischen den Grenzen $a$ und $b$ schreibt man oft
$$\int_a^b f(x)\,\mathrm{d}x = G(x)\Big|_a^b \quad \text{oder} \quad \int_a^b f(x)\,\mathrm{d}x = [G(x)]_a^b.$$

**Beispiel:** Sei $f(x) = x^2$. Dann ist $F(x) = \frac{1}{3}x^3$ eine Stammfunktion von $f$, da $F' = f$ ist. Also ist
$$\int_1^3 x^2\,\mathrm{d}x = \left[\frac{1}{3}x^3\right]_{x=1}^3 = \frac{1}{3}3^3 - \frac{1}{3}1^3 = \frac{26}{3}.$$

### Beispiel (Rotorblatt):

Im allerersten Kapitel wurde ein Rotorblatt approximiert durch einen Stab der Länge $L$ mit Querschnitt $A$ und Dichte $\varrho$, der mit der Winkelgeschwindigkeit $\omega$ rotiert. Die Normalkraft, die im Abstand $x$ von der Drehachse im Rotorblatt nach innen wirkt, beträgt

$$|\vec{N}| = mr\omega^2 = \varrho(L-x)A \cdot \frac{1}{2}(L+x) \cdot \omega^2 = \frac{1}{2}\varrho A \omega^2 (L^2 - x^2)$$

und bewirkt eine Spannung
$$\sigma(x) = \frac{|\vec{N}|}{A} = \frac{1}{2}\varrho\omega^2(L^2 - x^2),$$

die wiederum eine Längenänderung $\varepsilon = \frac{1}{E}\sigma$ verursacht, wobei $E$ der Elastizitätsmodul ist. Da die Spannung von Punkt zu Punkt verschieden ist, muss man die Gesamtverlängerung des Rotorblatts durch Integration bestimmen:

$$\Delta L = \int_0^L \varepsilon(x)\,\mathrm{d}x = \int_0^L \frac{1}{E}\frac{1}{2}\varrho\omega^2(L^2-x^2)\,\mathrm{d}x = \frac{1}{E}\frac{1}{2}\varrho\omega^2\left(L^2 x - \frac{x^3}{3}\right)\bigg|_{x=0}^L = \frac{1}{E}\frac{1}{3}\varrho\omega^2 L^3.$$

## Beispiel (Durchbiegung eines Balkens mit Last):

Betrachte einen langen Balken (d.h. Querschnittsabmessungen ≪ Länge $L$), der am Ende mit einer Kraft $\vec{F}$ belastet wird. Nach der Bernoulli-Hypothese bleiben Querschnitte, die im unverformten Balken senkrecht auf die Balkenachse stehen, während der Deformation eben und senkrecht zur verformten Balkenachse:

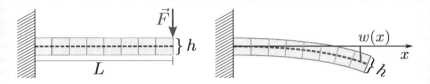

Man kann das Problem daher als eindimensionale Fragestellung behandeln. Die *Biegelinie* $w(x)$, also die Auslenkung der *neutralen Faser* gegenüber dem unverformten Zustand, wird bei einem rechteckigen Balken beschrieben durch die Differentialgleichung

$$w''(x) = -\frac{M}{EI}$$

wobei $M$ das Biegemoment und $EI$ die Biegesteifigkeit[a] des Balkens ist. Durch Ableiten ergeben sich die Gleichungen

$$EIw'''(x) = -M'(x) = -Q(x) \quad \text{(Querkraft)}$$
$$EIw''''(x) = -Q'(x) = q(x) \quad \text{(Streckenlast)}$$

Bei einem einseitig fest eingespannten Balken ist $q = 0$, wir erhalten daher durch Integration

$$EIw''''(x) = 0 \Rightarrow EIw'''(x) = EI\int w''''(x)\,dx = C_1$$
$$\Rightarrow EIw''(x) = EI\int w'''(x)\,dx = C_1 x + C_2$$
$$\Rightarrow EIw'(x) = EI\int w''(x)\,dx = \frac{1}{2}C_1 x^2 + C_2 x + C_3$$
$$\Rightarrow EIw(x) = EI\int w'(x)\,dx = \frac{1}{6}C_1 x^3 + \frac{1}{2}C_2 x^2 + C_3 x + C_4.$$

Die Integrationskonstanten $C_1,\ldots,C_4$ ergeben sich aus den Randbedingungen:
- keine Verschiebung an der Einspannung: $w(x=0) = 0 \Rightarrow C_4 = 0$
- keine Biegung an der Einspannung: $w'(x=0) = 0 \Rightarrow C_3 = 0$
- Querkraft am Balkenende: $Q(x=L) = |\vec{F}| = F \Rightarrow C_1 = -F$
- kein Biegemoment am Balkenende: $M(x=L) = -EIw''(L) = 0 \Rightarrow C_2 = F\cdot L$

Damit ist $EIw(x) = -\frac{F}{6}x^3 + \frac{FL}{2}x^2$, die Absenkung am Balkenende beträgt also

$$w(L) = -\frac{F}{6EI}L^3 + \frac{FL}{2EI}L^2 = \frac{FL^3}{3EI}.$$

---
[a] als Produkt aus dem Elastizitätsmodul $E$ und dem Flächenträgheitsmoment $I$

## 14.3 Partielle Integration

Ein wesentlicher Unterschied zwischen dem Differenzieren und dem Integrieren unbekannter Funktionen besteht darin, dass man die Ableitung in den meisten Fällen durch die korrekte Anwendung einiger weniger Regeln berechnen kann, während es bei der Integration kein solch klares Vorgehen gibt.

Das Ziel bei der Integration besteht in vielen Fällen darin, ein gegebenes unbekanntes Integral durch Umformungen in eines oder mehrere Integrale zu überführen, die man schon kennt (z.B. weil sie in der obigen Liste enthalten sind).

Als erste Methode, um ein unbekanntes Integral auf ein anderes (hoffentlich einfacheres) Integral zurückzuführen, stellen wir die partielle Integration vor, die eine Art Umkehrung der Produktregel ist.

**Satz 14.8 (Partielle Integration):**

Sei $f : [a,b] \to \mathbb{R}$ stetig mit Stammfunktion $F$ und sei $g : [a,b] \to \mathbb{R}$ stetig differenzierbar. Dann ist

$$\int_a^b f(x) \cdot g(x) \, dx = [F(x) \cdot g(x)]_a^b - \int_a^b F(x) \cdot g'(x) \, dx.$$

**Beweis:** Nach der Produktregel ist

$$(F \cdot g)' = F' \cdot g + F \cdot g'$$

Integriert man auf beiden Seiten von $a$ bis $b$, so ergibt sich mit Hilfe des Hauptsatzes der Differential- und Integralrechnung daraus

$$\left[F(x) \cdot g(x)\right]_a^b = \int_a^b (F \cdot g)'(x) \, dx = \int_a^b (F'(x) \cdot g(x) + F(x) \cdot g'(x)) \, dx$$

$$= \int_a^b f(x) \cdot g(x) \, dx + \int_a^b F(x) \cdot g'(x) \, dx.$$

$\square$

**Beispiele:**

1. Um $\int_a^b x e^x \, dx$ zu berechnen, setzen wir $f(x) = e^x$ und $g(x) = x$. Dann ist

$$\int_a^b x e^x \, dx = [x e^x]_a^b - \int_a^b e^x \, dx = [x e^x - e^x]_a^b.$$

Eine Stammfunktion zu $xe^x$ ist also $F(x) = xe^x - e^x$.

Auf analoge Weise kann man auch Stammfunktionen zu $x^m e^x$, zu $x^m \sin(x)$ oder $x^m \cos(x)$ finden.

2. Auch die Stammfunktionen zu $\cos^2(x)$ kann man mit partieller Integration bestimmen. In diesem Fall ist $f(x) = g(x) = \cos(x)$, d.h. es ist $F(x) = \sin(x)$ und $g'(x) = -\sin(x)$.

$$\int_a^b \cos^2(x)\,dx = \int_a^b \cos(x) \cdot \cos(x)\,dx = \Big[\cos(x) \cdot \sin(x)\Big]_a^b + \int_a^b \sin^2(x)\,dx$$

$$= \Big[\cos(x) \cdot \sin(x)\Big]_a^b + \int_a^b \left(1 - \cos^2(x)\right)\,dx.$$

Betrachtet man dies als Gleichung für das gesuchte Integral und löst diese Gleichung auf, erhält man

$$\int_a^b \cos^2(x)\,dx = \frac{1}{2}\Big[\cos(x) \cdot \sin(x) + x\Big]_a^b.$$

Insbesondere ist

$$\int_0^{\pi/2} \cos^2(x)\,dx = \frac{1}{2}\Big[\cos(x) \cdot \sin(x) + x\Big]_0^{\pi/2} = \frac{\pi}{4}.$$

Mit $\sin^2(x) = 1 - \cos^2(x)$ lässt sich daraus auch eine Stammfunktion für $\sin^2(x)$ herleiten.

---

Es gibt einige Funktionen, die man integrieren kann, indem man

$$\int_a^b f(x)\,dx = \int_a^b 1 \cdot f(x)\,dx$$

schreibt und dann partiell integriert. Versuchen Sie zum Beispiel, auf diese Weise $\int \ln(x)\,dx$ oder $\int \arctan(x)\,dx$ zu berechnen.

---

## 14.4 Integration durch Substitution

**Satz 14.9 (Substitutionsregel):**

Sei $f : [c,d] \to \mathbb{R}$ stetig und $\varphi : [a,b] \to [c,d]$ stetig differenzierbar. Dann ist

$$\int_a^b f(\varphi(t))\varphi'(t)\,dt = \int_{\varphi(a)}^{\varphi(b)} f(x)\,dx.$$

**Beweis:** Sei $F$ eine Stammfunktion von $f$. Nach der Kettenregel ist dann

$$(F \circ \varphi)'(t) = F'(\varphi(t)) \cdot \varphi'(t) = f(\varphi(t)) \cdot \varphi'(t).$$

Mit Hilfe des Hauptsatzes ergibt sich durch Integration dann

$$\int_{\varphi(a)}^{\varphi(b)} f(x)\,dx = F(\varphi(b)) - F(\varphi(a)) = \int_a^b (F \circ \varphi)'(t)\,dt = \int_a^b f(\varphi(t))\varphi'(t)\,dt.$$
□

## 14.4 Integration durch Substitution

Um diesen Satz in einem konkreten Fall anzuwenden, also ein Integral $\int_a^b g(x)\,dx$ durch eine Substitution $x = \varphi(u)$ in ein anderes Integral zu überführen, kann man folgendermaßen vorgehen:

1. Man ersetzt $x$ durch $\varphi(u)$
2. Durch Ableiten erhält man formal $dx = \varphi'(u)\,du$ und ersetzt daher $dx$ durch $\varphi'(u)\,du$
3. Man passt die Ober- und Untergrenzen an die neue Variable an: $x = a$ entspricht dann $\varphi(u) = a$, d.h. $u = \varphi^{-1}(a)$, analog wird die Obergrenze zu $\varphi^{-1}(b)$.

Insgesamt erhält man dann

$$\int_a^b g(x)\,dx = \int_{\varphi^{-1}(a)}^{\varphi^{-1}(b)} g(\varphi(u))\varphi'(u)\,du.$$

**Beispiele:**

1. Integrale der Form

$$\int_a^b \frac{\varphi'(x)}{\varphi(x)}\,dx$$

lassen sich durch die Substitution $v = \varphi(x)$ berechnen, denn dann erhält man (rein formal) durch Ableiten $\frac{dv}{dx} = \varphi'(x)$ bzw. $dv = \varphi'(x)dx$, also

$$\int_a^b \frac{\varphi'(x)}{\varphi(x)}\,dx = \int_{\varphi(a)}^{\varphi(b)} \frac{1}{v}\,dv = \left[\ln|v|\right]_{v=\varphi(a)}^{\varphi(b)} = \left[\ln|\varphi(x)|\right]_{x=a}^{b}.$$

Speziell für $\varphi(x) = \cos(x)$ findet man so beispielsweise

$$\int \tan(x)\,dx = -\ln|\cos(x)| + C.$$

Warum man als Stammfunktion von $\frac{1}{v}$ hier $\ln|v|$ und nicht $\ln(v)$ verwendet, hat ebenfalls mit einer Substitution zu tun und wird in den Aufgaben behandelt.

2. Um das Integral

$$\int_0^1 x\sqrt{1-x}\,dx$$

zu berechnen, kann man versuchen, die Substitution $u = 1-x$ zu verwenden. Auf den ersten Blick ist nicht klar, dass dies auf ein einfacheres Integral führt, aber es ist in vielen Fällen einen Versuch wert, eine Wurzel oder den Term, der unter der Wurzel steht, zu substituieren. Hier ist dann $x = 1-u = \varphi(u)$ und $\varphi'(u) = -1$ also

$$\int_0^1 x\sqrt{1-x}\,dx = \int_1^0 (1-u)\sqrt{u}(-1)\,du = \int_0^1 (u^{1/2} - u^{3/2})\,du = \left.\frac{2}{3}u^{3/2} - \frac{2}{5}u^{5/2}\right|_0^1 = \frac{4}{15}.$$

3. **Der Flächeninhalt des Kreises**

Für $r > 0$ ist $\int_0^r \sqrt{r^2 - x^2}\,dx$ die Fläche eines Viertelkreises mit Radius $r$.

Substituiert man $x = r\sin(t)$ mit $t \in [0, \frac{\pi}{2}]$ so erhält man wegen $dx = r\cos(t)\,dt$

$$\int_0^r \sqrt{r^2 - x^2}\,dx = \int_0^{\frac{\pi}{2}} \sqrt{r^2 - r^2\sin^2(t)}\, r\cos(t)\,dt = r^2 \int_0^{\frac{\pi}{2}} \cos^2(t)\,dt = r^2 \frac{\pi}{4},$$

wobei das letzte Integral im Abschnitt mit partieller Integration berechnet wurde. Für die Fläche des gesamten Kreises erhalten wir also $A = \pi r^2$ und damit genau das Resultat, das Sie (als Formel) sicher bereits aus der Schule kennen.

**Anregung zur weiteren Vertiefung (Flächeninhalt einer Ellipse):**

Versuchen Sie, mit einer ganz ähnlichen Substitution die Fläche einer (Viertel-)Ellipse zu bestimmen. Anstelle der Kreisgleichung $x^2 + y^2 = r^2$ müssen Sie hier von der Gleichung $\frac{x^2}{a^2} + \frac{y^2}{b^2} = 1$ für eine Ellipse mit den Halbachsen $a$ und $b$ ausgehen.

**Beispiel (Elektrischen Arbeit):**

Ein Ohmscher Verbraucher mit Widerstand $R$ wird an einer Wechselspannungsquelle der Spannung

$$U(t) = U_0 \cdot \sin(\omega t)$$

betrieben. Um die pro Periode verrichtete elektrische Arbeit $A$ zu berechnen, muss man wissen, dass die elektrische Leistung $W(t)$ das Produkt aus Spannung und Stromstärke ist. Unter Benutzung des Ohmschen Gesetzes $U = R \cdot I$ ergibt sich somit

$$W(t) = U(t) \cdot I(t) = U(t)^2 \cdot \frac{1}{R} = \frac{U_0^2}{R} \cdot \sin^2(\omega t).$$

Dieser Ausdruck soll über eine Periode integriert werden, wobei eine Periode $T = \frac{2\pi}{\omega}$ beträgt. Die verrichtete Arbeit ist daher

$$A = \int_0^T W(t)\,dt = \int_0^T \frac{1}{R} \cdot U_0^2 \sin^2(\omega t)\,dt = \frac{U_0^2}{R} \int_0^T \sin^2(\omega t)\,dt = \frac{U_0^2}{R} \cdot \frac{T}{2} = \frac{U_0^2 \pi}{R\omega}.$$

Um dieselbe Arbeit mit Gleichstrom zu verrichten, wäre die *Effektivspannung* $U_{\text{eff}} = \frac{U_0}{\sqrt{2}}$ notwendig.

## 14.5 Partialbruchzerlegung

Es soll im folgenden an drei Beispielen gezeigt werden, wie man rationale Funktionen, d.h. Funktionen der Form $f(x) = \frac{P(x)}{Q(x)}$ integriert, wobei $P$ und $Q$ Polynome sind. Diese drei Beispiele zeigen das Vorgehen in drei typischen Situationen. Das allgemeine Resultat wird dann am Ende ohne Beweis angegeben.

**Beispiel 1:** $\int \dfrac{x^3 + 2}{x^2 - 1}\,\mathrm{d}x$

Wenn der Grad des Nennerpolynoms kleiner ist als der Grad des Zählerpolynoms, dann kann man das Integral durch Polynomdivision mit Rest zerlegen in ein Polynom und eine rationale Funktion, deren Zähler einen kleineren Grad hat als der Nenner. In unserem Beispiel ist

$$\frac{x^3 + 2}{x^2 - 1} = \frac{x^3 - x + x + 2}{x^2 - 1} = x + \frac{x + 2}{x^2 - 1}$$

Da sich der erste Term leicht integrieren lässt, müssen wir uns nur noch um den Bruch kümmern. Dazu macht man den Ansatz

$$\frac{x + 2}{x^2 - 1} = \frac{x + 2}{(x + 1)(x - 1)} = \frac{A}{x + 1} + \frac{B}{x - 1}$$

mit geeigneten Koeffizienten $A$ und $B$. Bringt man die Summe auf der rechten Seite wieder auf den Hauptnenner, dann erhält man

$$\frac{x + 2}{x^2 - 1} = \frac{A(x - 1) + B(x + 1)}{x^2 - 1} = \frac{(A + B)x - A + B}{x^2 - 1}.$$

Damit diese Identität für alle $x$ richtig ist, müssen die Polynome im Zähler übereinstimmen. Durch Koeffizientenvergleich erhält man die Gleichungen

$$\begin{aligned} A + B &= 1 \\ -A + B &= 2 \end{aligned}$$

mit der eindeutigen Lösung $A = -1/2$ und $B = 3/2$. Insgesamt erhalten wir so

$$\int \frac{x^3 + 2}{x^2 - 1}\,\mathrm{d}x = \int x\,\mathrm{d}x - \frac{1}{2}\int \frac{1}{x + 1}\,\mathrm{d}x + \frac{3}{2}\int \frac{1}{x - 1}\,\mathrm{d}x = \frac{x^2}{2} - \frac{1}{2}\ln(x + 1) + \frac{3}{2}\ln(x - 1) + C.$$

Allgemein kann man bei einem Nennerpolynom $Q(x) = (x - x_1)(x - x_2)\ldots(x - x_n)$, das vollständig in Linearfaktoren zerfällt, den Ansatz

$$\frac{P(x)}{Q(x)} = \frac{A_1}{x - x_1} + \frac{A_2}{x - x_2} + \ldots \frac{A_n}{x - x_n}$$

verwenden, der mittels Koeffizientenvergleich auf ein *lineares Gleichungssystem* für die Unbekannten $A_1, A_2, \ldots, A_n$ führt.

**Beispiel 2:** $\int \dfrac{x + 1}{(x - 2)^2}\,\mathrm{d}x$

In diesem Fall hat der Nenner eine doppelte Nullstelle und wir müssen unseren Ansatz ein wenig modifizieren: Wir suchen $A$ und $B$ so, dass

$$\frac{x + 1}{(x - 2)^2} = \frac{A}{x - 2} + \frac{B}{(x - 2)^2}$$

für alle $x$ erfüllt ist. Das führt auf das Gleichungssystem $A = 1$ und $-2A + B = 1$, also $B = 3$. Damit ist

$$\int \frac{x + 1}{(x - 2)^2}\,\mathrm{d}x = \int \frac{1}{x - 2}\,\mathrm{d}x + \int \frac{3}{(x - 2)^2}\,\mathrm{d}x = \ln|x - 2| - \frac{3}{x - 2} + C.$$

**Beispiel 3:** $\int \frac{4x-1}{4x^2-4x+2}\,\mathrm{d}x$

Man kann hier leicht nachrechnen, dass der Nenner keine reellen Nullstellen besitzt, eine Zerlegung wie in Beispiel 1 also nicht funktioniert. Die komplexen Nullstellen für eine Zerlegung zu benutzen, hilft uns auch nicht weiter, da wir sonst möglicherweise Ausdrücke wie $\ln(x+i)$ etc. als Stammfunktionen erhalten.

Wenn hier im Zähler gerade die Ableitung des Nenners stünde, dann könnten wir einfach den Nenner substituieren.

Dies motiviert aber die folgende Zerlegung:

$$\int \frac{4x-1}{4x^2-4x+2}\,\mathrm{d}x = \frac{1}{2}\int \frac{8x-4}{4x^2-4x+2}\,\mathrm{d}x + \int \frac{1}{4x^2-4x+2}\,\mathrm{d}x.$$

Beide Integrale können wir nun durch Substitution lösen: Mit $u = 4x^2 - 4x + 2$ also $\mathrm{d}u = (8x-4)\mathrm{d}x$ ist

$$\int \frac{8x-4}{4x^2-4x+2}\,\mathrm{d}x = \int \frac{\mathrm{d}u}{u} = \ln u = \ln(4x^2 - 4x + 2) + C.$$

Für das zweite Integral wählt man wegen $4x^2 - 4x + 2 = (2x-1)^2 + 1$ die Substitution $v = 2x - 1$ und erhält dann

$$\int \frac{1}{4x^2-4x+2}\,\mathrm{d}x = \int \frac{\mathrm{d}v}{v^2+1} = \arctan v = \arctan(2x-1) + C.$$

Im allgemeinen kann man jedes Integral einer rationalen Funktion durch Partialbruchzerlegung in einfachere Integrale zerlegen, die man dann geschlossen darstellen kann. Die einzige prinzipielle Schwierigkeit besteht darin, den Nenner in Linearfaktoren und quadratische Terme ohne reelle Nullstellen zu zerlegen. Gelingt diese Zerlegung, dann kann man das Integral mit Hilfe des folgenden Satzes bestimmen:

### Satz 14.10 (Partialbruchzerlegung):

Die Integrale rationaler Funktionen kann man durch Partialbruchzerlegung und geeignete Skalierung auf Integrale der Form

$$\int \frac{1}{x-a}\,\mathrm{d}x = \ln|x-a| + C,$$

$$\int \frac{1}{(x-a)^m}\,\mathrm{d}x = \frac{1}{1-m}\cdot\frac{1}{(x-a)^{m-1}} + C,$$

$$\int \frac{1}{1+x^2}\,\mathrm{d}x = \arctan(x) + C,$$

$$\int \frac{2x}{1+x^2}\,\mathrm{d}x = \ln(x^2+1) + C,$$

$$\int \frac{2x}{(1+x^2)^m}\,\mathrm{d}x = \frac{1}{1-m}\cdot\frac{1}{(x^2+1)^{m-1}} + C \quad \text{und}$$

$$\int \frac{1}{(1+x^2)^m}\,\mathrm{d}x = \frac{x}{2(m-1)(1+x^2)^{m-1}} + \frac{2m-3}{2(m-1)}\int \frac{1}{(1+x^2)^{m-1}}\,\mathrm{d}x$$

zurückführen. Das letzte Integral lässt sich durch partielle Integration rekursiv bestimmen.

## 14.5 Partialbruchzerlegung

Hier noch einmal zusammengefasst das Vorgehen bei der Integration von rationalen Funktionen durch Partialbruchzerlegung:

1. Falls Zählergrad $\geq$ Nennergrad ist: Polynomdivision durchführen
   Beispiel: $\dfrac{2x^5 + x^4 - 8x - 3}{x^4 - 4} = 2x + 1 + \dfrac{1}{x^4 - 4}$

2. Nenner zerlegen in Linearfaktoren $x - x_0$ bzw. quadratische Faktoren $x^2 + px + q$ ohne reelle Nullstellen,
   Beispiel: $\dfrac{1}{x^4 - 4} = \dfrac{1}{(x^2+2)(x^2-2)} = \dfrac{1}{(x^2+2)(x-\sqrt{2})(x+\sqrt{2})}$

3. Ansatz für die Partialbruchzerlegung: Zum Faktor $(x - x_0)^n$ gehören Partialbrüche
   $$\frac{A_1}{x - x_0} + \frac{A_2}{(x - x_0)^2} + \ldots + \frac{A_n}{(x - x_0)^n}$$

   Zu jedem quadratischen Faktor $(x^2 + px + q)^m$ (ohne reelle Nullstellen) gehören die Partialbrüche
   $$\frac{B_1 + C_1 x}{x^2 + px + q} + \frac{B_2 + C_2 x}{(x^2 + px + q)^2} + \ldots + \frac{B_m + C_m x}{(x^2 + px + q)^m}$$

   Ansatz im Beispiel: $\dfrac{1}{x^4 - 4} = \dfrac{A}{x + \sqrt{2}} + \dfrac{B}{x - \sqrt{2}} + \dfrac{Cx + D}{x^2 + 2}$

4. Bestimme die im Ansatz auftretenden Konstanten
   Dafür *entweder* alles auf den Hauptnenner bringen, Koeffizienten vergleichen und dann das so entstehende lineare Gleichungssystem lösen
   Beispiel: Ausmultiplizieren von
   $1 = A(x - \sqrt{2})(x^2 + 2) + B(x + \sqrt{2})(x^2 + 2) + (Cx + D)(x - \sqrt{2})(x + \sqrt{2})$ führt auf
   $(A + B + C)x^3 + (-\sqrt{2}A + \sqrt{2}B + D)x^2 + (2A + 2B - 2C)x + (-2\sqrt{2}A + 2\sqrt{2}B - 2D) = 1$,
   so dass man das lineare Gleichungssystem

   $$\begin{pmatrix} 1 & 1 & 1 & 0 \\ -\sqrt{2} & \sqrt{2} & 0 & 1 \\ 2 & 2 & -2 & 0 \\ -2\sqrt{2} & 2\sqrt{2} & 0 & -2 \end{pmatrix} \begin{pmatrix} A \\ B \\ C \\ D \end{pmatrix} = \begin{pmatrix} 0 \\ 0 \\ 0 \\ 1 \end{pmatrix}$$

   erhält, *oder* alles auf den Hauptnenner bringen und „Nullstellen einsetzen"
   im Beispiel: $1 = A(x - \sqrt{2})(x^2 + 2) + B(x + \sqrt{2})(x^2 + 2) + (Cx + D)(x - \sqrt{2})(x + \sqrt{2})$
   Einsetzen von $x = -\sqrt{2} \leadsto$ zwei Summanden fallen weg $\Rightarrow A = -\dfrac{1}{8\sqrt{2}}$
   Einsetzen von $x = \sqrt{2} \leadsto$ zwei Summanden fallen weg $\Rightarrow B = \dfrac{1}{8\sqrt{2}}$
   Bei den quadratischen Termen ohne reelle Nullstelle setzt man eine der beiden komplexen Nullstellen ein.
   $1 = (Cx + D)(x - \sqrt{2})(x + \sqrt{2})$ liefert $1 = 4(Cx + D) \Leftrightarrow \sqrt{2}i \cdot C + D = -\frac{1}{4}$ für $x = +\sqrt{2}i$.
   Ein Vergleich von Real- und Imaginärteil ergibt $C = 0$ und $D = -\frac{1}{4}$.

5. Integration durchführen
   Beispiel: $\displaystyle\int \dfrac{1}{x^4 - 4}\, dx = -\dfrac{1}{8\sqrt{2}} \ln|x + \sqrt{2}| + \dfrac{1}{8\sqrt{2}} \ln|x - \sqrt{2}| - \dfrac{1}{4} \cdot \dfrac{\sqrt{2}}{2} \arctan\left(\dfrac{x}{\sqrt{2}}\right) + C_{\text{Int}}$

## 14.6 Uneigentliche Integrale

Bisher hatten wir Integrale von Funktionen nur auf abgeschlossenen, beschränkten Intervallen $[a, b]$ betrachtet. Versucht man Integrale über offene oder sogar unbeschränkte Intervalle mittels Approximation durch Treppenfunktionen zu erklären, stößt man auf Schwierigkeiten, da sich nicht einmal stetige Funktionen auf unendlichen Intervallen immer gut durch Treppenfunktionen approximieren lassen. Aus diesem Grund beschreitet man einen anderen Weg.

### Definition (uneigentliches Integral):

Sei $-\infty \leq a < b < \infty$ und $f : (a, b] \to \mathbb{R}$ eine Funktion, die auf jedem abgeschlossenen Teilintervall $[\alpha, b] \subset (a, b]$ integrierbar ist. Wir nennen

$$\int_a^b f(x)\, \mathrm{d}x := \lim_{\alpha \to a+} \int_\alpha^b f(x)\, \mathrm{d}x \in \mathbb{R}$$

**uneigentliches Integral**, falls der Grenzwert auf der rechten Seite existiert.
Genauso definiert man für eine Funktion $f : [a, b) \to \mathbb{R}$ mit $-\infty < a < b \leq \infty$, deren Einschränkung auf jedes kompakte Teilintervall $[a, \beta] \subset [a, b)$ eine Riemann-integrierbare Funktion ist,

$$\int_a^b f(x)\, \mathrm{d}x := \lim_{\beta \to b-} \int_a^\beta f(x)\, \mathrm{d}x,$$

falls dieser Limes existiert.
Schließlich erklärt man für $f : (a, b) \to \mathbb{R}$ mit $-\infty \leq a < b \leq \infty$ das uneigentliche Integral

$$\int_a^b f(x)\, \mathrm{d}x := \int_a^c f(x)\, \mathrm{d}x + \int_c^b f(x)\, \mathrm{d}x$$

sofern die uneigentlichen Integrale auf der rechten Seite beide existieren. Der Wert des uneigentlichen Integrals hängt dabei nicht von der Wahl von $c \in (a, b)$ ab.

### Bemerkung :

Führt man den Grenzübergang $\alpha \to a$ mittels Folgen $(\alpha_n)_{n \in \mathbb{N}}$ mit $\lim_{n \to \infty} \alpha_n = a$ durch, dann darf der Grenzwert

$$\lim_{n \to \infty} \int_{\alpha_n}^b f(x)\, \mathrm{d}x$$

nicht von der Wahl der Folge $(\alpha_n)_{n \in \mathbb{N}}$ abhängen.

**Achtung!** Für die Existenz des uneigentlichen Integrals $\int_{-\infty}^{\infty} f(x)\, \mathrm{d}x$ reicht es im allgemeinen *nicht* zu zeigen, dass $\lim_{R \to \infty} \int_{-R}^{R} f(x)\, \mathrm{d}x$ existiert, sondern man muss beide Grenzen unabhängig voneinander gegen $-\infty$ bzw. $+\infty$ gehen lassen.

**Beispiele:**

1. Sei $\alpha \in \mathbb{R}$. Das uneigentliche Integral $\int_0^1 x^\alpha \, dx$ existiert für $\alpha > -1$.

   Dazu berechnen wir für $c \to 0+$ das bestimmte Integral

   $$\int_c^1 x^\alpha \, dx = \begin{cases} \left[\dfrac{1}{\alpha+1} x^{\alpha+1}\right]_c^1 = \dfrac{1-c^{\alpha+1}}{\alpha+1} & \text{für } \alpha \neq -1 \\[1em] \left[\ln(x)\right]_c^1 = -\ln(c) & \text{für } \alpha = -1 \end{cases}$$

   Da $\lim\limits_{c \to 0+} -\ln(c) = +\infty$ existiert das uneigentliche Integral für $\alpha = -1$ nicht.

   Für $\alpha > -1$ ist $\lim\limits_{c \to 0+} c^{\alpha+1} = 0$, während der Grenzwert für $\alpha < -1$ nicht existiert. Das uneigentliche Integral existiert also genau dann, wenn $\alpha > -1$ ist und hat dann den Wert $\int_0^1 x^\alpha \, dx = \dfrac{1}{\alpha+1}$.

2. Das uneigentliche Integral $\int_1^\infty x^\alpha \, dx$ existiert für $\alpha < -1$.

   Wie eben berechnen wir explizit

   $$\int_1^c x^\alpha \, dx = \begin{cases} \left[\dfrac{1}{\alpha+1} x^{\alpha+1}\right]_1^c = \dfrac{c^{\alpha+1}-1}{\alpha+1} & \text{für } \alpha \neq -1 \\[1em] \left[\ln(x)\right]_1^c = \ln(c) & \text{für } \alpha \neq -1 \end{cases}$$

   Diesmal existiert nur im Fall $\alpha < -1$ der Grenzwert für $c \to +\infty$. Das uneigentliche Integral ist dann $\int_1^\infty x^\alpha \, dx = -\dfrac{1}{\alpha+1}$.

3. Für $\alpha > 0$ existiert das uneigentliche Integral

   $$\int_0^\infty e^{-\alpha x} \, dx = \lim_{c \to \infty} \int_0^c e^{-\alpha x} \, dx = \lim_{c \to \infty} \frac{e^{-\alpha c} - 1}{-\alpha} \frac{1}{\alpha}.$$

   Analog ist für $\alpha > 0$ das uneigentliche Integral

   $$\int_{-\infty}^0 e^{\alpha x} \, dx = \lim_{c \to -\infty} \int_c^0 e^{\alpha x} \, dx = \lim_{c \to -\infty} \frac{1 - e^{\alpha c}}{\alpha} = \frac{1}{\alpha}$$

   konvergent.

4. Ein anderes uneigentliches Integral, das sich explizit berechnen lässt, ist $\int_{-\infty}^\infty \dfrac{dx}{1+x^2}$.

   Für $a < 0 < b$ ist

   $$\int_a^0 \frac{dx}{1+x^2} = -\arctan a \quad \text{und} \quad \int_0^b \frac{dx}{1+x^2} = \arctan b.$$

Lässt man $a \to -\infty$ und $b \to +\infty$ streben, so ergibt sich direkt

$$\int_{-\infty}^{\infty} \frac{\mathrm{d}x}{1+x^2} = \frac{\pi}{2} - \left(-\frac{\pi}{2}\right) = \pi.$$

Nicht immer kann man entscheiden, ob ein uneigentliches Integral existiert, indem man eine explizite Stammfunktion benutzt.
Eine andere Methode, um zu zeigen, dass ein uneigentliches Integral existiert, besteht darin, es nach oben durch ein anderes uneigentliches Integral abzuschätzen, dessen Existenz man schon kennt.
Dabei spielt wieder die Monotonie des Integrals eine wichtige Rolle.

### Satz 14.11 (Majorantenkriterium für uneigentliche Integrale):

Sei $a < b \leq \infty$ und $f : [a,b) \to \mathbb{R}$ eine Funktion, deren Einschränkung auf jedem abgeschlossenen Intervall $[a,c] \subset [a,b)$ Riemann-integrierbar ist. Sei weiter $\varphi : [a,b) \to \mathbb{R}$ eine nicht-negative Funktion, für die das uneigentliche Integral $\int_a^b \varphi(x)\mathrm{d}x$ existiert. Außerdem gelte für alle $x \in [a,b)$ die Ungleichung $|f(x)| \leq \varphi(x)$.
Dann existiert auch das uneigentliche Integral $\int_a^b f(x)\mathrm{d}x$ und es ist

$$\left| \int_a^b f(x)\mathrm{d}x \right| \leq \int_a^b \varphi(x)\,\mathrm{d}x.$$

**Begründung:** Der Graph von $f$ liegt zwischen dem Graphen von $-\varphi$ und dem Graphen von $\varphi$. Weil schon der Flächeninhalt unter dem Graphen von $\varphi$ endlich ist, ist auch der Flächeninhalt zwischen den Graphen von $-\varphi$ und $+\varphi$ endlich, daher muss der Flächeninhalt zwischen Graphen von $f$ und der $x$-Achse erst recht endlich sein.
Etwas formaler kann man argumentieren, wenn $f$ eine nicht-negative Funktion ist: Für jede Zahl $c \in [a,b)$ ist dann

$$0 \leq \underbrace{\int_a^c f(x)\mathrm{d}x}_{=:I(c)} \leq \int_a^c \varphi(x)\mathrm{d}x \leq \int_a^b \varphi(x)\,\mathrm{d}x$$

Die durch das Integral definierte Funktion $I(c)$ ist monoton wachsend und durch $\int_a^b \varphi(x)\,\mathrm{d}x$ von oben beschränkt. Daher kann sie für $c \nearrow b$ nicht gegen unendlich streben, sondern muss sich einem Grenzwert annähern. □

**Beispiel:** Für $\alpha > 1$ ist das uneigentliche Integral $\int_1^{\infty} \frac{\sin(x)}{x^{\alpha}}\,\mathrm{d}x$ konvergent, denn mit $|\sin(x)| \leq 1$ ist

$$\left| \frac{\sin(x)}{x^{\alpha}} \right| \leq \frac{1}{x^{\alpha}}$$

und dass das uneigentliche Integral $\int_1^{\infty} \frac{1}{x^{\alpha}}\,\mathrm{d}x$ konvergiert hatten wir schon oben ausgerechnet.

## Beispiel (Gaußsche Glockenkurve):

Für die Funktion $e^{-x^2}$ kann man keine Stammfunktion angeben. Hier muss man sich anders behelfen, um die Konvergenz des uneigentlichen Integrals

$$\int_{-\infty}^{\infty} e^{-x^2}\, dx,$$

das in der Wahrscheinlichkeitstheorie eine wichtige Rolle spielt, nachzuweisen. Betrachtet man das Schaubild der Funktion $f(x) = e^{-x^2}$, dann kann man es in drei Teile unterteilen:

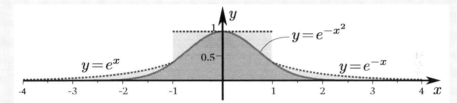

- zwischen $-1$ und $1$ gilt $0 \le f(x) \le 1$
- für alle $x \ge 1$ ist $x^2 \ge x$ und damit $e^{-x^2} \le e^{-x}$
- für alle $x \le -1$ ist $x^2 \ge -x$ und damit $e^{-x^2} \le e^{x}$

Damit ist die Funktion

$$\varphi(x) = \begin{cases} 1 & \text{für } -1 \le x \le 1 \\ e^{-x} & \text{für } x > 1 \\ e^{x} & \text{für } x < -1 \end{cases}$$

eine Majorante von $f$. Die Konvergenz des uneigentlichen Integrals

$$\int_{-\infty}^{\infty} \varphi(x)\, dx = \int_{-\infty}^{-1} \varphi(x)\, dx + \int_{-1}^{1} \varphi(x)\, dx + \int_{1}^{\infty} \varphi(x)\, dx$$

kann man durch direkte Auswertung der Stammfunktion nachprüfen. Nach dem Majorantenkriterium konvergiert also das uneigentliche Integral $\int_{-\infty}^{\infty} e^{-x^2}\, dx$.

Anschaulich bedeutet dies, dass die hellgraue Fläche in der Zeichnung einen endlichen Flächeninhalt hat. Da die dunkelgraue Fläche kleiner ist, muss auch diese Fläche endlich sein. Man kann den Wert des uneigentlichen Integrals sogar explizit berechnen, nämlich

$$\int_{-\infty}^{\infty} e^{-x^2}\, dx = \sqrt{\pi},$$

aber im Moment ist das für uns noch zu schwierig...

# Nach diesem Kapitel sollten Sie ...

- ... erklären können, wie das bestimmte Integral als Flächeninhalt interpretiert werden kann

- ... erklären können, durch welchen Grenzwert man das Riemann-Integral einer stetigen Funktion definiert.

- ... den Hauptsatz der Differential- und Integralrechnung wiedergeben und anwenden können

- ... erklären können, was eine Integrationskonstante ist

- ... die Integrationsverfahren partielle Integration und Integration durch Substitution durchführen können

- ... Integrale von rationalen Funktionen mit Hilfe der Partialbruchzerlegung berechnen können (mit mehrfachen reellen und einfachen komplexen Nennernullstellen)

- ... bei einem gegebenen Integral die verschiedenen Integrationsverfahren auf ihre Anwendbarkeit prüfen können

- ... die Definition eines uneigentlichen Integrals wiedergeben und mit einer Skizze erklären können

- ... wissen, für welche $\alpha, \beta \in \mathbb{R}$ die uneigentlichen Integrale $\int_0^1 x^\alpha \, dx$ und $\int_1^\infty x^\beta \, dx$ konvergieren

- ... die Konvergenz von uneigentlichen Integralen mit Hilfe des Vergleichkriteriums überprüfen können

## Aufgaben zu Kapitel 14

1. Interpretieren Sie die Summe
$$\sum_{j=1}^n \frac{1}{n} e^{j/n}$$
als Riemannsumme und berechnen Sie diese Summe für festes $n \in \mathbb{N}$.
Führen Sie anschließend den Grenzübergang $n \to \infty$ durch. Was kann man aus dem Resultat in Bezug auf Integration folgern?
*Hinweis:* Aufgabe 4 (d) aus Kapitel 1.

2. Warum wird als Stammfunktion von $f(x) = \frac{1}{x}$ immer $F(x) = \ln|x|$ angegeben, obwohl $(\ln(x))' = \frac{1}{x}$ ist?

3. Berechnen Sie die folgenden Integrale:

   (i) $\int x e^{-2x} \, dx$ 
   (ii) $\int_0^1 \frac{x}{\sqrt{4-x^2}} \, dx$ 
   (iii) $\int \frac{x}{1+x^2} \, dx$

   (iv) $\int \frac{1}{\sqrt{u}(1+u)} \, du$ 
   (v) $\int \cos(\omega t + \psi) \, dt$ 
   (vi) $\int_1^5 \ln(x) \, dx$

   (vii) $\int_1^2 \frac{2}{x+x^3} \, dx$ 
   (viii) $\int_1^2 \frac{x}{(x-3)(x^2-9)} \, dx$ 
   (ix) $\int_0^2 \frac{x^2}{\sqrt[3]{x^3+1}} \, dx$

4. (a) Berechnen Sie den Wert des Integrals $\int_0^2 xe^{-3x}\,dx$.

   (b) Geben Sie alle Funktionen $f : \mathbb{R} \to \mathbb{R}$ mit der Ableitung $f'(x) = \dfrac{\cos(x)}{\sin^2(x)+1}$ und dem Funktionswert $f(\frac{\pi}{2}) = \frac{\pi}{2}$ an.

5. Berechnen Sie die unbestimmten Integrale $\int \dfrac{2e^x}{e^{2x}+1}\,dx$ und $\int x\ln(x^4)\,dx$.

6. Berechnen Sie für beliebige $a > 1$ den Flächeninhalt der markierten Fläche, die von der $x$-Achse, der Geraden $y = x$ und der Hyperbel $x^2 - y^2 = 1$ eingeschlossen wird.

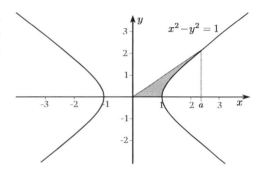

7. Das Rotorblatt eines Hubschraubers besteht aus einem Material der Dichte $\varrho$ mit dem Elastizitätsmodul $E$ und besitzt eine Querschnittsfläche $A(x) = A_0 e^{-\alpha x/L}$, wobei $x$ der Abstand von der Drehachse ist und $\alpha$ so gewählt ist, dass $A(L) = \frac{1}{2} A_0$ ist.
   Bestimmen Sie den Spannungsverlauf $\sigma(x)$, wenn sich der Rotor mit der konstanten Winkelgeschwindigkeit $\omega$ dreht.
   Wie groß ist die Verlängerung $\Delta L$ des Rotors?

8. Skizzieren Sie zu den vier Beispielen über uneigentliche Integrale die Schaubilder der betrachteten Funktionen und markieren Sie die Flächen, deren Flächeninhalt durch die uneigentlichen Integrale dargestellt werden.

9. (a) Für welche $\alpha \in \mathbb{R}$ konvergiert das uneigentliche Integral $\int_0^1 \cos^2(x) x^\alpha \, dx$ ?

   (b) Für welche $\beta \in \mathbb{R}$ konvergiert das uneigentliche Integral
   $$\int_1^\infty \cos^2(x) x^\beta \, dx \quad ?$$

   Hinweis: Verschwenden Sie keine Zeit mit der Suche nach einer Stammfunktion.

10. Kreuzen Sie die richtige Antwort an!
    Der Flächeninhalt $A$ eines Kreises vom Radius $r$ lässt sich berechnen durch

    □ $A = \int_0^\pi \sqrt{r^2 - x^2}\,dx$ \qquad □ $A = \int_{-1}^1 r^2 - x^2\,dx$

    □ $A = 4\int_0^1 \sqrt{r^2 - x^2}\,dx$ \qquad □ $A = \int_{-r}^r \sqrt{r^2 - x^2}\,dx$

    □ $A = 4\int_0^r \sqrt{r^2 - x^2}\,dx$ \qquad □ $A = 2\int_0^r \sqrt{r^2 - x^2}\,dx$

# 15 Anwendungen der Integration
## 15.1 Kurven und ihre Länge

Eine sehr allgemeine Art, mit der man Kurven in der Ebene beschreiben kann, ist die Parameterdarstellung. Dabei durchläuft ein Parameter $t$ ein Intervall $[a,b]$ während der durch zwei differenzierbare Funktionen $x(t)$ und $y(t)$ definierte Punkt $P(t) = (x(t), y(t)) \in \mathbb{R}^2$ sich in der Ebene stetig ändert. Man kann sich den Parameter $t$ gut als *Zeit* vorstellen und die Kurve als Bahn eines Teilchens in der Ebene.

**Beispiele:**

1. Kreislinie

    Ein Kreis mit Radius $r$ und Mittelpunkt $(x_M, y_M)$ lässt sich durch

    $$\vec{c}(t) = \begin{pmatrix} x(t) \\ y(t) \end{pmatrix} = \begin{pmatrix} x_M + r\cos(t) \\ y_M + r\sin(t) \end{pmatrix}$$

    mit $0 \leq t \leq 2\pi$ parametrisieren. Dies ist zwar nur eine von unendlich vielen möglichen Parametrisierungen, aber sicher die mit großem Abstand am häufigsten vorkommende. Interpretiert man diese Parameterdarstellung als Bahnkurve, so bewegt sich das Teilchen mit konstanter Geschwindigkeit.

    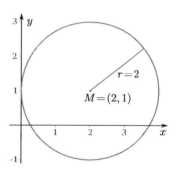

2. Ellipse

    Eine Ellipse mit den Halbachsen $a$ und $b$, die durch die Gleichung $\frac{x^2}{a^2} + \frac{y^2}{b^2} = 1$ gegeben ist, lässt sich ähnlich wie der Kreis parametrisieren durch

    $$\vec{c}(t) = \begin{pmatrix} x(t) \\ y(t) \end{pmatrix} = \begin{pmatrix} a\cos(t) \\ b\sin(t) \end{pmatrix}$$

    mit $0 \leq t \leq 2\pi$. Dies ist zwar nur eine von unendlich vielen möglichen Parametrisierungen, aber sicher die mit großem Abstand am häufigsten vorkommende. Interpretiert man diese Parameterdarstellung als Bahnkurve, so bewegt sich das Teilchen mit konstanter Geschwindigkeit.

    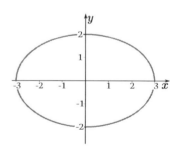

3. Kardiodide

    Auch durch

    $$\vec{c}(t) \begin{pmatrix} x(t) \\ y(t) \end{pmatrix} = \begin{pmatrix} a\cos(t)(1+\cos(t)) \\ a\sin(t)(1+\cos(t)) \end{pmatrix}$$

    mit $0 \leq t \leq 2\pi$ wird eine Kurve in der Ebene definiert. Diese heißt *Herzkurve* oder *Kardiodide*. Man beachte, dass diese Kurve eine „Spitze" besitzt, obwohl die Ausdrücke für $x(t)$ und $y(t)$ „glatt", d.h. differenzierbar sind.

    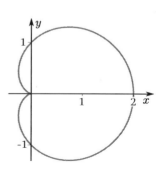

## Tangentenvektor

Stellt man sich $\vec{c}(t)$ als Bahnkurve eines Teilchens vor, dann ist die momentane Geschwindigkeit die Ableitung $\vec{c}\,'(t)$, die man komponentenweise bildet:

$$\vec{t}(t) = \vec{c}\,'(t) = \begin{pmatrix} x'(t) \\ y'(t) \end{pmatrix}.$$

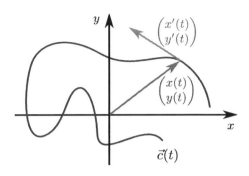

Dieser Vektor ist immer tangential an die Kurve und heißt **Tangentenvektor**. Seine Länge beschreibt die Momentangeschwindigkeit.

**Beispiele:**

1. Wenn $\vec{c}(t) = \begin{pmatrix} \cos(t) \\ \sin(t) \end{pmatrix}$ den Einheitskreis durchläuft, dann ist $\vec{t}(t) = \begin{pmatrix} -\sin(t) \\ \cos(t) \end{pmatrix}$ der Tangentenvektor im Punkt $\vec{c}(t)$.

2. Für die Ellipse mit $\vec{c}(t) = \begin{pmatrix} a\cos(t) \\ b\sin(t) \end{pmatrix}$ ist der Tangentenvektor $\vec{t}(t) = \begin{pmatrix} -a\sin(t) \\ b\cos(t) \end{pmatrix}$.

### Definition (reguläre Kurve):

Eine parametrisierte Kurve $\vec{c}$ mit Parametrisierung $\vec{c}(t) = \begin{pmatrix} x(t) \\ y(t) \end{pmatrix}$ heißt **regulär**, wenn $x'(t)$ und $y'(t)$ stetige Funktionen sind, die nie gleichzeitig verschwinden, d.h. wenn

$$x'(t)^2 + y'(t)^2 \neq 0$$

ist für alle $t$.
Wenn $\vec{c}(t)$ eine reguläre Kurve ist, dann ist der Tangentenvektor $\vec{t}(t) \neq \vec{0}$, d.h. die Geschwindigkeit verschwindet an keiner Stelle.

Eine Klasse von regulären Kurven in der Ebene sind die Schaubilder von stetigen Funktionen.

### Beispiel (Graph einer Funktion):

Der Graph einer differenzierbaren Funktion $f : [a, b] \to \mathbb{R}$ besitzt die Parameterdarstellung

$$\vec{c}(t) = \begin{pmatrix} x(t) \\ y(t) \end{pmatrix} = \begin{pmatrix} t \\ f(t) \end{pmatrix}$$

mit $a \leq t \leq b$. Da $\dot{x}(t) = 1$ nie verschwindet, ist diese Kurve eine reguläre Kurve.

Man kann reguläre Kurven „ungeschickt" parametrisieren, so dass sie nicht mehr regulär sind. Es gibt jedoch auch Kurven, die in *keiner* Parametrisierung regulär sind, zum Beispiel die *Neilsche Parabel*

$$\begin{pmatrix} x(t) \\ y(t) \end{pmatrix} = \begin{pmatrix} t^2 \\ t^3 \end{pmatrix}.$$

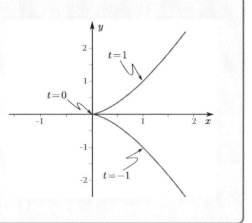

An der „Spitze" bei $t = 0$ dreht der Tangentialvektor sich um $180°$, das ist nur möglich, wenn an dieser Stelle die Geschwindigkeit 0 beträgt.
Solche Kurven wollen wir im folgenden Abschnitt nicht berücksichtigen.

## Länge von Kurven

Manchmal ist es nützlich, die Länge einer Kurve in der Ebene oder im Raum zu bestimmen, beispielsweise, wenn die Kurve die Bahn eines Objekts darstellt. In diesem Fall ist die Länge der Kurve die von dem Objekt zurückgelegte Strecke.
Der Vektor $\Delta \vec{c}(t) = \vec{c}(t + \Delta t) - \vec{c}(t)$ verbindet zwei Punkte auf der Kurve miteinander. Liegen diese Punkte dicht beieinander, dann ist die Länge des Vektors $\Delta \vec{c}(t)$ eine gute Näherung für die Länge des Kurvenstücks zwischen den Punkten $\vec{c}(t + \Delta t)$ und $\vec{c}(t)$. Wenn wir die Länge vieler solcher Vektoren aufaddieren, erhalten wir eine Näherung für die Kurvenlänge, die umso besser sein sollte, je kleiner $\Delta t$ ist.

$$|\Delta \vec{c}(t)| = \frac{|\Delta \vec{c}(t)|}{\Delta t} \Delta t \approx |\vec{c}'(t)| \Delta t.$$

Im Grenzwert geht die Summe in ein Integral über, das gerade die Länge der Kurve liefert.

### Definition (Länge einer Kurve):

Sei $\vec{c}: [a, b] \to \mathbb{R}^2$ eine Kurve mit der regulären Parametrisierung $\vec{c}(t) = \begin{pmatrix} x(t) \\ y(t) \end{pmatrix}$. Dann hat $\vec{c}$ die Länge

$$L(\vec{c}) = \int_a^b \sqrt{x'(t)^2 + y'(t)^2} \, dt.$$

**Bemerkung:** Kurven, denen man auf diese Weise eine Länge zuordnen kann, heißen **rektifizierbar**. Es gibt aber durchaus Kurven, die nicht rektifizierbar, also unendlich lang, sind. Man beachte besonders, dass das Integral ein „eindimensionales" Integral wie in Kapitel 14 ist, obwohl ja die Kurve im $\mathbb{R}^2$ verläuft.

### Bemerkung:

Mit Hilfe der Kettenregel kann man zeigen, dass man denselben Wert für die Länge erhält, wenn man die Kurve $\vec{c}$ auf eine andere Weise parametrisiert. Die Länge hängt also nicht von der speziellen Parametrisierung ab.

## Beispiel (Länge eines Funktionsgraphen):

Will man die Länge des Graphen einer Funktion $f(x)$ zwischen $x = a$ und $x = b$ bestimmen, dann kann man den Graph als Kurve im $\mathbb{R}^2$ mit der Parametrisierung $\vec{c} : [a, b] \to \mathbb{R}$ und

$$\vec{c}(t) = \begin{pmatrix} t \\ f(t) \end{pmatrix}$$

aufzufassen. Wegen

$$\vec{c}\,'(t) = \begin{pmatrix} 1 \\ f'(t) \end{pmatrix}$$

beträgt die Länge dann

$$L(\vec{c}) = \int_a^b \sqrt{1 + f'(t)^2}\, \mathrm{d}t \, .$$

Allerdings ist dieses Integral für viele Funktionen $f$ nicht mehr geschlossen lösbar.

## Beispiel (Länge des Graphen der Exponentialfunktion):

Zur Veranschaulichung berechnen wir die Länge des Graphen von $f(x) = e^x$ zwischen $x = a$ und $x = b$. Diese beträgt nach dem vorigen Beispiel

$$L = \int_a^b \sqrt{1 + e^{2t}}\, \mathrm{d}t.$$

Bei diesem Integral ist zunächst nicht klar, ob und wie man es berechnen kann. In Ermangelung besser aussehender Alternativen kann man versuchen, die gesamte Wurzel zu substituieren, also

$$s = \sqrt{1 + e^{2t}} \quad \text{und damit} \quad \frac{\mathrm{d}s}{\mathrm{d}t} = \frac{e^{2t}}{\sqrt{1 + e^{2t}}} = \frac{s^2 - 1}{s}.$$

Auf diese Weise ergibt sich als Länge

$$L = \int_{\sqrt{1+e^{2a}}}^{\sqrt{1+e^{2b}}} \frac{s^2}{s^2 - 1}\, \mathrm{d}s = \int_{\sqrt{1+e^{2a}}}^{\sqrt{1+e^{2b}}} \frac{s^2 - 1 + 1}{s^2 - 1}\, \mathrm{d}s = \int_{\sqrt{1+e^{2a}}}^{\sqrt{1+e^{2b}}} \left(1 + \frac{1}{s^2 - 1}\right) \mathrm{d}s \, .$$

Mit Partialbruchzerlegung findet man

$$\int \frac{1}{s^2 - 1}\, \mathrm{d}s = \frac{1}{2} \int \frac{1}{s - 1}\, \mathrm{d}s - \frac{1}{2} \int \frac{1}{s + 1}\, \mathrm{d}s = \frac{1}{2} \ln(s - 1) - \frac{1}{2} \ln(s + 1) = \frac{1}{2} \ln\left(\frac{s - 1}{s + 1}\right)$$

und damit

$$L = \sqrt{1 + e^{2b}} - \sqrt{1 + e^{2b}} + \frac{1}{2} \ln\left(\frac{(\sqrt{1 + e^{2b}} - 1)(\sqrt{1 + e^{2a}} + 1)}{(\sqrt{1 + e^{2b}} + 1)(\sqrt{1 + e^{2a}} - 1)}\right).$$

## 15.2 Volumen und Mantelfläche von Rotationskörpern

Lässt man ein Kurve $y = f(x)$ mit $a \leq x \leq b$ im $\mathbb{R}^3$ um die x-Achse rotieren, so entsteht ein **Rotationskörper**, dessen Volumen sich mit Hilfe (eindimensionaler!) Integration bestimmen lässt.

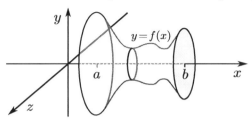

Das Volumen des Rotationskörper kann man annähern, indem man ihn in Scheiben zerlegt. Ist die Breite dieser Scheiben $\Delta x$, so entspricht deren Radius ungefähr dem $y$-Wert, also dem Funktionswert $f(x)$ und jede Scheibe hat damit ein Volumen $\pi(\Delta x)f(x)^2$.

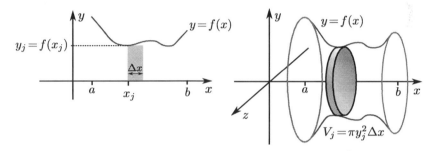

Zerlegt man also das Intervall $[a,b]$ durch die Punkte $x_j = a + j\Delta x$ der Länge $\Delta x = \frac{b-a}{n}$, dann erhält man als Näherungswert für das Volumen des Rotationskörpers die Summe

$$V_n = \sum_{j=1}^{n} \pi f(x_j)^2 \cdot \Delta x \, .$$

Geht man zu immer dünneren Scheiben über, so geht im Grenzfall $\Delta x \to 0$ bzw. $n \to \infty$ die Summe in ein Integral über:

### Satz 15.1 (Volumen von Rotationskörpern):

Rotiert der Graph einer stetigen, positiven Funktion $f: [a, b] \to \mathbb{R}$ um die $x$-Achse, so hat der erzeugte Rotationskörper das Volumen

$$V = \pi \int_a^b f^2(x) \, dx \, .$$

### Beispiel (Kugelvolumen):

Eine Kugel vom Radius $R$ kann man als Rotationskörper erzeugen, indem man den Graph von $f(x) = \sqrt{R^2 - x^2}$ über dem Intervall $[-R, R]$ um die $x$-Achse rotieren lässt.
Ihr Volumen ist dann

$$V = \pi \int_{-R}^{R} \left(\sqrt{R^2 - x^2}\right)^2 dx = \pi \int_{-R}^{R} \left(R^2 - x^2\right)^2 dx = \left[\pi(R^2 x - \frac{x^3}{3})\right]_{x=-R}^{R} = \frac{4}{3}\pi R^3 \, .$$

> **Anregung zur weiteren Vertiefung:**
>
> Überlegen Sie sich das Volumen eines Rotationsellipsoids mit dem Durchmesser $2a$ und der Länge $2b$.

> **Beispiel (Flächenschwerpunkt):**
>
> Die Gewichtskraft einer sehr dünnen homogenen Scheibe konstanter Dicke, die um eine Achse drehbar ist, bewirkt ein Drehmoment. Es gibt einen besonderen Punkt, den **Schwerpunkt** $S$, so dass dieses Drehmoment für jede Achse durch $S$ verschwindet.
> Wie lassen sich die Koordinaten von $S$ bestimmen?
> Sei dazu $A$ eine Fläche, die zwischen den Graphen von $f_1$ und $f_2$ liegt:
>
>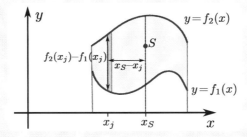
>
> Bezüglich einer zur $y$-Achse parallele Drehachse ist das Drehmoment aller Massenelemente, die in einem zur $y$-Achse parallelen Streifen $S_j$ der Breite $\Delta x$ fast gleich. Damit trägt dieser Streifen zum Gesamtdrehmoment den Anteil
>
> $$M_j = g\mu \underbrace{(f_2(x_j) - f_1(x_j))\Delta x}_{=\text{Fläche des Streifens}} \cdot \underbrace{(x_S - x_j)}_{\text{Hebelarm}}$$
>
> wobei $g$ die Erdbeschleunigung und $\mu$ die Massendichte bezogen auf die Fläche ist.
> Durch Summation aller Momente und Übergang zu immer schmaleren Streifen, erhält man als Gesamtdrehmoment
>
> $$M = g\mu \int_a^b (f_2(x) - f_1(x))(x_S - x)\,dx$$
>
> Gesucht ist derjenige Wert $x_S$, für den $M = 0$ ist. Durch einfache Umformungen erhält man
>
> $$x_S = \frac{\int_a^b (f_2(x) - f_1(x))x\,dx}{\int_a^b (f_2(x) - f_1(x))\,dx}$$
>
> Da der Nenner gerade der Flächeninhalt $A = \int_a^b (f_2(x) - f_1(x))\,dx$ ist, gilt also
>
> $$x_S \cdot A = \int_a^b (f_2(x) - f_1(x))x\,dx\,.$$

Liegt die Drehachse parallel zur $x$-Achse, dann sind die Streifen senkrecht zur Achse. Man erhält dann mit ähnlichen Überlegungen für die $y$-Koordinate des Schwerpunkts den Ausdruck

$$y_S \cdot A = \frac{1}{2} \int_a^b (f_2^2(x) - f_1^2(x))\,\mathrm{d}x\,.$$

Vergleicht man diesen Ausdruck wiederum mit dem Volumen des Rotationskörpers, der entsteht, wenn man die Fläche um die $x$-Achse rotieren lässt, erhält man das folgende Resultat:

### Satz 15.2 (Guldinsche Regel):

Das Volumen eines Rotationskörpers ist das Produkt der Querschnittsfläche mit dem vom Flächenschwerpunkt bei der Rotation zurückgelegten Weg.

### Anregung zur weiteren Vertiefung :

Überlegen Sie sich, wie die analogen Formeln in diesem Abschnitt aussehen, wenn ein Rotationskörper nicht durch Rotation um die $x$-Achse, sondern durch Rotation um die $y$-Achse oder um die $z$-Achse entsteht.

## Mantelfläche von Rotationskörpern

Auch die Mantelfläche von Rotationskörpern kann man auf ähnliche Weise bestimmen. Hier genügt es nicht, den Rotationskörper durch Zylinder zu approximieren, sondern man muss das Stück zwischen $x_j$ und $x_{j+1}$ durch einen Kegelstumpf mit den Radien $f(x_j)$ und $f(x_{j+1})$ sowie der Höhe $\Delta x = x_{j+1} - x_j$ annähern.

Die Mantelfläche eines Kegelstumpfs beträgt

$$M_K = \pi(r+R)m,$$

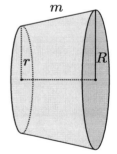

wobei $r$ und $R$ die Radien und $m$ die Länge der Mantellinie ist. Beim Rotationskörper entsprechen also $r$ und $R$ den Funktionswerten $f(x_j)$ und $f(x_{j+1})$, während die Mantellinie ungefähr die Länge $\Delta x \cdot \sqrt{1 + f'(x_j)^2}$ hat, denn diese Länge hätte eine Strecke der Steigung $f'(x_j)$ über einem Intervall der Länge $\Delta x$.

Zerlegt man also das Intervall $[a,b]$ durch die Punkte $x_j = a + j\Delta x$ der Länge $\Delta x = \frac{b-a}{n}$, dann erhält man als Näherungswert für die Mantelfläche des Rotationskörpers die Summe

$$M_n = \sum_{j=1}^n \pi\left(f(x_j) + f(x_{j+1})\right)\sqrt{1 + f'(x_j)^2} \cdot \Delta x\,.$$

Daraus erhält man dann:

## Satz 15.3 (Mantelfläche von Rotationskörpern):

Rotiert der Graph einer stetigen, positiven Funktion $f : [a,b] \to \mathbb{R}$ um die $x$-Achse, so hat der erzeugte Rotationskörper die Mantelfläche

$$M = 2\pi \int_a^b f(x)\, \sqrt{1 + f'(x)^2}\, \mathrm{d}x\,.$$

## Beispiel (Torricellis Trompete):

Evangelista Torricelli ( 1608 - 1647 ) war ein Schüler von Galilei und fand das folgende irritierende Beispiel, das unter dem Namen *Torricellis Trompete* oder *Gabriels Horn* bekannt ist. Er betrachtete die (unendlich ausgedehnte) Kurve $y = \frac{1}{x}$ mit $1 \le x < \infty$, die um die $x$-Achse rotierend einen Körper erzeugt, der dem Schallbecher einer Trompete ähnelt. Das Volumen kann man durch einen Grenzübergang bestimmen. Zunächst ist für denjenigen Teil der Trompete mit $1 \le x \le R$ nach unserer Formel für das Volumen von Rotationskörpern

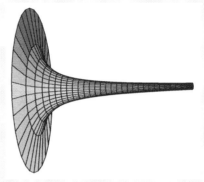

$$V(R) = \pi \int_1^R \frac{\mathrm{d}x}{x^2} = \left[-\frac{\pi}{x}\right]_{x=1}^R = \pi - \frac{\pi}{R}$$

und für $R \to \infty$ konvergiert dieses Volumen gegen den endlichen Wert $\pi$.
Beim Flächeninhalt der Mantelfläche kann man analog vorgehen: Für das Stück mit $1 \le x \le R$ ist die Mantelfläche

$$M(R) = 2\pi \int_1^R \frac{1}{x}\sqrt{1 + \left(-\frac{1}{x^2}\right)^2}\, \mathrm{d}x = 2\pi \int_1^R \frac{\sqrt{1+x^4}}{x^3}\, \mathrm{d}x\,.$$

Dieses Integral lässt sich nicht mehr explizit berechnen, es ist aber

$$M(R) = 2\pi \int_1^R \frac{1}{x}\sqrt{1 + \frac{1}{x^4}}\, \mathrm{d}x \ge 2\pi \int_1^R \frac{1}{x}\, \mathrm{d}x = 2\pi \ln(R)\,.$$

Dieser Wert und damit auch der Flächeninhalt strebt für $R \to \infty$ gegen unendlich. Trotz des endlichen Volumens ist die Mantelfläche also unendlich groß!

## Nach diesem Kapitel sollten Sie ...

... wissen, was die Parameterdarstellung einer ebenen Kurve ist

... die Parameterdarstellung von Kreisen und Ellipsen kennen

... wissen, wie man aus der Parameterdarstellung den Tangentenvektor bestimmt

... die Formel für die Länge einer regulären Kurve kennen und anschaulich begründen können

... die Formel für das Volumen eines Rotationskörpers kennen und anschaulich begründen können

... die Guldinschen Regeln kennen

## Aufgaben zu Kapitel 15

1. In der Ebene betrachten wir die *Spirale*

$$\vec{c}(t) = \begin{pmatrix} x(t) \\ y(t) \end{pmatrix} = \begin{pmatrix} e^{-t}\cos(t) \\ e^{-t}\sin(t) \end{pmatrix}$$

   mit $t \geq 0$. Skizzieren Sie diese Kurve und berechnen Sie die Länge der gesamten Kurve.

2. Rollt eine Kreisscheibe mit Radius 1 auf der $x$-Achse entlang, dann beschreibt ein markierter Punkt auf dem Rand der Scheibe eine *Zykloide*.

   (a) Machen Sie sich durch geometrische Überlegungen klar, warum

$$\vec{c}(t) = \begin{pmatrix} x(t) \\ y(t) \end{pmatrix} = \begin{pmatrix} t - \sin(t) \\ 1 - \cos(t) \end{pmatrix}$$

   eine Parametrisierung der Zykloide darstellt.

   (b) Berechnen Sie die Länge der Zykloide nach einer vollen Umdrehung der Kreisscheibe.

3. Vergleichen Sie die Länge der Parabel $y = x^2 + 1$ und der Kettenlinie $y = \cosh x$ zwischen $x = -1$ und $x = 1$.
   *Hinweis:* $\int \cosh^2(t)\, dt = \frac{1}{4}\sinh(2x) + \frac{x}{2}$

4. Bestimmen Sie das Volumen und den Schwerpunkt des durch

$$0 \leq x \leq \pi, y^2 + z^2 \leq sin^2(x), z \geq 0$$

   beschriebenen Körpers. Fertigen Sie auch eine Skizze des Körpers an.

5. Bestimmen Sie Oberflächeninhalt einer Sphäre vom Radius $R$, indem Sie die Sphäre als Mantelfläche einer Kugel und diese wiederum als Rotationskörper auffassen.

   Bestimmen Sie außerdem den Flächenschwerpunkt eines Halbkreises vom Radius $R$ und überprüfen Sie damit die Gültigkeit der Guldinschen Regel.

6. Lässt man einen Kreis mit Radius $a$ und Mittelpunkt $(0, R)$ in der $x$-$y$-Ebene um die $x$-Achse rotieren, dann erhält man für $a < R$ einen *Torus* (Schwimmring, Donut,...).

   Berechnen Sie (ohne die Guldinsche Regel zu verwenden) das Volumen dieses Torus. Betrachten Sie den Torus dazu als „Differenz" von zwei Rotationskörpern.

   Welches Ergebnis ergibt sich mit der Guldinschen Regel?

# Stichwortverzeichnis

ähnliche Matrizen, 112

Abbildung, 28
abgeschlossenes Intervall, 10
Ableitung, 201
Additionstheoreme, 184
Adjunkte, 103
algebraische Vielfachheit, 110
Arcuscosinus, 188
Arcussinus, 187
Arcustangens, 188
Areafunktionen, 196

Basis, 45
Bernoullische Ungleichung, 15
beschränkte Folge, 156
Betrag, 11, 48
bijektiv, 31
Bild einer Abbildung, 30
Binomialkoeffizient, 16
Blockmatrix, 103
Bogenmaß, 26

Cauchy-Schwarz-Ungleichung, 49
charakteristisches Polynom, 109
Cosinus, 181
Cosinus hyperbolicus, 194
Cramersche Regel, 103

De Moivresche Formel, 192
Determinante, 97
diagonalisierbar, 112
Diagonalmatrix, 79
Differenzenquotient, 201
differenzierbar, 201
divergent, 152
Drehmatrix, 87
Durchschnitt, 1

Effektivspannung, 244
Eigenvektor, 107
Eigenwert, 107

Einheitsmatrix, 79
Einheitswurzeln, 193
elementare Zeilenumformungen, 74
Ellipse, 126
Ellipsoid, 128
Entwicklungssatz, 99
Eulersche Formel, 189
Eulersche Zahl, 157
Exponentialfunktion, 175

Fakultät, 15
Folge, 149
Folgenglied, 149
Funktion, 28

Gaußsches Eliminationsverfahren, 71
geometrische Vielfachheit, 111
gerade Funktion, 34
globales Maximum, 218
Glockenkurve, 251
Gram-Schmidt-Verfahren, 55
Grenzwert, 152
Guldinsche Regel, 261

Hauptachsentransformation, 119
Hauptsatz der Differential- und Integralrechnung, 236
Hesse-Normalform, 64
homogenes LGS, 73
Hyperbel, 126
Hyperbelfunktionen, 194
Hyperboloid, 128

Imaginärteil, 22
injektiv, 31
Integral, 232
    uneigentliches, 248
Integrationskonstante, 238
Integrierbarkeit, 232
Intervall, 10
inverse Matrix, 83

kartesisches Produkt, 6
Kettenregel, 205
Koeffizientenmatrix, 73
kompaktes Intervall, 165
komplementäre Matrix, 103
komplexe Zahl, 22
komplexer Betrag, 23
konjugiert komplex, 23
konkav, 210
Konvergenz, 151
konvex, 210
Kreuzprodukt, 50
kritischer Punkt, 220
Kurvenlänge, 257

L'Hospitalsche Regel, 223
Limes, 152
linear abhängig, 44, 136
linear unabhängig, 44, 136
lineares Gleichungssystem, 69
linksseitiger Grenzwert, 164
Logarithmus, 178
lokales Extremum, 218
lokales Maximum, 218

Majorantenkriterium, 250
Mantelfläche, 261
Matrix, 70
Matrixkoeffizienten, 70
Matrixmultiplikation, 81
Mittelwertsatz der Differentialrechnung, 215
Momentengleichung, 59
monoton fallend, 156
monoton wachsend, 156

n-Tupel, 6
Newton-Verfahren, 226
Normalengleichung, 64

offenes Intervall, 10
orthogonale Matrix, 117
orthogonale Zerlegung, 53
Orthonormalbasis, 54
Ortsvektor, 44

Parabel, 126
Paraboloid, 129
parametrisierte Kurve, 255
Partialbruchzerlegung, 244
partielle Integration, 241
Partition, 231

Pascalsches Dreieck, 20
periodisch, 33
Permutation, 15
Polardarstellung, 26
Potenzfunktion, 169
Potenzgesetze, 170
Produktregel, 203
Projektion, 137
Punkt-Richtungs-Form, 58

Quadranten, 39
Quadrik, 124
Quotientenregel, 203

Rang, 83
Realteil, 22
rechtsseitiger Grenzwert, 164
Regel von l'Hospital, 223
reguläre Kurve, 256
rektifizierbar, 257
Riemann-Integral, 232
Riemann-Integrierbarkeit, 232
Riemannsumme, 232
Rotationskörper, 259

Sandwich-Kriterium, 158
Satz vom Maximum, 165
Satz von Rolle, 215
schiefsymmetrische Matrix, 89
Schnittmenge, 1
Sinus, 181
Sinus hyperbolicus, 194
Skalarprodukt, 47
Skalarprodukt in $\mathbb{C}^n$, 115
Spaltenvektor, 79
Spatprodukt, 52
Spur, 109
Stammfunktion, 237
Standardbasis, 46
stetig, 162
stetige Fortsetzung, 172
Streichungsmatrix, 98
Substitutionsregel, 242
Summenzeichen, 19
surjektiv, 31
symmetrische Matrix, 89

Tangens, 182
Tangentenvektor, 256
Teilmenge, 2
Torricellis Trompete, 262

Transformationsmatrix, 140
transponierte Matrix, 87

Umkehrfunktion, 32
unbestimmtes Integral, 238
uneigentliches Integral, 248
ungerade Funktion, 34
Unterdeterminanten, 99
Untervektorraum, 134
Urbild, 30

Vektoraddition, 42
Vektorprodukt, 50
Vektorraum, 133
Vereinigung, 1
Vollständige Induktion, 14

Wendepunkt, 211
windschief, 61
Winkel, 26, 49

Zeilenstufenform, 74
Zeilenvektor, 79
Zwei-Punkte-Form, 58
zweite Ableitung, 209
Zwischenwertsatz, 165
Zylinder, 129

Printed in Poland
by Amazon Fulfillment
Poland Sp. z o.o., Wrocław